清华开发者书库

智捷课堂经典

关东升 著

iOS实战 入门与提高卷（Swift版）

清华大学出版社

北京

内 容 简 介

本书是智捷课堂团队编写"iOS 实战"系列图书中的一本,全书分为 16 章,系统介绍了 iOS 应用开发的理论与技术。全书内容包括：第 1 章开始,介绍了 iOS 开发背景知识及本书约定；第 2 章介绍了 Cocoa Touch MVC 设计模式；第 3 章介绍了视图及其相关知识；第 4 章介绍了表视图；第 5 章介绍了界面布局与 Auto Layout 技术；第 6 章介绍了屏幕适配与 Size Class 技术；第 7 章介绍了应用导航模式；第 8 章介绍了手势识别；第 9 章为项目实战——编写自定义控件 PopupControl；第 10 章介绍了音频和视频多媒体开发；第 11 章介绍了图形图像开发；第 12 章介绍了数据存储；第 13 章介绍了网络数据交换格式；第 14 章介绍了 REST Web Service；第 15 章介绍了 Web Service 网络通信架构设计；第 16 章介绍了 iOS 敏捷开发项目实战——价格线酒店预订 iPhone 客户端开发。

本书适合作为从事 iOS 应用开发的软件工程师的参考用书,也可作为计算机科学与技术、软件工程等专业的移动开发类课程的教学用书。

本书封面贴有清华大学出版社防伪标签,无标签者不得销售。
版权所有,侵权必究。侵权举报电话：010-62782989　13701121933

图书在版编目(CIP)数据

iOS 实战：入门与提高卷：Swift 版/关东升著. --北京：清华大学出版社,2015 (2016.11重印)
(清华开发者书库)
ISBN 978-7-302-40594-8

Ⅰ. ①i… Ⅱ. ①关… Ⅲ. ①移动终端－应用程序－程序设计 Ⅳ. ①TN929.53

中国版本图书馆 CIP 数据核字(2015)第 150148 号

责任编辑：盛东亮
封面设计：李召霞
责任校对：胡伟民
责任印制：李红英

出版发行：清华大学出版社
　　　　　网　　址：http://www.tup.com.cn, http://www.wqbook.com
　　　　　地　　址：北京清华大学学研大厦 A 座　　　邮　编：100084
　　　　　社 总 机：010-62770175　　　　　　　　　　邮　购：010-62786544
　　　　　投稿与读者服务：010-62776969, c-service@tup.tsinghua.edu.cn
　　　　　质量反馈：010-62772015, zhiliang@tup.tsinghua.edu.cn
　　　　　课件下载：http://www.tup.com.cn, 010-62795954
印 刷 者：北京鑫丰华彩印有限公司
装 订 者：三河市吉祥印务有限公司
经　　销：全国新华书店
开　　本：186mm×240mm　　印　张：30.25　　字　数：760 千字
版　　次：2015 年 9 月第 1 版　　　　　　　　印　次：2016 年 11 月第 2 次印刷
印　　数：2501～3000
定　　价：79.00 元

产品编号：064208-01

前言
PREFACE

由于苹果公司推出了 iOS 开发的新语言——Swift；而我们智捷课堂团队之前编写的一系列 iOS 经典图书，也都需要升级为 Swift 语言版本，基于这样的背景，我们智捷课堂与清华大学出版社联合策划了 5 本有关 iOS 开发的图书：

- 《iOS 实战：入门与提高卷(Swift 版)》
- 《iOS 实战：图形图像、动画与多媒体卷(Swift 版)》
- 《iOS 实战：传感器卷(Swift 版)》
- 《iOS 实战：苹果"生态圈"编程卷(Swift 版)》
- 《iOS 实战：Apple Watch 卷(Swift 版)》

经过几个月的努力，我们终于在 2015 年 6 月 1 日之前完成初稿，几个月来智捷 iOS 课堂团队夜以继日，几乎推掉一切社交活动，推掉很多企业邀请讲课的机会，每天工作 12 小时，不敢有任何的松懈，只专心做一件事情——编写此书。书中每一个文字、每一个图片、每一个实例都是我们的呕心沥血之作。

本套图书的具体进展请读者关注智捷 iOS 课堂官方网站 http://www.51work6.com。

本书网站

为了更好地为广大读者提供服务，我们专门为本书建立了一个网站 http://www.51work6.com/ios2.php，读者可以查看相关出版进度，并对书中内容发表评论，提出宝贵意见。

源代码

书中提供了 100 多个完整的项目案例源代码，全部采用最新的 iOS 8.3 API 和操作界面，读者可以到本书网站 http://www.51work6.com/ios2.php 下载。

勘误与支持

我们在本书网站 http://www.51work6.com/ios2.php 中建立了一个勘误专区，及时地把书中的错误、纰漏和修正方案反馈给广大读者。如果读者在学习过程中，发现了什么问题，可以在网上留言，也可以发送电子邮件到 eorient@sina.com，我们会在第一时间回复您。读者也可以在新浪微博(@tony_关东升)中与我们联系。

本书主要由关东升执笔撰写。此外，智捷课堂团队的贾云龙、赵大羽、李玉超、赵志荣、关珊和李政刚也参与了本书的编写工作。感谢清华大学出版社的盛东亮编辑给我们提供了宝贵的意见。感谢赵大羽老师手绘了书中全部草图，并从专业的角度修改书中图片，力求更加真实完美地呈现给广大读者。感谢我的家人对我的理解和支持，使我能投入全部精力，专心编写此书。

  由于时间仓促，书中难免存在不妥之处，请读者谅解并提出宝贵意见。

2015 年 7 月 于北京

目录
CONTENTS

第 1 章 开始 ·· 1

1.1 iOS 概述 ·· 1
    1.1.1 iOS 介绍 ·· 1
    1.1.2 iOS 8 新特性 ·· 1
1.2 开发环境及开发工具 ·· 2
1.3 本书约定 ·· 4
    1.3.1 实例代码约定 ·· 4
    1.3.2 图示约定 ·· 7
    1.3.3 方法命名约定 ·· 9
    1.3.4 构造器命名约定 ······································ 11
1.4 创建 HelloiOS 工程 ·· 11
    1.4.1 创建工程 ·· 12
    1.4.2 Xcode 中的 iOS 工程模板 ····························· 16
    1.4.3 应用剖析 ·· 17
    1.4.4 应用生命周期 ·· 20
    1.4.5 Xcode 中的 Project 和 Target ························· 26
    1.4.6 常用的产品属性 ······································ 28
1.5 iOS API 简介 ·· 30
    1.5.1 API 概述 ·· 30
    1.5.2 如何使用 API 帮助 ··································· 33
1.6 小结 ·· 34

第 2 章 Cocoa Touch MVC 设计模式 ························· 36

2.1 MVC 模式 ··· 36
    2.1.1 MVC 模式概述 ······································· 36
    2.1.2 Cocoa Touch MVC 模式 ······························· 37
2.2 视图控制器 ·· 40

2.2.1　视图控制器种类 ··· 40
　　2.2.2　视图控制器生命周期 ·· 40
2.3　视图与UIView ·· 42
　　2.3.1　UIView 继承层次结构 ·· 42
　　2.3.2　视图分类 ··· 44
　　2.3.3　应用界面的构建层次 ··· 45
2.4　界面构建技术 ·· 46
　　2.4.1　使用故事板 ··· 46
　　2.4.2　使用 Xib 文件 ·· 48
　　2.4.3　使用代码 ··· 52
2.5　小结 ·· 53

第3章　视图 54

3.1　控件与动作事件 ·· 54
　　3.1.1　按钮 ··· 55
　　3.1.2　定义动作事件 ·· 56
3.2　视图与输出口 ·· 59
　　3.2.1　标签 ··· 59
　　3.2.2　定义输出口 ··· 60
3.3　视图与委托协议 ·· 61
　　3.3.1　委托设计模式 ·· 61
　　3.3.2　实例：TextField 委托协议 ··· 62
　　3.3.3　键盘的打开和关闭 ··· 66
　　3.3.4　键盘的种类 ··· 67
3.4　关闭和打开键盘通知 ·· 68
　　3.4.1　通知机制 ··· 68
　　3.4.2　实例：关闭和打开键盘 ··· 69
3.5　Web 视图 ·· 70
　　3.5.1　UIWebView 类 ·· 70
　　3.5.2　WKWebView 类 ··· 74
3.6　警告框 ·· 76
3.7　操作表 ·· 78
3.8　工具栏 ·· 80
3.9　导航栏 ·· 84
3.10　小结 ·· 87

第 4 章 表视图 ·· 88

4.1 表视图中概念 ·· 88
4.1.1 表视图组成 ··· 88
4.1.2 表视图相关类 ··· 89
4.1.3 表视图分类 ··· 90
4.1.4 单元格组成和样式 ·· 91
4.1.5 数据源协议与委托协议 ·· 93
4.2 简单表视图 ·· 94
4.2.1 创建简单表视图 ··· 94
4.2.2 自定义单元格 ··· 100
4.2.3 添加搜索栏 ··· 104
4.3 分节表视图 ·· 111
4.3.1 添加索引 ··· 111
4.3.2 分组 ··· 114
4.4 删除和插入单元格 ·· 115
4.5 小结 ·· 123

第 5 章 界面布局与 Auto Layout 技术 ·· 124

5.1 iOS 界面布局 UI 设计模式 ··· 124
5.2 静态表与表单布局 ·· 126
5.3 集合视图 ·· 131
5.3.1 集合视图介绍 ··· 131
5.3.2 实例：奥运会比赛项目 ·· 132
5.3.3 添加集合视图控制 ·· 133
5.3.4 添加集合视图单元格 ·· 136
5.3.5 数据源协议与委托协议 ·· 140
5.4 Auto Layout 布局 ·· 141
5.4.1 Auto Layout 约束管理 ··· 141
5.4.2 实例：Auto Layout 布局 ··· 141
5.5 小结 ·· 147

第 6 章 屏幕适配与 Size Class 技术 ·· 148

6.1 iOS 屏幕 ··· 148
6.1.1 iOS 屏幕介绍 ·· 148
6.1.2 iOS 的三种分辨率 ·· 149

   6.1.3 判断 iPhone 屏幕尺寸 ································· 150
 6.2 Size Class 技术 ··· 152
   6.2.1 Interface Builder 中使用 Size Class ············ 152
   6.2.2 Size Class 的九宫格 ································ 152
   6.2.3 实例：使用 Size Class ······························ 154
 6.3 小结 ··· 159

第 7 章 应用导航模式 ··· 160

 7.1 导航概述 ·· 160
 7.2 导航的"死胡同"——模态窗口 ······················· 161
 7.3 平铺导航 ·· 169
   7.3.1 平铺导航概述 ·· 169
   7.3.2 使用资源目录管理图片 ··························· 171
   7.3.3 屏幕滚动视图重要的属性 ······················· 174
   7.3.4 分屏导航实现 ·· 176
 7.4 标签导航 ·· 179
   7.4.1 标签导航实例 ·· 180
   7.4.2 标签导航实现 ·· 180
 7.5 树形结构导航 ··· 184
   7.5.1 树形结构导航实例 ································· 184
   7.5.2 树形结构导航实现 ································· 186
 7.6 组合使用导航模式 ···································· 193
   7.6.1 组合导航实例 ·· 194
   7.6.2 组合导航实现 ·· 194
 7.7 小结 ··· 202

第 8 章 手势识别 ·· 203

 8.1 手势种类 ·· 203
 8.2 使用手势识别器 ·· 205
   8.2.1 视图对象与手势识别 ····························· 205
   8.2.2 手势识别状态 ·· 206
   8.2.3 检测 Tap(单击) ······································ 206
   8.2.4 检测 Long Press(长按) ··························· 216
   8.2.5 检测 Pan(平移) ······································ 219
   8.2.6 检测 Swipe(滑动) ·································· 222
   8.2.7 检测 Rotation(旋转) ······························ 226

8.2.8 检测 Pinch(手指的合拢和张开) ······ 229
8.2.9 检测 Screen Edge Pan(屏幕边缘平移) ······ 232
8.3 触摸事件与手势识别 ······ 233
8.3.1 事件处理机制 ······ 234
8.3.2 响应者对象与响应链 ······ 234
8.3.3 触摸事件 ······ 236
8.3.4 手势识别 ······ 241
本章小结 ······ 244

第 9 章 项目实战——编写自定义控件 PopupControl ······ 245

9.1 选择器 ······ 245
　9.1.1 日期选择器 ······ 245
　9.1.2 普通选择器 ······ 248
　9.1.3 数据源协议与委托协议 ······ 252
9.2 自己的选择器 ······ 253
　9.2.1 自定义选择器控件需求 ······ 254
　9.2.2 静态链接库 ······ 254
　9.2.3 框架 ······ 255
　9.2.4 使用工作空间 ······ 256
9.3 实现自定义选择器 ······ 256
　9.3.1 创建框架工程 ······ 256
　9.3.2 创建自定义选择器控制器 ······ 256
　9.3.3 使用 Xib 构建界面 ······ 258
　9.3.4 编写选择器控制器委托协议代码 ······ 260
　9.3.5 编写选择器控制器代码 ······ 260
9.4 实现自定义日期选择器 ······ 263
　9.4.1 创建自定义日期选择器控制器 ······ 263
　9.4.2 使用 Xib 构建界面 ······ 263
　9.4.3 编写日期选择器控制器委托协议代码 ······ 264
　9.4.4 编写日期选择器控制器代码 ······ 264
9.5 测试自定义控件 ······ 265
　9.5.1 创建工作空间 ······ 265
　9.5.2 测试程序工程 ······ 266
9.6 小结 ······ 269

第 10 章 音频和视频多媒体开发 ·················· 270

10.1 音频开发 ·················· 270
10.1.1 音频文件简介 ·················· 270
10.1.2 音频 API 简介 ·················· 271
10.1.3 音频播放 ·················· 272
10.1.4 音频录制 ·················· 276
10.2 视频开发 ·················· 282
10.2.1 视频文件简介 ·················· 282
10.2.2 视频播放 ·················· 283
10.2.3 视频录制 ·················· 290
本章小结 ·················· 293

第 11 章 图形图像开发 ·················· 294

11.1 使用图像 ·················· 295
11.1.1 创建图像 ·················· 295
11.1.2 实例：从设备图片库选取或从照相机抓取 ·················· 300
11.2 使用 Core Image 框架 ·················· 304
11.2.1 Core Image 框架 API ·················· 304
11.2.2 滤镜 ·················· 306
11.2.3 实例：旧色调和高斯模糊滤镜 ·················· 306
本章小结 ·················· 310

第 12 章 数据存储 ·················· 311

12.1 数据存储概述 ·················· 311
12.1.1 沙箱目录 ·················· 311
12.1.2 数据存储方式 ·················· 312
12.2 分层架构设计 ·················· 313
12.2.1 低耦合企业级系统架构设计 ·················· 313
12.2.2 iOS 分层架构设计 ·················· 314
12.3 实例：MyNotes 应用 ·················· 315
12.3.1 采用纯 Swift 语言实现 ·················· 317
12.3.2 采用 Swift 调用 Objective-C 混合搭配实现 ·················· 321
12.4 属性列表 ·················· 322
12.5 使用 SQLite 数据库 ·················· 327
12.5.1 SQLite 数据类型 ·················· 328

        12.5.2　创建数据库 328
        12.5.3　查询数据 331
        12.5.4　修改数据 334
　12.6　小结 337

第13章　网络数据交换格式 338

　13.1　XML 数据交换格式 339
        13.1.1　XML 文档结构 340
        13.1.2　XML 文档解析与框架性能 341
        13.1.3　实例：MyNotes 应用 XML 342
　13.2　JSON 数据交换格式 352
        13.2.1　JSON 文档结构 352
        13.2.2　JSON 数据编码/解码与框架性能 353
        13.2.3　实例：MyNotes 应用 JSON 解码 354
　13.3　小结 356

第14章　REST Web Service 357

　14.1　REST Web Service 通信技术基础 357
        14.1.1　HTTP 协议 358
        14.1.2　HTTPS 协议 358
　14.2　使用苹果网络请求 API 358
        14.2.1　同步请求方法 359
        14.2.2　异步请求方法 362
        14.2.3　实例：MyNotes 插入、修改和删除功能实现 364
　14.3　实例：改善 MyNotes 用户体验 371
        14.3.1　使用下拉刷新控件 371
        14.3.2　使用网络活动指示器 374
　14.4　使用网络请求框架 MKNetworkKit 376
        14.4.1　安装和配置 MKNetworkKit 框架 376
        14.4.2　实现 GET 请求 378
        14.4.3　实现 POST 请求 379
        14.4.4　下载数据 380
        14.4.5　上传数据 383
　14.5　小结 385

第 15 章　Web Service 网络通信架构设计 ………… 386

15.1　iOS Web Service 网络通信应用的分层架构设计 ………… 386
15.2　基于委托模式实现 ………… 387
15.2.1　网络通信与委托模式 ………… 387
15.2.2　使用委托模式实现分层架构设计 ………… 387
15.2.3　类图 ………… 388
15.2.4　时序图 ………… 390
15.2.5　数据持久层重构 ………… 393
15.2.6　业务逻辑层的代码实现 ………… 397
15.2.7　表示层的代码实现 ………… 400
15.3　基于观察者模式的通知机制实现 ………… 406
15.3.1　观察者模式的通知机制回顾 ………… 406
15.3.2　异步网络通信中通知机制的分层架构设计 ………… 406
15.3.3　类图 ………… 407
15.3.4　时序图 ………… 409
15.3.5　数据持久层的重构 ………… 412
15.3.6　业务逻辑层的代码实现 ………… 414
15.3.7　表示层的代码实现 ………… 416
15.4　小结 ………… 421

第 16 章　iOS 敏捷开发项目实战——价格线酒店预订 iPhone 客户端开发 ………… 422

16.1　应用分析与设计 ………… 422
16.1.1　应用概述 ………… 422
16.1.2　需求分析 ………… 422
16.1.3　原型设计 ………… 424
16.1.4　架构设计 ………… 424
16.2　iOS 敏捷开发 ………… 426
16.2.1　敏捷开发宣言 ………… 426
16.2.2　iOS 可以敏捷开发？ ………… 427
16.2.3　iOS 敏捷开发一般过程 ………… 427
16.3　任务 1：创建工作空间 ………… 429
16.4　任务 2：业务逻辑层开发 ………… 430
16.4.1　迭代 2.1 编写搜索酒店的业务逻辑层类 ………… 431
16.4.2　迭代 2.2 编写房间查询业务逻辑类 ………… 436
16.5　任务 3：表示层开发 ………… 442

16.5.1　迭代3.1 根据原型设计初步设计故事板 …………………………… 442
16.5.2　迭代3.2 搜索酒店模块 …………………………………………… 444
16.5.3　迭代3.2.1 选择城市视图控制器 …………………………………… 445
16.5.4　迭代3.2.2 选择关键字视图控制器 ………………………………… 448
16.5.5　迭代3.2.3 选择价格和日期选择器 ………………………………… 451
16.5.6　迭代3.2.4 酒店搜索视图控制器 …………………………………… 452
16.5.7　迭代3.2.5 酒店搜索列表视图控制器 ……………………………… 461
16.5.8　迭代3.3 房间查询模块 ……………………………………………… 467
16.6　小结 ……………………………………………………………………………… 469

第 1 章 开　始

自从 App Store 上线以来，创造了很多神话，给程序员提供了展示自己的舞台、创意的空间和创业的机会。下面让从这里开始 iOS 开发之旅吧。

1.1　iOS 概述

在本节将介绍什么是 iOS 及 iOS 8 有哪些新特性。

1.1.1　iOS 介绍

iOS 是由苹果公司开发的移动设备操作系统，这些设备包括 iPhone、iPod touch、iPad 和 Apple TV 等，目前最新的操作系统是 iOS 8。

苹果公司最早于 2007 年 1 月 9 日的 Macworld 大会上公布了这套操作系统，最初是设计给 iPhone 使用的，后来陆续适用到 iPod touch、iPad 和 Apple TV 等产品上。iOS 与苹果的 Mac OS X 操作系统一样，都属于类 UNIX 的商业操作系统。

原本这个系统名为 iPhone OS，因为主要应用于 iPhone 和 iPod touch 设备，后来在 2010 WWDC 大会上宣布改名为 iOS。

1.1.2　iOS 8 新特性

iOS 的最新版本为 iOS 8。苹果公司于 2014 年 9 月 18 日凌晨 1 点开放其正式版的下载，它支持 iPhone 4S、iPhone 5、iPhone 5s、iPhone 5c、iPhone 6、iPhone 6 plus、iPad 2、iPad 3、iPad mini 2、iPad Air、iPod touch 5 和 Apple TV 等设备。根据苹果公司发布的更新文档显示，iOS 8 新增了多项功能，很多新特性或将成为将来的焦点。

现在先简要介绍一下 iOS 8 几个重要的变化。

- 家庭分享。用户可以创建家庭分享，除创建者之外最多可以加入 6 个家庭成员。通过该功能用户可以和家人分享位置、照片、日历、应用程序、音乐和视频等。
- 键盘。苹果在 iOS 8 之后开放了键盘应用程序接口，相信 iOS 用户很快就能看到不少有趣的键盘应用。
- Touch ID。第三方应用可以使用 TouchID 接口，意味着未来的很多应用都可以使用指纹识别功能了。
- iCloud Drive。为安装 iOS 8 或 OS X Yosemite 系统的设备提供的电子文档管理服务。这项新功能允许用户在 iCloud 上访问相片、视频、电子文档、音乐和应用数据等信息；也允许用户跨平台操控、实现多个苹果设备的数据同步。用户默认可以获得多达 5GB 的免费云端存储空间，当然用户也可以另外购买更大的空间。
- Handoff。为安装 iOS 8 或 OS X Yosemite 系统的设备之间通过 Wi-Fi 路由器或个人便携式热点来分享电子文档、电子邮件和网站信息。Handoff 也能将苹果设备的数据进度同步到 iOS 设备上来。
- HealthKit。提供给开发者的 SDK 和服务。通过 HealthKit 开发人员可以随时查看各种健康和健身相关的信息，例如血液、心率、水化、血压、营养、血糖、睡眠、呼吸频率、血氧饱和度和体重等。这些信息来自 iOS 设备内置的传感器及第三方健康外设。Healkit 可作为每位用户健康数据的储存中心，苹果为 HealthKit 提供第三方应用接入，用户需要时可以提供给医疗机构。
- HomeKit。也是一项提供给开发者的 SDK 和服务。通过 HomeKit 可以开发智能家居类应用。苹果在发布会上阐述了未来美好的愿望，利用手机控制家庭事物的控制，例如开启/关闭门窗、定时烹调、空调、扫地机器人等，所有的东西将会通过网络和接口平台实时统一管理。

此外，iOS 8 还对已有的框架进行了不同程度地增强和删减。

1.2 开发环境及开发工具

苹果公司于 2008 年 3 月 6 日发布了 iPhone 和 iPod touch 的应用程序开发包，其中包括 Xcode 开发工具、iPhone SDK 和 iPhone 手机模拟器。第一个 Beta 版本是 iPhone SDK 1.2b1（build 5A147p），发布后立即就能使用，但同时推出的 App Store 所需要的固件更新直到 2008 年 7 月 11 日才发布。编写本书时，iOS SDK 7.0.4 版本已经发布。

iOS 开发工具主要是 Xcode。自从 Xcode 3.1 发布以后，Xcode 就成为 iPhone 软件开发工具包的开发环境。Xcode 可以开发 Mac OS X 和 iOS 应用程序，其版本是与 SDK 相互对应的。例如，Xcode 3.2.5 与 iOS SDK 4.2 对应，Xcode 4.1 与 iOS SDK 4.3 对应，Xcode 4.2 与 iOS SDK 5 对应，Xcode 4.5 和 Xcode 4.6 与 iOS SDK 6 对应，Xcode 5 与 iOS SDK 7 对应，Xcode 6 与 iOS SDK 8 对应等。

在 Xcode 4.1 之前，还有一个配套使用的工具 Interface Builder，它是 Xcode 套件的一部分，用来设计窗体和视图，通过它可以"所见即所得"地拖曳控件并定义事件等，其数据以

XML 的形式被存储在 xib 文件中。在 Xcode 4.1 之后，Interface Builder 成为 Xcode 的一部分，与 Xcode 集成在一起。

打开 Xcode 6 工具，看到的主界面如图 1-1 所示。该界面主要分成 3 个区域：①号区域是工具栏，其中的按钮可以完成大部分工作；②号区域是导航栏，主要是对工作空间中的内容进行导航；③号区域是代码编辑区，编码工作就是在这里完成的。在导航栏上面还有一排按钮，如图 1-2 所示，默认选中的是"文件"导航面板。关于各个按钮的具体用法，在以后用到的时候详细介绍。

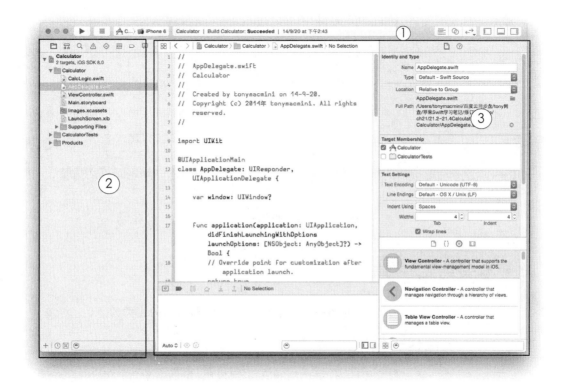

图 1-1 Xcode 主界面

图 1-2 Xcode 导航面板

在选中导航面板时，导航栏下面也有一排按钮，如图 1-3 所示是辅助按钮，它们的功能与该导航面板内容相关。不同的导航面板，这些按钮也是不同的。

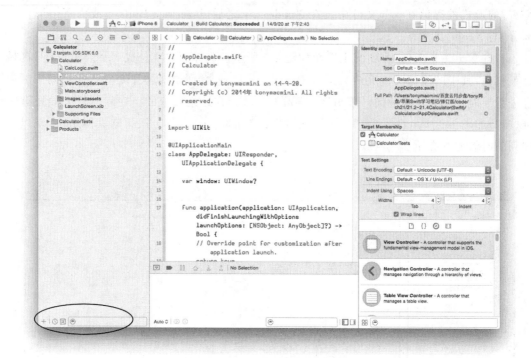

图 1-3 导航面板的辅助按钮

1.3 本书约定

为了方便大家使用本书,本节介绍一下本书中实例代码和图示的相关约定。

1.3.1 实例代码约定

本书作为一本介绍编程方面的书,书中有很多实例代码,下载并解压本书代码,会看到下面的目录结构:

```
|____ch1
||____1.1 HelloiOS
||____1.4.4 HelloiOS
||____1.4.5 HelloiOS
|____ch2
||____2.1 MVCSample
||____2.4.1 TabApp
||____2.4.2 HelloiOS
||____2.4.3 HelloiOS
|____ch3
```

```
| |____3.1～3.2 ButtonLabelSample
| |____3.3 UITextFieldDelegateSample
| |____3.4 UITextFieldDelegateSample
| |____3.5.1 WebViewSample
| |____3.5.2 WebViewSample
| |____3.6 AlertViewSample
| |____3.7 ActionSheetSample
| |____3.8 ToolbarSample
| |____3.9 NavigationBarSample
|____ch4
| |____4.2.1 SimpleTable
| |____4.2.2 CustomCell
| |____4.2.3 SearchbarSimpleTable
| |____4.3.1 IndexTable
| |____4.4 DeleteAddCell
|____ch5
| |____5.2 StaticTableGroup
| |____5.3 CollectionViewSample
| |____5.4 AutoLayoutSample
|____ch6
| |____6.1.3 ScreenTest
| |____6.2.3 SizeClassSample
|____ch7
| |____7.2 ModalViewSample
| |____7.3 FlatNavigation
| |____7.4 TabNavigation
| |____7.5 TreeNavigation
| |____7.6 NavigationComb
|____ch8
| |____8.2.3
| | |____TapGestureRecognizer(IB)
| | |____TapGestureRecognizer(编程)
| |____8.2.4
| | |____LongPressGesturcRecognizer(IB)
| | |____LongPressGestureRecognizer(编程)
| |____8.2.5
| | |____PanGestureRecognizer(IB)
| | |____PanGestureRecognizer(编程)
| |____8.2.6
| | |____SwipeGestureRecognizer(IB)
| | |____SwipeGestureRecognizer(编程)
| |____8.2.7
| | |____RotationGestureRecognizer(IB)
```

```
| |  |____RotationGestureRecognizer(编程)
| |____8.2.8
| |  |____PinchGestureRecognizer(IB)
| |  |____PinchGestureRecognizer(编程)
| |____8.2.9
| |  |____ScreenEdgePanGestureRecognizer(编程)
| |____8.3.3 EventInfo
| |____8.3.4
| |  |____PinchGestureRecognizer
|____ch9
| |____9.1.1 DatePickerSample
| |____9.1.2 PickerViewSample
| |____9.2～9.4 控件
| |  |____PopupControl
|____ch10
| |____10.1.3 MusicPlayer
| |____10.1.4 AudioRecorder
| |____10.2.2 MPMoviePlayerSample
| |____10.2.3 VideoRecord_UIImagePickerController
|____ch11
| |____11.1.1 ImageSample
| |____11.1.2 ImagePicker
| |____11.2.3 FilterEffects
|____ch12
| |____12.2.1 MyNotes
| |____12.2.2 MyNotes
| |____12.3 MyNotes
| |____12.4 MyNotes
|____ch13
| |____13.1.3 MyNotes
| |____13.2.3 MyNotes
|____ch14
| |____14.2.1 MyNotes(同步 GET 请求)
| |____14.2.2 MyNotes(异步 POST 请求)
| |____14.2.3 MyNotes(插入、删除、修改)
| |____14.3.1 MyNotes(刷新控件)
| |____14.3.2 MyNotes(网络活动指示器)
| |____14.4.2 MyNotes(MKNetworkKit GET 请求)
| |____14.4.3 MyNotes(MKNetworkKit POST 请求)
| |____14.4.4 HTTPQueue(下载)
| |____14.4.5 HTTPQueue(上传)
|____ch15
| |____15.2 MyNotes(基于委托模式设计)
```

```
||____15.3 MyNotes(基于观察者模式设计)
|____ch16
||____JiaGeXian4iPhone
```

目录 ch1～ch16 代表第 1 章到第 16 章的实例代码或一些资源文件,其中工程或工作空间地命名有如下几种形式:

- 二级目录标号,如:"2.4 HelloiOS"说明是第 2 章第 2.4 节中使用的 HelloiOS 工程实例;
- 三级目录标号,如:"6.1.3 ScreenTest"说明是第 6 章第 6.1.3 节中使用的 ScreenTest 工程实例;
- 没有标号情况下,由所在父目录说明是哪个章节的实例工程,如:JiaGeXian4iPhone 说明是在第 16 章中使用的。

1.3.2 图示约定

为了更形象有效地说明知识点或描述操作,本书添加了很多图示,下面简要说明图示中一些符号的含义。

- 图中的圈框。有时读者会看到如图 1-4 所示的圈框,其中是选中的内容或重点要说明的内容。

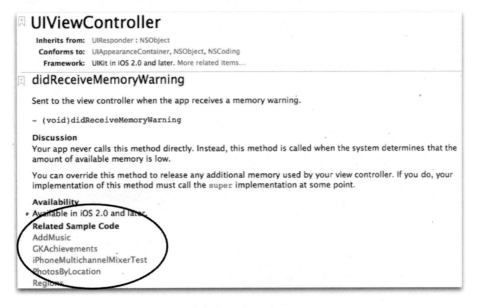

图 1-4　图中圈框

- 图中箭头。如图 1-5 和图 1-6 所示,箭头用于说明用户的动作,一般箭尾是动作开始的地方,箭头指向动作结束的地方。图 1-6 所示的虚线箭头在书中用得比较多,常用来描述设置控件的属性等操作,箭头指向代表打开 XXX 检测器。

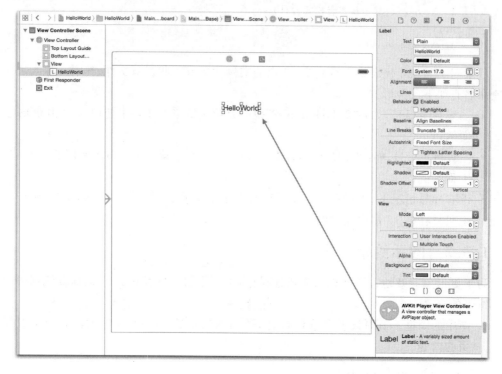

图 1-5　图中箭头 1

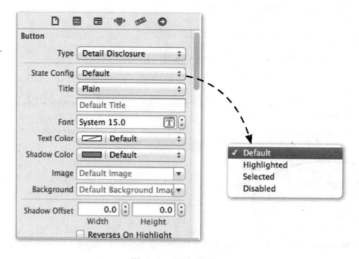

图 1-6　图中箭头 2

- 图中手势。为了描述操作,在图中放置了 等手势符号,这说明单击了该处的按钮。如图 1-7 所示,屏幕下方的"更多…"按钮上面就有这个手势,说明用户单击了"更多…"按钮。

图 1-7　图中手势

1.3.3　方法命名约定

苹果在官方文档中采用 Objective-C 多重参数描述 API，它将方法名按照参数的个数分成几个部分。

提示　关于 Objective-C 多重参数，下面的代码实现了在一个集合中按照索引插入元素。

- (void)insertObject:(id)anObject atIndex:(NSInteger)index

图 1-8 所示说明了 Objective-C 多重参数方法定义，第 1 个参数是 anObject，参数类型是 id 类型，第 2 个参数是 index，参数类型是 NSUInteger，这叫做多重参数。它的返回类型是 void，方法签名是 insertObject:atIndex:。方法类型标识符中"-"代表方法是实例方法，"＋"代表方法是类方法。如果上面的方法变成 C 或 C++ 形式，则是下面的样子：

void insertObjectAtIndex(id anObject, NSUInteger index)

苹果公司在推出 Swift 语言后，仍然采用多重参数描述 API。如图 1-9 所示苹果 API 文档。

图 1-9 所示是 UITableView 类的 -numberOfRowsInSection：方法：其中"-"表示实例方法；"＋"表示静态方法；":"表示有参数。

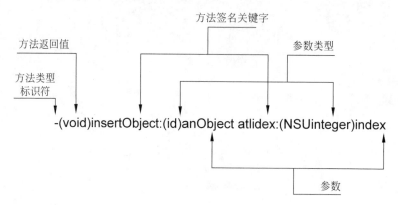

图 1-8　Objective-C 多重参数方法定义

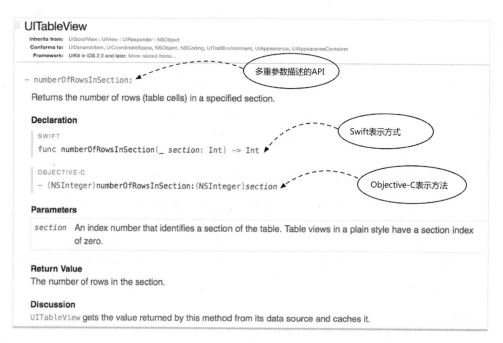

图 1-9　苹果 API 文档

该方法表示成为 Swift 语言如下：

func numberOfRowsInSection(_ section: Int) -> Int

该方法表示成为 Objective-C 语言如下：

-(NSInteger)numberOfRowsInSection:(NSInteger)section

为了统一命名，也采用苹果官方的提法，即在本书中提到 Swift 方法的时候，采用-numberOfRowsInSection：多重参数形式，特殊情况下会加以说明。

1.3.4 构造器命名约定

构造器是特殊的方法，它也采用 Objective-C 多重参数描述 API，但是更为特殊例如 UITableView 的构造器是"-initWithFrame:style:"，如图 1-10 所示。

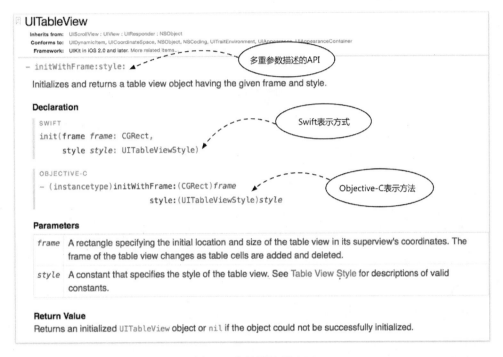

图 1-10 苹果构造器 API

该构造器表示成为 Swift 语言形式如下：

init(frame frame: CGRect,style style: UITableViewStyle)

该构造器表示成为 Objective-C 语言是如下方法：

-(instancetype)initWithFrame:(CGRect)frame style:(UITableViewStyle)style

为了统一命名也采用苹果官方的提法，即在本书中提到 Swift 构造器的时候，也采用 -initWithFrame:style: 多重参数形式，特殊情况下会加以说明。

1.4 创建 HelloiOS 工程

在学习之初，有必要对使用 Xcode 创建 iOS 工程做一个整体概览，这里通过创建一个基于故事板的 HelloiOS 工程来详述其中涉及的知识点。

实现 HelloiOS 应用后，会在界面上展示字符串 HelloiOS 效果如图 1-11 所示，其中主要包含 Label(标签)控件。

图 1-11　HelloiOS 的 iPhone 界面

1.4.1　创建工程

启动 Xcode,然后单击 File→New→Project 菜单,在打开的 Choose a template for your new project 界面中选择 Single View Application 工程模板如图 1-12 所示。

接着单击 Next 按钮,随即出现如图 1-13 所示的界面。

这里可以按照提示并结合实际情况和需要输入相关内容。下面简要说明图 1-13 中的选项。

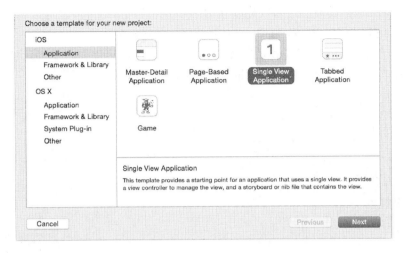

图 1-12　选择工程模板

图 1-13　新工程中的选项

- Product Name：工程名字。
- Organization Name：组织名字。
- Organization Identifier：组织标识（很重要）。一般情况，这里输入的是公司或组织的域名，例如 com.51work6，类似于 Java 中的包命名。
- Bundle Identifier：捆绑标识符（很重要）。该标识符由 Product Name＋Company Identifier 构成。因为在 App Store 上发布应用时会用到它，所以它的命名不可重复。
- Language：开发语言选择。这里可以选择开发应用所使用的语言，Xcode 6 中可以选择 Swift 和 Objective-C。

- Devices：选择设备。可以构建基于 iPhone 或 iPad 的工程,也可以构建通用工程。通用工程是指在 iPhone 和 iPad 上都可以正常运行的工程。

设置完相关的工程选项后,单击 Next 按钮,进入下一级界面。根据提示选择存放文件的位置,然后单击 Create 按钮,将出现如图 1-14 所示的界面。

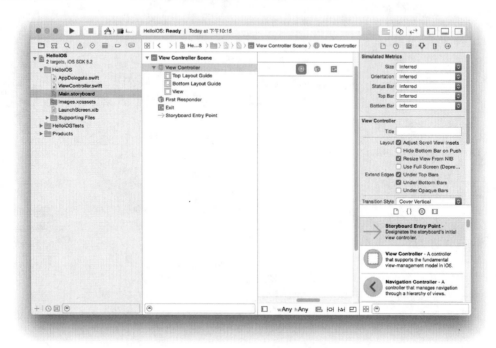

图 1-14　新创建的工程

在右下角的对象库中选择 Label,将其拖曳到 View 设计界面上并调整其位置。双击 Label,使其处于编辑状态,也可以通过控件的属性来设置,在其中输入 HelloiOS,如图 1-15 所示。

添加 Label 控件后,需要设置 Label 控件的位置,拖曳 Label 控件,此时会出现蓝色虚线,如图 1-16 所示,说明该 Label 控件处于居中位置。如果现在运行该案例,会发现 Label 控件并非居中,还需要为 Label 控件添加 Auto Layout 约束(Constraints)。关于 Auto Layout 约束的想关内容,将在 5.4 节中详细介绍。选择布局工具栏中的 Resolve Auto Layout Issues 按钮 ,此时将弹出如图 1-17 所示的菜单,选择其中的 Add Missing Constraints 菜单项,添加完成后,Label 控件上面和下面会出现两条蓝色竖线。

至此,整个工程创建完毕。如图 1-18 所示,选择运行的模拟器或设备,然后单击左上角的运行按钮 ,即可看到运行结果。

在没有输入任何代码的情况下,就已经利用 Xcode 工具的 Single View Application 模板创建了一个工程,并成功运行。Xcode 之强大可见一斑。

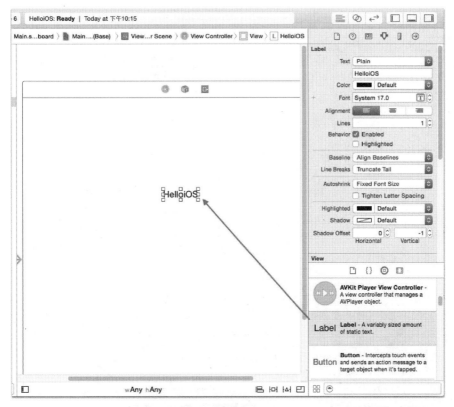

图 1-15 添加 Label

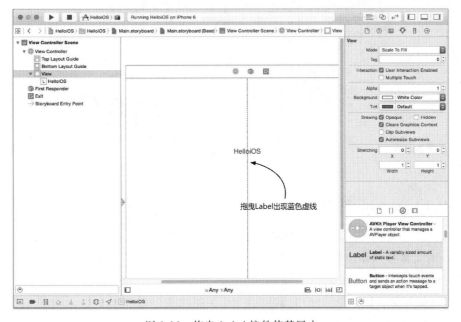

图 1-16 拖曳 Label 控件使其居中

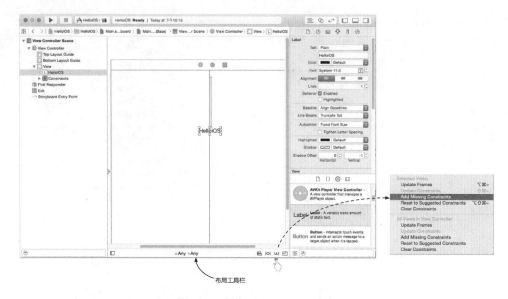

图 1-17　添加 AutoLayout 约束

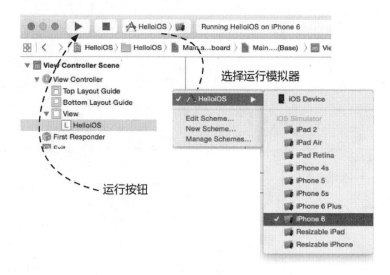

图 1-18　运行应用

1.4.2　Xcode 中的 iOS 工程模板

从图 1-19 中可以看出，iOS 工程模板分为 3 类——Appliction、Framework & Library 和 Other，下面将分别详细介绍这 3 类模板。

1. Application 类型

大部分的开发工作都是从使用 Application 类型模板创建 iOS 程序开始的。该类型共包含 5 个模板，具体如下所示。

- Master-Detail Application。可以构建树形结构导航模式应用,生成的代码中包含了导航控制器和表视图控制器等。
- Game。可以构建基于 iOS 的游戏应用。
- Page-Based Application。可以构建类似于电子书效果的应用,这是一种平铺导航。
- Single View Application。可以构建简单的单个视图应用。
- Tabbed Application。可以构建标签导航模式的应用,生成的代码中包含了标签控制器和标签栏等。

2. Framework & Library 类型

Framework & Library 类型的模板如图 1-19 所示,它可以构建基于 Cocoa Touch Framework 和 Cocoa Touch Static Library 的应用。

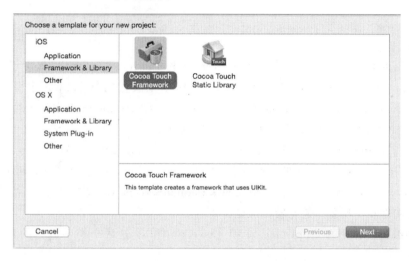

图 1-19　Framework & Library 类型的模板

Cocoa Touch Framework 可以让开发者自定义应用于 UIKit 的框架,而 Cocoa Touch Static Library 可以让开发者创建基于 Foundation 框架的静态库。出于代码安全和多个工程重用代码的考虑,可以将一些类或者函数编写成静态库。静态库不能独立运行,编译成功时会生成名为 libXXX.a 的文件,例如 libHelloiOS.a。

3. Other 类型

利用该类型,可以构建应用内购买内容包(In-App Purchase Content)和空工程,如图 1-20 所示。使用应用内购买内容包,可以构建具有内置收费功能的应用。

根据需要选用不同的工程模板,可以大大减少工作量。

1.4.3　应用剖析

在创建 HelloiOS 的过程中,生成了很多文件,展开 Xcode 左边的项目导航视图可以看到,如图 1-21 所示,它们各自的作用是什么?彼此间又是怎样的一种关系呢?

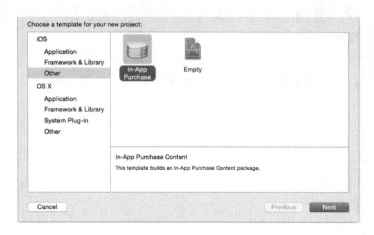
图 1-20 Other 类型的模板

图 1-21 项目导航视图

项目导航视图下有 HelloiOS、HelloiOSTests 和 Products 三个组。其中，HelloiOS 组中放置 HelloiOS 工程的重要代码；HelloiOSTests 组中放置的是 HelloiOS 程序的单元测试代码，Products 组中放置编译后的工程。下面重点介绍 HelloiOS 组中的内容。

在 HelloiOS 组中共有 4 个文件：AppDelegate.swift、ViewController.swift、Main.storyboard 和 LaunchScreen.xib，以及 1 个组 Supporting Files。AppDelegate.swift 和 ViewController.swift 是 Swift 源代码文件，其中定义了 AppDelegate 和 ViewController 两个类；Main.storyboard 文件是故事板文件；LaunchScreen.xib 是应用启动界面的 xib 文件；故事板文件和 xib 文件是比较类似的。

主要的编码工作是在 AppDelegate 和 ViewController 这两个类中进行的，它们的类图如图 1-22 所示。

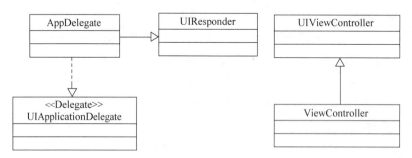
图 1-22 HelloiOS 工程中的类图

AppDelegate 是应用程序委托对象，它继承了 UIResponder 类，并实现了 UIApplicationDelegate 委托协议。UIResponder 类可以使子类 AppDelegate 具有处理相应事件的能力，而 UIApplicationDelegate 委托协议使 AppDelegate 能够成为应用程序委托对象，这种对象能够响应应用程序的生命周期。相应地，AppDelegate 的子类也可以实现这两个功能。

ViewController 类继承自 UIViewController 类,它是视图控制器类,在工程中扮演根视图和用户事件控制类的角色。

AppDelegate 类是应用程序委托对象,这个类中继承的一系列方法在应用生命周期的不同阶段会被回调。AppDelegate.swift 代码如下:

```
import UIKit

@UIApplicationMain
class AppDelegate: UIResponder,UIApplicationDelegate {

    var window: UIWindow?

    func application(application: UIApplication,didFinishLaunchingWithOptions
            launchOptions: [NSObject: AnyObject]?) -> Bool {               ①
        return true
    }

    func applicationWillResignActive(application: UIApplication) {

    }

    func applicationDidEnterBackground(application: UIApplication) {

    }

    func applicationWillEnterForeground(application: UIApplication) {

    }

    func applicationDidBecomeActive(application: UIApplication) {

    }

    func applicationWillTerminate(application: UIApplication) {

    }

}
```

启动 HelloiOS 时,首先会调用第①行的 application:didFinishLaunchingWithOptions:方法,其他方法稍后再详细介绍。

在图 2-11 的 HelloiOS 组中,还有 Images.xcassets 文件夹,它可以放置工程中的图片。Supporting Files 组只有一个 Info.plist 文件,该文件是工程属性描述文件,其中保存着工程的属性设置。Products 组是工程将要生成的产品包。

说明 在访问资源文件时,文件夹和组是有区别的,文件夹中的资源在访问时候是需要将文件夹作为路径的。如果 icon.png 文件放在 image 文件夹下,则访问它的路径是"image/icon.png";如果 image 是组,则访问它的路径是"icon.png"。

1.4.4 应用生命周期

作为应用程序的委托对象,AppDelegate 类在应用生命周期的不同阶段会回调不同的方法。首先,了解一下 iOS 应用的不同状态及其彼此间的关系,如图 1-23 所示。

下面简要介绍一下 iOS 应用的 5 种状态。

- Not Running(非运行状态)。应用没有运行或被系统终止。
- Inactive(前台非活动状态)。应用正在进入前台状态,但是还不能接受事件处理。
- Active(前台活动状态)。应用进入前台状态,能接受事件处理。
- Background(后台状态)。应用进入后台后,依然能够执行代码。如果有可执行的代码,就会执行代码,如果没有可执行的代码或者将可执行的代码执行完毕,应用会马上进入挂起状态。
- Suspended(挂起状态)。处于挂起的应用进入一种"冷冻"状态,不能执行代码。如果系统内存不够,应用会被终止。

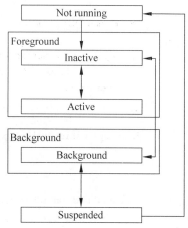

图 1-23 iOS 应用状态图

在应用状态跃迁的过程中,iOS 系统会回调 AppDelegate 中的一些方法,并且发送一些通知。实际上,在应用的生命周期中会用到很多方法和通知,下面选取几个主要的方法和通知进行详细介绍,具体如表 1-1 所述。

表 1-1 状态跃迁过程中应用回调的方法和通知

方法	本地通知	说明
application:didFinishLaunchingWithOptions:	UIApplicationDidFinishLaunchingNotification	应用启动并进行初始化时会调用该方法并发出通知。这个阶段会实例化根视图控制器
applicationDidBecomeActive:	UIApplicationDidBecomeActiveNotification	应用进入前台并处于活动状态时调用该方法并发出通知。这个阶段可以恢复 UI 的状态(例如游戏状态等)

续表

方法	本地通知	说明
applicationWillResignActive:	UIApplicationWillResignActiveNotification	应用从活动状态进入到非活动状态时调用该方法并发出通知。这个阶段可以保存UI的状态（例如游戏状态等）
applicationDidEnterBackground:	UIApplicationDidEnterBackgroundNotification	应用进入后台时调用该方法并发出通知。这个阶段可以保存用户数据，释放一些资源（例如释放数据库资源等）
applicationWillEnterForeground:	UIApplicationWillEnterForegroundNotification	应用进入到前台，但是还没有处于活动状态时调用该方法并发出通知。这个阶段可以恢复用户数据
applicationWillTerminate:	UIApplicationWillTerminateNotification	应用被终止时调用该方法并发出通知，但内存清除时除外。这个阶段释放一些资源，也可以保存用户数据

为了便于观察应用程序的运行状态，在 AppDelegate 的方法中添加一些日志输出，具体代码如下：

```
import UIKit

@UIApplicationMain
class AppDelegate: UIResponder,UIApplicationDelegate {

    var window: UIWindow?


    func application (application: UIApplication,
            didFinishLaunchingWithOptions launchOptions: [NSObject: AnyObject]?) -> Bool {
        NSLog("%@","application:didFinishLaunchingWithOptions:")
        return true
    }

    func applicationWillResignActive(application: UIApplication) {
        NSLog("%@","applicationWillResignActive:")
    }

    func applicationDidEnterBackground(application: UIApplication) {
        NSLog("%@","applicationDidEnterBackground:")
    }
```

```
    func applicationWillEnterForeground(application: UIApplication) {
        NSLog("%@","applicationWillEnterForeground:")
    }

    func applicationDidBecomeActive(application: UIApplication) {
        NSLog("%@","applicationDidBecomeActive:")
    }

    func applicationWillTerminate(application: UIApplication) {
        NSLog("%@","applicationWillTerminate:")
    }
```

为了让大家更直观地了解各状态与其相应的方法、通知间的关系,下面以几个应用场景为切入点进行系统的分析。

1. 非运行状态——应用启动场景

场景描述:用户单击应用图标的时候,可能是第一次启动这个应用,也可能是应用终止后再次启动。该场景的状态跃迁过程如图1-24所示,共经历两个阶段3个状态:Not running→Inactive→Active。

- 在 Not running→Inactive 阶段。调用 application:didFinishLaunchingWithOptions:方法,发出 UIApplicationDidFinishLaunchingNotification 通知。
- 在 Inactive→Active 阶段。调用 applicationDidBecomeActive:方法,发出 UIApplicationDidBecomeActiveNotification 通知。

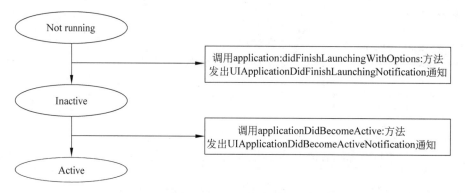

图 1-24　应用启动场景的状态跃迁过程

2. 单击 Home 键——应用退出场景

场景描述:应用处于运行状态(即 Active 状态)时,单击 Home 键或者有其他的应用导致当前应用中断。该场景的状态跃迁过程可以分成两种情况:可以在后台运行或者挂起;不可以在后台运行或者挂起。根据产品属性文件(如 Info.plist)中的相关属性 Application does not run in background 是与否,如图1-25所示可以控制这两种状态。如果采用文本编辑器打开 Info.plist 文件,该设置项对应的键是 UIApplicationExitsOnSuspend。

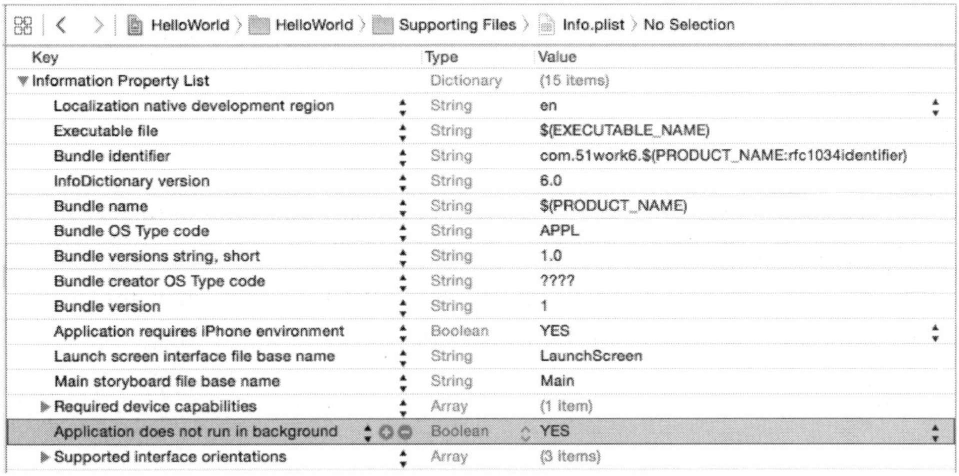

图 1-25 属性设置

状态跃迁的第一种情况：应用可以在后台运行或者挂起。该场景的状态跃迁过程如图 1-26 所示，共经历 3 个阶段 4 个状态：Active→Inactive→Background→Suspended。

- Active→Inactive 阶段。调用 applicationWillResignActive：方法，发出 UIApplicationWillResignActiveNotification 通知。
- Inactive→Background 阶段。应用从非活动状态进入到后台（不涉及要重点说明的方法和通知）。
- Background→Suspended 阶段。调用 applicationDidEnterBackground：方法，发出 UIApplicationDidEnterBackgroundNotification 通知。

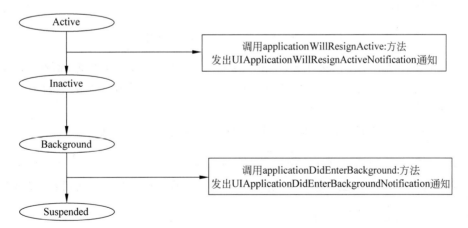

图 1-26 应用在后台运行或者挂起

状态跃迁的第二种情况：应用不可以在后台运行或者挂起。该场景的状态跃迁情况如图 1-27 所示，共经历 4 个阶段 5 个状态：Active→Inactive→Background→Suspended→Not running。

- Active→Inactive 阶段。应用由活动状态转为非活动状态（不涉及要重点说明的方法和通知）。
- Inactive→Background 阶段。应用从非活动状态进入到后台（不涉及要重点说明的方法和通知）。
- Background→Suspended 阶段。调用 applicationDidEnterBackground：方法，发出 UIApplicationDidEnterBackgroundNotification 通知。
- Suspended → Not running 阶段。调用 applicationWillTerminate：方法，发出 UIApplicationWillTerminateNotification 通知。

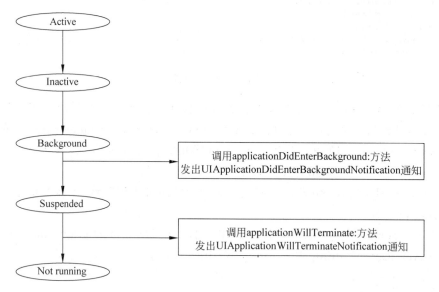

图 1-27　应用不可以在后台运行或者挂起

iOS 在 iOS 4 之前不支持多任务，单击 Home 键时，应用会退出并中断，而在 iOS 4 之后（包括 iOS 4），操作系统能够支持多任务处理，单击 Home 键时应用会进入后台但不会中断（内存不够的情况除外）。

应用在后台也可以进行部分处理工作，处理完成后进入挂起状态。

说明　双击 Home 键可以快速进入 iOS 多任务栏，如图 1-28 所示，此时可以看到处于后台运行或挂起状态的应用，也可能有处于终止状态的应用。长按这些图标，可以删除这些应用以手动释放内存。

3. 挂起重新运行场景

场景描述：挂起状态的应用重新运行。该场景的状态跃迁过程如图 1-29 所示，共经历 3 个阶段 4 个状态：Suspended→Background→Inactive→Active。

(a)　　　　　　　　　　　　(b)

图 1-28　iOS 多任务栏(a)为 iOS 6 之前,(b)为 iOS 7 之后

- Suspended→Background 阶段。应用从挂起状态进入后台(不涉及讲述的这几个方法和通知)。
- Background→Inactive 阶段。调用 applicationWillEnterForeground：方法,发出 UIApplicationWillEnterForegroundNotification 通知。
- Inactive→Active 阶段。调用 applicationDidBecomeActive：方法,发出 UIApplicationDidBecomeActiveNotification 通知。

4. 内存清除——应用终止场景

场景描述：应用在后台处理完成时进入挂起状态(这是一种休眠状态),如果这时发出低内存警告,为了满足其他应用对内存的需要,该应用就会被清除内存从而终止运行。该场景的状态跃迁过程如图 1-30 所示。

内存清除的时候应用终止运行。内存清除有两种情况,可能是系统强制清除内存;也可能是由使用者从任务栏中手动清除(即删掉应用)。内存清除后如果应用再次运行,上一次的运行状态不会被保存,相当于应用第一次运行。

在内存清除场景下,应用不会调用任何方法,也不会发出任何通知。

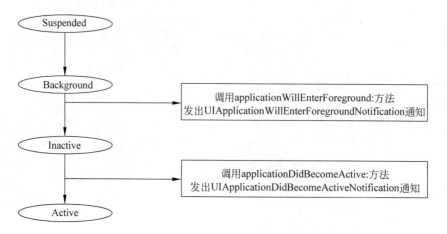

图 1-29 挂起重新运行场景的状态跃迁过程

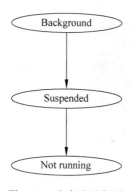

图 1-30 内存清除场景

1.4.5 Xcode 中的 Project 和 Target

在前面讲解应用生命周期时，为了禁止应用在后台运行，将工程属性文件 Info.plist 中的 Application does not run in background 属性修改为 YES（即 UIApplicationExitsOnSuspend＝true），这项操作就属于产品属性的设置。在 Xcode 中，产品与 Target 直接相关，而 Target 与 Project 直接相关。

打开 HelloiOS 工程时，会看到如图 1-31 所示的界面。产品属性包括 Project 和 Target 部分内容。一个工程只有一个 Project，但可以有一个或多个 Target。

目前所创建的 HelloiOS 只有一个 Target，下面为之前使用故事板实现的 HelloiOS 工程增加一个 Target。

首先，依次选择 File→New→Target 菜单项，此时会弹出一个选择模板对话框，如图 1-32 所示。

这里选择的模板与新建工程时选择的模板完全一样，然后单击 Next 按钮，将出现如图 1-33 所示的对话框。

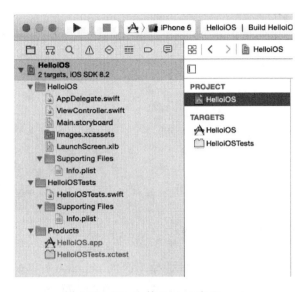

图 1-31　Xcode 的 Project 和 Target

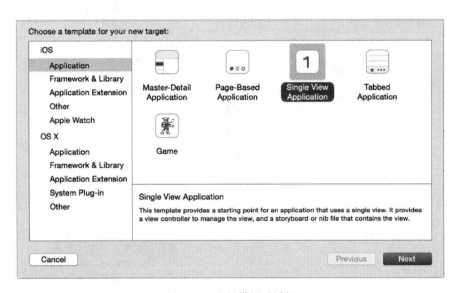

图 1-32　选择模板对话框

根据情况逐一设定后，其中在 Language 中选择 Swift，单击 Finish 按钮，现在已经成功为 HelloiOS 新增了一个 Target。查看导航面板，可以发现有两个 Target，并同时生成一套完整的文件——AppDelegate.swift、ViewController.swift 和 Main.storyboard，它们独立于原来的 Target 而存在，如图 1-34 所示。

图 1-33 Target 的一些选项设定　　　　图 1-34 新创建的 Target

要指定运行哪一个 Target，可以通过选择不同的 Scheme 来实现。如图 1-35 所示，在 Xcode 的左上角选择 TestTarget→iPhone 6，就可以在 iPhone 6 模拟器上运行 TestTarget 了。

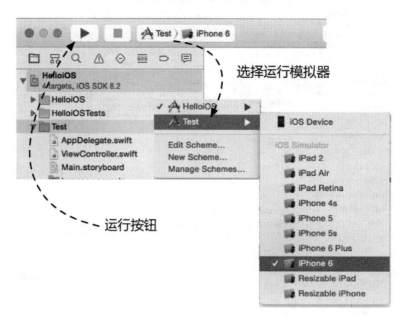

图 1-35 选择 Scheme

1.4.6 常用的产品属性

下面介绍几个常用的产品属性设置。Target 继承了 Project。对于 Target 和 Project 下都有的设置项，可根据需要对 Target 进行再设置，此设置可覆盖 Project 的设置。

Project 中的属性设置相对比较简单，大家可以参考官方的相关资料。这里为大家介绍 Target 下两个常用的产品属性。

1. 设定屏幕方向

如图 1-36 所示，在导航面板中选择 TestTarget，然后在右侧选择 General 选项卡，此时可以发现下面的 Device Orientation 区域中有 4 个复选框，它们代表设备支持的 4 个方向，选中则代表支持该指定方向。

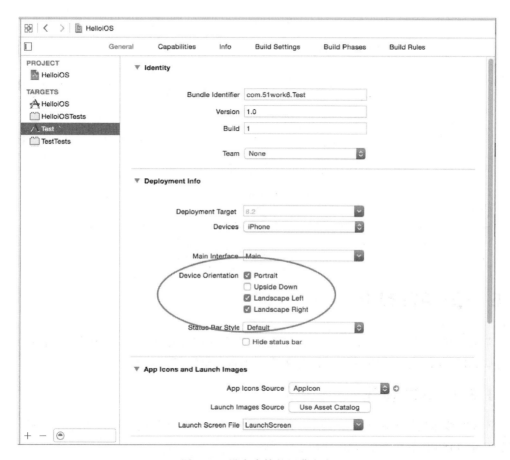

图 1-36　设定支持的屏幕方向

2. 设置设备支持情况

可以让应用支持 iPhone 设备或 iPad 设备，或者同时支持 iPhone 和 iPad 设备。如图 1-37 所示，在 Device Orientation 选项卡中找到 Device 下拉列表，从中选择 iPhone、iPad 或者 Universal 选项，其中 Universal 表示同时支持 iPhone 和 iPad 设备。

事实上，产品的相关属性还有很多，会在后面继续介绍。

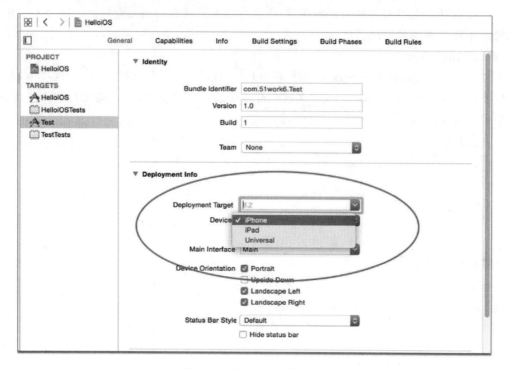

图 1-37　设置设备支持情况

1.5　iOS API 简介

苹果的 iOS API 在不同版本间有很多变化，本书采用的是 iOS 8。本节中，会介绍 iOS 8 有哪些 API，如何使用这些 API 的帮助文档以及如何使用官方案例。

1.5.1　API 概述

iOS 的整体架构如图 1-38 所示，分为 4 层——Cocoa Touch 层、Media 层、Core Services 层和 Core OS 层，下面概要介绍一下这 4 层。

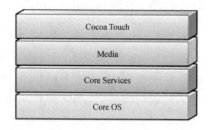

图 1-38　iOS 整体架构图

1. Cocoa Touch 层

该层提供了构建 iOS 应用的一些基本系统服务,例如多任务、触摸输入和推送通知等,以及关键框架如表 1-2 所示。

表 1-2 Cocoa Touch 层包括的框架

框 架	前 缀	说 明
Address Book UI	AB	访问用户的联系人信息
Event Kit UI	EK	访问用户的日历事件数据
Game Kit	GK	提供能够进行点对点的网络通信的 API
iAd	AD	在应用中嵌入广告
Map Kit	MK	在应用中嵌入地图和地理信息编码等
Message UI	MF	提供与发送 E-mail 相关的 API
PhotosUI	PH	照片 UI 相关的 API
Twitter	TW	提供发送 Twitter 的接口
UIKit	UI	提供 UI 类

2. Media 层

Media 层提供了图形、音频、视频和 AirPlay 技术,包括的框架如表 1-3 所示。

表 1-3 Media 层包括的框架

框 架	前 缀	说 明
Assets Library	AL	提供访问用户的图片和视频的接口
AudioToolbox	Audio	录制或播放音频、音频流及格式转换
AudioUnit	Audio,AU	可以使用内置音频单元服务及音频处理模块
AV Foundation	AV	提供播放与录制音频和视频的 Objective-C 接口
Core Audio	Audio	提供录制、制作、播放音频的 C 语言接口
Core Graphics	CG	提供 Quartz 2D 接口
Core Image	CI	提供操作视频和静态图像的接口
Core MIDI	MIDI	提供用于处理 MIDI 数据低层的 API
Core Text	CT	提供渲染文本和处理字体的简单、高效的 C 语言接口
Core Video	CV	提供用于处理音频和视频的 API
Image I/O	CG	包含一些读写图像数据类
GLKit	GLK	包含了构建复杂 OpenGL ES 应用的 Objective-C 实用类
Media Player	MP	包含全屏播放接口
OpenAL	AL	包含了 OpenAL(跨平台的音频)的 C 语言接口
OpenGL ES	EAGL,GL	包含 OpenGL ES(跨平台的 2D/3D 图形库)的 C 语言接口
Quartz Core	CA	提供动画接口类
Sprite Kit	SK	苹果提供的基于 2D 游戏的开发引擎,可以开发 iOS 和 Mac OS X 下的游戏
SceneKit	SCN	一种高级别 3D 图形框架,能够帮助在 APP 中创建 3D 动画场景和特效

3. Core Services 层

该层提供了 CloudKit、HealthKit、HomeKit、应用内购买、SQLite 数据库和 XML 支持等技术,包括的主要框架如表 1-4 所示。

表 1-4 Core Services 层包括的框架

框架	前缀	说明
Accounts	AC	用于访问用户的 Twitter 账户(iOS 5 之后才有此 API)
AddressBook	AB	访问用户的联系人信息
AdSupport	AS	获得 iAD 广告标识
CFNetwork	CF	提供了访问 Wi-Fi 网络和蜂窝电话网络的 API
Core Data	NS	提供管理应用数据的 ORM 接口
CoreFoundation	CF	iOS 开发中最基本的框架,包括数据集
Core Location	CL	提供定位服务的 API
CoreMedia	CM	提供 AV Foundation 框架使用的底层媒体类型。可以精确控制音频或视频的创建及展示
CoreMotion	CM	接收和处理重力加速计及其他的运动事件
CoreTelephony	CT	提供访问电话基本信息的 API
Event Kit	EK	访问用户的日历事件数据
Foundation	NS	为 Core Foundation 框架的许多功能提供 Objective-C 封装,是 Objective-C 最为基本的框架
JavaScriptCore.framework	JS	提供了基于 Objective-C 语言封装的标准 JavaScript 对象,通过该框架可以实现 Objective-C 与 JavaScript 之间的相互调用
MobileCoreServices	UT	定义统一类型标识符(UTI)使用的底层类型
Newsstand Kit	NK	提供在后台下载杂志和新闻的 API 接口(iOS 5 之后才有此 API)
Pass Kit	PK	提供访问各种优惠券的 API(iOS 6 之后才有此 API)
QuickLook	QL	该框架可以预览无法直接查看的文件内容,例如打开 PDF 文件
Social	SL	提供社交网络访问 API,中国区提供新浪微博 API(iOS 6 之后才有此 API)
Store Kit	SK	提供处理应用内置收费的资金交易
SystemConfiguration	SC	用于确定设备的网络配置。例如,使用该框架判断 Wi-Fi 或者蜂窝连接是否正在使用中,也可以用于判断某个主机服务是否可以使用
Cloud Kit	CK	开发 iCloud 应用的新型 API
HealthKit	HK	开发健康和健身等服务的 API,在一个位置上访问共享的健康相关的信息
HomeKit	HM	能够与用户家中连接的设备通信并进行控制

4. Core OS 层

该层提供了一些低级功能,开发中一般不直接使用它。该层包括的主要框架如表 1-5 所示。

表 1-5 Core OS 层包括的框架

框架	前缀	说明
Accelerate	AC	访问重力加速计 API
Core Bluetooth	CB	访问低能耗蓝牙设备 API
External Accessory	EA	访问外围配件 API 接口
Generic Security Services	gss	提供一组安全相关的服务
Security	CSSM,Sec	管理证书、公钥、私钥和安全信任策略 API
LocalAuthentication	LA	通过用户指定的安全策略进行安全认证

1.5.2 如何使用 API 帮助

对于初学者来说，学会在 Xcode 中使用 API 帮助文档是非常重要的。下面通过一个例子来介绍 API 帮助文档的用法。

在编写 HelloiOS 程序时，可以看到 ViewController.swift 代码如下所示：

```
import UIKit

class ViewController: UIViewController {

    override func viewDidLoad() {
        super.viewDidLoad()
    }

    override func didReceiveMemoryWarning() {
        super.didReceiveMemoryWarning()
    }

}
```

如果对 didReceiveMemoryWarning 方法感到困惑，就可以查找帮助文档。如果只是简单查看帮助信息，可以选中该方法，然后选择右边的快捷帮助检查器 ⓘ，如图 1-39 所示。

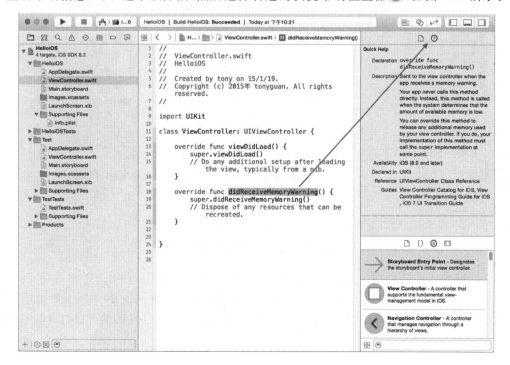

图 1-39 Xcode 快捷帮助检查器

1.6 小结

本章首先介绍 iOS 概念、开发工具和本书约定,然后通过 HelloiOS 工程讨论了 iOS 工程模板、应用的运行机制、生命周期和几项常用产品属性的设置;最后,介绍了 API 帮助文档和官方案例的用法。

在打开的 Xcode 快捷帮助检查器窗口中,可以看到该方法的描述,其中包括使用的 iOS 版本、相关主题及一些示例。这里需要说明的是,如果需要查看官方的示例,直接从这里下载即可。

如果想查询比较完整的、全面的帮助文档,可以按住 Alt 键双击 didReceiveMemoryWarning 方法名,这样就会打开一个 XcodeAPI 帮助搜索结果窗口,如图 1-40 所示。然后选择感兴趣的主题,进入 API 帮助界面,如图 1-41 所示。

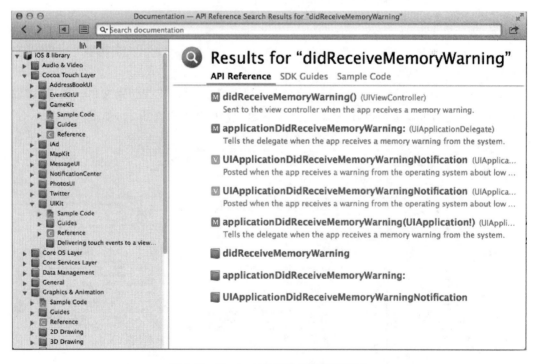

图 1-40　Xcode API 帮助搜索结果窗口

API 帮助文档还提供一些官方示例,在左边的导航面板中可以找到相关的 Sample Code,如图 1-42 所示。单击 Sample Code 展开它,找到相关示例工程并单击,此时在右边的内容窗口中可以看到关于该示例的描述,此时单击 Open Project 按钮,就可以打开并下载这个示例工程。

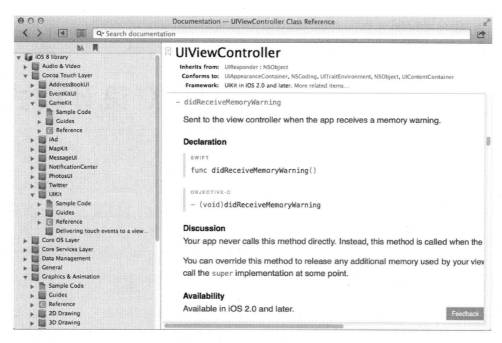

图 1-41　Xcode API 帮助界面

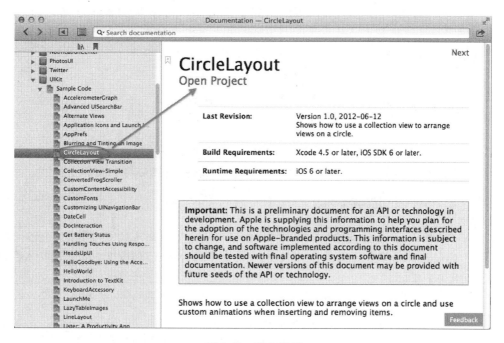

图 1-42　官方案例

第 2 章 Cocoa Touch MVC 设计模式

在本书的第 2 章就谈设计模式，或许对于很多读者学习起来有些困难，但是本章好讨论的 Cocoa Touch MVC 设计模式是 iOS 的 UI 部分理论基础。只有读者理解了 Cocoa Touch MVC 设计模式，才能展开介绍 iOS 的视图和控制器等内容，因此本章介绍 Cocoa Touch MVC 设计模式、视图和控制器相关内容。

> **提示** 设计模式是在特定场景下对特定问题的解决方案，这些解决方案是经过反复论证和测试总结出来的。实际上，除了软件设计，设计模式也被广泛应用于其他领域，例如建筑设计等。软件设计模式大都来源于 GoF[①] 的 23 种设计模式。该书的设计模式都是面向对象的，在 C++、Java 和 C#领域都有广泛的应用。Cocoa 和 Cocoa Touch 框架[②]中的设计模式也基本上是这 23 种设计模式的演变，但是具体来说，Cocoa 和 Cocoa Touch 中的设计模式仍然存在着差异。

2.1 MVC 模式

MVC（Model-View-Controller，模型-视图-控制器）模式是相当古老的设计模式之一，它最早出现在 Smalltalk 语言中。现在，很多计算机语言和架构都采用了 MVC 模式。

2.1.1 MVC 模式概述

MVC 模式是一种复合设计模式，由"观察者"（Observer）模式、"策略"（Strategy）模式和"合成"（Composite）模式等组成。MVC 模式由 3 个部分组成，如图 2-1 所示，其中这 3 个部分的作用如下所示。

[①] *Design Patterns：Elements of Reusable Object-Oriented Software*（中文版《设计模式》）一书由 Erich Gamma、Richard Helm、Ralph Johnson 和 John Vlissides 合著（Addison-Wesley，1995），这四位作者常被称为"四人组"（Gang of Four，GoF）。

[②] Cocoa Touch 框架用于 iOS 开发，它是由 Foundation 和 UIKit 框架组成。而 Cocoa 框架用于 Mac OS X 开发，它是由 Foundation 和 Application Kit（AppKit）框架组成。

- 模型。保存应用数据的状态,回应视图对状态的查询,处理应用业务逻辑,完成应用的功能,将状态的变化通知视图。
- 视图。为用户展示信息并提供接口。用户通过视图向控制器发出动作请求,然后再向模型发出查询状态的申请,而模型状态的变化会通知给视图。
- 控制器。接收用户请求,根据请求更新模型。另外,控制器还会更新所选择的视图作为对用户请求的回应。控制器是视图和模型的媒介,可以降低视图与模型的耦合度,使视图和模型的权责更加清晰,从而提高开发效率。

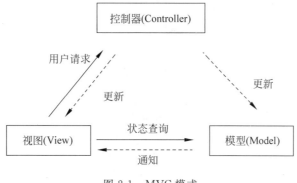

图 2-1　MVC 模式

对应于哲学中的"内容"与"形式",在 MVC 模型中,模式是"内容",它存储了视图所需要的数据,视图是"形式",是外部表现方式,而控制器是它们的媒介。

2.1.2　Cocoa TouchMVC 模式

在 2.1.1 节中,讨论的是通用的 MVC 模式,而 Cocoa 和 Cocoa Touch 框架中的 MVC 模式与传统的 MVC 模式略有不同,前者的模型与视图不能进行任何通信,所有的通信都是通过控制器完成的,如图 2-2 所示。

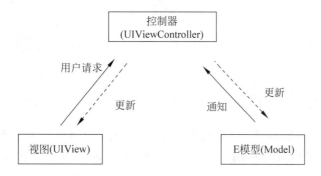

图 2-2　Cocoa Touch 的 MVC 模式

在 Cocoa Touch 框架的 UIKit 框架中,UIViewController 是所有控制器的根类,例如 UITableViewController、UITabBarController 和 UINavigationController。UIView 是视图

和控件的根类，模型一般继承于 NSObject 的子类。

下面通过一个 iOS 的案例来分析 Cocoa Touch 中 MVC 模式的运作过程，这个案例的界面如图 2-3 所示。

这里不过多介绍案例的编写过程，而是直接看一下代码。打开 MVCSample 工程，其中包括：AppDelegate 类、ViewController 类和 Main.storyboard 等文件。

AppDelegate 是应用程序委托对象，ViewController 是视图控制器、Main.storyboard 是故事板文件。只看到了视图控制器，没有看到视图和模型。打开故事板文件，可以看到 View Controller Scene 如图 2-4 所示。

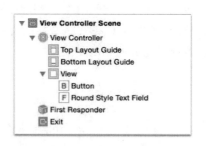

图 2-3　MVC 案例界面　　　　　　　　图 2-4　View Controller Scene

打开 View Controller，就可以看到 View，其中直接使用了 UIKit 框架中的 UIView，因此在 MVCSample 组中没有视图。此外，属于视图的还有 Button 和 Text Field，它们是 View 的子视图。

那么，模型对象在哪儿呢？模型对象很特殊，其本质是视图的"数据"。Text Field 输入的内容，Button 上的标签，都可以说是模型，但是模型与视图一样，有的时候未必需要自己创建一个模型类。因此，做开发工作时，主要是编写视图控制器。下面看看视图控制器

ViewController.swift 文件的代码。

```
class ViewController: UIViewController,UITextFieldDelegate{

    @IBOutlet weak var myButton: UIButton!
    @IBOutlet weak var myTextField: UITextField!

    @IBAction func myAction(sender: AnyObject) {

    }
    …
}
```

上述代码可见,两个控件 myButton 和 myTextField 定义了两个输出口类型的属性。因为要通过控制器更新这些视图(控件也属于视图),所以需要把这些视图定义成输出口类型的属性。

此外,ViewController.swift 还定义了 myAction:方法以响应 myButton 按钮的触摸事件。该方法的返回类型是动作事件,这说明该方法是可以响应控件事件的。

另外,ViewController 还实现了 UITextFieldDelegate 协议,这样 ViewController 就变成了 UITextField 控件的委托对象,它们之间的运作关系如图 2-5 所示。

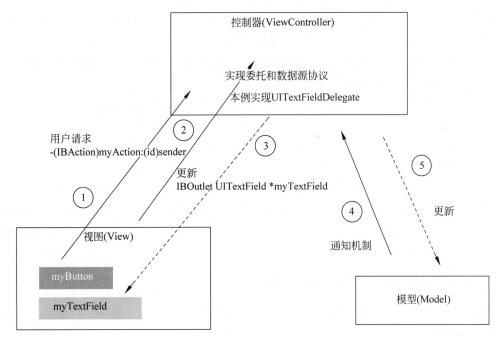

图 2-5 MVC 案例运作图

如图 2-5 所示,该视图包含了 myButton 和 myTextField 两个控件。现在按照编号对图 2-5 进行解释。

① 当用户触摸 myButton 的时候，会触发 ViewController 中的 myAction: 方法。
② 视图控制器会实现一些控件委托和数据源协议，这要看具体的控件。在此案例中，ViewController 实现了 UITextFieldDelegate 协议，在 UITextFieldDelegate 中定义了一些响应 UITextField 事件的方法。
③ 视图控制器通过属性 myButton 和 myTextField 来改变控件的状态。
④ 模型对象可以通过通知机制来通知数据的变化。
⑤ 视图控制器可以保存一个模型成员变量或属性，并通过它们改变模型的状态。

2.2 视图控制器

刚才介绍了 Cocoa Touch MVC 模式，下面先介绍一下 iOS 中的视图控制器。在 Cocoa TouchMVC 设计模式中，处于重要地位的视图控制器有很多种。下面介绍一下这是视图控制器及他们的生命周期。

2.2.1 视图控制器种类

在 UIKit 中，视图控制器有很多，有些负责显示视图，有些起到导航（界面跳转）的作用，有些还有其他用途，下面将与导航相关的视图控制器整理如下。

- UIViewController。用于自定义视图控制器的导航。例如，对于两个界面的跳转，可以用一个 UIViewController 来控制另外两个 UIViewController。
- UINavigationController。导航控制器，它与 UITableViewController 结合使用，能够构建树形结构导航模式。
- UITabBarController。标签栏控制器，用于构建树标签导航模式。
- UIPageViewController。呈现电子书导航风格的控制器。
- UISplitViewController。可以把屏幕分割成几块的视图控制器，主要为 iPad 屏幕设计。
- UIPopoverController。呈现"气泡"风格视图的控制器，主要为 iPad 屏幕设计。

视图控制器随着 iOS 版本的变化而变化，例如 UISplitViewController 和 UIPopoverController 是随着 iPad 的出现而推出的；UIPageViewController 则是 iOS 5 新推出的，主要用于构建电子书和电子杂志应用。

2.2.2 视图控制器生命周期

在视图显示的不同阶段会回调视图控制器的不同方法，这就是视图控制器的生命周期，如图 2-6 所示。

在视图控制器已被实例化，视图被加载到内存中时会调用 viewDidLoad 方法，这时视图并未出现。在该方法中，通常会对所控制的视图进行初始化处理。

视图可见前后会调用 viewWillAppear: 方法和 viewDidAppear: 方法；视图不可见前后

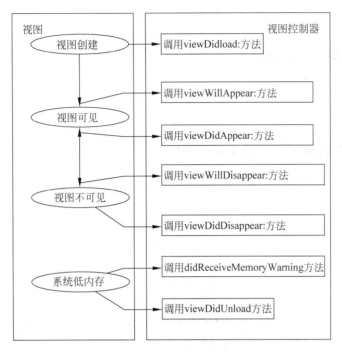

图 2-6　视图控制器生命周期

会调用 viewWillDisappear:方法和 viewDidDisappear:方法。这 4 个方法调用父类相应的方法以实现其功能,编码时调用父类方法的位置可根据实际情况做以调整,参见如下代码:

```
override func viewWillAppear(animated: Bool) {
    super.viewWillAppear(animated)
}
```

viewDidLoad 方法在应用运行的时候只调用一次,而上述这 4 个方法可以被反复调用多次,它们的使用很广泛同时也具有很强的技巧性。例如,有的应用会使用重力加速计,重力加速计会不断轮询设备以实时获得设备在 z 轴、x 轴和 y 轴方向的重力加速度。不断的轮询必然会耗费大量电能进而影响电池使用寿命,通过利用这 4 个方法适时地打开或者关闭重力加速计来达到节约电能的目的。怎么使用这 4 个方法才能做到"适时"是一个值得思考的问题。

在低内存的情况下,iOS 会调用 didReceiveMemoryWarning 和 viewDidUnload 方法。在 iOS 6 之后,就不再使用 viewDidUnload,而仅支持 didReceiveMemoryWarning。didReceiveMemoryWarning 方法的主要职能是释放内存,包括视图控制器中的一些成员变量和视图的释放。现举例如下:

```
override func didReceiveMemoryWarning() {
    super.didReceiveMemoryWarning()
}
```

除了上述 6 种方法外，还有很多其他方法。随着学习的深入，会逐一向大家介绍。

2.3 视图与 UIView

在 Cocoa 和 Cocoa Touch 框架中的"根"类是 NSObject 类。同样，在 UIKit 框架中，也存在一个这样的"根"类——UIView。

2.3.1 UIView 继承层次结构

从继承关系上看，UIView 是所有视图的"根"，这就构成如图 2-7 所示的 UIView 类的继承层次。

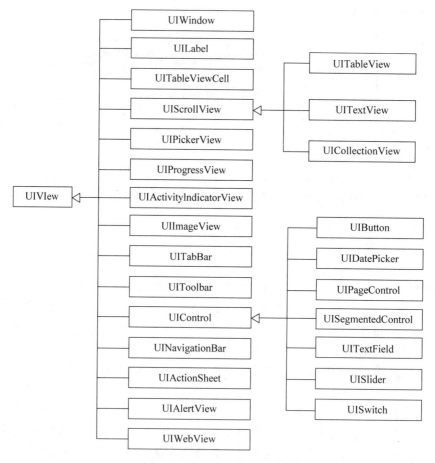

图 2-7　UIView 继承层次图

在 UIView 继承层次图可见特殊的视图——UIControl 类。UIControl 类是控件类，其子类有 UIButton、UITextField 和 UISilder 等。之所以称它们为控件类，是因为它们都有能力响应一些高级事件。为了查看这些事件,可以在 Interface Builder 中拖曳一个 UIButton 到设计界面,然后选中这个 Button,单击右上角的按钮,打开连接检查器,如图 2-8 所示。

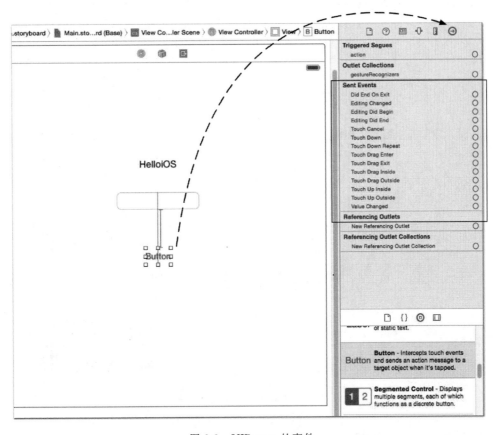

图 2-8　UIButton 的事件

其中 Send Events 栏中的内容就是 UIButton 相对应的高级事件。UIControl 类以外的视图没有这些高级事件,这可以借助 HelloiOS 工程中的 UILabel 验证一下。选中 UILabel,打开连接检查器,如图 2-9 所示。可以发现 UILabel 的连接检查器中没有 Send Events 栏,即没有高级事件,不可以响应高级事件。

事实上,视图也可以响应事件,但这些事件比较低级,需要开发人员自己进行处理。很多手势的开发都是以这些低级事件为基础的。

> **注意**　在后面章节中,很多视图(例如 UILabel、文本视图和进度条等)并未继承 UIControl 类,但也习惯称为控件,这是开发中约定俗成的一种常用归类方式,与严格意义上的概念性分类有差别。

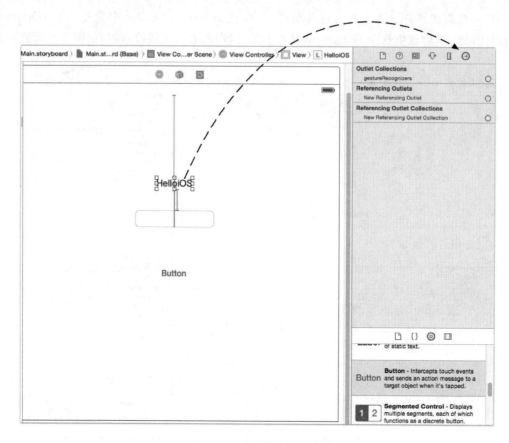

图 2-9　UILabel 没有高级事件

2.3.2　视图分类

为了便于开发，苹果将 UIKit 框架中的视图分成以下几个类别。

- 控件。继承自 UIControl 类，能够响应应用户高级事件。
- 窗口。它是 UIWindow 对象。一个 iOS 应用只有一个 UIWindow 对象，它是所有子视图的"根"容器。
- 容器视图。它包括了 UIScrollView、UIToolbar 及它们的子类。UIScrollView 的子类有 UITextView、UITableView 和 UICollectionView，在内容超出屏幕时，它们可以提供水平或垂直滚动条。UIToolbar 是非常特殊的容器，它能够包含其他控件，一般置于屏幕底部，特殊情况下也可以置于屏幕顶部。
- 显示视图。用于显示信息，包括 UIImageView、UILabel、UIProgressView 和 UIActivityIndicatorView 等。
- 文本和 Web 视图。提供了能够显示多行文本的视图，包括 UITextView 和 UIWebView，其中 UITextView 也属于容器视图，UIWebView 是能够加载和显示

HTML 代码的视图。
- 导航视图。为用户提供从一个屏幕到另外一个屏幕的导航（或跳转）视图，它包括 UITabBar 和 UINavigationBar。
- 警告框和操作表。用于给用户提供一种反馈或者与用户进行交互。UIAlertView 视图是一个警告框，它会以动画形式弹出来；而 UIActionSheet 视图给用户提供可选的操作，它会从屏幕底部滑出。

2.3.3 应用界面的构建层次

iOS 应用界面是由若干个视图构建而成的，这些视图对象采用树形构建。如图 2-10 所示是一个应用界面的构建层次图，该应用有一个 UIWindow，其中包含一个 UIView 根视图。根视图下又有 3 个子视图——Button1、Label2 和 UIView（View2），其中子视图 UIView（View2）中存在一个按钮 Button3。

一般情况下，应用中只包含一个 UIWindow。从视图构建层次上讲，UIWindow 包含了一个根视图 UIView。根视图一般也只有一个，放于 UIWindow 中。根视图的类型决定了应用程序的类型。图 2-10 中各对象间的关系如图 2-11 所示。

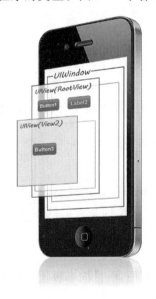
图 2-10　应用界面的构建层次图

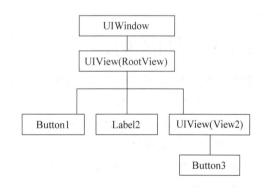
图 2-11　各对象间的关系

应用界面的构建层次是一种树形结构，UIWindow 是"树根"，根视图是"树干"，其他对象为"树叶"。在层次结构中，上下两个视图是"父子关系"。除了 UIWindow，每个视图的父视图有且只有一个，子视图可以有多个。它们间的关系涉及 3 个属性，如图 2-12 所示。

下面简要介绍这 3 个属性的含义。
- superview。获得父视图对象。

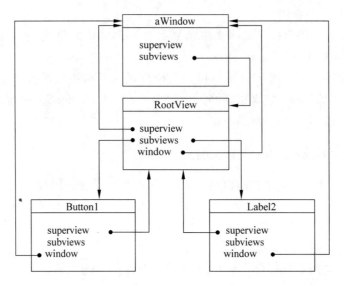

图 2-12　视图中的 superview、subviews 和 window 属性

- subviews。获得子视图对象集合。
- window。获得视图所在的 UIWindow 对象。

2.4　界面构建技术

在 iOS 应用开发过程中，构建一个界面可以采用三种方式：故事板文件、Xib 文件和代码实现。下面分别介绍一下。

2.4.1　使用故事板

在上一章介绍的 HelloiOS 工程中有一个 Main.storyboard 文件，被称为"故事板"（storyboard）文件。它可以描述应用中有哪些界面，界面有哪些控件及它们的事件。此外，故事板还能描述界面之间是如何导航（或跳转）的。

1. 故事板的导航特点

在包含多个视图控制器的情况下，采用故事板管理比较方便，而且故事板还可以描述界面之间的导航关系。

下面举例说明故事板的用法。要做这样一个应用：两个不同的界面，有两个标签分别与其对应，单击标签实现两个界面的互相切换。该应用采用标签栏导航模式，设计原型如图 2-13 所示。

选择 Tabbed Application 模板创建工程，在生成的工程中打开 Main.storyboard 文件。会看到如图 2-14 所示的设计视图。

可以看到，该应用包含两个视图，并且两个视图存在切换关系。

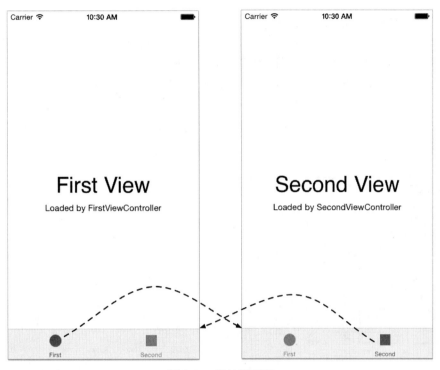

图 2-13　设计原型图

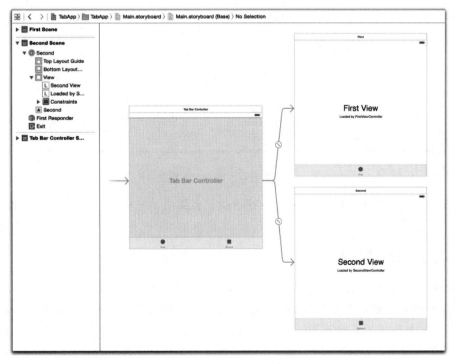

图 2-14　故事板设计视图

2．故事板中的 Scene 和 Segue

如图 2-15 所示 Scene 和 Segue 是故事板中非常重要的两个概念。每个视图控制器都会对应一个 Scene(译为"场景"),可以理解为应用的一个界面或屏幕。这些 Scene 之间通过 Segue 连接,Segue 不但定义了 Scene 之间的导航(或跳转)方式,还体现了 Scene 之间的关系。Scene 的类型分为:Push、Modal、Popover 和自定义方式,Scene 要与具体的控制器结合使用,Push 是树形导航模式;Modal 是模态导航模式;Popover 是呈现浮动窗口,这些导航模式会在后面介绍。

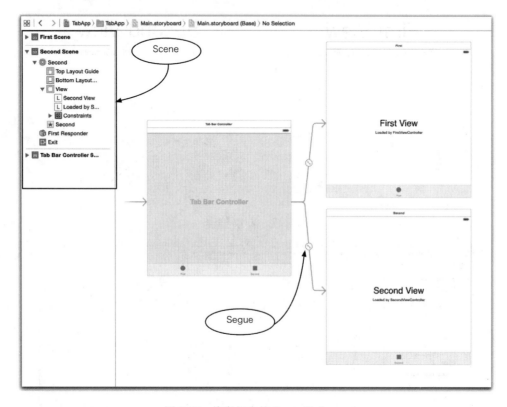

图 2-15　故事板中的 Scene 和 Segue

除了 Scene 和 Segue 以外,故事板中还有关于表视图单元格的一些新东西,也将在后面逐一介绍。

2.4.2　使用 Xib 文件

说明在一些老版本 Xcode 创建的工程中,经常会看到 Xib 文件,事实上 Xib 与故事板是非常相似的技术。那么故事板与 Xib 比较,是否只是文件后缀名不同呢? 当然不是,一般而言,一个工程中可以有多个 Xib 文件,一个 Xib 文件对应着一个视图控制器,如图 2-16(a)所示。而使用故事板时,一个工程只需要一个主故事板文件就可以了,如图 2-16(b)所示。

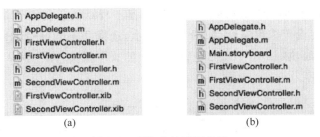

图 2-16　Xib 和故事板比较

下面详细介绍一下通过 Xib 实现的 HelloiOS。在目前的 Xcode 6 版本中已经没有能够创建 Xib 的工程模板了，这也可见苹果公司重点支持故事板技术了。不过这也没有关系办法还是有的，先参考上一章创建 HelloiOS 工程的方法，通过 Xcode 6 工具创建一个 Single View Application 工程。

提示　事实上选择哪个工程模板都无所谓，因为模板创建的故事板文件是要删除的。

工程创建完成后，在 Xcode 中选中 ViewController.swift 和 Main.storyboard 文件，右键单击，弹出如果 2-17 所示的菜单，选择 Delete 菜单删除这两个文件。这是会弹出如图 2-18 所示的删除确认对话框，单击 Move to Trash 按钮可以彻底删除文件，而 Remove References 按钮只是从工程中删除文件。

图 2-17　删除工程中文件

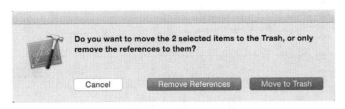

图 2-18　删除确认对话框

另外，由于删除了 Main.storyboard 文件，但是工程默认还会加载 Main.storyboard 文件文件，所以还需要设置工程属性，如图 2-19 所示，选择 Targets→HelloiOS→Deployment Info→Main Interface，Main Interface 是应用加载的故事板文件名，默认为 Main，删除默认的 Main，使得其内容为空。

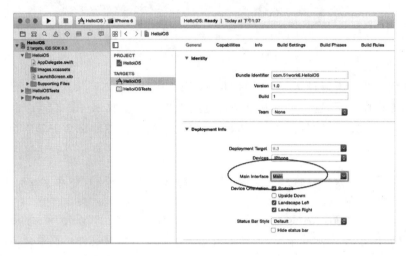

图 2-19　删除确认对话框

然后还需要添加视图控制器，在 Xcode 工程中选择菜单 File→New→File…菜单，弹出如图 2-20 所示的新建文件对话框，在其中选择 iOS→Source→Cocoa TouchClass，然后单击 Next 按钮，弹出如图 2-21 所示的对话框，在 Class 中输入 RootViewController，Subclass of 为 UIViewController，选中 Also create XIB file，Language 选择 Swift。选中 Also create XIB file 可以在创建视图控制器类的时候同时创建对应的 Xib 文件。选择完成之后，单击 Next 按钮，选择文件保存目录，并创建就可以了。

图 2-20　新建文件对话框

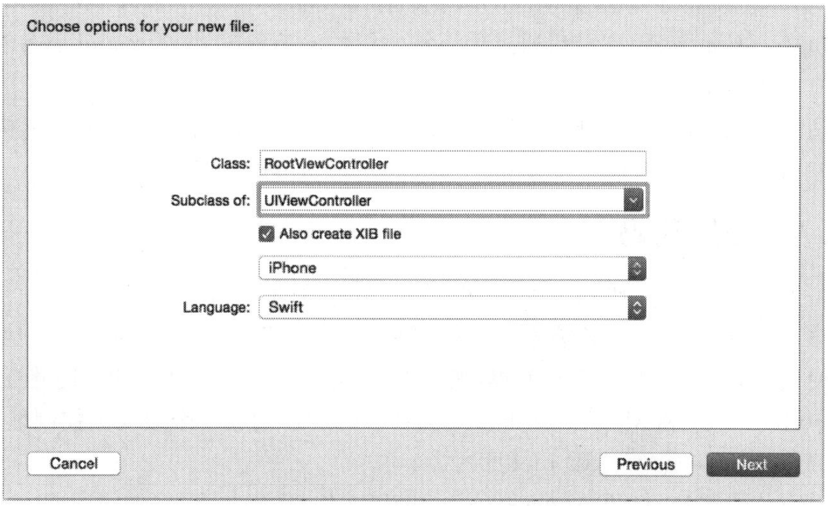

图 2-21　新建视图控制器对话框

要界面设计可以打开 RootViewController.xib 文件，参考故事板实现的 HelloiOS 设计界面，具体步骤不再赘述。

下面看看代码部分，打开 AppDelegate.swift 文件，代码如下：

```swift
@UIApplicationMain
class AppDelegate: UIResponder,UIApplicationDelegate {

    var window: UIWindow?                                                       ①
    var rootViewController: RootViewController?                                 ②

    func application(application: UIApplication,
            didFinishLaunchingWithOptions launchOptions: [NSObject: AnyObject]?) -> Bool {

        self.window = UIWindow(frame: UIScreen.mainScreen().bounds)             ③
        self.rootViewController = RootViewController(nibName: "RootViewController",bundle: nil)   ④
        self.window?.rootViewController = self.rootViewController               ⑤
        self.window?.makeKeyAndVisible()                                        ⑥

        return true
    }
    ……
}
```

上述代码第①行是声明 UIWindow 属性 window，关于这个属性在 2.3.3 一节介绍过。第②行代码是声明根视图属性 rootViewController。然后在 application:didFinishLaunchingWithOptions: 方法中第③～⑥行代码是故事板版本中没有的，这几行代码的作用是实例化问 window 属性（见代码第③行）和根视图 rootViewController 属性（见代码第④行），通过代码第⑤行

rootViewController 属性赋值给 window 的属性 rootViewController，UIWindow 也有根视图属性 rootViewController。最后通过代码第⑥行的 self.window?.makeKeyAndVisible() 语句显示应用程序窗口。

需要注意的是在创建视图控制器时候可以通过 Xib 文件创建，代码第④行构造器中的 nibName 参数就是 Xib 文件。

2.4.3 使用代码

代码是万能的，通过代码完全可以构建应用界面，但是调试起来非常的麻烦。每次的界面的修改结果，只能重新运行才能看到，不是"所见即所得"的，这最大的问题。

如果使用代码构建 HelloiOS 工程，则可以参考上一节的 Xib 实现，创建工程并删除 ViewController.swift 和 Main.storyboard 文件。然后再创建一个根视图控制器，但是创建时候不需要选中 Alsocreate XIB file(见图 2-21)。

下面看看代码部分，打开 AppDelegate.swift 文件，代码如下：

```swift
@UIApplicationMain
class AppDelegate: UIResponder,UIApplicationDelegate {

    var window: UIWindow?
    var rootViewController: RootViewController?

    func application(application: UIApplication,
            didFinishLaunchingWithOptions launchOptions: [NSObject: AnyObject]?) -> Bool {

        self.window = UIWindow(frame: UIScreen.mainScreen().bounds)
        self.rootViewController = RootViewController()                              ①
        self.window?.rootViewController = self.rootViewController
        self.window?.makeKeyAndVisible()

        return true
    }
    ……
}
```

上述代码与 Xib 文件实现非常相似，但是不同的地方是在代码第①行创建视图控制器，代码方式没有 Xib 文件自然也就不能通过 Xib 文件创建视图控制器了。

由于没有设计界面，添加 Label 控件到根视图的过程，需要在根视图控制器中通过代码实现，根视图控制器 RootViewController.swift 主要代码如下：

```swift
class RootViewController: UIViewController {

    override func viewDidLoad() {
        super.viewDidLoad()
```

```
        self.view.backgroundColor = UIColor.whiteColor()                      ①

        let screen = UIScreen.mainScreen().bounds;                            ②
        let labelWidth:CGFloat = 68
        let labelHeight:CGFloat = 20
        let labelTopView:CGFloat = 200
        var label = UILabel(frame: CGRectMake((screen.size.width - labelWidth)/2,
                                        labelTopView,labelWidth,labelHeight))  ③

        label.text = "HelloiOS"
        self.view.addSubview(label)                                            ④
    }
    ……
}
```

代码第①行是设置根视图界面背景，backgroundColor 属性是视图的背景属性。第②行代码是获得屏幕的边界，其返回值是 CGRect 类型，CGRect 是描述视图对象位置和大小的结构体，创建 CGRect 实例可以通过 CGRectMake 函数实现。

代码第③行创建 UILabel 对象，构造器中 frame 参数就是 CGRect 实例，很多视图对象都可以通过 frame 参数创建。

创建完成视图对象后一定不要忘记要通过 addSubview 方法把它添加到父视图中，代码第④行 self.view.addSubview(label) 是将 Label 对象添加到根视图上。

> **讨论** 三种构建界面技术，故事板和 Xib 都属于"所见即所得"技术，此外故事板还可以表述界面之间的导航，而 Xib 只能设计单个界面。由于一个工程只有一个故事板文件，当进行团队开发时候，多人需要修改界面时候，如果管理的不好就会发生冲突，而故事板这不会出现这个问题。另外考虑屏幕适配问题的时候，故事板和 Xib 设计起来比较麻烦，不如代码实现灵活。

2.5 小结

本章重点介绍了 Cocoa Touch MVC 模式；然后介绍了视图控制器和视图基础知识；最后介绍界面构建技术。

第 3 章 视 图

视图和控件是应用的基本元素。在学习 iOS 之初,要掌握一些常用的视图和控件的特点及它们的使用方式。

3.1 控件与动作事件

控件是继承自 UIControl 类,具有一些高级事件,定义动作事件就是将特地的控件事件与视图控制器(或视图)中方法关联起来。

下面通过一个 ButtonLabelSample 案例介绍定义动作事件。该案例的设计原型图如图 3-1 所示,其中包含一个标签和一个按钮,当单击按钮的时候,标签文本会从初始的 Label 替换为 HelloWorld。

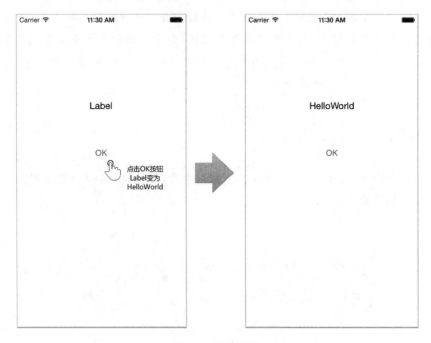

图 3-1 设计原型

使用 Single View Application 模板创建一个名为 ButtonLabelSample 的工程具体创建过程请参见 1.4 节。

3.1.1 按钮

打开故事板文件 Main.storyboard，从对象库中拖曳一个 Button 控件并将其摆放到设计界面，如图 3-2 所示。

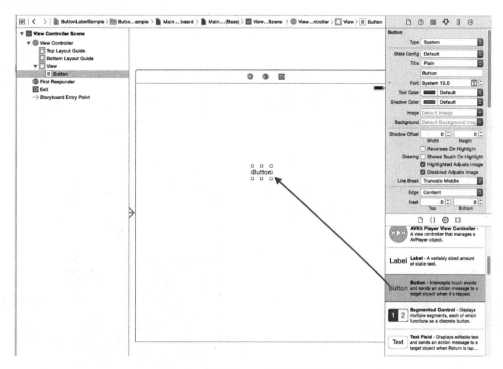

图 3-2 添加 Button 控件到设计界面

双击 Button 按钮，输入文本 OK。现在按钮是默认状态，可以运行一下，看看效果。

按钮有多种类型，如图 3-3 所示，打开属性检查器，单击 Type 下拉列表，可见 6 种按钮类型。他们的含义如下：

- Custom。自定义类型。如果不喜欢圆角按钮，可以使用该类型。
- System。系统默认属性，表示该按钮没有边框，在 iOS 7 之前按钮默认为圆角矩形。
- Detail Disclosure。细节展示按钮ⓘ，主要用于表视图中的细节展示。
- Info Light 和 Info Dark。这两个是信息按钮ⓘ，样式上与细节展示按钮一样，表示有一些信息需要展示，或有可以设置的内容。
- Add Contact。添加联系人按钮⊕。

State Config 下拉列表中有 4 种状态，分别是 Default（默认）状态、Highlighted（高亮）状态、Selected（选择）状态和 Disabled（不可用）状态，如图 3-4 所示。

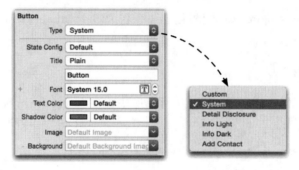

图 3-3　按钮的 Type 属性

选择不同的 State Config 选项,可以设置不同状态下的属性。

如果希望单击按钮时,按钮中央会高亮显示,可以选中 Drawing 中的 Shows Touch On Highlight 复选框,如图 3-5 所示。

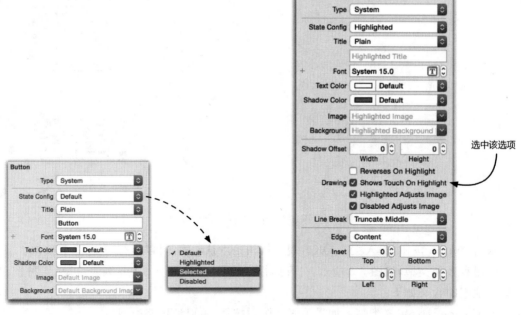

图 3-4　按钮的 State Config 属性　　　　图 3-5　高亮状态的设置

为了能突出单击后的高亮效果,可以把按钮背景设置为深颜色,该背景颜色可以到属性检查器的 View→Background 中设置。　　是单击 OK 按钮时的高亮效果,其中按钮中央会出现一个光圈。

3.1.2　定义动作事件

到上 3.1.1 节为止 ButtonLabelSample 案例只是完成了界面设计,还需要按钮能够触发动作事件,由于按钮是在故事板文件或 Xib 文件中定义的,而相应这些事件的方法是在视图控制器代码中定义的,如图 3-6 所示。苹果公司通过定义动作事件方式把他们连接起来。

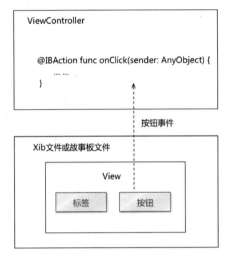

图 3-6　动作事件作用机制

为了使控件的某个事件与相应方法连接起来,可以通过 Interface Builder 或者代码建立关联,本章重点使用第一种方式。

> 提示　Interface Builder 设计器就是 Interface Builder,在 Xcode 4 之后被集成到 Xcode 工具中。打开故事板或者 xib 文件,就会自动打开 Interface Builder 设计器。

单击左上角第一组按钮中的"打开辅助编辑器"按钮 ⬮,打开如图 3-7 所示的界面。然后,选中 Button,按住 control 键,同时拖曳鼠标到辅助编辑器窗口,如图 3-8 所示。

这时松开鼠标,则弹出如图 3-9 所示的对话框中,将 Connection 选择为 Action,Name 为 onClick,其他选项用默认值即可,设置完成后,单击 Connect 按钮,会生成如下代码:

```
@IBAction func onClick(sender: AnyObject) {
}
```

该方法是为了响应控件的事件而定义的方法,返回值类型为 IBAction。sender 是参数,是事件源,是发出事件的控件对象,可以省略如下:

```
@IBAction func onClick() {
}
```

由于还没有添加 Label 控件,所以目前在 onClick 方法中可以输出日志信息,代码如下:

```
@IBAction func onClick(sender: AnyObject) {
    NSLog("Button onClick.")
}
```

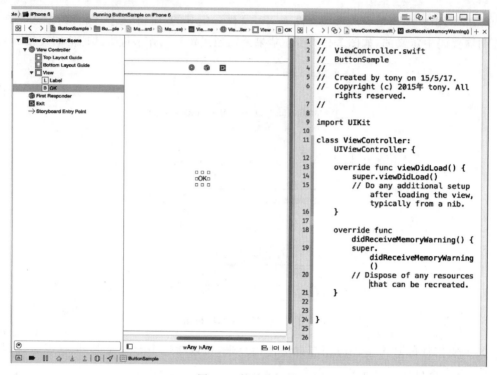

图 3-7 辅助编辑器

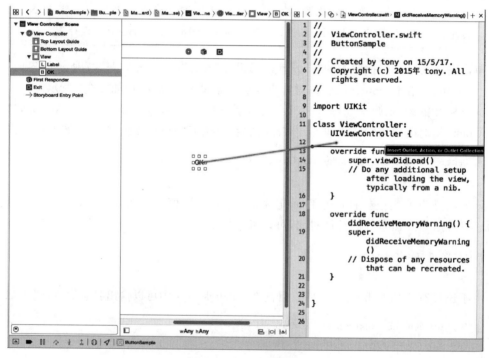

图 3-8 定义动作事件

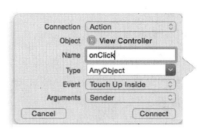

图 3-9　设置动作

3.2　视图与输出口

到上 3.1.2 节为止 ButtonLabelSample 案例完成了界面设计和 Button 按钮定义动作事件，还需要 Label 控件并添加输出口。

3.2.1　标签

打开 Main.storyboard 文件，从对象库中拖曳一个 Label 控件，属性检查器如图 3-10 所示，并将控件摆放在设计视图的居中位置。

由图 3-10 可以看出，标签的属性检查器包括 Label 和 View 两个组。Label 组主要是文本相关的属性。而 View 组主要是从视图的角度对控件进行设置，所有的视图都具有 View 组。

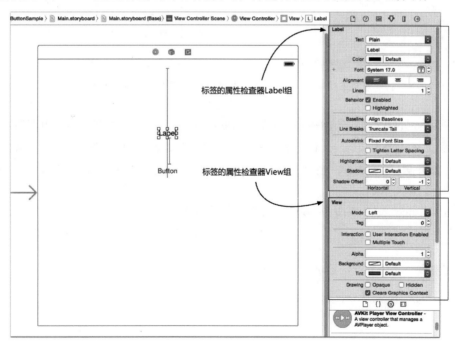

图 3-10　属性检查器

可以通过双击或者属性来实现 Label 控件的文本输入，这里的属性指的就是 Label 下的 Text 属性。当然，也可以用代码来实现文本的编辑。

需要说明的是，对象库中包含了控制器、基本控件、高级控件和手势等很多对象。随着版本的升级，对象库还在不断扩充和完善，短时间内可能无法找到指定的控件，此时可以借助对象库下方的搜索栏来查找，如图 3-11 所示。

3.2.2 定义输出口

由于 Label 控件是在故事板文件或 Xib 文件中定义的，为了能够在视图控制器的代码中访问 Label 控件。苹果公司通过定义输出口方式把他们连接起来，如图 3-12 所示实线箭头。

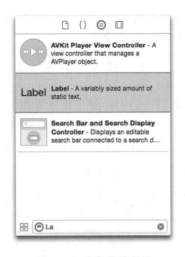
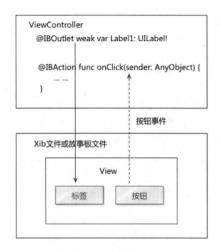

图 3-11 对象库搜索栏　　　　图 3-12 输出口作用机制

连接输出口过程类似于动作事件，单击左上角第一组按钮中的"打开辅助编辑器"按钮 ⬭。然后，选中 Label，按住 control 键，同时拖曳鼠标到辅助编辑器窗口，如图 3-13 所示。

这时松开鼠标，会弹出一个对话框。在 Connection 栏中选择 Outlet，将输出口命名为 Label1，如图 3-14 所示。

单击 Connect 按钮，右边的编辑界面将自动添加如下一行代码：

`@IBOutlet weak var Label1: UILabel!`

现在实现 onClick 方法添加代码如下：

```
@IBAction func onClick(sender: AnyObject) {
    self.Label1.text = "Hello World"
}
```

此时单击 OK 按钮，标签的文本内容从原来的 Label 成功切换为 HelloWorld。

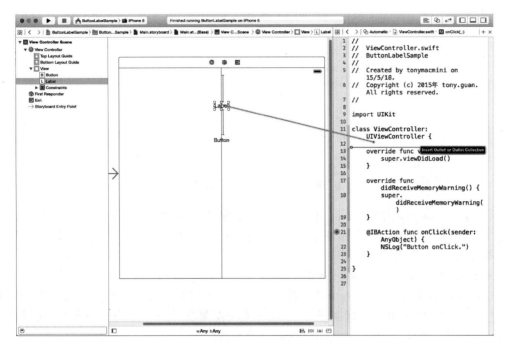

图 3-13　定义输出口

图 3-14　设置输出口

3.3　视图与委托协议

与 Label 和 Button 等视图不同，有些视图例如 TextField、TextView 和 WebView 等相等复杂一点，它们的外观和事件处理是通过这些协议的实现对象来管理的。下面先介绍一下委托设计模式。

3.3.1　委托设计模式

委托协议是源于委托设计模式。委托设计模式是 Cocoa 和 Cocoa Touch 框架最为重要的设计模式之一，下面介绍一下这种模式。

在 1.4 节的 HelloiOS 工程中介绍过应用程序委托对象 AppDelegate，AppDelegate 实现了 UIApplicationDelegate 委托协议，AppDelegate 是 UIApplication 的委托对象，UIApplication

是应用程序对象,他们的类图如图 3-15 所示。AppDelegate、UIApplicationDelegate 和 UIApplication 三者之间实现了委托设计模式。

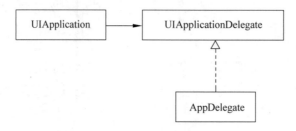

图 3-15　AppDelegate 类图

UIApplication 实例提供了应用程序的集中控制点来保持应用的状态。为了响应应用程序事件,例如:响应低内存、应用启动、后台运行和应用终止等事件。UIApplication 规定了一些方法,这些方法是在应用委托协议 UIApplicationDelegate 中定义的。作为开发人员需要实现 UIApplicationDelegate 协议。

应用程序对象 UIApplication 不直接依赖于应用程序委托对象 AppDelegate,而是依赖于 UIApplicationDelegate 协议实现对象,这在面向对象软件设计原则中叫做"面向接口的编程"。AppDelegate 实现 UIApplicationDelegate 协议。

委托设计模式广泛地应用在 Mac OS X 和 iOS 开发,例如:视图的事件处理、异步通信和数据回传等。

3.3.2　实例:TextField 委托协议

在 UIKit 框架中,TextField 控件由 UITextField 类创建。它对应委托协议是 UITextFieldDelegate。以 UITextFieldDelegate 为例来说明一下委托的用法,UITextFieldDelegate 是控件 UITextField 的委托,它主要负责响应控件事件或控制其他对象。

打开 UITextFieldDelegate 的 API 文档,如图 3-16 所示,可以发现其中有 4 个与编辑有关的方法,还有 3 个其他方法。其中 TextField 编辑前后过程中相关消息调用,如图 3-17 所示。

在 TextField 开始编辑前后,会分别发出消息 textFieldShouldBeginEditing: 和 textFieldDidBeginEditing:,编辑结束前后会分别发出消息 textFieldShouldEndEditing: 和 textFieldDidEndEditing:。

> **注意**　委托消息命名有一定的约定性,如果是 UITextField 发出的消息,就以 textField(去掉 UI 小写第一个字母)开头,后面跟 3 个词之一——should、will 或 did。在使用 should 消息时,应该返回一个布尔值,这个返回值用于确定委托是否会响应消息;当使用 will 后缀时,没有返回值,表示改变前要做的事情;当使用 did 后缀时,也没有返回值,表示改变之后要做的事情。这 3 种方法都会把发送消息的对象以参数的形式回传回来,例如 textFieldShouldBeginEditing(textField:UITextField)消息中的参数 textField。

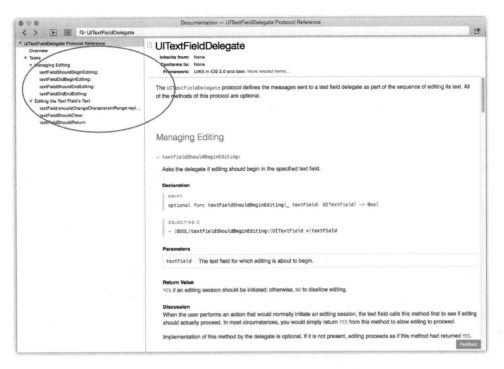

图 3-16　UITextFieldDelegate 的 API 文档

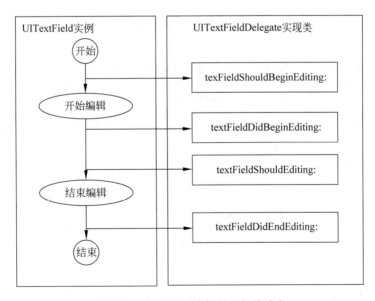

图 3-17　TextField 编辑过程相关消息

为了演示 TextField 编辑前后发生了什么，需要编写一个简单的 UITextFieldDelegateSample 工程，如图 3-18 所示，其中界面中只包含一个 TextField，然后为 TextField 定义输出口。

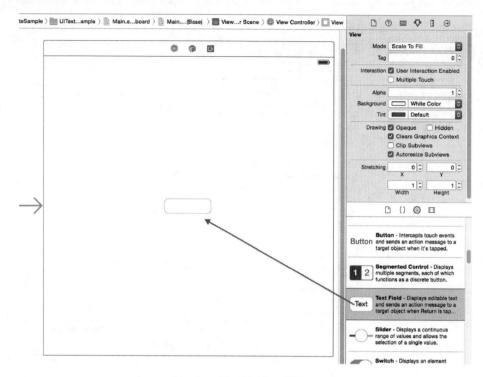

图 3-18　TextField 工程界面

在视图控制器 ViewController 中实现 UITextFieldDelegate，ViewController.swift 代码如下：

```
class ViewController: UIViewController,UITextFieldDelegate {

    @IBOutlet weak var textField: UITextField!

    override func viewDidLoad() {
        super.viewDidLoad()
        self.textField.delegate = self                                        ①

    }

    //MARK: -- 实现 UITextFieldDelegate 委托协议方法
    func textFieldShouldBeginEditing(textField: UITextField) -> Bool {
        NSLog("call textFieldShouldBeginEditing:")
        return true
    }

    func textFieldDidBeginEditing(textField: UITextField) {
        NSLog("call textFieldDidBeginEditing:")
    }

    func textFieldShouldEndEditing(textField: UITextField) -> Bool {
```

```
        NSLog("call textFieldShouldEndEditing:")
        return true
    }
    
    func textFieldDidEndEditing(textField: UITextField) {
        NSLog("call textFieldDidEndEditing:")
    }
    func textFieldShouldReturn(textField: UITextField) -> Bool {
        NSLog("call textFieldShouldReturn:")
        textField.resignFirstResponder()
        return true
    }
}
```

在 viewDidLoad 方法中第①行代码 self.textField.delegate＝self 语句极为重要,是将当前视图控制器对象 self 作为 TextField 委托对象。除了代码编程实现分派委托对象,还可以通过 Interface Builder 在故事板(或 Xib)中连线分派委托对象。如图 3-19 所示,打开故事板文件,右击 TextField 框控件,从弹出的快捷菜单中,将位于 Outlets(输出口)下面的 delegate 后面的圆圈,用鼠标拖曳到 View Controller 上,然后松开鼠标。

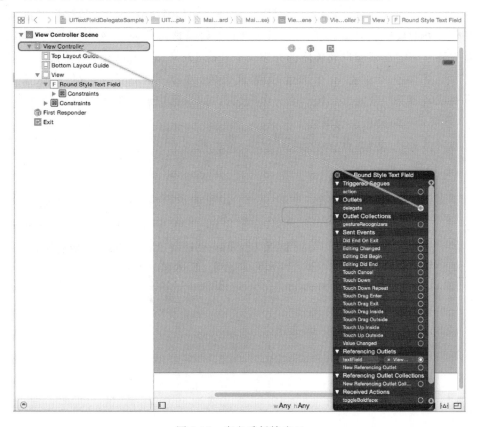

图 3-19　定义委托输出口

运行代码,输出的日志如下:

```
call textFieldShouldBeginEditing:
call textFieldDidBeginEditing:
```

输入完成后,单击 return 键,关闭键盘,结束编辑状态,此时在日志中的输出结果如下:

```
call textFieldShouldReturn:
call textFieldShouldEndEditing:
call textFieldDidEndEditing:
```

其中,textFieldShouldReturn:是单击 return 键时发出的消息,借助该消息通过 textField.resignFirstResponder()方法关闭键盘。

对于一些更复杂的控件,例如 UITableView,除了需要实现委托协议外,还需要实现数据源协议。数据源与委托一样,都是委托设计模式的具体应用,委托对象主要对控件对象的事件和状态变化作出响应,而数据源对象是为控件对象提供数据。

3.3.3 键盘的打开和关闭

一旦 TextField 或 TextView 等控件处于编辑状态,系统就会智能地弹出键盘,而不需要做任何额外的操作。但是,关闭键盘就不像打开键盘这样顺利了,需要用代码去实现。

首先要了解键盘不能自动关闭的原因。当 TextField 或 TextView 处于编辑状态时,这些控件变成了"第一响应者"。要关闭键盘,就要放弃"第一响应者"的身份。在 iOS 中,事件沿着响应者链从一个响应者传到下一个响应者,如果其中一个响应者没有对事件做出响应,那么该事件会重新向下传递。

顾名思义,"第一响应者"是响应者链中的第一个,不同的控件成为"第一响应者"之后的"表现"不太一致。TextField 或 TextView 等输入类型的控件会出现键盘,而只有让这些控件放弃它们的"第一响应者"身份,键盘才会关闭。

要想放弃"第一响应者"身份,需要调用 UIResponder 类中的 resignFirstResponder 方法,此方法一般在单击键盘的 return 键或者是背景视图时触发。本例采用单击 return 键关闭键盘的方式要实现这个操作,可以利用 TextField 或 TextView 的委托协议实现。相关的实现代码是在 ViewController.swift 文件中完成的,具体如下所示:

```
class ViewController: UIViewController,UITextFieldDelegate {
    …
    //通过委托来实现放弃第一响应者
    func textFieldShouldReturn(textField: UITextField) -> Bool {
        textField.resignFirstResponder()
        return true
    }
}
```

其中 textFieldShouldReturn:方法是 UITextFieldDelegate 委托协议中定义的方法,在

用户单击键盘时调用,其中的 textField.resignFirstResponder()语句用于关闭键盘。

3.3.4 键盘的种类

之前所看到的键盘都是系统默认的类型。在 iOS 中,打开有输入动作的控件的属性检查器,可以发现 Keyboard 的下拉选项有 10 种类型键盘,如图 3-20 所示,可以根据需要进行选择。

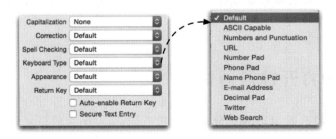

图 3-20 选择键盘类型

选择不同的键盘类型,会在 iOS 上弹出不同的键盘,这些键盘的样式如图 3-21~3-24 所示。

图 3-21 ASCII 键盘

图 3-22 数字和标点符号键盘

图 3-23 邮箱键盘

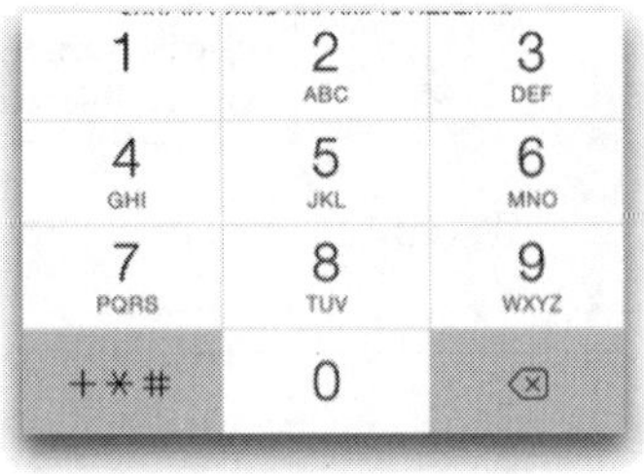

图 3-24 电话拨号键盘

除了可以为控件选择合适的键盘类型外,还可以自定义 return 键的文本,而文本的内容根据有输入动作的控件而定。如果控件内输入的是查询条件,可以将 return 键的文本设置为 Go 或者 Search,示意接下来进行的就是查找动作。return 键的文本设置如图 3-25 所示。

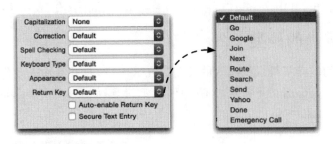

图 3-25 选择 return 键的类型

3.4 关闭和打开键盘通知

在关闭和打开键盘时,iOS 系统分别会发出通知,借助键盘的打开和关闭通知,本节介绍一下通知机制。

3.4.1 通知机制

通知机制可以实现"一对多"的对象之间的通信。如图 3-26 所示,在通知机制中对某个通知感兴趣的所有对象都可以成为接收者。首先,这些对象需要向通知中心(NSNotificationCenter)发出 addObserver:selector:name:object:消息进行注册,在投送对象投送通知给通知中心时,通知中心就会把通知广播给注册过的接收者。所有的接收者都不知道通知是谁投送的,更不关心它的细节。投送对象与接收者是一对多的关系。接收者如果对通知不再关注,会给通知中心发出 removeObserver:name:object:消息解除注册,以后不再接收通知。

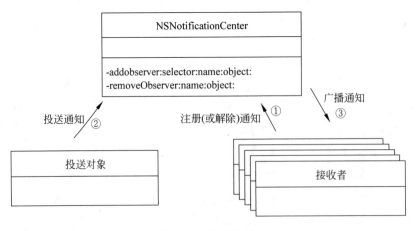

图 3-26 通知机制

3.4.2 实例：关闭和打开键盘

下面在 UITextFieldDelegateSample 工程中添加键盘关闭和打开通知代码。修改 ViewController.swift 中的有关代码如下：

```
override func viewWillAppear(animated: Bool) {                              ①
    super.viewWillAppear(animated)
    //注册键盘出现通知
    NSNotificationCenter.defaultCenter().addObserver(self,selector: "keyboardDidShow:",
                    name: UIKeyboardDidShowNotification,object: nil)         ②
    //注册键盘隐藏通知
    NSNotificationCenter.defaultCenter().addObserver(self,selector: "keyboardDidHide:",
                    name: UIKeyboardDidHideNotification,object: nil)         ③

}

override func viewWillDisappear(animated: Bool) {                           ④
    super.viewWillDisappear(animated)
    //解除键盘出现通知
    NSNotificationCenter.defaultCenter().removeObserver(self,name:
                    UIKeyboardDidShowNotification,object: nil)               ⑤
    //解除键盘隐藏通知
    NSNotificationCenter.defaultCenter().removeObserver(self,name:
                    UIKeyboardDidHideNotification,object: nil)               ⑥
}

func keyboardDidShow(notification: NSNotification) {                        ⑦
    NSLog("键盘打开")
}

func keyboardDidHide(notification: NSNotification) {                        ⑧
    NSLog("键盘关闭")
}
```

通知在使用之前要注册，不再使用时候要解除，那么在什么方法中注册和解除，要具体业务情况而定，本例第①行的 viewWillAppear 方法是在视图显示的实现调用的，与该方法对应视图消失方法是第④行的 viewWillDisappear 方法。

代码第②行是注册键盘出现通知 UIKeyboardDidShowNotification，当接收到键盘出现通知时候，则调用第⑦行的 keyboardDidShow：方法。

代码第③行是注册键盘隐藏通知 UIKeyboardDidHideNotification，当接收到键盘出现通知时候，则调用第⑧行的 keyboardDidHide：方法。

最后，需要在 viewWillDisappear 中解除键盘通知，其中第⑤行解除键盘出现通知 UIKeyboardDidShowNotification，第⑥行解除键盘隐藏通知 UIKeyboardDidHideNotification。

除了，Cocoa 和 Cocoa Touch 框架都提供一些通知，例如：表 1-1 所示的状态跃迁过程中应用通知，其中 UIApplicationDidEnterBackgroundNotification 是进入到后台通知，UIApplicationWillEnterForegroundNotification 是回到前台通知。

还有 UITextField 也会发出如下通知：UITextFieldTextDidBeginEditingNotification、UITextFieldTextDidChangeNotification 和 UITextFieldTextDidEndEditingNotification。

这些都是系统提供的通知，开发人员也可以根据自己需要定义一些通知。

3.5　Web 视图

Web 技术可以应用于 iOS 开发，苹果公司允许发布本地＋Web 的混合应用。很多情况下使用 Web 技术构建界面很有优势，例如：提供丰富的界面布局、显示多行不同风格文本、显示图片、播放音频和视频等。Web 视图能够显示 HTML、解析 CSS 和执行 JavaScript 等操作。

Web 视图类在 iOS 8 之前可以使用 UIWebView，在 iOS 8 之后又推出了 WKWebView 类。下面分别介绍这两个类的使用。

3.5.1　UIWebView 类

UIWebView 类是由 UIKit 框架提供的，UIWebView 的内核是开源的 WebKit 浏览器引擎。UIWebView 实例可以加载本地 HTML 代码或网络资源。

本地资源的加载采用同步方式，数据可以来源于本地文件或者是硬编码的 HTML 字符串，具体方法如下。

- loadHTMLString:baseURL。设定主页文件的基本路径，通过一个 HTML 字符串加载主页数据。
- loadData:MIMEType:textEncodingName:baseURL。指定 MIME 类型、编码集和 NSData 对象加载一个主页数据，并设定主页文件基本路径。

使用这两个方法时，需要注意字符集问题，而采用什么样的字符集取决于 HTML 文件。

加载网络资源时，采用的是异步加载方式，使用的方法是 loadRequest:，该方法要求提供一个 NSURLRequest 对象，该对象在构建的时候必须严格遵守某种协议格式，例如：

- http://www.51work6.com，HTTP 协议；
- file://localhost/Users/tonyguan/…/index.html，文件传输协议；

其中 http:// 和 file:// 是协议名，不能省略。上网的时候常常将 http:// 省略，一般的浏览器仍然可以解析输入的 URL，但是在 loadRequest: 方法中，该字符一定不能省略！

由于采用异步请求加载数据，所以还要实现相应的 UIWebViewDelegate 委托协议，通过实现 UIWebViewDelegate 协议响应 UIWebView 在加载的不同阶段的事件。

下面通过一个案例 WebViewSample，如图 3-27 所示，来了解一下 UIWebView 的用法。该案例有两个按钮，分别为"加载 HTML 字符串"和"异步加载"，单击"加载 HTML 字符串"按钮会从本地加载 HTML 字符串显示在 Web 视图中,单击"异步加载"按钮会从网络异步加载 URL 网址,并显示在 UIWebView 中。

使用 Single View Application 模板创建一个名为 WebViewSample 的工程,然后打开 Interface Builder 设计界面,按图 3-27 在图 3-28 设计界面摆放控件。

图 3-27　案例原型设计图

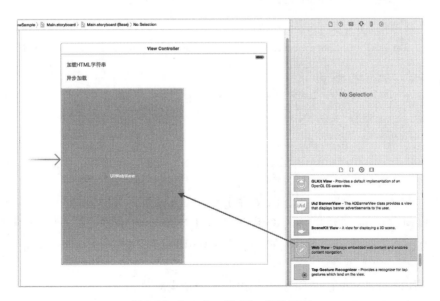

图 3-28　Interface Builder 设计界面

在 ViewController.swift 文件中定义输出口和动作,具体代码如下:

```swift
class ViewController: UIViewController,UIWebViewDelegate {

    @IBOutlet weak var webView: UIWebView!                                    ①


    @IBAction func testLoadHTMLString(sender: AnyObject) {                    ②
    }

    @IBAction func testLoadRequest(sender: AnyObject) {                       ③
    }
}
```

在上述代码中,定义了两个动作方法(见代码第②~③行)和一个 UIWebView 输出口属性(见代码第①行)。在 ViewController.swift 文件中,testLoadHTMLString:方法的代码如下:

```swift
class ViewController: UIViewController,UIWebViewDelegate {

    @IBOutlet weak var webView: UIWebView!
    ……

    @IBAction func testLoadHTMLString(sender: AnyObject) {

        let htmlPath = NSBundle.mainBundle().pathForResource("index",ofType: "html")    ①
        let bundleUrl = NSURL.fileURLWithPath(NSBundle.mainBundle().bundlePath)         ②

        var error: NSError?                                                             ③
        let html = String(contentsOfFile: htmlPath!,encoding: NSUTF8StringEncoding,
                          error: &error)                                                ④
        if (error == nil) {
            self.webView.loadHTMLString(html,baseURL: bundleUrl)                        ⑤
        }

    }

}
```

这两个方法用于加载本地资源文件 index.html,并将其显示在 Web 视图上。在 testLoadHTMLString:方法中,第①行代码是通过 NSBundle 获得 index.html 所在资源目录的全路径。第②行代码 NSURL 的 fileURLWithPath 方法获得 index.html 所在基本路径。

第③行代码 var error: NSError? 是声明一个错误对象 error。

第④行代码是通过 NSString 的 initWithContentsOfFile:encoding:error:方法将

index.html 文件的内容读取到 NSString 对象中。在读取过程中，需要使用 encoding 参数将字符集指定为 NSUTF8StringEncoding，其中 NSUTF8StringEncoding 是枚举类型 NSStringEncoding 的一个常量，error 参数用于判断读取是否成功，如果 error == nil 则说明读取成功，否则失败。

第⑤行代码 loadHTMLString 方法中 baseURL 参数用于设定主页文件的基本路径，即 index.htm 所在的资源目录，这可以用 NSURL.fileURLWithPath(NSBundle.mainBundle().bundlePath) 语句来获取。

单击 loadRequest 按钮时，UIWebView 会发起异步调用，此时就会用到 UIWebViewDelegate 委托协议，相关代码如下：

```
class ViewController: UIViewController,UIWebViewDelegate {

    @IBOutlet weak var webView: UIWebView!
    ……

    @IBAction func testLoadRequest(sender: AnyObject) {
        let url = NSURL(string: "http://www.sina.com")
        let request = NSURLRequest(URL: url!)
        self.webView.loadRequest(request)
        self.webView.delegate = self
    }

    //UIWebViewDelegate 委托定义方法
    func webView(webView: UIWebView,didFailLoadWithError error: NSError) {
        NSLog("error : %@",error)
    }

    //UIWebViewDelegate 委托定义方法
    func webViewDidFinishLoad(webView: UIWebView) {
        NSLog("%@",
            webView.stringByEvaluatingJavaScriptFromString("document.body.innerHTML")!)
    }

}
```

在 testLoadRequest:方法中，首先创建了一个 NSURL 对象，指定要请求的网址，其中网址必须是严格的 HTTP 格式，然后再构建 NSURLRequest 对象。获得 NSURLRequest 对象以后，就可以通过 WebView 的 loadRequest:方法发起异步请求。异步调用不会导致主线程堵塞，并且会获得较好的用户体验。self.webView.delegate = self 是必不可少的，该语句把当前的视图控制器 self 作为 UIWebView 的委托对象。

UIWebViewDelegate 委托协议定义的方法如下所示。

- webView:shouldStartLoadWithRequest:navigationType:。该方法在 Web 视图开始加载新的界面之前调用，可以用来捕获 Web 视图中的 JavaScript 事件。

- webViewDidStartLoad：。该方法在 Web 视图开始加载新的界面之后调用。
- webViewDidFinishLoad：。该方法在 Web 视图完成加载新的界面之后调用。
- webView:didFailLoadWithError：。该方法在 Web 视图加载失败时调用。

本案例只使用了 webViewDidFinishLoad:方法，其中使用 Web 视图的 stringByEvaluatingJavaScriptFromString:方法调用 JavaScript 的语句，使用 document.body.innerHTML 获得页面中 HTML 代码的 JavaScript 语句，并在日志中输出结果。

3.5.2　WKWebView 类

WKWebView 是苹果在 iOS 8 中发布的新的 Web 视图了，它旨在替换 iOS 中的 UIWebView 和 Mac OS X 中的 WebView。WKWebView 能很好地解决了 UIWebView 的内存占用大和加载速度慢等问题。

由于 Xcode 的 Interface Builder 设计界面的对象库中没有提供类似于 UIWebView 的 WKWebView 对象，因此创建 WKWebView 对象不能通过故事板或 Xib 文件，而是通过程序代码实现。

下面介绍一下使用 WKWebView 类实现 3.5.1 节的 WebViewSample 工程。首先打开故事板文件，在 Interface Builder 设计界面只保留两个按钮，删除设计界面中的 WebView 视图，这是因为 WKWebView 对象是需要在程序代码中添加的。

修改 ViewController.swift 文件，具体代码如下：

```swift
import UIKit
import WebKit

class ViewController: UIViewController,WKNavigationDelegate {                ①

    var webView: WKWebView!                                                  ②

    override func viewDidLoad() {
        super.viewDidLoad()

        self.webView = WKWebView(frame: CGRectMake(0,100,
                        self.view.bounds.width,self.view.bounds.height))     ③
        self.view.addSubview(self.webView)                                   ④

    }

    @IBAction func testLoadHTMLString(sender: AnyObject) {

        let htmlPath = NSBundle.mainBundle().pathForResource("index",ofType: "html")
        let bundleUrl = NSURL.fileURLWithPath(NSBundle.mainBundle().bundlePath)

        var error: NSError?
        let html = String(contentsOfFile: htmlPath!,
```

```
                            encoding: NSUTF8StringEncoding,error: &error)
        if (error == nil) {
            self.webView.loadHTMLString(html!,baseURL: bundleUrl)                    ⑤
        }
    }

    @IBAction func testLoadRequest(sender: AnyObject) {
        let url = NSURL(string: "http://51work6.com")
        let request = NSURLRequest(URL: url!)
        self.webView.loadRequest(request)                                            ⑥
        self.webView.navigationDelegate = self                                       ⑦
    }

    //开始加载时调用
    func webView(webView: WKWebView,
            didStartProvisionalNavigation navigation: WKNavigation!) {
        NSLog("didStartProvisionalNavigation")
    }

    //当内容开始返回时调用
    func webView(webView: WKWebView,
            didCommitNavigation navigation: WKNavigation!) {
        NSLog("didCommitNavigation")
    }

    //加载完成之后调用
    func webView(webView: WKWebView,didFinishNavigation navigation: WKNavigation!) {
        NSLog("didFinishNavigation")
    }

    //加载失败时调用
    func webView(webView: WKWebView,
         didFailProvisionalNavigation navigation: WKNavigation!,withError error: NSError) {
        NSLog("didFailProvisionalNavigation")
    }
}
```

上述代码第①行是定义 ViewController 类,其中声明实现 WKNavigationDelegate 委托协议。

WKWebView 的相关协议有:WKNavigationDelegate 和 WKUIDelegate。WKNavigationDelegate 主要与 Web 视图界面加载过程有关,WKUIDelegate 主要与 Web 视图界面显示和提示框相关。

本节重点介绍 WKNavigationDelegate 委托协议,它的主要方法如下。

- webView:didStartProvisionalNavigation:。该方法在 Web 视图开始加载界面时调用。

- webView:didCommitNavigation:。该方法是当内容开始返回时调用。
- webView:didFinishNavigation:。该方法在 Web 视图完成加载之后调用。
- webView:didFailProvisionalNavigation:withError:。该方法在 Web 视图加载失败时调用。

上述代码第②行是定义 WKWebView 属性 webView。第③行代码是实例化 WKWebView 对象,构造器 frame 参数通过 CGRectMake 函数创建,为了不遮挡按钮,WebView 对象原点坐标中 y 轴坐标设置为 100,即在父视图顶边界下 100 点。

第④行代码 self.view.addSubview(self.webView)是将 WKWebView 对象添加到当前视图上。

第⑤行代码是调用 loadHTMLString 方法,这个方法与 UIWebView 类似。类似代码第⑥行是调用 loadRequest 方法,这个方法也与 UIWebView 类似。

代码第⑦行 self.webView.navigationDelegate=self 是将当前视图控制器 self 指定为 WKWebView 的 WKNavigationDelegate 协议的委托对象。

3.6 警告框

应用如何与用户交流呢?警告框(AlertView)和操作表(ActionSheet)就是为此而设计的。

首先介绍警告框,警告框是 UIAlertView 创建的,用于给用户以警告或提示,最多有两个按钮,超过两个就应该使用操作表。由于在 iOS 中,警告框是"模态"的[①],因此不应该随意使用。一般情况下,警告框的使用场景有如下几个。

- 应用不能继续运行。例如,无法获得网络数据或者功能不能完成的时候,给用户一个警告,这种警告框只需一个按钮。
- 询问另外的解决方案。好多应用在不能继续运行时,会给出另外的解决方案,让用户去选择。例如,Wi-Fi 网络无法连接时,是否可以使用 4G 网络。
- 询问对操作的授权。当应用访问用户的一些隐私信息时,需要用户授权,例如用户当前的位置、通讯录或日程表等。

下面介绍一个警告框案例,使用 Single View Application 模板,创建一个名为 AlertViewSample 的工程。打开 Interface Builder 设计界面,如图 3-29 所示,从对象库中拖曳一个 Button 按钮到设计界面,并设置 Button 标签为"Popup AlertView"。

下面为这个按钮定义动作事件,ViewController.swift 中的相关代码如下:

```
class ViewController: UIViewController,UIAlertViewDelegate {

    @IBAction func popupAlertView(sender: AnyObject) {
    }
}
```

---

① "模态"表示的是不关闭它就不能做别的事情。

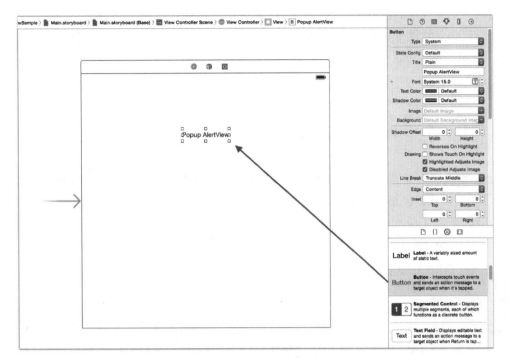

图 3-29 设计界面

可以看到，视图控制器实现了 UIAlertViewDelegate 协议，这个协议是 UIAlertView 委托协议。单击按钮，会给委托对象发送 alertView:clickedButtonAtIndex:消息，ViewController.swift 中的相关代码如下：

```
@IBAction func popupAlertView(sender: AnyObject) {
    var alertView : UIAlertView = UIAlertView(title: "Alert",
                message: "Alert text goes here",
                delegate: self,
                cancelButtonTitle: "No",
                otherButtonTitles: "Yes")
    alertView.show()
}

//实现 UIAlertViewDelegate
func alertView(alertView: UIAlertView,clickedButtonAtIndex buttonIndex: Int) {
    NSLog("buttonIndex = % i",buttonIndex)
}
```

在 testAlertView:方法中实例化 UIAlertView 对象时，最常用的构造器是 initWithTitle:message:delegate:cancelButtonTitle:otherButtonTitles:。其中，delegate 参数在本例中设定为 self，即该警告框的委托对象为当前的视图控制器 ViewController，cancelButtonTitle 参数用于设置"取消"按钮的标签，它是警告框的左按钮；otherButtonTitles 参数是其他按

钮，它是一个字符串数组，该字符串数组以 nil 结尾。从技术层面上讲，警告框可以多于两个按钮，这都是通过 otherButtonTitles 参数设定的，但是从用户体验上讲，警告框最多有两个按钮。如果警告框只有一个按钮，可以采用下面的语句构造警告框：

```
var alertView : UIAlertView = UIAlertView(title: "Alert",
            message: "Alert text goes here",
            delegate: nil,
            cancelButtonTitle: "OK",
            otherButtonTitles: nil)
```

此时警告框只是给用户一些警告信息，当用户单击 OK 按钮时，关闭警告框，因此不需要指定委托参数。但是有两个按钮的情况下，为了响应单击警告框按钮的需要，在视图控制器中实现了 alertView:clickedButtonAtIndex:方法，其中 clickedButtonAtIndex 参数是按钮索引，cancelButton 按钮的索引是 0。

3.7 操作表

如果想给用户提供多于两个的选择，比如想把应用中的某个图片发给新浪微博或者 Facebook 等平台，就应该使用操作表。操作表是 UIActionSheet 创建的，在 iPhone 下运行会从屏幕下方滑出来，如图 3-30 所示，其布局是最下面是一个"取消"按钮，它离用户的大拇指最近，最容易单击到。如果选项中有一个破坏性的操作，将会放在最上面，是大拇指最不容易碰到的位置，并且其颜色是红色的。

在 iPad 中，操作表的布局与 iPhone 有所不同，如图 3-31 所示。在 iPad 中，操作表不是在底部滑出来的，而是随机出现在触发它的按钮的周围。此外，它还没有"取消"按钮，即便是在程序代码中定义了"取消"按钮，也不会显示它。

图 3-30　iPhone 中的操作表　　　图 3-31　iPad 中的操作表

下面介绍一个操作表案例，使用 Single View Application 模板，创建一个名为 ActionSheetSample 的工程。打开 Interface Builder 设计界面，如图 3-32 所示，从对象库中拖曳一个 Button 按钮到设计界面，并设置 Button 标签为"Popup ActionSheet"。

下面为这个按钮定义动作事件，ViewController.swift 中的相关代码如下：

```
class ViewController: UIViewController,UIActionSheetDelegate {

    @IBAction func popupActionSheet(sender: AnyObject) {
```

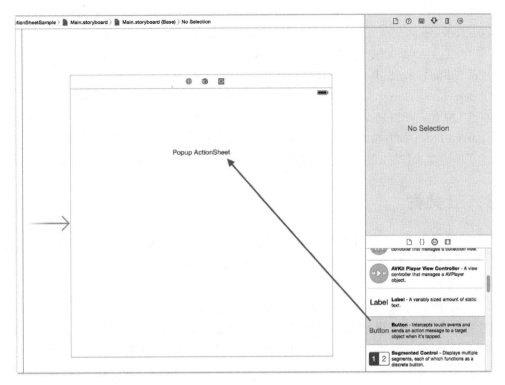

图 3-32 设计界面

```
    }
}
```

可以看到，视图控制器实现了 UIActionSheetDelegate 协议，这个协议是 UIActionSheet 委托协议。单击按钮，会给委托对象发送 actionSheet:clickedButtonAtIndex:消息，ViewController.swift 中的相关代码如下：

```
@IBAction func popupActionSheet(sender: AnyObject) {
    var actionSheet : UIActionSheet = UIActionSheet(title: nil,
        delegate: self,
        cancelButtonTitle: "取消",
        destructiveButtonTitle: "破坏性按钮",
        otherButtonTitles: "Fackbook","新浪微博")
    actionSheet.showInView(self.view)
}

//实现 UIActionSheetDelegate
func actionSheet(actionSheet: UIActionSheet,clickedButtonAtIndex buttonIndex: Int) {
    NSLog("buttonIndex = % i",buttonIndex)
}
```

在popupActionSheet:方法中实例化UIActionSheet对象时,最常用的构造函数是initWithTitle:delegate:cancelButtonTitle:destructiveButtonTitle:otherButtonTitles:,本例中将delegate参数设定为self,即该操作表的委托对象为当前的视图控制器ViewController。cancelButtonTitle参数用于设置"取消"按钮的标题,在iPhone中它在最下面。destructiveButtonTitle参数用于设置"破坏性"按钮,它的颜色是红色的,如果没有"破坏性"按钮,可以将该参数设定为nil。"破坏性"按钮只能有一个,在最上面。otherButtonTitles参数是其他按钮,它是一个字符串数组。

为了响应单击按钮,需要在视图控制器上实现actionSheet:clickedButtonAtIndex:方法。

3.8 工具栏

工具栏和导航栏的应用有很大的差别,但是有一个共同的特性,那就是都可以放置UIBarButtonItem。UIBarButtonItem是工具栏和导航栏中的按钮,在事件响应方面与UIButton类似。

本节先介绍工具栏,工具栏类为UIToolbar。在iPhone中,工具栏位于屏幕底部。如果是竖屏布局工具栏中按钮数不能超过5个,如果超过5个,则第5个按钮(即最后一个)是"更多"按钮,如图3-33所示。在iPad中,工具栏位于屏幕顶部,按钮的数量没有限制。

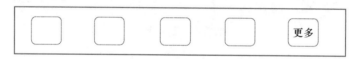

图 3-33 iPhone 工具栏中按钮

工具栏是工具栏按钮(UIBarButtonItem)的容器。在UIBarButtonItem中,除了看到的按钮外,还有"固定空格"和"可变空格",它们的作用是在各个按钮之间插入一定的空间,如图3-34所示。这样处理以后,工具栏给用户的视觉效果会更好。

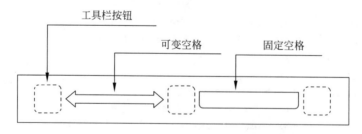

图 3-34 工具栏中的"固定空格"和"可变空格"

在工具栏中,除了可以放置UIBarButtonItem外,还可以放置其他自定义视图,但这种操作只在特殊情况下才使用。下面用一个案例,如图3-35所示,来介绍一下工具栏的用法,其中工具栏中有两个按钮Save和Open,界面中央有一个标签,单击Save和Open按钮均会改变标签的内容。

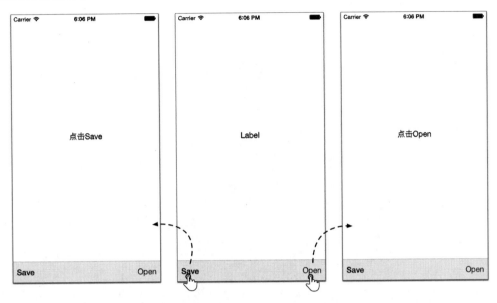

图 3-35　工具栏案例

使用 Single View Application 模板创建一个名为 ToolbarSample 的工程。打开 Interface Builder 设计界面，摆放两个按钮控件，如图 3-36 所示，从对象库中拖曳一个 Toolbar 到设计界面底部并将其摆放到合适的位置。

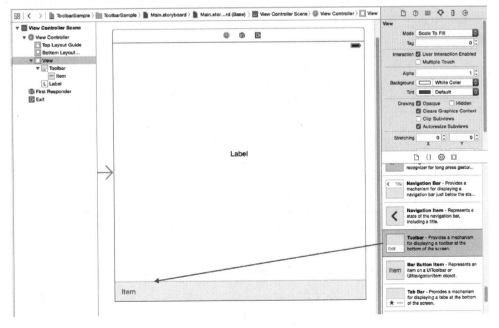

图 3-36　在 Interface Builder 中添加工具栏

再拖曳一个工具栏按钮到工具栏，然后拖曳一个"可变空格"到两个按钮之间，如图 3-37 所示。

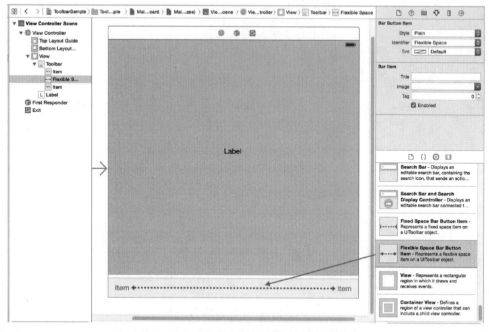

图 3-37　在工具栏中添加按钮和"可变空格"

双击选中按钮，修改按钮上的标题。当然，也可以打开如图 3-38 所示的属性检查器，直接编辑 Bar Item 下的 Title 属性。如果想添加图片按钮，直接在属性检查器中修改 Image 属性即可。

图 3-38　工具栏按钮属性检查器

> **提示**　本案例中工具栏左按钮是 Save，它比较特殊。它是 iOS 系统标准按钮，苹果公司规定必须优先这些按钮，否则可能被拒绝在 App Store 发布。设置过程如图 3-39 所示，选择按钮打开属性检查器，在 Bar Button Item 下的 identifier 属性中选择 Save。这些按钮的用途可以在苹果 HIG（iOS 人机交互开发指南）文档中找到：https://developer.apple.com/library/ios/documentation/UserExperience/Conceptual/MobileHIG/index.html#//apple_ref/doc/uid/TP40006556。

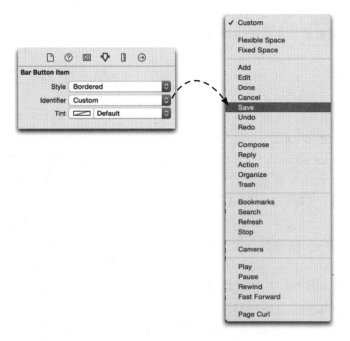

图 3-39　设置工具栏按钮为系统按钮

下面看看 ViewController.swift 文件中的相关代码：

```
class ViewController: UIViewController {

    @IBOutlet weak var label: UILabel!

    override func viewDidLoad() {
        super.viewDidLoad()
    }

    override func didReceiveMemoryWarning() {
        super.didReceiveMemoryWarning()
    }

    @IBAction func save(sender: AnyObject) {
        self.label.text = "单击 Save"
    }

    @IBAction func open(sender: AnyObject) {
        self.label.text = "单击 Open"
    }
}
```

在上述代码中，定义了一个输出口类型的 UILabel 属性 label、一个用于响应 Save 按钮单击事件的动作 save，以及用于响应 Open 按钮单击事件的动作 open。代码后编写还需要 Interface Builder 为输出口和动作事件连线。

3.9 导航栏

导航栏主要用于导航，考虑的是整个应用；而工具栏应用于当前界面，考虑的是局部界面。相关类和概念如下所示。

- UINavigationController。导航控制器，可以构建树形导航模式应用的根控制器。
- UINavigationBar。导航栏，它与导航控制器是一对一的关系。它管理一个视图控制器的堆栈，用来显示树形结构中的视图。
- UINavigationItem。导航栏项目，在每个界面中都会看到。它分为左、中、右 3 个区域，左侧区域，一般放置一个返回按钮（设定属性是 backBarButtonItem）或左按钮（设定属性是 leftBarButtonItem）；右侧区域一般放置一个右按钮（设定属性是 rightBarButtonItem），中间区域是标题（属性是 title）或者提示信息（属性是 prompt）。导航栏与导航栏项目是一对多的关系，如图 3-40 所示。导航栏的栈中存放的就是导航栏项目，处于栈顶的导航栏项目就是当前看到的导航栏项目。
- UIBarButtonItem。与工具栏中的按钮一样，它是导航栏中的左右按钮。

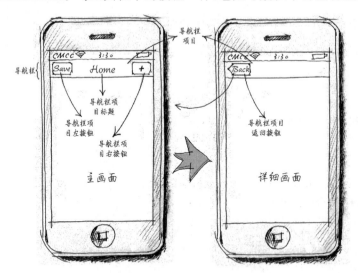

图 3-40　导航栏和导航栏项目

下面用一个案例介绍导航栏的用法，如图 3-41 所示，在该导航栏中，共有两个按钮 Save 和＋，界面中央有一个标签。单击 Save 和＋按钮将改变标签的内容。需要说明的是，这里的 Save 和＋按钮也是 iOS 系统标准按钮。

下面看看该案例的实现过程。使用 Single View Application 模板创建工程名为 NavigationBarSample 的应用，然后打开 Interface Builder 设计界面，并从对象库中拖曳一个

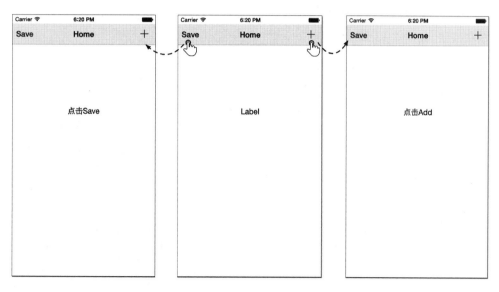

图 3-41　导航栏案例

Navigation Bar 到设计界面顶部（与视图顶部距离为 20 点，这样不会遮挡状态栏），并将其摆放到合适的位置，如图 3-42 所示。

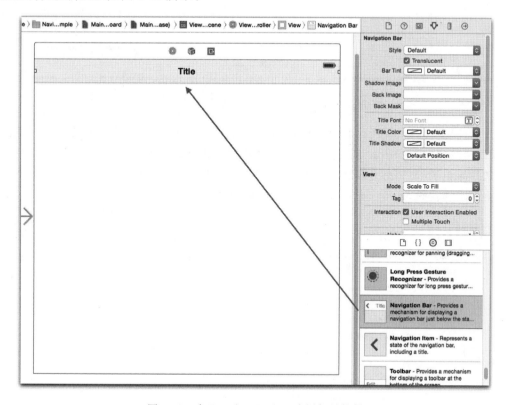

图 3-42　在 Interface Builder 中添加导航栏

然后，在导航栏项目中的左右两个区域分别拖曳一个 Bar Button Item，为导航栏项目添加左右按钮，如图 3-43 所示。

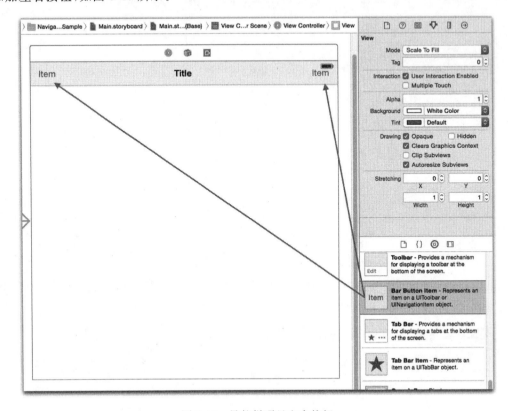

图 3-43　导航栏项目左右按钮

左右按钮（即 Save 按钮和＋按钮）identifier 属性设置，可以参考 3.9 节的 Save 按钮设置，注意＋按钮的 identifier 属性是 Add。具体步骤不再赘述。

选择导航栏项目，打开其属性检查器，将 Title 属性修改为 Home，如图 3-44 所示。

案例实现代码 ViewController.swift 文件的内容如下：

```swift
import UIKit

class ViewController: UIViewController {

    @IBOutlet weak var label: UILabel!

    override func viewDidLoad() {
        super.viewDidLoad()
    }

    override func didReceiveMemoryWarning() {
        super.didReceiveMemoryWarning()
```

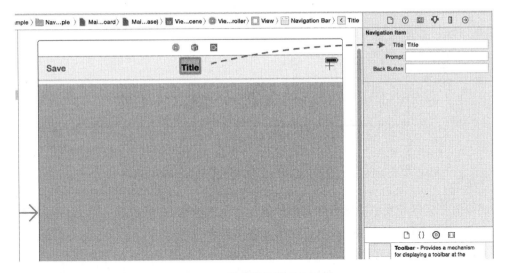

图 3-44　修改导航栏项目标题

```
}

@IBAction func save(sender: AnyObject) {
    self.label.text = "单击 Save"
}

@IBAction func add(sender: AnyObject) {
    self.label.text = "单击 Add"
}
}
```

在上述代码中,定义了一个输出口类型的 UILabel 属性 label,用于响应 Save 按钮的单击事件 save:,用于响应＋按钮的单击事件 add:。编写完代码后,还需要 Interface Builder 为输出口和动作事件连线。

一般情况,如果涉及导航栏,都是多界面的应用,这是因为导航栏的用途就是导航,而单界面不需要导航。但是在本案例中,只有一个界面,主要关注导航栏和导航栏项目的用法。

3.10　小结

本章首先向大家介绍了控件与动作事件、视图与输出口、视图与委托协议。然后介绍了标签、按钮、文本框、文本视图、Web 视图、警告框、操作表、工具栏和导航栏等基本控件。

第 4 章 表 视 图

表视图是 iOS 开发中使用最频繁的视图。它虽然被成为"表视图",但它事实上不是表而是列表,因为表是有多列的,而 iOS 中的表视图只有一列。

iOS 中的表视图中有分节、分组和索引等功能,所展示的数据看起来更规整、更有条理。更令人兴奋的是,表视图还可以利用细节展示等功能多层次地展示数据。但与其他控件相比,表视图的使用相对比较复杂。

4.1 表视图中概念

在本节中,将介绍表视图中的一些概念、相关类、表视图的分类、单元格的组成和样式以及表视图的两个协议——UITableViewDelegate 委托和 UITableViewDataSource 数据源。

4.1.1 表视图组成

在 iOS 中,表视图是最重要的视图,它有很多概念,这些概念之间的关系如图 4-1 所示。

下面简要介绍一下这些概念。

- 表头视图(table header view)。表视图最上边的视图,用于展示表视图的信息,例如表视图刷新信息,如图 4-2 所示。
- 表脚视图(table footer view)。表视图最下边的视图,用于展示表视图的信息,例如表视图分页时显示"更多"等信息,如图 4-2 所示。
- 单元格(cell)。它是组成表视图每一行的单位视图。
- 节(section)。它由多个单元格组成,有节头(section header)和节脚(section footer)。
- 节头。节的头,描述节的信息,如图 4-3 所示,文字左对齐。
- 节脚。节的脚,也可描述节的信息和声明,如图 4-3 所示,文字居中对齐。

图 4-1　表视图组成图

图 4-2　表头视图和表脚视图

图 4-3　节头和节脚

4.1.2　表视图相关类

表视图（UITableView）继承自 UIScrollView，它有两个协议：UITableViewDelegate 委托协议和 UITableViewDataSource 数据源协议。此外，表视图还包含很多其他类，其中

UITableViewCell 类是单元格类，UITableViewController 类是 UITableView 的控制器，UITableViewHeaderFooterView 类用于为节头和节脚提供视图，它是 iOS 6 之后才有的新类，这些类的构成如图 4-4 所示。

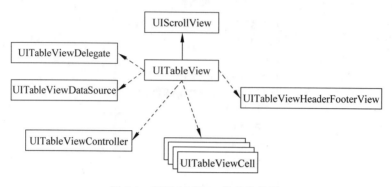

图 4-4　UITableView 类的结构图

图 4-4 所示的类只是表视图使用过程中涉及的几个主要类，其他的类和常量将在使用过程中逐一介绍。

4.1.3　表视图分类

iOS 中的表视图主要分为普通表视图（如图 4-5 所示）和分组表视图（如图 4-6 所示），下面简要介绍一下这两种视图。

- 普通表视图。主要用于动态表，而动态表一般在单元格数目未知的情况下使用。
- 分组表视图。一般用于静态表，用来进行界面布局，它会将表分成很多"孤岛"，这个"孤岛"由一些类似的单元格组成，从图 4-6 可以看出扁平化后的 iOS 7 分组表视图有很大的变化。静态表一般用于控件的界面布局，它是在 iOS 5 之后由故事板提供的。

此外，在表视图中还可以带有索引列、选择列和搜索栏等，下面介绍一下具有这种特征的表视图情况。

图 4-7 所示的是索引表视图。一般情况下，在表视图超过一屏时应该添加索引列。图 4-8 所示的是选择表视图，用于给用户提供一个选择列表。由于 iOS 标准控件没有复选框控件，所以一般使用选择表视图来替代其他平台的控件。

图 4-9 所示的是带有搜索栏的表视图。由于单元格很多，所以需要借助搜索栏进行过滤。搜索栏一般放在表头，也就是说，只有表视图翻到最顶端时才会看到搜索栏。图 4-10 所示的是分页表视图。一般情况下，Twitter、微博等需要网络请求的列表会使用分页表视图。分页表视图的表头中有刷新和加载等待标识，表脚中会有"更多"按钮或"加载更多"标识。对于此功能，iOS 6 之后提供了下拉刷新控件。

表视图的分类不是绝对的。苹果提供了一些表视图的使用模式，使用时应首先考虑这些使用模式。当然，必要的话，还要根据业务需要进行合理的创新。

第4章 表视图 91

图 4-5 普通表视图

图 4-6 分组表视图

图 4-7 索引表视图

图 4-8 选择表视图

图 4-9 搜索栏表视图

图 4-10 分页表视图

4.1.4 单元格组成和样式

单元格由图标、标题和扩展视图等组成，如图 4-11 所示。

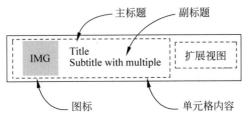

图 4-11 单元格的组成

当然，单元格可以有很多样式，可以根据需要进行选择。图标、标题和副标题可以有选择地设置，扩展视图可以内置或者自定义，其中内置的扩展视图是在枚举类型 UITableViewCellAccessoryType 中定义的。枚举类型 UITableViewCellAccessoryType 中定义的常量如下所示。

- None。没有扩展图标。
- DisclosureIndicator。扩展指示器，触摸该图标将切换到下一级表视图，图标为 ＞。
- DetailDisclosureButton。细节展示按钮，触摸该单元格的时候，表视图会以视图的方式显示当前单元格的更多详细信息，iOS 7 之前的图标为 ⊙，iOS 7 之后图标为 ⓘ。
- Checkmark。选中标志，表示该行被选中，图标为 ✓。

在开发过程中，应该首要考虑苹果公司提供的一些固有的单元格样式。iOS API 提供的单元格样式是在枚举类型 UITableViewCellStyle 中定义的，而 UITableViewCellStyle 枚举类型中定义的常量如下所示。

- Default。默认样式，如图 4-12 所示，只有图标和主标题。
- Subtitle。Subtitle 样式，如图 4-13 所示，有图标、主标题和副标题，副标题在主标题的下面。

图 4-12　默认样式

图 4-13　Subtitle 样式

- Value1。Value1 样式，如图 4-14 所示，有主标题和副标题，主标题左对齐，副标题右对齐，可以有图标。
- Value2。Value2 样式，如图 4-15 所示，有主标题和副标题，主标题和副标题居中对齐，无图标。

图 4-14　Value1 样式

图 4-15　Value2 标题样式

如果以上单元格样式都不能满足业务需求，可以考虑自定义单元格。

4.1.5　数据源协议与委托协议

与 UIPickerView 等复杂控件类似，表视图在开发过程中也会使用委托协议和数据源协议，而表视图 UITableView 的数据源协议是 UITableViewDataSource，委托协议是 UITableViewDelegate。UITableViewDataSource 协议中的主要方法如表 4-1 所示，其中必须要实现的方法有 tableView:numberOfRowsInSection:和 tableView:cellForRowAtIndexPath:。

表 4-1　UITableViewDataSource 协议的主要方法

方　　法	返 回 类 型	说　　明
tableView:cellForRowAtIndexPath:	UITableViewCell	为表视图单元格提供数据，该方法是必须实现的方法
tableView:numberOfRowsInSection:	Int	返回某个节中的行数
tableView:titleForHeaderInSection:	String	返回节头的标题
tableView:titleForFooterInSection:	String	返回节脚的标题
numberOfSectionsInTableView:	Int	返回节的个数
sectionIndexTitlesForTableView:	[AnyObject]	提供表视图节索引标题
tableView:commitEditingStyle:forRowAtIndexPath:	无	为删除或修改提供数据

UITableViewDelegate 协议主要用来设定表视图中节头和节脚的标题，并响应一些动作事件，主要的方法如表 4-2 所示，它们都是可选择的。

表 4-2　UITableViewDelegate 协议的主要方法

方　法	返 回 类 型	说　　明
tableView:viewForHeaderInSection:	UIView	为节头准备自定义视图，iOS 6 之后可以使用 UITableViewHeaderFooterView
tableView:viewForFooterInSection:	UIView	为节脚准备自定义视图，iOS 6 之后可以使用 UITableViewHeaderFooterView
tableView:didEndDisplayingHeaderView:forSection:	无	该方法在节头从屏幕中消失时触发
tableView:didEndDisplayingFooterView:forSection:	无	当节脚从屏幕中消失时触发
tableView:didEndDisplayingCell:forRowAtIndexPath:	无	当单元格从屏幕中消失时触发
tableView:didSelectRowAtIndexPath:	无	响应选择表视图单元格时调用的方法
tableView:editActionsForRowAtIndexPath:	［AnyObject］	响应沿单元格水平滑动事件(iOS 8 之后的方法)

此外，相关的方法还有很多，随着学习的深入，会在一些案例和项目中进一步介绍。

4.2　简单表视图

表视图的形式灵活多变，本着由浅入深的原则，先从简单表视图开始学习。

4.2.1　创建简单表视图

鉴于要创建的是一个最基本的表，只需实现 UITableViewDataSource 协议中必须要实现的方法 tableView:numberOfRowsInSection: 和 tableView:cellForRowAtIndexPath: 即可。简单表视图的时序图如图 4-16 所示，其中构造方法 initWithFrame:style: 在实例化表视图时调用。

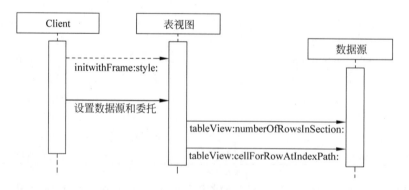

图 4-16　简单表视图的时序图

如果采用 xib 或故事板来设计表视图,那么表视图的创建是在实例化表视图控制器的时候完成的,表视图显示的时候会发出 tableView:numberOfRowsInSection:消息询问当前节中的行数,表视图单元格显示的时候会发出 tableView:cellForRowAtIndexPath:消息为单元格提供显示数据。

下面创建一个类似图 4-17 所示的简单表视图,其中单元格使用默认样式,有图标和主标题,具体创建步骤如下所示。

使用 Single View Application 模板创建一个工程,工程名为 SimpleTable。打开 Interface Builder 设计界面,由于模板生成的视图控制器不是表视图控制器,因此需要在 View Controller Scene 中删除 View Controller,然后再从控件库中拖曳一个 Table View Controller 到设计界面,如图 4-18 所示。

然后将 ViewController 的父类从原来的 UIViewController 修改为 UITableViewController。

图 4-17 简单表视图

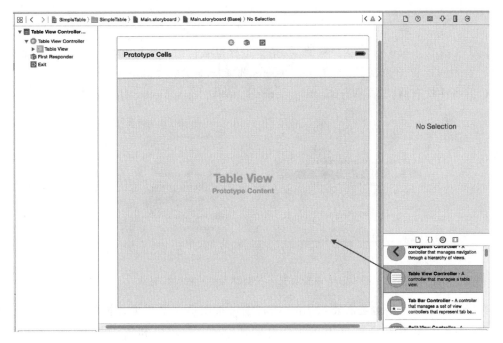

图 4-18 拖曳 Table View Controller 到设计界面

在 Interface Builder 设计界面左侧的 Scene 列表中选择 View Controller,打开表视图控制器的标识检查器,如图 4-19 所示,在 Class 下拉列表中选择 ViewController,这是自己编写的视图控制器。

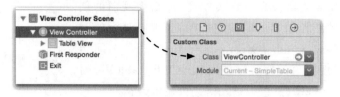

图 4-19　表视图控制器的标识检查器

在 Scene 列表中选择 View Controller→Table View，打开表视图的属性检查器，如图 4-20 所示。其中 Table View→Content 中有两个选项 Dynamic Prototypes 和 Static Cells，这两个选项只有在故事板中才有。Dynamic Prototypes 用于构建"动态表"，而 Static Cells 的相关内容会在"静态表"中详细介绍。

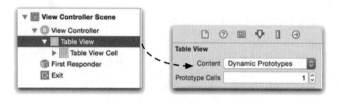

图 4-20　表视图属性检查器

由于工程初始视图控制器被删除了，整个工程没有初始视图控制器了，这需要设置表视图控制器为初始视图控制器，如图 4-21 所示，选择场景中的 Table ViewController 然后选择右边的属性检查器，选中 ViewController→is Initial View Controller 复选框。

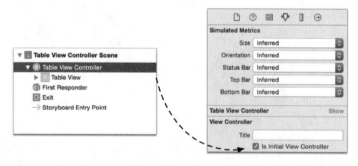

图 4-21　设置表视图控制器为初始视图控制器

在表视图的单元格也是需要重用的，表视图可重用单元格与集合视图中可重用单元格的概念一样。创建和获得可重用单元格有两种方式：纯代码和代码与 Interface Builder 结合。

1．纯代码方式

纯代码不需要在 Interface Builder 中进行设置任何属性，而是通过如下代码来实现单元格的创建和获得，相关的模式代码如下：

```
let cellIdentifier = "CellIdentifier"
var cell:UITableViewCell! = tableView
            .dequeueReusableCellWithIdentifier(cellIdentifier) as? UITableViewCell      ①
if (cell == nil) {
        cell = UITableViewCell(style: UITableViewCellStyle.Default,
                                    reuseIdentifier:cellIdentifier)                    ②
}
```

在上述代码中,字符串"CellIdentifier"是可重用单元格的标识符,其中这个可重用单元格与集合视图中可重用单元格的概念一样。代码第①行是通过表视图的 dequeueReusableCellWithIdentifier:方法查找是否有可以重用的单元格,如果没有,就通过代码第②行的单元格的 initWithStyle:reuseIdentifier:构造器创建一个。

另外,dequeueReusableCellWithIdentifier:方法的参数是可重用单元格的标识符"CellIdentifier",注意代码第①行 cell 的类型是 UITableViewCell!,感叹号"!"是表示隐式拆封,这样当后面使用 cell 对象时不需要 cell! 方式。还有表达式中 as? 说明在强制类型转换过程中如果转换目标对象为 nil,也可以转换且不会抛出异常,只是结果也是 nil。如果 as 后面不加问号"?",则目标对象为 nil 时候,会抛出异常。

> **提示** 隐式拆封是为了方便地访问可选类型,可以将可选类型后面的问号(?)换成感叹号(!),这种可选类型在拆封时变量或常量后面不加感叹号(!)的表示方式称为隐式拆封。

2. 代码与 Interface Builder 结合方式

使用 Interface Builder 中选择 View Controller Scene 中的 Table View Cell(表视图单元格),打开属性检查器,如图 4-22 所示。其中 Style 属性是设置单元格样式,下拉列表中的选项与 4.1 节中描述的表视图单元格的样式一致,而 Identifier 属性是指可重用单元格的标识符,本例中设置为 CellIdentifier。

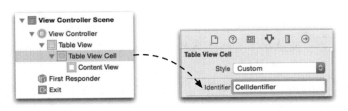

图 4-22　表单元格属性检查器

这样操作以后,就不需要在代码中实例化单元格了。这里直接通过图 4-22 中设定的 Identifier 取得单元格的实例,以此达到重用单元格的目的。获得单元格对象的代码可以修改如下:

```
let cellIdentifier = "CellIdentifier"
var cell:UITableViewCell! = tableView.dequeueReusableCellWithIdentifier(cellIdentifier,
```

```
                              forIndexPath:indexPath) as? UITableViewCell          ①
var cell:UITableViewCell! = tableView
                  .dequeueReusableCellWithIdentifier(cellIdentifier) as? UITableViewCell  ②
if (cell == nil) {
        cell = UITableViewCell(style: UITableViewCellStyle.Default,
                                         reuseIdentifier:cellIdentifier)           ③
}                                                                                   ④
```

第①行代码替换第②～④行代码,需要注意第①行和第②行的 dequeueReusable CellWithIdentifier 方法参数是不同的,第①行多一个参数 forIndexPath。在纯代码实现的时候,单元格的样式是在第③行的构造器中设置,其中 UITableViewCellStyle.Default 表示默认单元格样式。

此外,需要将 team.plist 和"球队图片"等资源添加到工程中,ViewController.swift 文件中读取属性列表文件 team.plist(其结构如图 4-23 所示)的操作是在 viewDidLoad 方法中实现的,相关代码如下:

```
class ViewController: UITableViewController {

    var listTeams : NSArray!

    override func viewDidLoad() {
        super.viewDidLoad()

        let plistPath = NSBundle.mainBundle().pathForResource("team",ofType: "plist")
        //获取属性列表文件中的全部数据
        self.listTeams = NSArray(contentsOfFile: plistPath!)
    }
    ……

}
```

上述代码中定义了 NSArray 类型的属性 listTeams,这个属性用来装载从文件中读取的数据。

再看看 ViewController.swift 中实现 UITableViewDataSource 协议的方法,相关代码如下:

```
//UITableViewDataSource 协议方法
override func tableView(tableView: UITableView,numberOfRowsInSection section: Int) -> Int {
    return self.listTeams.count
}

override func tableView(tableView: UITableView,cellForRowAtIndexPath indexPath:
        NSIndexPath) -> UITableViewCell {
```

Key	Type	Value
▼Root	Array	(14 items)
▼Item 0	Dictionary	(2 items)
name	String	A1-南非
image	String	SouthAfrica
▼Item 1	Dictionary	(2 items)
name	String	A2-墨西哥
image	String	Mexico
▼Item 2	Dictionary	(2 items)
name	String	B1-阿根廷
image	String	Argentina
▶Item 3	Dictionary	(2 items)
▶Item 4	Dictionary	(2 items)
▶Item 5	Dictionary	(2 items)
▶Item 6	Dictionary	(2 items)
▶Item 7	Dictionary	(2 items)
▶Item 8	Dictionary	(2 items)
▶Item 9	Dictionary	(2 items)
▶Item 10	Dictionary	(2 items)
▶Item 11	Dictionary	(2 items)
▶Item 12	Dictionary	(2 items)
▶Item 13	Dictionary	(2 items)

图 4-23　属性列表文件 team.plist

```
let cellIdentifier = "CellIdentifier"

var cell:UITableViewCell! = tableView
        .dequeueReusableCellWithIdentifier(cellIdentifier) as? UITableViewCell
if (cell == nil) {
    cell = UITableViewCell(style: UITableViewCellStyle.Default,
        reuseIdentifier:cellIdentifier)
}

let row = indexPath.row
let rowDict = self.listTeams[row] as! NSDictionary

cell.textLabel?.text = rowDict["name"] as? String

let imagePath = String(format: "%@.png",rowDict["image"] as! String)
cell.imageView?.image = UIImage(named: imagePath)

return cell
}
```

由于当前的这个表，事实上只有一个节，因此不需要对节进行区分，在 tableView：numberOfRowsInSection：方法中直接返回 listTeams 属性的长度即可。

tableView：cellForRowAtIndexPath：方法中 NSIndexPath 参数的 row 方法可以获得当

前的单元格行索引。cell.accessoryType 属性用于设置扩展视图类型。

运行之后的效果如图 4-24 所示。此外，还可以将单元格的样式 UITableViewCellStyle.Default 替换为其他 3 种来体验一下效果。

图 4-24　简单表案例运行结果

> **注意**　如果采用 iOS 7 之后版本运行，会发现表视图顶部与状态栏重叠了，这是因为 iOS 7 之后的状态栏是透明的。事实上这个问题不需要担心，因为往往使用表视图的时候顶部之上是一个导航栏，有了导航栏之后就不会出现这个问题了。

4.2.2　自定义单元格

当苹果公司提供的单元格样式不能满足业务需求时，可以自定义单元格。在 iOS 5 之前，自定义单元格有两种实现方式：通过代码实现和用 xib 技术实现。用 xib 技术实现相对比较简单，创建一个 .xib 文件，然后再自定义一个继承 UITableViewCell 的单元格类即可。在 iOS 5 之后，又有了新的选择，用故事板实现，这种方式比 xib 方式更简单一些。

这里把 4.2.1 节所示的案例修改一下，如图 4-25 所示。还是采用 Single View Application 工程模板创建一个名为 CustomCell 的表视图工程，操作过程参考 4.2.1 节。

然后，从对象库中拖曳一个 Label 和 Image View 控件到单元格内部，如图 4-26 所示，调整好它们的位置。添加完成之后，需要再添加 Auto Layout 约束，选择单元格打开布局工具栏，单击解决布局问题按钮 |◁|，弹出对话框中选择 All Views in View Controller→Add Missing Constraints 菜单，

图 4-25　自定义单元格案例

添加所有应该添加的约束。

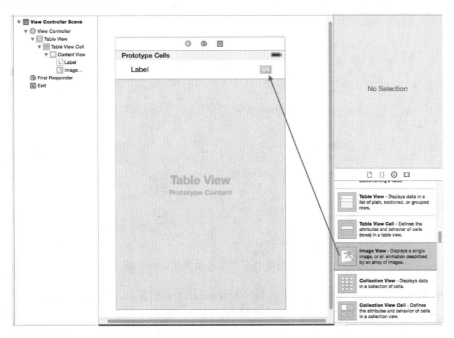

图 4-26　设计表视图单元格

创建自定义单元格类 CustomCell，具体操作方法为：右击工程名，在弹出的快捷菜单中选择 New File，然后在打开的 Choose a template for your new file 对话框中选择 Cocoa Touch Class 文件模板，如图 4-27 所示，单击 Next 按钮，弹出如图 4-28 所示的对话框，在 Subclass of 中选择 UITableViewCell 为其父类，在 Class 项目中输入 CustomCell，然后单击 Next 按钮创建文件。

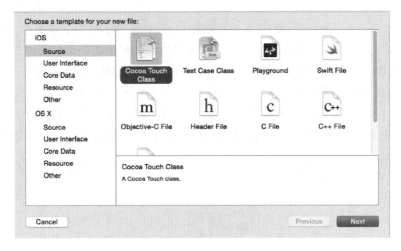

图 4-27　选择模板

图 4-28　创建自定义单元格类 CustomCell

在 Interface Builder 设计界面中选择 View Controller Scene 中的 Table View Cell,然后打开单元格的标识检查器,如图 4-29 所示,在 Class 下拉列表中选择 CustomCell 类。

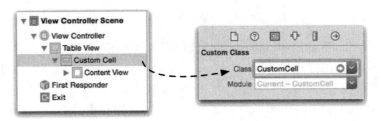

图 4-29　选择 CustomCell 类

接着,为 Label 和 ImageView 控件连接输出口,具体操作方法是:点击左上角第一组按钮中的"打开辅助编辑器"按钮,如图 4-30 所示,在辅助编辑器上边的导航栏中选择 Manual→CustomCell→CustomCell→CustomCell.swift 打开 CustomCell.swift 界面。

在辅助编辑器中打开 CustomCell.swift 文件后,选中单元格中的 ImageView 视图,同时按住 control 键,将 ImageView 拖曳到如图 4-31 所示的位置,释放鼠标,会弹出一个对话框。在 Connection 栏中选择 Outlet,将输出口命名为 myImageView。使用同样的方法将 Label 控件与输出口属性 myLabel 连接好。

设置完成后 CustomCell.swift 代码如下:

```
import UIKit

class CustomCell: UITableViewCell {
```

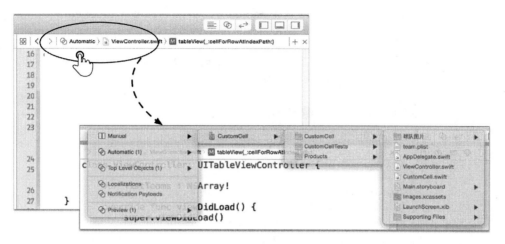

图 4-30 打开 CustomCell.swift 界面

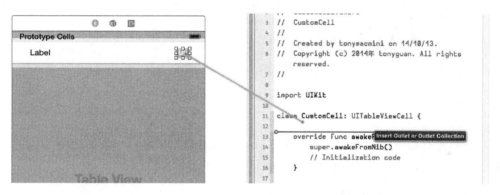

图 4-31 输出口连线

```
@IBOutlet weak var myImageView: UIImageView!

@IBOutlet weak var myLabel: UILabel!

override func awakeFromNib() {
    super.awakeFromNib()
}

override func setSelected(selected: Bool, animated: Bool) {
    super.setSelected(selected, animated: animated)
}

}
```

其中 CustomCell 类的代码比较简单,属性 myImageView 和 myLabel 是定义输出口添加的,不需要修改其他代码。

打开 ViewController.swift 文件，其中 tableView:cellForRowAtIndexPath:方法，相关代码如下：

```
override func tableView(tableView: UITableView,cellForRowAtIndexPath indexPath:
        NSIndexPath) -> UITableViewCell {

    let cellIdentifier = "CellIdentifier"

    var cell:CustomCell! = tableView.dequeueReusableCellWithIdentifier(cellIdentifier,
            forIndexPath:indexPath) as? CustomCell                              ①

    let row = indexPath.row
    let rowDict = self.listTeams[row] as NSDictionary

    cell.myLabel.text = rowDict["name"] as? String                              ②

    let imageFile = rowDict["image"] as! String
    let imagePath = String(format: "%@.png",imageFile)
    cell.myImageView.image = UIImage(named: imagePath)                          ③

    cell.accessoryType = UITableViewCellAccessoryType.DisclosureIndicator

    return cell
}
```

上述第①行代码获得可重用单元格，单元格类型是自定义的 CustomCell 类型。代码第②行和第③行是设置自定义单元格的 Label 和 ImageView 控件内容。

4.2.3 添加搜索栏

当表视图中的数据量比较大的时候，要找到指定的数据并不是件轻而易举的事情，幸好 iOS 提供了一个搜索栏控件（UISearchBar）。一般情况下，搜索栏置于表视图的表头，只有翻到顶部搜索栏才会出现。但是很多开发者会把搜索栏固定放置于屏幕之上，不随表视图的翻动而移动。将搜索栏一直放在屏幕上必然导致屏幕的部分空间一直被占用，而 iPhone 的屏幕本来就很小，这样设计不会获得太好的用户体验。

搜索栏有多种样式，如表 4-3 所示。

表 4-3 搜索栏样式说明

样 式	说 明
Q Search	基本搜索栏。里面灰色的 Search 文字用于提示用户输入查询关键字，搜索栏的 Placeholder 属性可以设置这个提示信息
Q A ⊗	带有清除按钮的搜索栏。在输入框中输入文字时，会在后面出现灰色清除按钮，单击清除按钮可以清除输入框中的文字

续表

样 式	说 明
	带有查询结果按钮的搜索栏。显示最近搜索结果,显示设定如图 4-32 所示,选中 Options 下的 Shows Search Results Button 复选框,事件响应由 UISearchBarDelegate 对象中的 searchBarResultsListButtonClicked:方法管理
	带有书签按钮的搜索栏。显示用户收藏的书签列表,显示设定如图 4-32 所示,选中 Options 中的 Shows Bookmarks Button 复选框,事件响应由 UISearchBarDelegate 对象中的 searchBarBookmarkButtonClicked:方法管理
	带有取消按钮的搜索栏。显示设定如图 4-32 所示,选中 Options 下的 Show Cancel Button 复选框,事件响应由 UISearchBarDelegate 对象中的 searchBarCancelButtonClicked:方法管理
	带有搜索范围的搜索栏。显示设定如图 4-32 所示,选中 Options 下的 Shows Scope Bar 复选框,同时需要设定下面的 Scope Titles。选中这个选项时,搜索栏一出现就会在下面显示 Scope Titles。如果初始化时不想显示,但在搜索栏获得焦点时显示,则可以在视图控制器的 viewDidLoad 方法中加入下面的代码: self.searchBar.showsScopeBar = false

搜索栏是一个比较复杂的控件,搜索栏控件的委托协议是 UISearchBarDelegate,不需要数据源协议。

下面通过一个名为 SearchbarSimpleTable 的工程来介绍如何在表视图中添加搜索栏,案例原型如图 4-33 所示。在 4.2.1 节简单表案例的基础上添加搜索栏,工程的创建过程参照 4.2.2 节。有别于简单表视图的是,本案例中的单元格样式采用了有副标题的样式,其中副标题用于展示球队的英文名称,主标题是该球队的中文名称。在输入查询内容时,搜索栏下面会出现 Scope Titles,它提供按中文查询和按英文查询两种方式。

打开故事板设计界面,如图 4-34 所示,从对象库中拖曳一个 Search Bar 到设计界面中表视图的上面,出现蓝线后松开鼠标,注意不要把搜索栏拖曳到表视图单元格中。

然后在设计界面中选择搜索栏,打开其属性检查器,然后将属性 Placeholder 设定为 Search for Name,选中 Shows Scope Bar 复选框,并在 Scope Titles 中添加"中文"和"英文",如图 4-35 所示。

连接 UISearchBar 输出口,如图 4-36 所示。定义 UISearchBar 的属性,将其名称设置为 searchBar。

下面看看代码部分,视图控制器 ViewController 定义和属性,以及视图加载方法 viewDidLoad 的相关代码:

图 4-32　搜索栏属性检查器

图 4-33　添加搜索栏案例

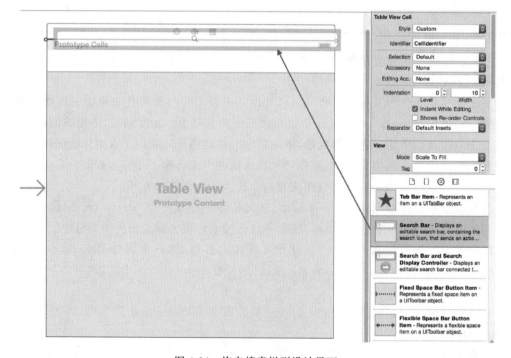

图 4-34　拖曳搜索栏到设计界面

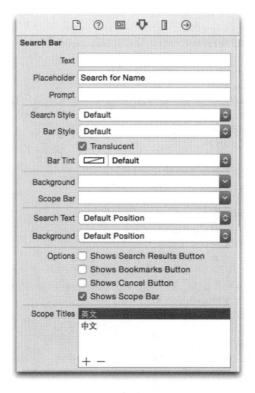

图 4-35　搜索栏属性检查器

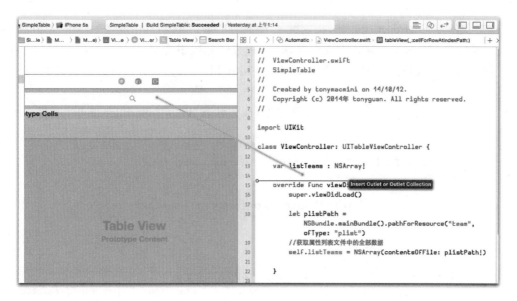

图 4-36　连接搜索栏输出口

```swift
import UIKit

class ViewController: UITableViewController,UISearchBarDelegate {
    
    @IBOutlet weak var searchBar: UISearchBar!
    var listTeams : NSArray!
    var listFilterTeams : NSMutableArray!
    
    override func viewDidLoad() {
        super.viewDidLoad()
        
        //设置搜索栏委托对象为当前视图控制器
        self.searchBar.delegate = self
        
        //设置搜索范围栏隐藏
        self.searchBar.showsScopeBar = false
        //重新设置搜索大小
        self.searchBar.sizeToFit()
        
        let plistPath = NSBundle.mainBundle().pathForResource("team",ofType: "plist")
        //获取属性列表文件中的全部数据
        self.listTeams = NSArray(contentsOfFile: plistPath!)
        
        //初次进入查询所有数据
        self.filterContentForSearchText("",scope: -1)
    }
    
    … …
}
```

在定义 ViewController 类时候，指定继承 UITableViewController 并遵守 UISearchBarDelegate 协议。属性 listTeams 是为了装载全部球队的信息，是数组类型 NSArray，listFilterTeams 是查询之后的球队信息它是可变数组类型 NSMutableArray，listFilterTeams 是 listTeams 的子集。

为了查询方便自定义了过滤结果集方法，该方法在 ViewController.swift 文件中的实现代码如下：

```swift
func filterContentForSearchText(searchText: NSString,scope: Int) {
    if(searchText.length == 0) {
        //查询所有
        self.listFilterTeams = NSMutableArray(array:self.listTeams)
        return
    }
    var tempArray : NSArray!
    
    if (scope == 0) {              //英文 image 字段保存英文名                    ①
        let scopePredicate = NSPredicate(format:"SELF.image contains[c] %@",searchText)
        tempArray = self.listTeams.filteredArrayUsingPredicate(scopePredicate)          ②
        self.listFilterTeams = NSMutableArray(array: tempArray)
    } else if (scope == 1) {       //中文 name 字段是中文名
```

```
        let scopePredicate = NSPredicate(format:"SELF.name contains[c] %@",searchText)
        tempArray = self.listTeams.filteredArrayUsingPredicate(scopePredicate)
        self.listFilterTeams = NSMutableArray(array: tempArray)
    } else {                          //查询所有
        self.listFilterTeams = NSMutableArray(array: self.listTeams)
    }
}
```

上述代码是定义 filterContentForSearchText 方法。其中，参数 searchText 是要过滤结果的条件，参数 scope 是搜索范围栏中选择按钮的索引，本例中有两个按钮，将它们的值分别设置为 0、1。

方法中第①行代码是进行英文查询（匹配字典中 image 键），其中的 NSPredicate 定义了一个逻辑查询条件，用来在内存中过滤集合对象；NSPredicate(format:"SELF.image contains[c] %@",searchText)构造器中 format 参数设置 Predicate 字符串格式，本例中的 @"SELF.image contains[c] %@" 是 Predicate 字符串，它有点像 SQL 语句或是 HQL (Hibernate Query Language)，其中 SELF 代表要查询的对象，SELF.image 是查询对象的 image 字段（字典对象的键或实体对象的属性）。contains[c]是包含字符的意思，其中小写 c 表示不区分大小写。

> **提示** 关于 Predicate 字符串的语法，可以参考 https://developer.apple.com/library/mac/#documentation/Cocoa/Conceptual/Predicates/Articles/pSyntax.html。

第②行代码中，NSArray 的 filteredArrayUsingPredicate 方法是按照前面的条件进行过滤，结果返回的还是 NSArray 对象。需要重新构建一个 NSMutableArray 对象才可以将结果放到属性 listFilterTeams 中。

下面还有两个 NSPredicate 的例子。

```
var array = NSMutableArray(array : ["Bill","Ben","Chris","Melissa"])
let bPredicate = NSPredicate(format: "SELF beginswith[c] '@%'","b")
let beginWithB = array.filteredArrayUsingPredicate(bPredicate!)
//beginWithB 包含 { @"Bill",@"Ben" }.
let sPredicate = NSPredicate(format: "SELF contains[c] '@%'","s")
array.filteredArrayUsingPredicate(sPredicate!)
//数组包含 { @"Chris",@"Melissa" }
```

下面看看实现 UISearchBarDelegate 协议的方法。

```
//获得焦点，成为第一响应者
func searchBarShouldBeginEditing(searchBar: UISearchBar) -> Bool {     ①
    self.searchBar.showsScopeBar = true
    self.searchBar.sizeToFit()
    return true
}

//单击键盘上的搜索按钮
```

```swift
    func searchBarSearchButtonClicked(searchBar: UISearchBar) {                    ②
        self.searchBar.showsScopeBar = false
        self.searchBar.resignFirstResponder()                                       ③
        self.searchBar.sizeToFit()
    }
    //单击搜索栏取消按钮
    func searchBarCancelButtonClicked(searchBar : UISearchBar) {                   ④
        //查询所有
        self.filterContentForSearchText("",scope: - 1)                              ⑤
        self.searchBar.showsScopeBar = false
        self.searchBar.resignFirstResponder()                                       ⑥
        self.searchBar.sizeToFit()
    }

    //当文本内容发生改变时候调用
    func searchBar(searchBar: UISearchBar,textDidChange searchText: String) {      ⑦
        self.filterContentForSearchText(searchText,
                    scope:self.searchBar.selectedScopeButtonIndex)                  ⑧
        self.tableView.reloadData()                                                 ⑨
    }

    //当搜索范围选择发生变化时候调用
    func searchBar(searchBar: UISearchBar,
                selectedScopeButtonIndexDidChange selectedScope: Int) {             ⑩
        self.filterContentForSearchText(self.searchBar.text,scope:selectedScope)
        self.tableView.reloadData()
    }
```

在本例中实现了 UISearchBarDelegate 协议 5 个方法,其中第①行代码 searchBarShouldBeginEditing:方法开始编辑搜索栏内容时候触发的,如果返回值为 true 则可以获得焦点,成为第一响应者;否则不能。实现该方法的目的是让搜索范围栏显示。

第②行代码 searchBarSearchButtonClicked:方法是单击键盘搜索按钮(右下角)时候,键盘搜索按钮如图 4-37 所示。在单击键盘搜索按钮时候隐藏搜索范围栏并关闭键盘,代码第③行 self.searchBar.resignFirstResponder()语句是放弃搜索栏第一响应,该语句就可以关闭键盘了。

第④行代码的 searchBarCancelButtonClicked:是单击搜索栏取消按钮时候回调的。这种情况下需要重新查询显示所有记录,并且关闭键盘。其中代码第⑤行 self.filterContentForSearchText("",scope:-1)是重新查询所有数据。

图 4-37 键盘搜索按钮

第⑦行代码的 searchBar:textDidChange:方法是搜索栏中输入内容有所变化时候调用。在该方法中使用 filterContentForSearchText 方法进行重新查询,查询条件是参数 searchText 重新查询(见代码第⑧行),查询完成后需要重新加载表视图(见代码第⑨行)。

第⑩行代码的 searchBar:selectedScopeButtonIndexDidChange:方法当搜索范围选择发生变化时候调用。在该方法中调用 filterContentForSearchText 方法重新查询,其中的参数 selectedScope 是搜索范围栏中的按钮索引。

4.3 分节表视图

4.2节中的简单表视图只有一节(Section),它实际上是分节表视图的一个特例。一个表可以有多个节,节也有头有脚,分节是添加索引和分组的前提。

在简单表视图的例子中,省略了如下代码:

```
func numberOfSectionsInTableView(_ tableView: UITableView) -> Int{
    return 1
}
```

其中 numberOfSectionsInTableView:方法的返回值是表视图中节的个数,一旦返回值大于1,其他很多方法都要相应地有所变化。另外,还可能会用到 tableView:titleForHeaderInSection:和 tableView:titleForFooterInSection:方法来设置节头和节脚的标题。

4.3.1 添加索引

当表视图中有大量数据集合时,除了添加搜索栏,还可以通过添加索引来辅助查询。

为一个表视图建立索引的规则与在数据库表中建立索引的规则是类似的,但也有一定差别。对于图4-38所示的表,索引列中的索引标题几乎与显示的标题完全一样,这种情况下还需要索引吗?该表的另一个问题就是索引列与扩展视图发生了冲突,当单击索引列时,往往会单击到扩展视图的图标。索引列表的正确使用方式应该像英文字典的索引一样,A字母代表A开头的所有单词,如图4-39所示。

索引的正确使用原则如下所示。

- 索引标题不能与显示的标题完全一样。如果与要显示的标题一致,索引就变得毫无意义,如图4-38所示。
- 索引标题应具有代表性,能代表一个数据集合。如图4-39所示,索引标题A下有一系列符合要求的数据。
- 如果采用了索引列表视图,一般情况下就不再使用扩展视图。索引列表视图与扩展视图并存的时候,两者会存在冲突。当单击索引标题时,很容易单击到扩展视图。

接下来通过一个案例来演示正确使用索引的方式。

使用 Single View Application 模板创建一个名为 IndexTable 的工程。除了数据结构,其他操作与6.2节完全相同。为了方便,将数据放到 team_dictionary.plist 文件中,具体如图4-40所示。

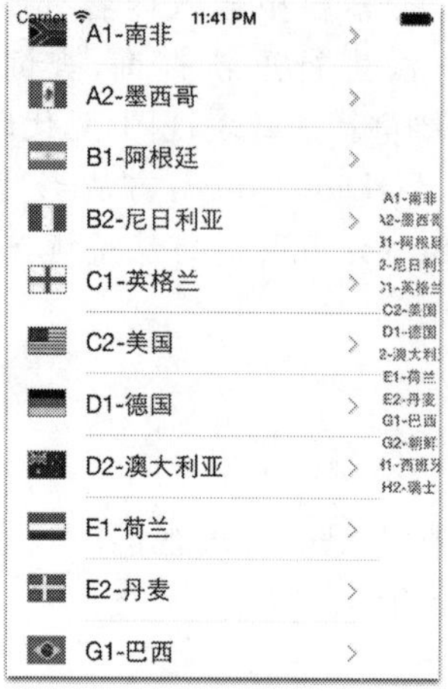

图 4-38　错误使用索引 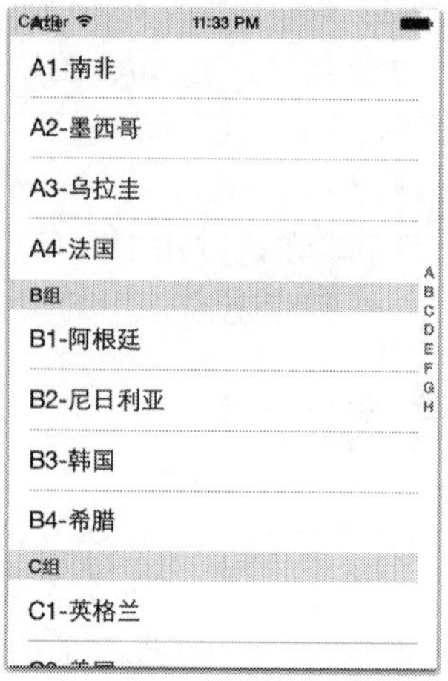　　　　　　　图 4-39　正确使用索引

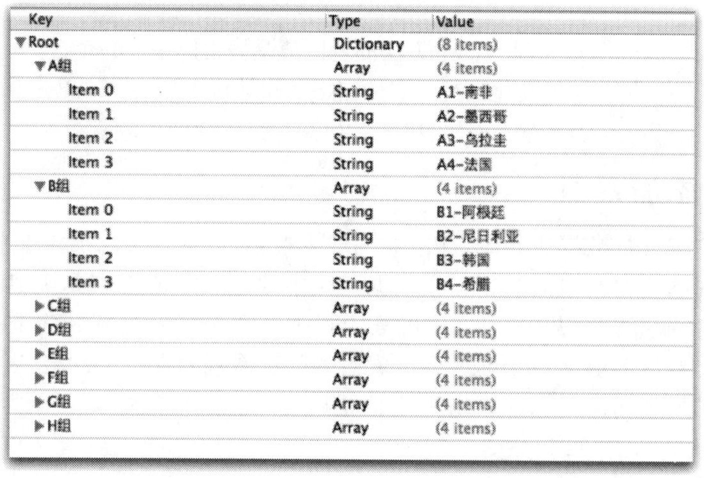

图 4-40　属性列表文件 team_dictionary.plist

下面看看代码部分，视图控制器 ViewController 定义和属性，以及视图加载方法 viewDidLoad 的相关代码。

```
class ViewController: UITableViewController {

    //从 team_dictionary.plist 文件中读取出来的数据
    var dictData : NSDictionary!
    //小组名集合
    var listGroupname : NSArray!


    override func viewDidLoad() {
```

```
        super.viewDidLoad()
        let plistPath = NSBundle.mainBundle().pathForResource("team_dictionary",
                                        ofType: "plist")
        //获取属性列表文件中的全部数据
        self.dictData = NSDictionary(contentsOfFile: plistPath!)

        var tempList = self.dictData.allKeys as NSArray                          ①
        //对 key 进行排序
        self.listGroupname = tempList.sortedArrayUsingSelector("compare:")       ②
    }
    ……
}
```

属性 dictData 是从属性列表文件 team_dictionary.plist 中读取字典类型数据，属性 listGroupname 保存了小组名的集合，是从 dictData 属性中取出的，它是 dictData 的键的集合。

第①行代码是从字典中取出来所有键，它的顺序是混乱状态（D 组、C 组、B 组、H 组、A 组、G 组、F 组、E 组），这是因为它是哈希结构，内部结构是无序的。需要使用第②行代码对其重新进行排序，排序比较方法是 compare:。

此外，还需要修改数据源方法 tableView:numberOfRowsInSection:和 tableView: cellForRowAtIndexPath:，具体代码如下所示：

```
//实现数据源方法
    override func tableView(tableView: UITableView,
                            numberOfRowsInSection section: Int) -> Int {
        //按照节索引从小组名数组中获得组名
        var groupName = self.listGroupname[section] as! String
        //将组名作为 key, 从字典中取出球队数组集合
        var listTeams = self.dictData[groupName] as! NSArray
        return listTeams.count
    }

    override func tableView(tableView: UITableView,
            cellForRowAtIndexPath indexPath: NSIndexPath) -> UITableViewCell {

        let cellIdentifier = "CellIdentifier"

        var cell:UITableViewCell! = tableView.
            dequeueReusableCellWithIdentifier(cellIdentifier) as? UITableViewCell

        if (cell == nil) {
            cell = UITableViewCell(style: UITableViewCellStyle.Default,
                            reuseIdentifier:cellIdentifier)
        }
```

```
        //获得选择的节
        let section = indexPath.section
        //获得选择节中选中的行索引
        let row = indexPath.row
        //按照节索引从小组名数组中获得组名
        var groupName = self.listGroupname[section] as! String
        //将组名作为 key,从字典中取出球队数组集合
        var listTeams = self.dictData[groupName] as! NSArray
        cell.textLabel?.text = listTeams[row] as? String

        return cell
    }
```

在表视图分节时,需要实现数据源中 numberOfSectionsInTableView:和 tableView: titleForHeaderInSection:方法,具体实现代码如下:

```
override func numberOfSectionsInTableView(tableView: UITableView) -> Int {
    return self.listGroupname.count
}

override func tableView(tableView: UITableView,
            titleForHeaderInSection section: Int) -> String? {
    var groupName = self.listGroupname[section] as String
    return groupName
}
```

上面这几个方法已实现了分节。分节只是添加索引的前提,数据源的 sectionIndexTitlesForTableView:方法才与索引直接相关。在该方法的 listGroupname 集合中存放的数据是 A 组,B 组,C 组,D 组,E 组,F 组,G 组,H 组,这些数据在索引列中显示的结果是 A,B,C,D,E,F,G,H,将后面的"组"字符截取掉。

```
override func sectionIndexTitlesForTableView(tableView: UITableView) -> [AnyObject]! {
    var listTitles = [AnyObject]()
    //把 A 组改为 A
    for item in self.listGroupname {
        var title = item.substringToIndex(1) as String
        listTitles.append(title)
    }
    return listTitles
}
```

此时再看看运行结果。

4.3.2 分组

在 Interface Builder 设计器中选择表视图,打开其属性检查器,从 Style 属性下拉列表中选择 Grouped 选项,如图 4-41 所示。

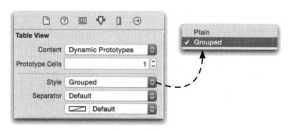

图 4-41　表视图属性检查器

运行一下，得到的结果如图 4-42 所示，这个结果是否满意呢？分析一下，分组的目的是让相关单元格放在"组"上（这个功能已经实现），但是界面中"组"的间距比较大，并不适合大量数据集的展示。需要说明的是，在数据量较小的情况下，没必要使用索引。

图 4-42　分组前后的表视图（(a)图分组前，(b)图分组后）

4.4　删除和插入单元格

对于表视图，不仅需要浏览数据，有时还需要修改其中的数据，本节简要介绍如何删除和插入单元格等。

表视图一旦进入删除和插入状态，单元格的左边就会出现一个"编辑控件"，如图 4-43 所示。这个区域会显示删除控件 ● 或插入控件 ●，具体显示哪个图标在表视图委托协议的 tableView:editingStyleForRowAtIndexPath: 方法中设定。

为了防止用户操作失误，删除过程需要确认。删除控件时，删除控件从图 4-44 变成图 4-45 所示的样式，同时右侧会出现一个 Delete 按钮，单击该按钮数据才会成功删除。

图 4-43　单元格编辑控件

图 4-44　单元格删除控件

图 4-45　单元格删除确认控件

提示　在 iOS 中，还有一个鲜为人知的删除手势，那就是在单元格中从右往左滑动手势，也会在单元格右边出现一个 Delete 按钮。

插入数据时，新插入的单元格会出现在表视图的最后，如图 4-46 所示。当单击插入控件时，会增加一行数据，此操作可重复进行。

图 4-46　单元格插入

删除和插入单元格操作的核心是如下两个方法：表视图委托对象的 tableView:editingStyleForRowAtIndexPath:方法和表视图数据源对象的 tableView:commitEditingStyle:forRowAtIndexPath:方法。删除和插入单元格的时序图如图 4-47 所示。

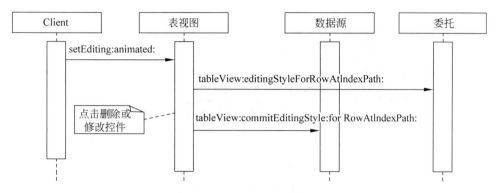

图 4-47　删除和插入单元格的时序图

setEditing:animated:方法设定视图能否进入编辑状态，然后调用委托协议中的 tableView:editingStyleForRowAtIndexPath:方法进行单元格编辑图标的设置，当用户删除或修改控件时，委托方法向数据源发出 tableView:commitEditingStyle:forRowAtIndexPath:消息实现删除或插入的处理。

下面实现图 4-46 所示的案例。使用 Single View Application 模板创建一个名为 DeleteAddCell 的工程。

打开 Interface Builder 设计界面，删除 View Controller，然后从对象库中拖曳一个 Navigation Controller 到设计界面，如图 4-48 所示，添加 Navigation Controller 同时也会添加一个表视图控制器（RootViewController），这个表视图控制器是 NavigationController 的根视图控制器。

将 ViewController 的父类从原来的 UIViewController 修改为 UITableViewController。

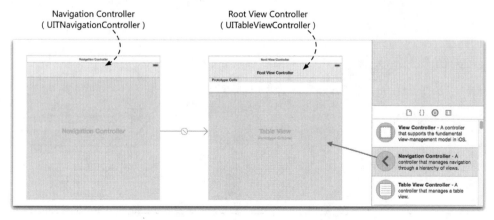

图 4-48　拖曳 Navigation Controller 到设计界面

在 Interface Builder 设计界面左侧的 Scene 列表中选择 Root View Controller，打开表视图控制器的标识检查器，在 Class 下拉列表中选择 ViewController，这是自己编写的视图控制器，如图 4-49 所示。

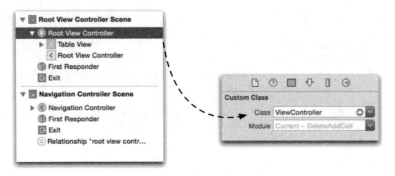

图 4-49　设置根视图控制器的标识检查器

当插入单元格时，应该有一个控件能够接收用户输入的信息，这个控件应该是 TextField 文本输入框，所以在插入的单元格里放置了一个文本框。但是在 Interface Builder 中，把文本框放入到单元格中是比较困难的，可以通过程序代码 cell.contentView.addSubview(TextField) 来实现。因此，可以先在 View Controller Scene 中添加一个 TextField 文本输入框，然后打开其属性检查器，将 Font 属性设置为 System 20.0，将 Placeholder 属性设置为 "Add..."，将 Border Style 属性设置为如图 4-50 所示的无边框样式。

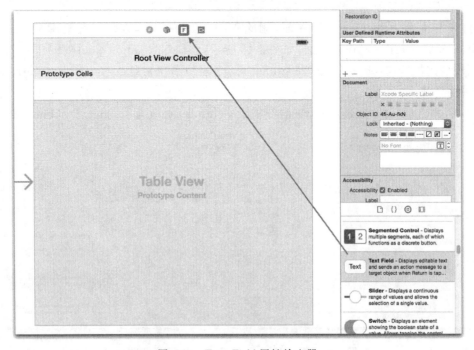

图 4-50　Text Field 属性检查器

将 TextField 文本输入框拖曳到 View Controller Scene 设计界面,其中是看不到设计界面的,这是因为它不是 View 或者 Table View 的子视图,还没有添加到任何视图中去,需要通过代码将其添加到单元格的内容视图(contentView)上。

然后需要为刚才拖曳的 TextField 控件定义输出口,并将其与视图控制器连线,如图 4-51 所示,选择 TextField 控件拖曳到右边的编辑辅助窗口,松开鼠标,在弹出对话框的 name 中输入 txtField,然后单击 Connect 按钮定义输出口。

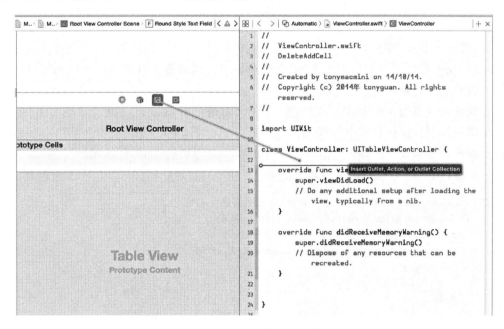

图 4-51　TextField 控件定义输出口

下面看看代码部分,视图控制器 ViewController 定义和属性,以及视图加载方法 viewDidLoad 的相关代码:

class ViewController: UITableViewController,UITextFieldDelegate {

　　@IBOutlet var txtField: UITextField!

　　var listTeams : NSMutableArray!

　　override func viewDidLoad() {
　　　　super.viewDidLoad()

　　　　//设置导航栏
　　　　self.navigationItem.rightBarButtonItem = self.editButtonItem()　　　　　　　①
　　　　self.navigationItem.title = "单元格插入和删除"

　　　　//设置单元格文本框

```
            self.txtField.hidden = true
            self.txtField.delegate = self
            
            self.listTeams = NSMutableArray(array: ["黑龙江","吉林","辽宁"])
            
    }

}
```

在 ViewController 类定义的时候，需要指定遵守 UITextFieldDelegate 协议，它是 TextField 控件所需要的。

listTeams 属性是可变数组集合，用于装载表视图的数据。这里将其声明为可变的，是为了可以对它进行删除或修改。

在视图加载方法 viewDidLoad 中，第①行代码是将编辑按钮设置为导航栏右边的按钮。编辑按钮是视图控制器中已经定义好的按钮，用 self.editButtonItem() 可以取得编辑按钮的对象。编辑按钮的样式可以在 Edit 和 Done 之间切换，如何切换取决于当前的视图是否处于编辑状态。单击编辑按钮时，会调用 setEditing:animated:方法，其代码如下：

```
//UIViewController 生命周期方法,用于响应视图编辑状态变化
override func setEditing(editing: Bool,animated: Bool) {
    super.setEditing(editing,animated: animated)
    self.tableView.setEditing(editing,animated: true)
    if editing {
        self.txtField.hidden = false
    } else {
        self.txtField.hidden = true
    }
}
```

该方法是 UIViewController 生命周期的方法，用于响应视图编辑状态的变化。当表视图处于编辑状态时，文本框需要显示出来；当表视图处于非编辑状态时，应该将文本框隐藏。在 ViewController.swift 中，还需要实现 UITableViewDataSource 协议中的 numberOfRowsInSection:和 tableView:cellForRowAtIndexPath:方法，它们的代码如下：

```
override func tableView(tableView: UITableView,
                    numberOfRowsInSection section: Int) -> Int {
    return self.listTeams.count + 1
}

override func tableView(tableView: UITableView,
        cellForRowAtIndexPath indexPath: NSIndexPath) -> UITableViewCell {
    
    let cellIdentifier = "CellIdentifier"
    
    var b_addCell = (indexPath.row == self.listTeams.count)
```

```
            var cell:UITableViewCell! = tableView
                .dequeueReusableCellWithIdentifier(cellIdentifier) as? UITableViewCell

            if (cell == nil) {
            cell = UITableViewCell(style: UITableViewCellStyle.Default,
                                    reuseIdentifier:cellIdentifier)
            }

            if (b_addCell == false) {
                cell.accessoryType = UITableViewCellAccessoryType.DisclosureIndicator
                cell.textLabel?.text = self.listTeams[indexPath.row] as? String
            } else {
                self.txtField.frame = CGRectMake(10,5,300,44)
                self.txtField.borderStyle = UITextBorderStyle.None
                self.txtField.placeholder = "Add..."
                self.txtField.text = ""
                cell.contentView.addSubview(self.txtField)
            }
            return cell
    }
```

numberOfRowsInSection：方法返回的不是 listTeams 集合的长度，而是"listTeams 集合的长度＋1"，这是因为需要为插入准备一个空的单元格，必须在此处预先指定。

在 tableView:cellForRowAtIndexPath:方法中，要注意的是单元格要分两种情况来处理：一种是普通单元格，另一种是要插入的那个单元格，在插入的单元格中需要在其内容视图中添加文本框。

tableView:editingStyleForRowAtIndexPath：方法用于单元格编辑图标的设定，其代码如下：

```
override func tableView(tableView: UITableView,
    editingStyleForRowAtIndexPath indexPath: NSIndexPath) -> UITableViewCellEditingStyle {
    if (indexPath.row == self.listTeams.count) {
        return UITableViewCellEditingStyle.Insert
    } else {
        return UITableViewCellEditingStyle.Delete
    }
}
```

tableView:commitEditingStyle:forRowAtIndexPath:方法用于实现删除或插入处理，其代码如下：

```
override func tableView(tableView: UITableView,
            commitEditingStyle editingStyle: UITableViewCellEditingStyle,
            forRowAtIndexPath indexPath: NSIndexPath) {
```

```
            var indexPaths = [indexPath]                                    ①

            if (editingStyle == UITableViewCellEditingStyle.Delete) {       ②
                self.listTeams.removeObjectAtIndex(indexPath.row)
                self.tableView.deleteRowsAtIndexPaths(indexPaths,
                        withRowAnimation: UITableViewRowAnimation.Fade)     ③
            } else if (editingStyle == UITableViewCellEditingStyle.Insert) { ④
                self.listTeams.insertObject(self.txtField.text,atIndex: self.listTeams.count)
                self.tableView.insertRowsAtIndexPaths(indexPaths,
                        withRowAnimation: UITableViewRowAnimation.Fade)     ⑤
            }
            self.tableView.reloadData()
        }
```

在删除单元格数据时(见第②行代码),本例中删除的是内存对象 listTeams 集合中的数据,如果数据来源于数据库,则应该删除的是数据库里的数据。第③行代码是删除表视图单元格的方法,其中 indexPaths 参数是 NSIndexPath 对象集合,该集合是要删除单元格的索引,第①行代码创建 NSIndexPath 对象集合。另外,withRowAnimation:参数可以设置删除时的动画效果。

插入单元格数据时(见第④行代码),本例中插入的是内存对象 listTeams 集合中的数据,但是如果数据来源于数据库,则应该插入的是数据库里的数据。第⑤行代码是插入表视图单元格的方法,其中参数 indexPaths 是要插入单元格的索引。另外,withRowAnimation:参数可以设置插入时的动画效果。

最后,通过 self.tableView.reloadData()语句重新加载表视图数据。插入和删除单元格都需要重新加载数据。

上述代码足以完成单元格的删除和插入,为了更加友好,还添加了其他一些方法:UITableViewDelegate 协议中的 tableView:shouldHighlightRowAtIndexPath:和 tableView:heightForRowAtIndexPath:方法,其代码如下:

```
        override func tableView(tableView: UITableView,
                shouldHighlightRowAtIndexPath indexPath: NSIndexPath) -> Bool {
            if (indexPath.row == self.listTeams.count) {
                return false
            } else {
                return true
            }
        }

        override func tableView(tableView: UITableView,
                heightForRowAtIndexPath indexPath: NSIndexPath) -> CGFloat {
            return 50
        }
```

其中 tableView:shouldHighlightRowAtIndexPath:设定单元格是否能在选择时处于高亮状

态。一般情况下，不希望用户能够选择表视图的最后一个单元格，因为它没有内容，如图 4-52 所示。如果 tableView:shouldHighlightRowAtIndexPath:方法返回 false，就能够选择最后一个单元格，但这样用户就发觉不到它的存在了。

图 4-52　单元格选择

4.5　小结

在本章中，首先对表视图有了整体的认识，了解了表视图的组成、表视图类的构成、表视图的分类以及表视图的两个重要协议(委托协议和数据源协议)，接着讨论了如何实现简单表视图和分节表视图，以及表视图中索引、搜索栏、分组的用法，然后学习了如何对表视图单元格进行删除和插入等操作。

第 5 章 界面布局与 Auto Layout 技术

当掌握控件之后,则需要将这些控件摆放到屏幕上,这个过程要考虑到苹果公司的 iOS 人机界面设计规范,还要考虑不同设备屏幕的适配问题。本章将讨论界面布局问题。

5.1 iOS 界面布局 UI 设计模式

界面布局就是控件在界面中的摆放过程,这个过程需要参考苹果公司的 iOS 人机界面设计规范,虽然 App Store 上不遵守这一规范的个性化的应用也很多,但是本书重点还是要介绍一下界面布局。

这一规范下的界面布局可以归纳出 3 种主要的界面布局 UI 设计模式。如图 5.1~5.3 所示。

图 5-1 表单布局

图 5-2 列表布局

图 5-3 网格布局

- 表单布局,如图 5-1 所示,提供一种与用户交互的界面,例如:登录界面和注册界面,表单布局可以采用静态表视图实现。
- 列表布局,如图 5-2 所示,当遇到展示大量数据的时候,可以通过列表或网格布局实现。列表布局就是使用动态表视图。第 4 章介绍的表视图的用法就是动态表视图,动态视图需要实现表视图的委托协议和数据源协议相关方法。
- 网格布局,如图 5-3 所示,与列表布局类似,列表只有一列,而网格布局可以有多列,这种布局使用集合视图实现。

下面从布局的角度展开介绍静态表和集合视图。

5.2 静态表与表单布局

静态表（Static Cells）不同于动态表（Dynamic Prototypes），基本上不需要编写程序代码，不需要实现表视图的委托协议或数据源协议，只需要在故事板里设计就可以满足用户的需要了。动态表与静态表的切换是在 Interface Builder 中选择表视图，如图 5-4 所示，选中 View Controller Scene→Table View，然后打开属性检查器，在 Table View→Content 中从原来的 Dynamic Prototypes 选择为 Static Cells。

静态表的布局类似于在 HTML 网页中使用 Table 标签进行页面布局。图 5-5 是苹果官方的即时聊天工具 iMessage 应用的登录界面，如果这个界面没有采用表视图来进行布局，界面会非常难看。

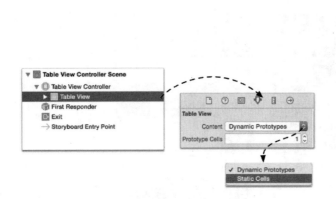

图 5-4　动态表与静态表的切换　　　　图 5-5　iMessage 应用登录界面

图 5-5 所示的界面，很显然是表视图，表视图分为 3 组，第 1 组有两个单元格，每一个单元格有一个文本框，文本框有输出口；第 2 组有一个单元格，其中放置一个登录按钮；第 3 组有一个单元格，其中包含标签控件和扩展指示器。

在 iOS 5 之前没有静态表，只能采用动态表。动态表本身不是为布局而设计的，如果通过动态表实现，则一项非常繁重的工作。幸运的是，iOS 5 之后的故事板技术可以使用静态表，通过静态表可以完全不用编写代码，只需要在 Interface Builder 中设计就可以实现了。

下面将图 5-5 的界面简化一下，采用静态表技术实现如图 5-6 所示的案例。

使用 Single View Application 模板创建一个名为 StaticTableGroup 的工程。打开 Interface Builder 设计界面，在 View Controller Scene 中删除 View Controller，然后从控件

库中拖曳一个 Table View Controller 到设计界面，设置界面 Size Class 为 wCompact|hAny。

接着选择 View Controller Scene→Table View，打开其属性检查器，如图 5-7 所示，从 Content 下拉列表中选择 Static Cells(静态表)，将 Sections 的值设为 3(即 3 节)，从 Style 下拉列表中选择 Grouped。

图 5-6　登录界面　　　　　　　图 5-7　静态表属性检查器

再选择 View Controller Scene 中的 Section-1(选中第 1 节)，打开它的属性检查器，如图 5-8 所示，将 Rows 的值设为 2，即该节中包含两个单元格。还可以根据需要设定 Header(节头)和 Footer(节脚)，本例中不设定 Header(节头)和 Footer(节脚)。

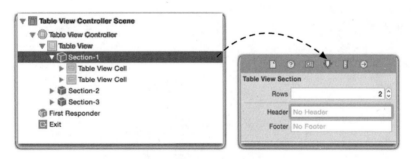

图 5-8　静态表中的节属性检查器

然后，将两个 TextField 控件分别拖曳到该节中的单元格上，如图 5-9 所示。设置 TextField 属性，打开其属性检查器，如图 5-10 所示，设置 Placeholder 为用户名，Border Style 为无边框样式。最后不用忘记为 TextField 添加 Auto Layout 约束。

第 1 节中的第 2 个单元格是密码 TextField，输入的密码需要掩码显示，参考第 1 个单元格用户名 TextField 拖曳并设置属性，然后设置它的 Secure Text Entry 为选中，如图 5-11 所示。

静态表第 2 节中，有一个按钮，可以按照上面的方法设定。

静态表第 3 节的单元格中有标签和扩展指示器，其中扩展指示器的设定如图 5-12 所

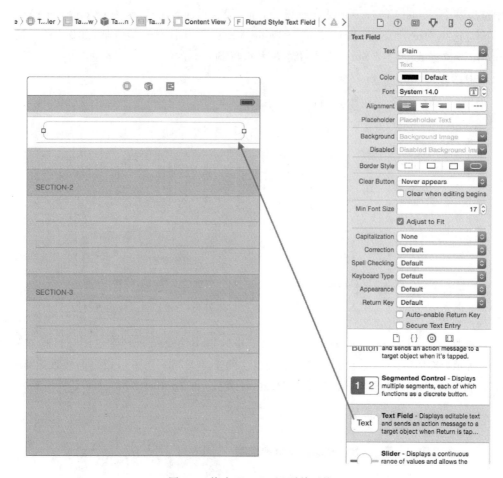

图 5-9 拖曳 TextField 到单元格

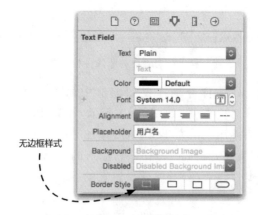

图 5-10 设置用户名 TextField 属性

图 5-11　设置密码 TextField 属性

示。选择 View Controller Scene 中单元格，打开其属性检查器，从 Accessory 下拉列表中选择 Disclosure Indicator（扩展指示器）。最后，还要拖曳一个 Label 到单元格中，设置内容为"创建新用户"。

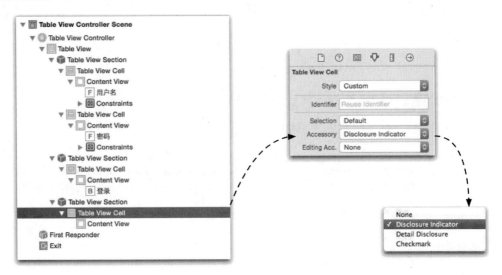

图 5-12　为单元格选择扩展图标

这样整个界面就设计好了，如图 5-13 所示，可以与图 5-6 的效果对比一下。要完成该案例，还需要为登录按钮定义动作事件，为 TextField 定义输出口，这些操作与普通控件一致，不再赘述。

图 5-13　设计完成的界面

再看看代码部分，ViewController.swift 代码如下：

```swift
import UIKit

class ViewController: UITableViewController {
    
    @IBOutlet weak var txtUserName: UITextField!
    
    @IBOutlet weak var txtPwd: UITextField!
    
    @IBAction func login(sender: AnyObject) {
        if (self.txtPwd.text == "123") && (self.txtUserName.text == "tony") {
            NSLog("登录成功.")
            self.txtPwd.resignFirstResponder()
            self.txtUserName.resignFirstResponder()
        }
    }
    override func viewDidLoad() {
        super.viewDidLoad()
    }
```

```
override func didReceiveMemoryWarning() {
    super.didReceiveMemoryWarning()
}
```

}

在上述代码中，login：方法用于响应登录按钮的单击事件，这里将登录验证规则"硬编码"了。大家是否发现，上面的代码没有实现表视图数据源的 tableView：numberOfRowsInSection：和 tableView：cellForRowAtIndexPath：方法。是的，在静态表中可以不实现数据源和委托协议的方法。

5.3 集合视图

为了增强网格布局，iOS 6 中开放了集合视图 API。这种网格布局的开源代码在开源社区中很早就有，但是都比较麻烦，而 iOS 6 的集合视图 API 使用起来却非常方便。

5.3.1 集合视图介绍

图 5-14 显示了集合视图的组成，它有 4 个重要的组成部分。
- 单元格。集合视图中的一个单元格。
- 节。集合视图中的一个行数据，由多个单元格构成。
- 补充视图。节的头和脚。
- 装饰视图。集合视图中的背景视图。

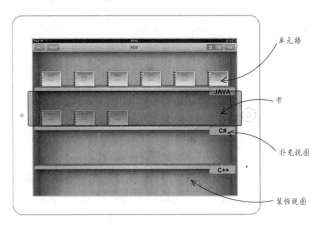

图 5-14　集合视图组成

集合视图类的构成如图 5-15 所示，可以看到 UICollectionView 继承 UIScrollView。与选择器类似，集合视图也有两个协议即 UICollectionViewDelegate 委托协议和 zxzUICollectionViewDataSource 数据源协议。UICollectionViewCell 是单元格类，它的布

局是由 UICollectionViewLayout 类定义的，它是一个抽象类。UICollectionViewFlowLayout 类是 UICollectionViewLayout 类的子类。对于复杂的布局，可以自定义 UICollectionViewLayout 类。UICollectionView 对应的控制器是 UICollectionViewController 类。

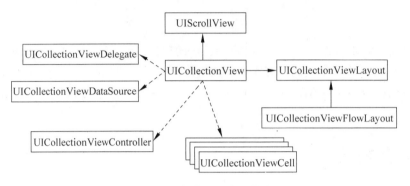

图 5-15　集合视图类的构成

5.3.2　实例：奥运会比赛项目

图 5-16 是使用集合视图展示奥运会比赛项目的案例，其中有 8 行 2 列，共 16 个比赛项目，单击其中一个，会有 NSLog 输出信息。该案例的具体实现过程如下所示。

使用 Single View Application 模板创建一个名为 CollectionViewSample 的工程。

然后需要添加资源图片和属性列表文件到工程，如图 5-17 所示，选择本章代码中 resource 文件夹中的 Olympics_Pic 文件夹，并在 Destination 中选中 Copy items into destination group's folder(if needed)，这样可以将 Olympics_Pic 文件夹拷贝到工程目录中，在 Add folder 中选中 Create groups 选项，Create groups 表示添加的文件夹添加到 Xcode 工程时候作为一个组，而 Create folder references 选项表示添加的文件夹添加到 Xcode 工程时候作为一个文件夹。

图 5-16　案例原型草图

说明　Xcode 的"文件夹"与"组"的区别？从颜色上看，文件夹是蓝灰色的，而组是黄色的。从访问路径上看，文件夹是访问路径的一部分，而组则不是。例如 Xcode 工程中一个 icon.png 文件放在 image 文件夹下，访问它的路径是 image/icon.png，如果 image 是组，则访问它的路径是 icon.png。

添加完成资源文件夹后，打开 Main.storyboard 故事板文件，在设计界面中选中 ViewController 视图控制器，按键盘中的 Delete 键删除 ViewController 视图控制器。

图 5-17　添加文件夹到工程

5.3.3　添加集合视图控制

由于在 5.3.2 节删除了 ViewController 视图控制器，需要从对象库中拖曳一个 CollectionViewController（集合视图控制）到设计界面，如图 5-18 所示。

整个工程没有初始视图控制器了，需要设置集合视图控制器为初始视图控制器，如图 5-19 所示，选择场景中的 CollectionViewController，然后选择右边的属性检查器，选中 ViewController→is Initial View Controller 复选框。

还有代码部分 ViewController.swift 本身不是集合视图控制，ViewController.swift 代码如下：

```
class ViewController: UIViewController {

    override func viewDidLoad() {
```

```
        super.viewDidLoad()
    }
    
    override func didReceiveMemoryWarning() {
        super.didReceiveMemoryWarning()
    }
}
```

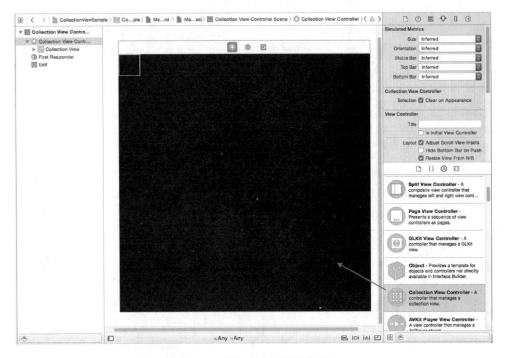

图 5-18 添加集合视图控制器

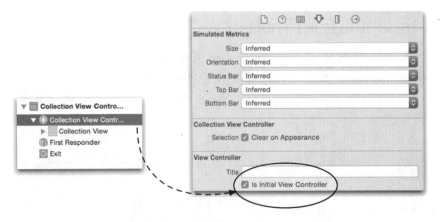

图 5-19 设置集合视图控制器为初始视图控制器

需要修改 ViewController 的父类由 UIViewController 修改为 UICollectionViewController，代码如下：

```
class ViewController: UICollectionViewController{

    override func viewDidLoad() {
        super.viewDidLoad()
    }

    override func didReceiveMemoryWarning() {
        super.didReceiveMemoryWarning()
    }
}
```

修改 ViewController 完成后，代码中的 ViewController 集合视图控制没有与设计界面中的集合视图控制关联在一起，需要选中 Collection View Controller，然后单击右边标识检查器按钮，如图 5-20 所示，选择 Custom Class→Class 下拉列表中的 ViewController 类。

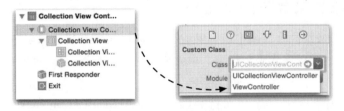

图 5-20 设置类标识

由于本例中只考虑 3.5 和 4 英寸 iPhone 竖屏，所以选择 Size Class 值为 wCompact|hAny，如图 5-21 所示，单击 Size Class 按钮弹出 Size Class 面板，然后在面板中选择左上角的两个格子，这两个格子值就是 wCompact|hAny，关于 Size Class 技术将在第 6 章详细介绍。

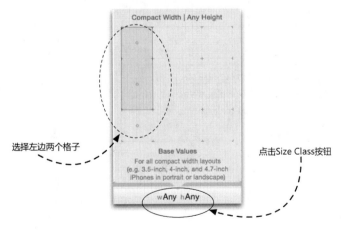

图 5-21 选择 Size Class

最后,由于默认集合视图的背景是黑色,需要将集合视图背景设置为白色。如图 5-22 所示,在视图控制器场景中选择 Collection View,然后在属性检查器中选择 View→Background 为白色。

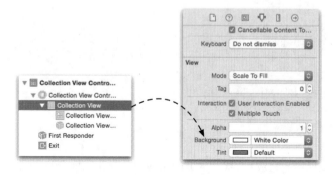

图 5-22　背景设置为白色

5.3.4　添加集合视图单元格

集合视图单元格是集合视图中最重要的组成部分,没有样式和风格定义,它可以在故事板中设计,也可以通过程序代码来设定。单元格就是一个视图,可以在它的内部放置其他视图或控件。

首先,需要添加自定义一个单元格类,它继承自 UICollectionViewCell,可以在 Xcode 中创建单元格类,具体步骤是:选择 CollectionViewSample 组,再选择菜单 File→New→Project,弹出如图 5-23 所示的对话框,在 Class 项目中输入 Cell,Subclass of 项目中选择 UICollectionViewCell,Language 选择 Swift。选择完成之后,单击 Next 按钮创建 Cell.swift 文件。

图 5-23　添加自定义单元格类

创建单元格类后，在 Interface Builder 中打开故事板设计界面，选中 Collection View Cell，打开标识检查器，如图 5-24 所示，将 Custom Class→Class 下拉列表中选择为 Cell。

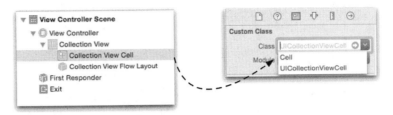

图 5-24　设置类标识

接下来设置可重用单元格标识，选择单元格，打开其属性检查器，如图 5-25 所示，在 Collection Reusable View→Identifier 中输入 Cell。

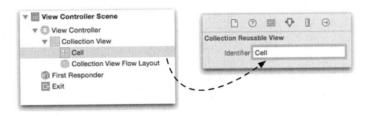

图 5-25　设置可重用单元格标识

然后设置单元格的大小，打开其尺寸检查器，将 Size 修改为 Custom，尺寸为 150×150，如图 5-26 所示。要想让单元格设置大小生效，需要设置集合视图尺寸，如图 5-27 所示，其中的 Cell Size 要与图 5-26 所示的尺寸相同。

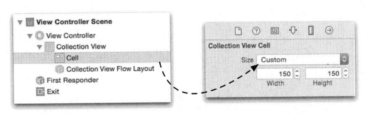

图 5-26　设置单元格尺寸

回到 Interface Builder 界面，需要将 ImageView 和 Label 拖曳到单元格中，如图 5-28 所示，从对象库中拖曳 ImageView 和 Label 到单元格中。

为了能够通过程序代码访问单元格中的 ImageView 和 Label，需要为这两个定义输出口。具体操作方法是：单击左上角第一组按钮中的"打开辅助编辑器"按钮，如图 5-29 所示，在辅助编辑器上边的导航栏中选择 Manual→CollectionViewSample→CollectionViewSample→Cell.swift 打开 Cell.swift 界面。

选中单元格中的 ImageView 视图，同时按住 control 键，将 ImageView 拖曳到如图 5-30

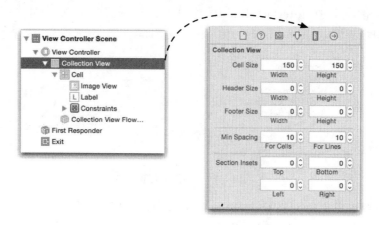

图 5-27　设置集合视图尺寸

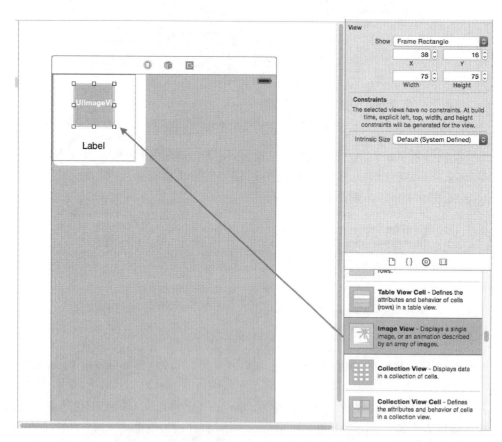

图 5-28　拖曳 ImageView 和 Label 到单元格

所示的位置，释放鼠标，会弹出一个对话框。在 Connection 栏中选择 Outlet，将输出口命名为 imageView。使用同样的方法将 Label 控件与输出口属性 label 连接好。

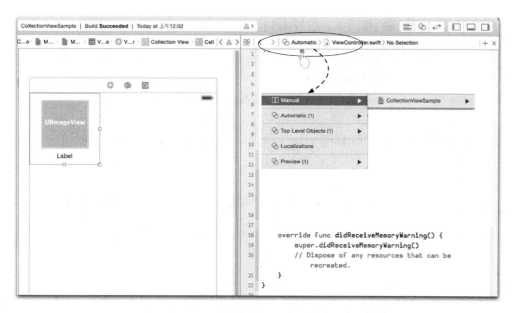

图 5-29　打开 Cell.swift 界面

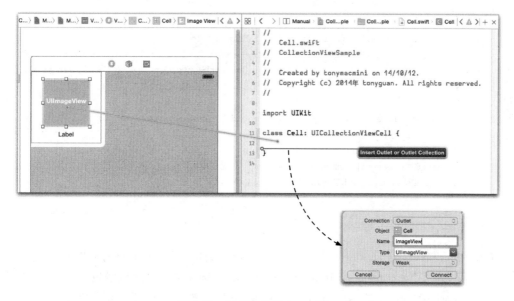

图 5-30　添加输出口 imageView

最后，需要为视图添加约束，可以打开布局工具栏单击解决布局问题按钮 ，弹出对话框中选择 All Views in View Controller→Add Missing Constraints 菜单，添加所有应该添加的约束。

5.3.5 数据源协议与委托协议

集合视图的委托协议是 UICollectionViewDelegate，数据源协议是 UICollectionViewDataSource。UICollectionViewDataSource 中的方法有如下 4 个。

- collectionView:numberOfItemsInSection:。提供某个节中的列数目。
- numberOfSectionsInCollectionView:。提供视图中节的个数。
- collectionView:cellForItemAtIndexPath:。为某个单元格提供显示数据。
- collectionView:viewForSupplementaryElementOfKind:atIndexPath:。为补充视图提供显示数据。

在 ViewController.swift 中，UICollectionViewDataSource 的实现代码如下：

```swift
override func numberOfSectionsInCollectionView(collectionView: UICollectionView) -> Int {
    return self.events.count / 2
}

override func collectionView(collectionView: UICollectionView,
                numberOfItemsInSection section: Int) -> Int {
    return 2
}

override func collectionView(collectionView: UICollectionView,
        cellForItemAtIndexPath indexPath: NSIndexPath) -> UICollectionViewCell {
    var cell = collectionView.dequeueReusableCellWithReuseIdentifier("Cell",
                                forIndexPath: indexPath) as! Cell
    
    let event = self.events[indexPath.section * 2 + indexPath.row] as! NSDictionary
    
    cell.label.text = event["name"] as? String
    let imageFile = event["image"] as! String
    cell.imageView.image = UIImage(named: imageFile)
    
    return cell
}
```

UICollectionViewDelegate 中的方法很多，这里选择几个较为重要的加以介绍。

- collectionView:didSelectItemAtIndexPath:。选择单元格之后触发。
- collectionView:didDeselectItemAtIndexPath:。选择后离开单元格触发。

在 ViewController.swift 中，UICollectionViewDelegate 的实现代码如下：

```swift
override func collectionView(collectionView: UICollectionView,
            didSelectItemAtIndexPath indexPath: NSIndexPath) {
    let event = self.events[indexPath.section * 2 + indexPath.row] as! NSDictionary
    NSLog("select event name : %@",event["name"] as! String)
}
```

运行上述代码,得到的输出结果如下：

```
select event name : basketball
select event name : athletics
select event name : archery
```

5.4 Auto Layout 布局

Auto Layout 布局技术最早应用于 Mac OS X 10.7 下的开发,在 iOS 6 之后引入到 iOS 系统,它可以帮助解决 iOS 设备屏幕问题。Auto Layout 为空间布局定义了一套约束 (constraint),约束定义了控件与视图之间的关系。约束定义可以通过 Interface Builder 或代码实现,因为通过 Interface Builder 设定约束相对简单直观,所以本书重点向读者推荐这种方式。

5.4.1 Auto Layout 约束管理

Auto Layout 约束的管理可以使用代码编程和 Interface Builder 设计器,当然也可以是两种方式混合使用。代码编程方式使用起来非常灵活,但是涉及到很多 API 需要掌握；而 Interface Builder 设计器很容易学习,笔者推荐使用 Interface Builder 设计器方式。

针对 Auto Layout 布局 Interface Builder 设计器提供了一些操作按钮,这些按钮如图 5-31 所示。

- 对齐,创建对齐约束,例如：使视图在容器居中。
- Pin,创建距离和位置相关约束,例如：视图的高度,或指定与其他视图的水平距离。
- 解决布局问题,解决布局中的问题。
- 重新设置大小,根据约束调整大小。

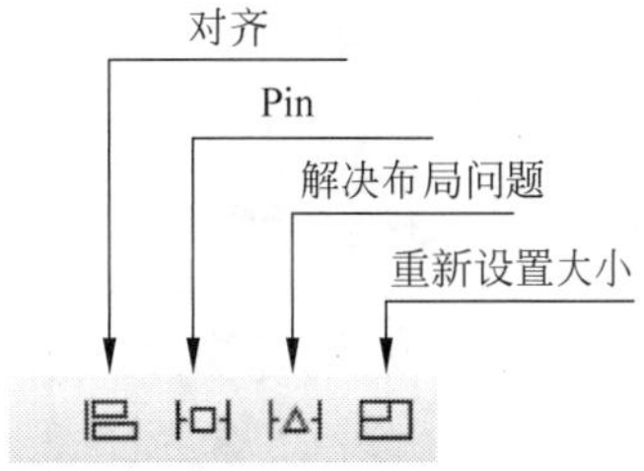

图 5-31 Auto Layout 布局操作按钮

5.4.2 实例：Auto Layout 布局

下面通过一个例子向读者介绍 Auto Layout 布局技术,如图 5-32 左图所示,界面中有三个按钮,将屏幕向右旋转至横屏时,要求这三个按钮仍然能够很好地摆放在屏幕之中。

创建案例的具体实现为：使用 Single View Application 模板创建一个名为 AutolayoutSample 的工程,如何能够使故事板采用 Auto Layout 布局方式呢？选中故事板文件 Main. storyboard,打开文件检查器,如图 5-33 所示,选中 Use Auto Layout 和 Use Size Class 复选框,这种布局选择方式使用 Auto Layout,而不使用 Size Class 技术。

使用 Interface Builder 打开 Main. storyboard,从对象库中拖曳 3 个按钮到设计界面。为了保证竖屏和横屏两种情况下都能正常显示 3 个按钮,需要为按钮添加一些约束条件：

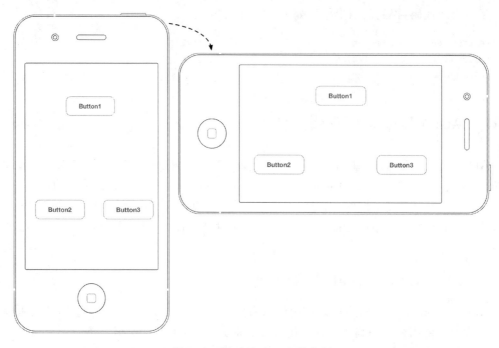

图 5-32　Auto Layout 布局案例

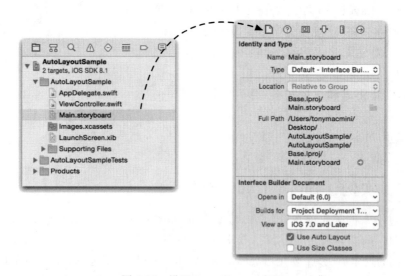

图 5-33　设置 Auto Layout 布局

- Button1，水平居中，与屏幕的上边距为绝对距离。
- Button2，左边距和下边距为绝对距离。
- Button3，右边距和下边距为绝对距离，与 Button2 顶对齐。

下面看看如何添加这些约束条件。

1. Button1 水平居中

Button1 水平居中添加步骤如图 5-34 所示,首先单击对齐按钮弹出对齐菜单,在对齐菜单中选中 Horizontal Center in Container,后面的数字是于中间轴的偏移量,设置为 0 表示刚好居中。设置完成后单击 Add 1 Constraint 按钮,添加约束并关闭菜单。

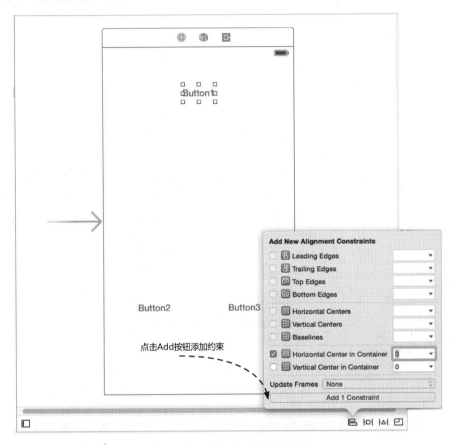

图 5-34 添加水平居中约束

2. Button1 上边距绝对距离

添加该约束的具体步骤如图 5-35 所示,单击 Pin 按钮弹出 Pin 菜单,在 Pin 菜单中可以看到上、下、左、右 4 个方向的线段,虚线线段代表的是相对距离,实线线段代表的是绝对距离,单击可以互相切换。由于 Button1 与屏幕的上边距是绝对距离,需要将上边距设置为实线。设置完成后,单击 Add 1 Constraint 按钮,添加约束并关闭菜单。

Button1 的约束添加完成之后,如图 5-36 所示,选择其中一个约束,则在设计界面中可以看到约束被加粗和添加阴影显示。也可以在这里选中约束通过 Delete 键删除该约束。

3. Button2 左边距和下边距绝对约束

单击 Pin 按钮弹出 Pin 菜单,添加约束如图 5-37 所示,将左边距和下边距设置为实线。设置完成后单击 Add 2 Constraint 按钮,添加约束并关闭菜单。

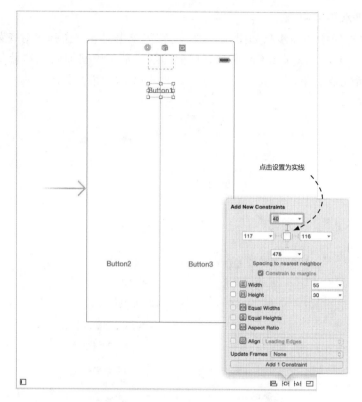

图 5-35 添加上边距绝对距离约束

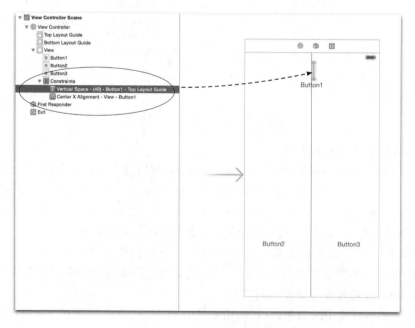

图 5-36 Button1 约束

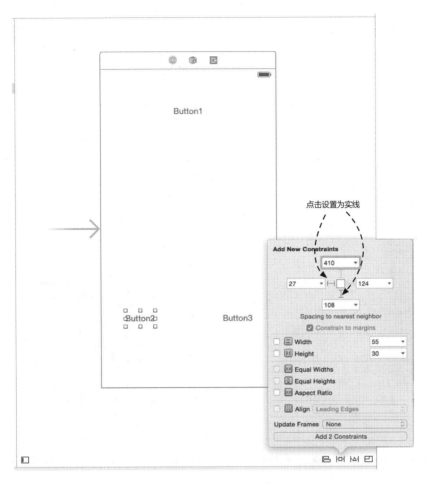

图 5-37　添加左边距和下边距绝对约束

4．Button3 右边距和下边距绝对约束

参考添加 Button2 左边距和下边距绝对约束，添加 Button3 右边距和下边距绝对约束，具体步骤不再赘述。

5．Button3 与 Button2 顶对齐约束

添加 Button3 与 Button2 顶对齐约束，添加步骤如图 5-38 所示，首先选中 Button3 和 Button2 两个按钮，然后单击对齐按钮 ， 弹出对齐菜单，在对齐菜单中选中 Top Edges，Top Edges 表示顶边对齐。设置完成后单击 Add 1 Constraint 按钮，添加约束并关闭菜单。

添加完成约束后，打开 View Controller Scene 视图中 View 下面的 Constraints 项，发现其中有 7 个约束，如图 5-39 所示。要改动它们之间的约束关系，直接在 Interface Builder 中拖曳即可。

如果想更加精确，可以通过约束的属性检查器设定，这里选择第①个约束，如图 5-40 所示。其中，First Item 是第 1 个约束 Button1.Top 表示顶边距。Relation 是指设定的距离之

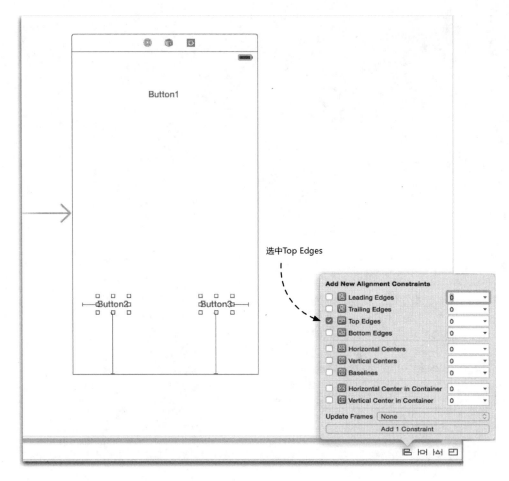

图 5-38 添加对齐约束

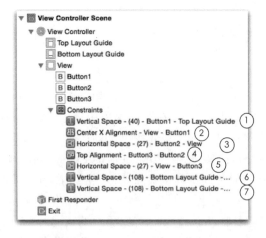

图 5-39 Auto Layout 视图约束　　　　图 5-40 Auto Layout 约束属性检查器

间的关系，包括 3 个选项——等于、大于等于和小于等于。Second Item 是第 2 个约束。Constant 是约束数值。Priority 是约束等级。当有相同的约束作用于两个视图之间时，等级高的约束优先。

5.5 小结

本章主要向大家介绍界面布局和 Auto Layout 技术，首先介绍了三种主要的 iOS 界面布局 UI 设计模式，然后分别介绍了静态表视图和集合视图。最后介绍了 Auto Layout 技术解决界面布局等问题。

第 6 章 屏幕适配与 Size Class 技术

在第 5 章介绍了 Auto Layout 技术可以解决大多数布局问题,但是随着 iPhone 6 和 iPhone 6 Plus 设备的发布,屏幕尺寸差别越来越大,单纯使用 Auto Layout 技术就会显得捉襟见肘了。为了适配多种不同的 iOS 设备屏幕,iOS 8 推出了基于 Auto Layout 的 Size Class 技术。

6.1 iOS 屏幕

移动应用比桌面应用更难开发,其中一个主要的原因是屏幕尺寸小。在 iPhone 和 iPad 这样小的设备上放置控件,需要缜密地思考。同样一个应用的 iPad 版本不应该是简单地将 iPhone 界面放大,而是需要重新布局。

6.1.1 iOS 屏幕介绍

2014 年 10 月 10 日为止,主流的 iOS 设备屏幕至少有 9 种,如图 6-1 和图 6-2 所示。

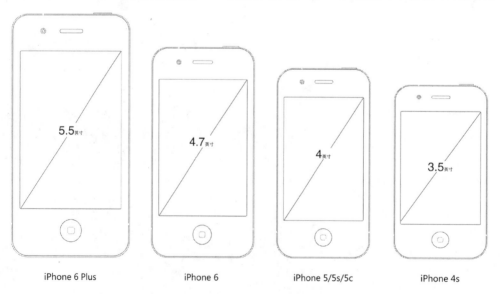

图 6-1　iPhone 设备屏幕比较

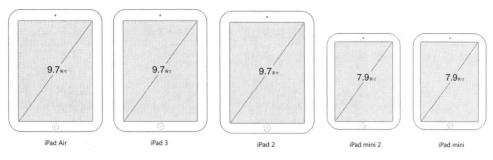

图 6-2　iPad 设备屏幕比较

更加详细的信息见表 6-1 所述。

表 6-1　iOS 设备屏幕分辨率

设备	屏幕尺寸（英寸）	屏幕分辨率（像素）	说　明
iPhone 6 Plus	5.5	1920×1080	Retina HD 高清显示屏,401ppi
iPhone 6	4.7	1334×750	Retina HD 高清显示屏,326ppi
iPhone 5/5s/5c(iPod touch 5)	4	1136×640	Retina 显示屏,326ppi
iPhone 4s	3.5	960×640	Retina 显示屏,326ppi
iPad Air	9.7	2048×1536	Retina 显示屏,264ppi
iPad3	9.7	2048×1536	Retina 显示屏,264ppi
iPad2	9.7	1024×768	普通显示屏,163ppi
iPad mini 2	7.9	2048×1536	Retina 显示屏,326ppi
iPad mini	9.7	1024×768	普通显示屏,163ppi

提示　表 6-1 中的 ppi 是像素密度单位,ppi 是"像素/英寸"的意思,326 ppi 表示每英寸上有 326 个像素。

6.1.2　iOS 的三种分辨率

对于普通用户了解表 6-1 所述信息已经足够了,而对于设计人员和开发人员还需要了解更深层分辨率信息。

为了解决屏幕适配问题,在一些游戏引擎中提出了 3 种分辨率:资源分辨率、设计分辨率和屏幕分辨率。

- 资源分辨率,也就是资源图片的大小,单位是像素。
- 设计分辨率,逻辑上的屏幕大小,单位是点。在 Interface Builder 设计器中单位和程序代码中单位都是设计分辨率中"点"。
- 屏幕分辨率,是以像素为单位的屏幕大小,所有的应用都会渲染到这个屏幕上展示给用户。

表 6-2　iOS 设备的 3 种分辨率

设备	资源分辨率(像素)	设计分辨率(点)	屏幕分辨率(像素)	说明
iPhone 6 Plus	2208×1242	736×414	1920×1080	1 点＝3 倍像素资源缩小 1.15 倍,渲染到屏幕上。
iPhone 6	1334×750	667×375	1334×750	1 点＝2 倍像素
iPhone 5/5s/5c (iPod touch 5)	1136×640	568×320	1136×640	1 点＝2 倍像素
iPhone 4s	960×640	480×320	960×640	1 点＝2 倍像素
iPad Air	2048×1536	1024×768	2048×1536	1 点＝2 倍像素
iPad3	2048×1536	1024×768	2048×1536	1 点＝2 倍像素
iPad2	1024×768	1024×768	1024×768	1 点＝1 像素
iPad mini 2	2048×1536	1024×768	2048×1536	1 点＝2 倍像素
iPad mini	1024×768	1024×768	1024×768	1 点＝1 倍像素

从表 6-2 可见 iPhone 6 Plus 是最为特殊的设备,资源分辨率与屏幕分辨率的比例是 1.15∶1,而其他设备的比例是 1∶1。这 3 种分辨率对于不同的人群关注的方面也是不同的,对于 UI 设计人员主要关注的是资源分辨率,开发人员主要关注的是设计分辨率,而一般用户主要关注的是屏幕分辨率。

6.1.3　判断 iPhone 屏幕尺寸

为了屏幕适配的需要,有的时候需要判断 iPhone 屏幕尺寸等信息。ViewController.swift 主要代码如下:

```
override func viewDidLoad() {
    super.viewDidLoad()

    let iOSDeviceScreenSize : CGSize = UIScreen.mainScreen().bounds.size          ①
    NSLog("%@ x %@",iOSDeviceScreenSize.width,iOSDeviceScreenSize.height)
    var s = String(format: "%@ x %@",iOSDeviceScreenSize.width,
                    iOSDeviceScreenSize.height)
    self.label.text = s

    if (UIDevice.currentDevice().userInterfaceIdiom == UIUserInterfaceIdiom.Phone) {     ②

        if (iOSDeviceScreenSize.height > iOSDeviceScreenSize.width) {//竖屏情况      ③

            if (iOSDeviceScreenSize.height == 568) {                                  ④
                NSLog("iPhone 5/5s/5c(iPod touch 5)设备")
            } else if (iOSDeviceScreenSize.height == 667) {          //iPhone 6      ⑤
                NSLog("iPhone 6 设备")
            } else if (iOSDeviceScreenSize.height == 736) {          //iPhone 6 plus ⑥
                NSLog("iPhone 6 plus 设备")
            } else {                                                 //iPhone4s 等其他设备 ⑦
                NSLog("iPhone4s 等其他设备")
            }
```

```
        }
        if (iOSDeviceScreenSize.width > iOSDeviceScreenSize.height) {//横屏情况
            if (iOSDeviceScreenSize.width == 568) {
                NSLog("iPhone 5/5s/5c(iPod touch 5)设备")
            } else if (iOSDeviceScreenSize.width == 667) {          //iPhone 6
                NSLog("iPhone 6 设备")
            } else if (iOSDeviceScreenSize.width == 736) {          //iPhone 6 plus
                NSLog("iPhone 6 plus 设备")
            } else {                                                //iPhone4s 等其它设备
                NSLog("iPhone4s 等其他设备")
            }
        }
    }
}
```

上述第①行代码 UIScreen.mainScreen().bounds.size 是获得屏幕大小，返回值是 CGSize 类型。第②行代码是判断是否为 iPhone 设备，UIDevice.currentDevice().userInterfaceIdiom 代码可以获得设备信息，UIUserInterfaceIdiom 是枚举类型，它的成员包括：

- UIUserInterfaceIdiom.Phone
- UIUserInterfaceIdiom.Pad
- UIUserInterfaceIdiom.Unspecified

获得是哪个设备后，还需要判断是横屏还是竖屏，见代码第③行是判断竖屏情况。第④行 iOSDeviceScreenSize.height==568 是判断设备为 iPhone 5/5s/5c(iPod touch 5)等设备；第⑤行 iOSDeviceScreenSize.height==667 是判断设备为 iPhone 6 设备；第⑥行 iOSDeviceScreenSize.height==667 是判断设备为 iPhone 6 plus 设备；最后第⑦行代码是判断为 iPhone 4s 等其他设备。

如果设备处于横屏情况，需要判断屏幕的宽度就可以了。

读者测试这段代码可以打开本节案例代码 ScreenTest，在 Xcode 选择不同的模拟器，如图 6-3 所示，选择不同的模拟器进行测试。

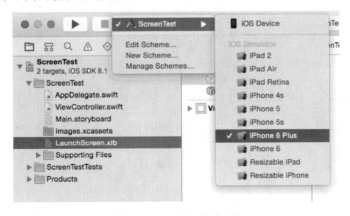

图 6-3　选择不同模拟器

6.2 Size Class 技术

为了应对复杂的屏幕适配问题，苹果公司在 iOS 8 中推出新的屏幕适配技术——Size Class，它是依赖于 Auto Layout 技术之上的。

6.2.1 Interface Builder 中使用 Size Class

与 Auto Layout 技术不同，Size Class 不能通过代码编程管理，只能通过 Interface Builder 使用。

首先，需要开启 Size Class，默认情况下故事板等布局文件是开启 Size Class 和 Auto Layout 的。如果没有开启可以选中故事板文件 Main.storyboard，打开文件检查器，如图 6-4 所示，选中 Use Auto Layout 和 Use Size Class 复选框。

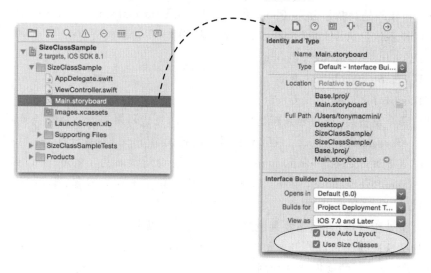

图 6-4　开启 Size Class

在 Interface Builder 中 Size Class 相关按钮和菜单，如图 6-5 所示，单击布局工具栏中 Size Class 按钮 wAny hAny，弹出 Size Class 面板。

6.2.2 Size Class 的九宫格

Size Class 面板是一个九宫格，可以组合出 9 种情形，每一种情形应对 9 种不同的布局。如图 6-6 所示，Size Class 九宫格中 Width（宽）和 Height（高）两个布局方向，坐标原点在左上角。Width 和 Height 布局方向上还有 3 个类别：紧凑（Compact）、任意（Any）和正常（Regular），所谓"紧凑"就是屏幕空间相对比较小，例如：iPhone 竖屏时候，水平方向是"紧凑"的；而垂直方向是"正常"的，取值为 wCompact|hRegular。在 iPhone 横屏时候，水平方

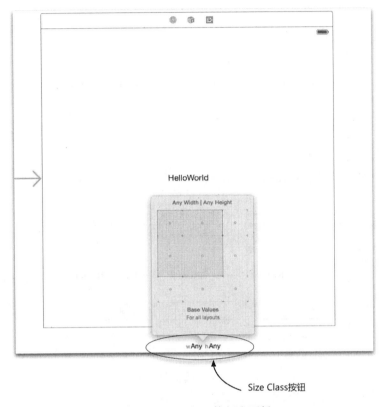

图 6-5　Size Class 按钮和面板

向是"正常"的；而垂直方向是"紧凑"的，取值为 wRegular|hCompact。在"紧凑"和"正常"之间的值是"任意"，"任意"一般用于 iPad 布局。

在这天书般的 Size Class 九宫格中组合出 9 种，这种 9 组合用来解决所有的 iOS 8 多屏幕适配，说明如下：

- wCompact|hCompact，适用于 3.5、4 和 4.7 英寸的 iPhone 横屏情形。
- wAny|hCompact，适用于所有的垂直方向是"紧凑"的情形，例如：iPhone 横屏。
- wRegular|hCompact，适用于 5.5 英寸的 iPhone 横屏情形。
- wCompact|hAny，适用于所有的水平方向是"紧凑"的情形，例如：3.5、4 和 4.7 英寸的 iPhone 竖屏情形。
- wAny|hAny，适用于所有的布局情形，但这种情形是最后的选择。
- wRegular|hAny，适用于所有的水平方向是"正常"的情形，例如：iPad 的横屏和竖屏。
- wCompact|hRegular，适应于所有的 iPhone 竖屏情形。
- wAny|hRegular，适用于所有的垂直方向是"正常"的情形，例如：iPhone 竖屏、iPad 横屏和竖屏。
- wRegular|hRegular，适用于所有的 iPad 横屏和竖屏情形。

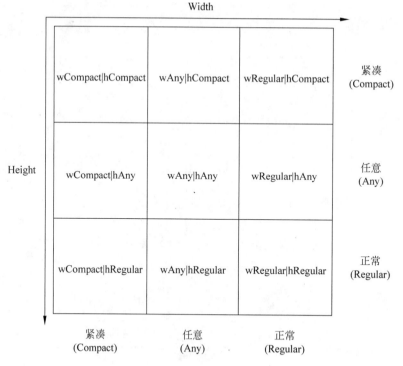

图 6-6　Size Class 九宫格

6.2.3　实例：使用 Size Class

下面采用 Size Class 重构 5.4.3 节的 Auto Layout 布局案例，要求在 iPhone 6 和 iPhone 6 Plus 设备上实现横屏与竖屏的布局。

创建案例的具体实现为：使用 Single View Application 模板创建一个名为 SizeClassSample 的工程。创建完成工程后，使用 Interface Builder 打开 Main.storyboard，从对象库中拖曳 3 个按钮到设计界面。

然后设计 iPhone 竖屏情况下的布局，由于 Size Class 值 wCompact|hRegular 可以适应于所有 iPhone 竖屏情形，可参考图 6-6 选择该值，选择完成后设计界面如图 6-7 所示。

选择完成后，需要在该布局界面中添加 Auto Layout 约束，具体步骤参考 5.4.2 节添加 Auto Layout 约束。查看设计的效果，可以通过 Xcode 6 提供的预览功能，单击左上角第一组按钮中的"打开辅助编辑器"按钮，如图 6-8 所示，在辅助编辑器上边的导航栏中选择 Perview→Main.storyboard 打开预览界面。

打开之后的预览窗口如图 6-9 所示，右边预览窗口默认设备是 iPhone 4 英寸。可以添加新的设备，如图 6-10 所示，单击预览窗口的左下角的"＋"按钮，弹出设备选择菜单，在其中选择需要的预览设备。

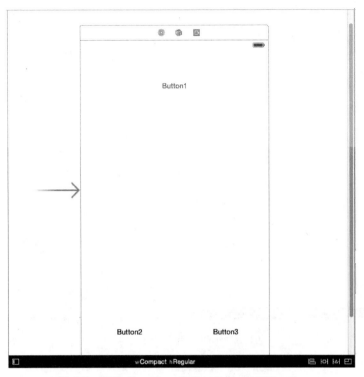

图 6-7 改变 Size Class 值为 wCompact|hRegular

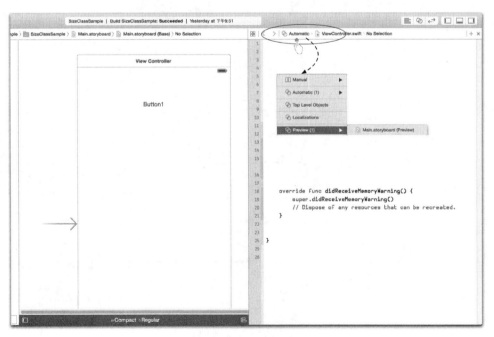

图 6-8 打开预览窗口

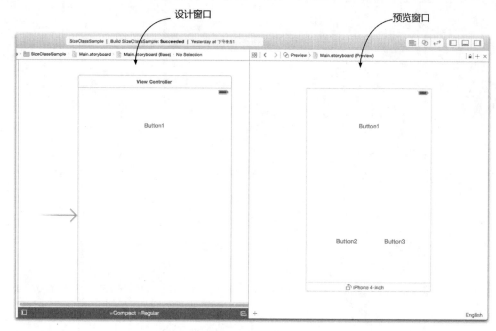

图 6-9 预览窗口

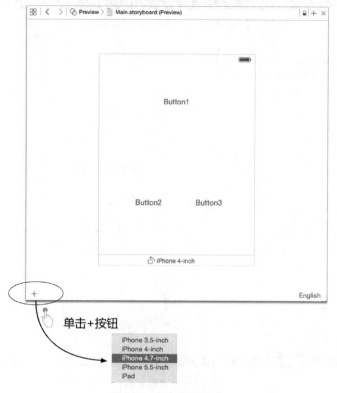

图 6-10 添加预览设备

另外，如果删除某种预览设备，可以选中该预览设备，然后按键盘中的 Delete 键删除。

图 6-11 所示为 iPhone 4.7 英寸和 iPhone5.5 英寸预览设备，从图可见的设计结果还是比较满意的，基本上能够满足设计原型如图 5-30 所示的竖屏要求。

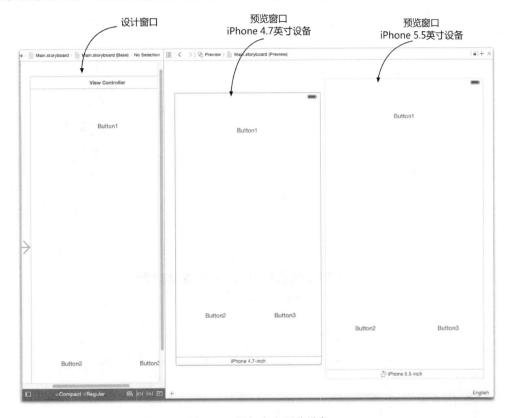

图 6-11　添加多个预览设备

下面再来设计 iPhone 横屏情况下的布局，选择 Size Class 值为 wRegular|hCompact，该值能够适用于 5.5 英寸的 iPhone 横屏情形。参考图 6-6 选择该值，选择完成后设计界面如图 6-12 所示，由于竖屏与横屏可以存在不同的布局约束，所以有可能出现图 6-12 所示的布局问题，红色图标说明有布局错误，黄色图标说明有布局警告。

当单击图 6-12 布局问题图标就会进入图 6-13 所示的解决布局问题窗口，在这个窗口中所有的布局问题都被一一列出，单击其中一个还会弹出对话框，可以根据对话框的提示解决布局问题。问题对话框中有 3 个单选项和 1 个复选项，它们的说明如下：

- Update Frame，更新视图的位置和大小。
- Update Constraints，更新约束。
- Reset to Suggested Constraints，重置推荐的约束。
- Apply to all views in container，适用于所有视图。

选择完成之后，可以单击 Fix Misplacement（修复问题）按钮，进行问题修复。

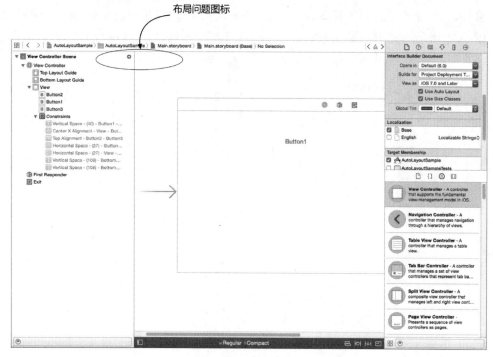

图 6-12 横屏布局

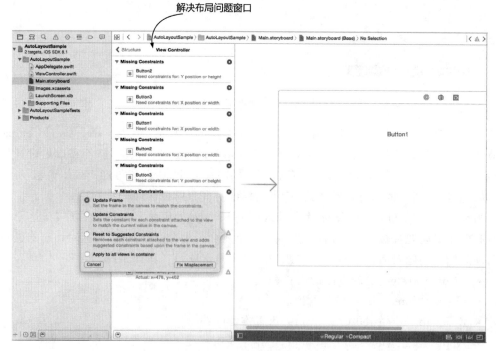

图 6-13 解决布局问题窗口

事实上，由于竖屏和横屏切换所引起的布局问题很好解决，可以打开布局工具栏，单击解决布局问题按钮 ，在弹出对话框中选择 All Views in View Controller→Add Missing Constraints 菜单，添加所有应该的约束。

解决好布局问题后，可以参考竖屏方式预览一下，但是需要将预览设备旋转 90 度，如图 6-14 所示，将鼠标放置预览设备上则会出现设备选择按钮 ，单击该按钮选择设备为横屏。

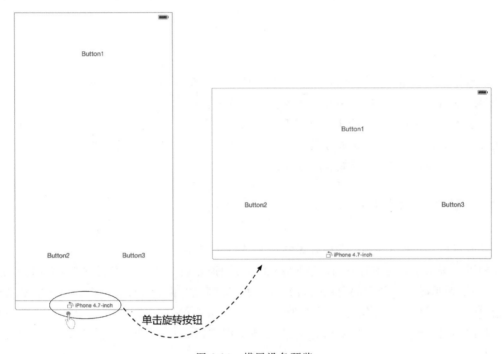

图 6-14　横屏设备预览

到此为止，已经使用 Size Class 和 Auto Layout 技术实现完成了案例，可以运行看看效果了。

6.3　小结

本章主要向大家介绍屏幕适配和 Size Class 技术，首先介绍了 iOS 屏幕及三种屏幕分辨率。然后介绍了 Size Class 技术解决屏幕适配问题。

第 7 章 应用导航模式

经过第 5 和 6 章的学习,读者应该已经了解了界面布局和屏幕适配等问题,现在需要将这些界面串联起来,这就是应用导航要解决的问题了。

几乎每个应用都会用到导航,本章将为大家介绍平铺导航、标签导航和树形结构导航的使用方式。另外,还讲解了 3 种导航模式的综合用法。这些知识点基本囊括了开发工作中的大部分导航需求,希望大家能有所收获。

7.1 导航概述

导航指引用户使用应用,没有有效的导航,用户就会迷失方向。

如果火车站没有导航标牌,高速公路上没有路标,情况会怎样?毫无疑问,人们会无所适从,甚至手足无措。开发的应用是否具备这些"标牌"和"路标"呢?完美的导航能够清晰地指引用户完成任务。导航是应用软件开发中极为重要的部分,想做好也是存在一定难度的。从内容组织形式上考虑,iPhone 有 3 种导航模式,每一种导航模式都对应于不同的视图控制器。

- 平铺导航模式。内容没有层次关系,展示的内容都放置在一个主屏幕上,采用分屏或分页控制器进行导航,可以左右或者上下滑动屏幕查看内容。图 7-1 展示了 iPod touch 中自带的天气预报应用,它采用分屏进行导航。
- 标签导航模式。内容被分成几个功能模块,每个功能模块之间没有什么关系。通过标签管理各个功能模块,单击标签可以切换功能模块。图 7-2 展示了 iPod touch 中自带的时钟应用,它采用的就是标签导航模式。
- 树形结构导航模式。内容是有层次的,从上到下细分或者具有分类包含等关系,例如黑龙江省包含了哈尔滨,哈尔滨又包含了道里区、道外区等。图 7-3 展示了 iPod touch 中自带的邮件应用,它采用的就是树形结构导航模式。

这 3 种导航模式基本可以满足大部分应用的导航需求。在实际应用中,有时会将几种导航模式组合在一起使用。

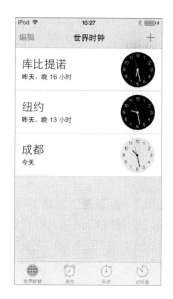

图 7-1 平铺导航模式　　　　　　　　图 7-2 标签导航模式

图 7-3 树形结构导航模式

7.2 导航的"死胡同"——模态窗口

在导航过程中,有时候需要放弃主要任务转而做其他次要任务,然后再返回到主要任务,这个"次要任务"就是在"模态视图"中完成的。图 7-4 为模态视图示意图,该图中的主要任务是登录后进入主界面,如果用户没有注册,就要先去"注册"。"注册"是次要任务,当用户注册完成后，会关闭注册视图，回到登录界面继续进行主要任务。

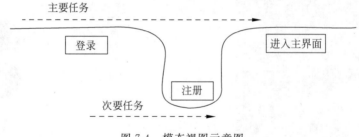

图 7-4　模态视图示意图

默认情况下，模态视图是从屏幕下方滑出来的。当完成的时候需要关闭这个模态视图，如果不关闭，就不能做别的事情，这就是"模态"的含义，它具有必须响应处理的意思。因此，模态视图中一定会有"关闭"或"完成"按钮，其根本原因是 iOS 只有一个 Home 键。Android 和 Window Phone 就不会遇到这些问题，因为在这两个系统中遇到上述情况时，可以通过 Back 键返回。

负责控制模态视图的控制器，被称为"模态视图控制器"。"模态视图控制器"并非一个专门的类，它可以是上面提到的控制器的子类。负责主要任务视图的控制器称为"主视图控制器"，它与模态视图控制器之间是"父子"关系。在 UIViewController 类中，主要有如下两个方法。

- presentViewController:animated:completion。呈现模态视图。
- dismissViewControllerAnimated:completion。关闭模态视图。

在呈现模态视图时候，有两个选择，一种是在程序代码中使用 UIViewController 的 presentViewController:animated:completion 方法实现；另一种是通过 Interface Builder 在故事板的 Segue 实现，这种方式不需要编写一行代码。

下面通过一个案例来介绍模态视图。这个案例有一个登录界面和一个注册界面，在登录界面单击"注册"按钮，会从屏幕下方滑出注册模态视图，如图 7-5 所示，单击 Cancel 或 Save 按钮后关闭注册视图，而且在单击 Save 按钮时候，会把"用户 ID"回传给登录界面。

在此之前应用都只是单视图的，涉及导航必然是多视图的。因此，这个案例会涉及多视图控制器的创建和管理，还有视图之间参数的传递问题。

使用 Xcode 创建工程 ModalViewSample，相关选项如下：模板采用 Single View Application，Devices 选择 iPhone。本例中只考虑 3.5 和 4 英寸 iPhone 竖屏，所以这里设置 Size Class 值为 wCompact|hAny，具体操作可以参考 6.2.1 节，这里不再赘述。

从图 7-5 可见，界面中都有导航栏，可以从对象库中一个 Navigation Bar 到设计界面顶部，也可以将当前视图控制器嵌入到一个导航控制器中。具体步骤是：选择 View Controller，然后单击 Editor→Embed→Navigation Controller 菜单，添加完成后，设计界面如图 7-6 所示。

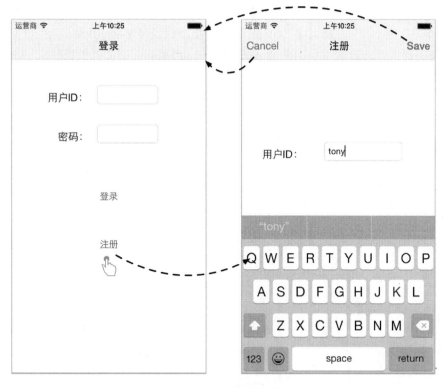

图 7-5　模态视图案例

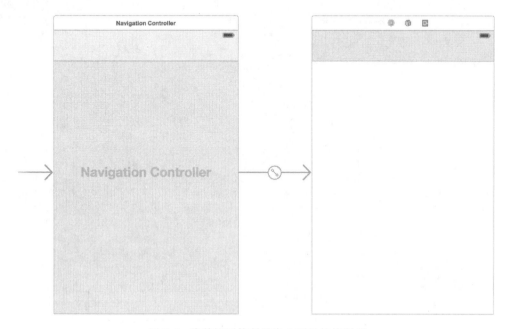

图 7-6　当前视图控制器嵌入到导航控制器

导航栏是标题的,双击导航栏中间部分,然后使导航栏标题处于编辑状态,并输入内容"登录",如图 7-7 所示。再从对象库中拖曳其他控件到设计界面,并将其摆放到合适的位置,如图 7-8 所示。最后不用忘记添加 Auto Layout 约束。

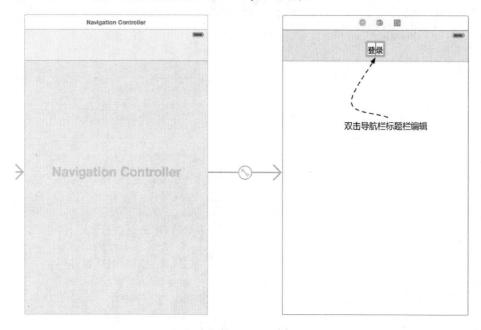

图 7-7 编辑导航栏标题

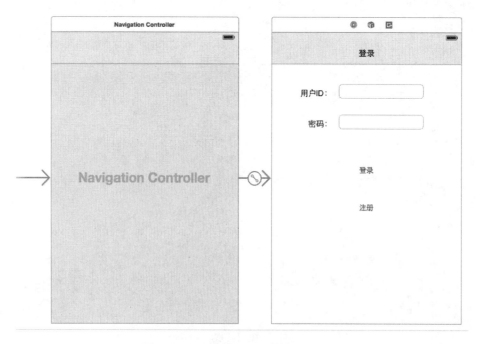

图 7-8 Interface Builder 设计登录界面

接着,设计第二个界面(注册视图),需要从对象库中拖曳 View Controller 视图控制器到设计界面,参考上面的步骤将该视图控制器也嵌入到导航控制器中。

修改注册界面导航栏的标题为"注册",然后从对象库中拖曳两个 Bar Button Item 到设计界面导航栏两边,如图 7-9 所示。由于 Cancel 和 Save 按钮都是 iOS 系统按钮,可以设置左按钮的 identifier 属性为 Cancel,右按钮的 identifier 属性为 Save。

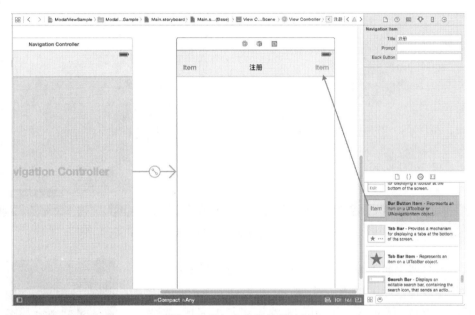

图 7-9　添加左右导航栏按钮

到此为止,只是设计完成了两个独立视图控制器,如图 7-10 所示。如果想单击登录界面中的登录按钮后,界面跳转到注册界面,则需要在登录视图控制器和注册导航控制器之间创建一个 Segue,操作过程类似于连接输出口,按住 control 键,从登录按钮拖曳鼠标到注册导航控制器,如图 7-11 所示。然后松开鼠标,弹出如图 7-12 所示的菜单,选择 present modally 菜单,present modally 是模态类型的 Segue,而 show 一般用于树形结构导航,show detail 一般用于 iPad 分栏控制器的导航。

图 7-10　两个独立的视图控制器

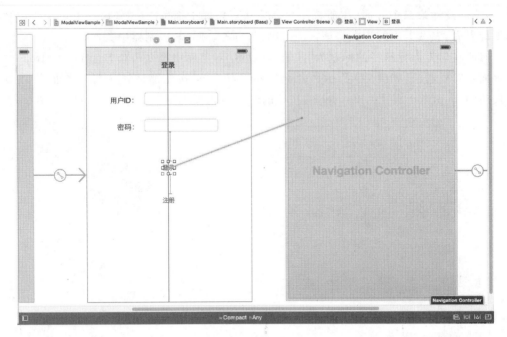

图 7-11　从登录按钮拖曳鼠标到注册导航控制器

两个控制器之间创建 Segue 操作成功后,设计界面中4个控制器都连接在一起了,如图 7-13 所示。

到此为止,在 Interface Builder 中的操作基本完成,需要编写代码,由于创建工程时候值只有一个控制器类 ViewController,它是登录视图控制器类,还需要添加一个注册视图控制器类,具体操作步骤如下。

图 7-12　选择 present modally

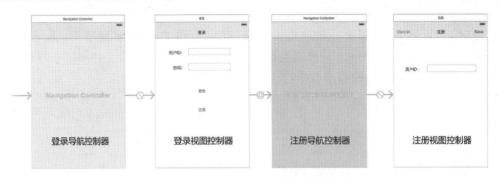

图 7-13　连接在一起的视图控制器

(1) 选择 File→New→File…菜单项,在打开的 Choose a template for your new file 对话框中选择 Objective-C class 文件模板,如图 7-14 所示。

(2) 单击 Next 按钮,得到的界面如图 7-15 所示,在 Class 中输入 RegisterViewController

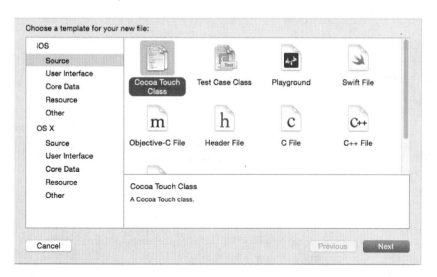

图 7-14　选择文件模板

类名,从 Subclass of 下拉列表中选择 UIViewController,不要选中 Auto create XIB file 复选框,这是因为本例中界面使用故事板设计的,而不是 Xib 文件。

图 7-15　输入类名

(3) 单击 Next 按钮,此时 RegisterViewController 类就创建好了。然后回到 Interface Builder 中,选择注册视图控制器,打开其标识检查器,重新选择 Class 为 RegisterViewController,这样故事板中的这个视图控制器就与代码中的 RegisterViewController 对应起来了。然后再为注册界面导航栏中的左右按钮定义动作事件。

首先模态视图的呈现已经通过 Segue 实现了,必须有编写代码,下面介绍一下关闭模态

视图。关闭模态视图是在 RegisterViewController.swift 中实现的,具体代码如下:

```
class RegisterViewController: UIViewController {

    @IBOutlet weak var txtUsername: UITextField!

    @IBAction func save(sender: AnyObject) {                                    ①

        self.dismissViewControllerAnimated(true) { () -> Void in                ②
            NSLog("单击 Save 按钮,关闭模态视图")

            let dataDict = ["username" : self.txtUsername.text]                 ③

            NSNotificationCenter.defaultCenter()
                .postNotificationName("RegisterCompletionNotification",
                    object: nil, userInfo: dataDict)                            ④
        }
    }

    @IBAction func cancel(sender: AnyObject) {                                  ⑤
        self.dismissViewControllerAnimated(true, completion: {                  ⑥
            NSLog("单击 Cancel 按钮,关闭模态视图")
        })
    }

……
}
```

其中代码第①行和第⑤行是,单击 Save 按钮和 Cancel 按钮触发的事件,这两个按钮都可以关闭模态视图,但是使用的 dismissViewControllerAnimated 方法稍有不同。第②行代码采用的 Swift 语言尾随闭包表示形式,尾随闭包是将 dismissViewControllerAnimated 方法的最后一个参数(闭包形式的),放到 dismissViewControllerAnimated 的后面。关于尾随闭包,如果读者想深入的了解可以参考笔者编写的《Swift 开发指南》一书。第⑥行代码则没有采用尾随闭包表示形式,其中的 completion 参数值是一个闭包。

上述代码第③行和第④行采用通知机制将参数回传给登录视图控制器,为了接收参数需要在登录视图控制器 ViewController 中添加如下代码。

```
override func viewDidLoad() {
    super.viewDidLoad()

    NSNotificationCenter.defaultCenter().addObserver(self,
        selector: "registerCompletion:",
        name: "RegisterCompletionNotification",
        object: nil)
```

```
}
func registerCompletion(notification: NSNotification) {

    let theData:NSDictionary = notification.userInfo!
    let username = theData.objectForKey("username") as! NSString
    NSLog("username = %@",username)
}
```

需要在 viewDidLoad 中注册通知 RegisterCompletionNotification，registerCompletion 是回调方法。关于通知机制，将在第 8 章详细介绍。

7.3 平铺导航

平铺导航模式是非常重要的导航模式，一般用于简单的扁平化信息浏览。扁平化信息是指这些信息之间没有从属的层次关系，例如北京、上海和哈尔滨之间就没有从属关系，而哈尔滨市与黑龙江省之间就是从属的层次关系。

7.3.1 平铺导航概述

图 7-16 所示是 iPod touch 自带的天气应用程序，每一个屏幕展示一个城市最近的天气信息。它是基于分屏导航实现的平铺导航模式。基于分屏导航实现的平铺导航模式可以构建 iOS 中的实用型应用程序。

图 7-16 平铺导航的天气应用

提示　实用型应用程序完成的简单任务对用户输入要求很低。用户打开实用型应用程序是为了快速查看信息摘要或是在少数对象上执行简单任务。天气程序就是一个实用型应用程序的典型例子,它在一个易读的摘要中显示了重点明确的信息。——引自于苹果 HIG(iOS Human Interface Guidelines,iOS 人机界面设计指导手册)

图 7-17 所示是 iPad 中平铺导航的 iBooks 电子书应用,它是基于电子书导航实现的平铺导航模式,用户可以像翻书一样在页面之间导航,而且在翻动书页时还可以看到下一页或背面的内容,完全模拟真书的效果。

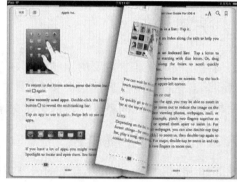

图 7-17　iPad 中平铺导航的 iBooks 应用(横屏双页显示)

电子书导航在 iPad 和 iPhone 横屏情况下是单页显示。图 7-18 所示是 iBooks 应用竖屏时的单页显示情况。

图 7-18　iPhone 中平铺导航的 iBooks 应用(竖屏单页显示)

为了进一步掌握平铺导航,先从一个需求开始介绍平铺导航。我的朋友是一名画家,他果想开发一个基于 iPhone 的"画廊"应用,目前只有收录 3 幅圣母像,如图 7-19 所示,从左往右分别是由画家达芬奇、波提切里和拉斐尔创作的。这 3 幅圣母像之间没有层次关系而是扁平关系。

图 7-19　3 幅世界名画

7.3.2　使用资源目录管理图片

在具体实现平铺导航之前,首先,在 Xcode 中选择 Single View Application 模板创建一个名为 FlatNavigation 的工程。

然后,为案例添加需要的图片要添加到工程中,由于不同 iOS 设备的屏幕大小不同,需要为同一幅名画准备多种不同规格的图片。但如何能够使不同的 iOS 设备在运行时候选择不同规格的图片呢?开发人员可以使用资源目录(Asset catalog)管理图片。

资源目录可以管理应用图片、启动界面和工具栏图标等,可以管理工程中用到的其他图片。使用 Xcode 创建一个工程,会发现工程中发现一个 Images.xcassets 目录,打开 Images.xcassets 目录会看如图 7-20 界面,默认有 AppIcon 项目,打开 AppIcon 右边会有一些小虚框框,这些小虚框框下面有一些说明。这里的 AppIcon 是为添加应用图标的。

本节介绍如何使用资源目录(Asset catalog)管理一般情况下使用的图片。资源目录能够将不同规格的适配到不同分辨率的设备上。这个"画廊"应用的图片需要,考虑屏幕适配到 iPhone 5/5s/5c(iPod touch 5)、iPhone 6 和 iPhone 6 Plus 三种设备,则同幅名画需要准备 640x1136、750x1334 和 1242x2208。

具体操作步骤是打开 Images.xcassets 在右边的空白区域,单击+按钮弹出如图 7-21

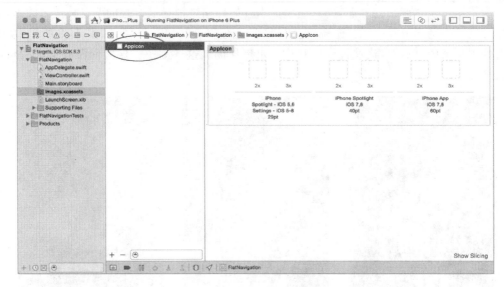

图 7-20　使用 Xcode 资源目录

所示的菜单，选择 New Image Set 菜单项目，创建的默认图片集名为 Image，双击修改为 Image1，如图 7-22 所示。

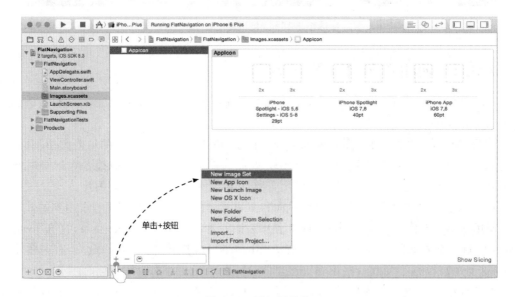

图 7-21　添加图片集

由于只考虑 iPhone 版本的图片集，而默认生成的是 Universal 版本（包括了 iPhone 和 iPad）图片集，需要去掉 Universal 版本，添加 iPhone 版本图片集。右键单击图片集，弹出如图 7-23 所示的菜单，其中 Devices→Universal 去掉选中。类似添加 iPhone 版本是在菜单中

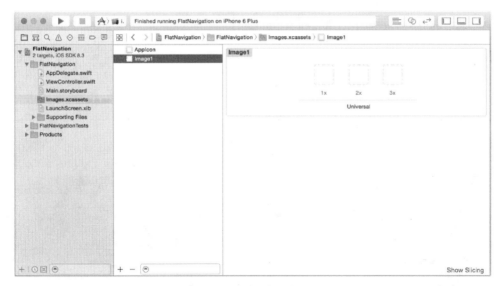

图 7-22　为图片集添加图片

选择 iPhone，如图 7-24 所示。另外，Retain 4-inch 是为 iPhone 5/5s/5c(iPod touch 5)设备准备的。

图 7-23　修改图片集

在 Finder 中打开图片所在的文件夹，如图 7-25 所示，拖曳 1.jpg 文件到对应的图片集中，其中 3x 是 iPhone 6 Plus 显示屏所需图片，Retina 4 2x 是 iPhone 5/5s/5c 和 iPod touch 5 设备所需图片，2x 是 iPhone 4s、iPod touch 4 和 iPhone 6 设备所需图片，1x 是普通显示屏所需图片，本例只考虑 2x、Retina 4 2x 和 3x 情况。

图 7-24　iPhone 版图片集

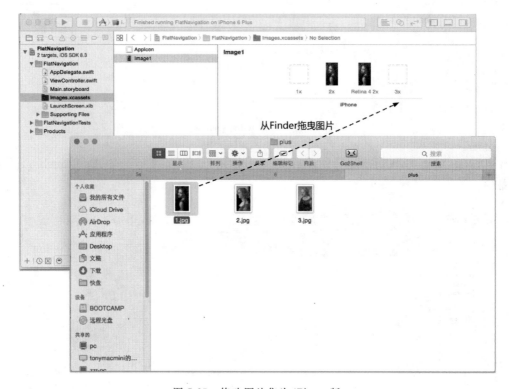

图 7-25　修改图片集为 iPhone 版

依次创建 Image2 和 Image3 图片集，然后拖曳图片 2.jpg 和 3.jpg 到对应的 Image2 和 Image3 图片集中。

7.3.3　屏幕滚动视图重要的属性

由于分屏导航实现的平铺导航主要使用的视图是分屏控件（PageControl）和屏幕滚动视图（ScrollView），而屏幕滚动视图的属性有很多，因此在介绍具体实现之前，先介绍一下屏幕滚动视图中重要的属性。

这些属性：contentSize、contentInset 和 contentOffset，这些属性最好通过代码编程设置。

1. contentSize 属性

contentSize 属性表示屏幕滚动视图中内容视图（Content View）的大小，它返回 CGSize 结构体类型，该结构体包含 width 和 height 两个成员。内容视图是图 7-26 中虚线区域部分。屏幕滚动视图大小和位置是 frame 属性指定的，如图 7-26 深灰色部分。正是因为内容视图超出了屏幕滚动视图大小，才会有滚动屏幕的必要。

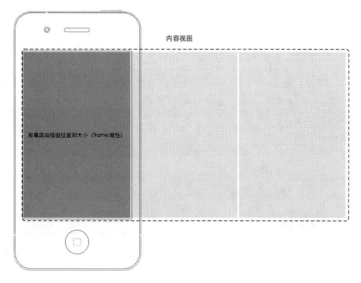

图 7-26　contentSize 属性

2. contentInset 属性

contentInset 属性用于在屏幕滚动视图中的内容视图周围添加边框，图 7-27 所示的深灰色部分。这往往是为了留出空白以放置工具栏、标签栏或导航栏等。

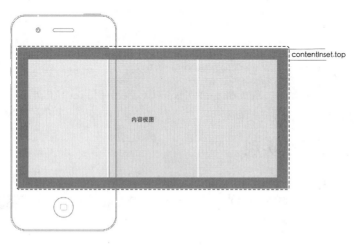

图 7-27　contentInset 属性

contentInset 属性有 4 个分量，分别是 Top、Bottom、Left 和 Right，分别代表顶边距离、底边距离、左边距离和右边距离。

3. contentOffset 属性

contentOffset 属性是内容视图坐标原点与屏幕滚动视图坐标原点的偏移量，返回 CGPoint 结构体类型，这个结构体类型包含 x 和 y 两个成员。如图 7-28 所示，内容视图沿 x 轴负偏移或者说屏幕滚动视图沿 x 轴正偏移，y 轴方向没有偏移。

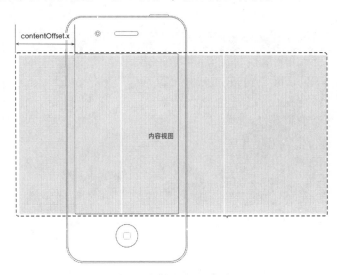

图 7-28　内容视图沿 x 轴偏移量

偏移量可以通过屏幕滚动视图方法或属性设定。设定屏幕滚动视图沿 x 轴正偏移 110 点的代码如下：

```
self.scrollView.setContentOffset(CGPointMake(110,0),animated: true)
```

或者

```
self.scrollView.contentOffset = CGPointMake(110,0)
```

如果使用 self.scrollView.setContentOffset(CGPointMake(110,0),animated：true)方法设定，在偏移的同时可以出现动画效果。

7.3.4　分屏导航实现

分屏导航实现的平铺导航主要使用的视图是分屏控件（PageControl）和屏幕滚动视图（ScrollView）。其中，分屏控件是 iOS 标准控件，一般是在屏幕下方的 ●●● 就是分屏控件，高亮的小点是当前屏幕的位置。

分屏导航的手势有两种，一种是单击小点的左边（上边）或右边（下边）实现翻屏，另一种是用手在屏幕上滑动实现翻屏。屏幕的总数应该限制在 20 个以内，超过 20 个小点的分屏控件就会溢出。事实上，当一个应用超过 10 屏时，使用基于分屏控件导航的平铺导航模式已经不是很方便了。

由于使用故事板或 Xib 文件设计有屏幕滚动视图的应用是比较麻烦的时候，还要考虑到屏幕适配等问题，所以本例中采用纯代码实现屏幕滚动视图和分屏控件地创建和设置。

下面看看 ViewController.swift 文件中相关代码。

1. 初始化屏幕滚动视图

```
class ViewController: UIViewController,UIScrollViewDelegate {                    ①

    var scrollView: UIScrollView!
    var pageControl: UIPageControl!

    var viewHeight:CGFloat = 0.0
    var viewWidth:CGFloat = 0.0

    override func viewDidLoad() {
        super.viewDidLoad()

        viewHeight = self.view.frame.size.height
        viewWidth = self.view.frame.size.width

        //创建屏幕滚动视图
        self.scrollView = UIScrollView(frame: self.view.frame)            ②
        self.scrollView.contentSize  = CGSizeMake(self.view.frame.size.width * 3,
                                        self.scrollView.frame.size.height)     ③
        self.scrollView.pagingEnabled = true                              ④

        self.scrollView.delegate = self                                   ⑤

        let image1 = UIImage(named: "Image1")                             ⑥
        var imageView1 = UIImageView(image: image1)                       ⑦
        imageView1.frame = CGRectMake(0.0,0.0,viewWidth,viewHeight)       ⑧
        self.scrollView.addSubview(imageView1)                            ⑨

        let image2 = UIImage(named: "Image2")
        var imageView2 = UIImageView(image: image2)
        imageView2.frame = CGRectMake(viewWidth,0.0,viewWidth,viewHeight)
        self.scrollView.addSubview(imageView2)

        let image3 = UIImage(named: "Image3")
        var imageView3 = UIImageView(image: image3)
        imageView3.frame = CGRectMake(viewWidth * 2,0.0,viewWidth,viewHeight)
        self.scrollView.addSubview(imageView3)

        self.view.addSubview(self.scrollView)                             ⑩
```

```
        <省略初始化分屏控件>
    }
……
}
```

上述代码第①行是声明 ViewController 类,要求实现屏幕滚动视图委托协议 UIScrollViewDelegate。

代码第②行是创建屏幕滚动视图对象,本例采用具体 frame 参数的构造器,self.view.frame 表示屏幕滚动视图大小(frame 属性)与当前视图窗口大小一样。另外,屏幕滚动视图还要有个重要的属性内容视图大小(contentSize),内容视图包含了屏幕滚动视图内所容纳的全部视图,代码第③行是设置内容视图大小。代码第④行是设置屏幕滚动视图是否开启翻页功能,这个功能开启后,每次滚动每次滑动的时候翻一屏。第⑤行代码是设置当前视图控制器 self 为屏幕滚动视图的委托对象。

代码第⑥行通过资源目录中图片集名创建一个 UIImage 图片对象,然后通过第⑦行代码创建 UIImageView 图片视图对象 imageView1,第⑧行代码是设置图片视图位置和大小,需要注意的是后面创建的图片视图对象 imageView2 和 imageView3 的位置区别。

最后不要忘记通过第⑨行代码的 addSubview 方法将图片视图添加到屏幕滚动视图中,还有屏幕滚动视图也需要通过第⑩行代码添加到当前视图中。

2. 初始化分屏控件

初始化分屏控件也是在 viewDidLoad 方法完成的。代码如下:

```
//创建 PageControl
var pageControlHeight:CGFloat = 38.0
var pageControlWidth:CGFloat = 120.0
let pageControlFrame = CGRectMake((viewWidth - pageControlWidth)/2,
                  (viewHeight - pageControlHeight),pageControlWidth,pageControlHeight)    ①

self.pageControl = UIPageControl(frame: pageControlFrame)                                 ②
self.pageControl.backgroundColor = UIColor.blackColor()                                   ③
self.pageControl.alpha = 0.5                                                              ④
self.pageControl.numberOfPages = 3                                                        ⑤
self.pageControl.currentPage = 0                                                          ⑥

self.pageControl.addTarget(self,action: "changePage:",
               forControlEvents: UIControlEvents.ValueChanged)                            ⑦

self.view.addSubview(self.pageControl)                                                    ⑧
```

上述代码第①行设置分屏控件的 frame 属性需要的 CGSize 数据,从其中的数据可见控件是在屏幕下方居中对齐。代码第②行是创建分屏控件对象,其参数 frame 是从代码第①行的 pageControlFrame 常量而来。代码第③行是设置控件的背景颜色为黑色,由于背景颜色会遮挡图片,可以设置透明度 alpha,代码第④行是设置透明度为 0.5。代码第⑤行设置总屏数为 3,代码第⑥行是设置当前屏为 0。

代码第⑦行是设置分屏控件的动作事件,即将它的默认事件(ValueChanged)与事件处理方法 changePage:关联起来。

代码第⑧行是将分屏控件添加到当前视图中。

3. 实现屏幕滚动视图委托协议

事实上经过初始化后,滑动屏幕已经可以滚动图片了,但是会发现指示分屏控件当前屏的小亮点没有跟着一起变化。这需要实现屏幕滚动视图委托协议,代码如下:

```
//实现 UIScrollViewDelegate 协议
func scrollViewDidScroll(scrollView: UIScrollView) {
    var offset = scrollView.contentOffset                                  ①
    self.pageControl.currentPage = Int(offset.x) / Int(viewWidth)          ②
}
```

其中代码第①行是获得屏幕滚动视图的偏移量,然后使用通过代码第②行设置分屏控件当前屏 currentPage 属性,这个当前屏是使用 Int(offset. x) / Int(viewWidth)公式计算的,即偏移量除以视图的宽度,然后取整。

4. 分屏控件事件

当单击分屏控件的两端时会触发它的默认事件(ValueChanged),然后会调用与该事件关联的 changePage:方法,其代码如下:

```
//响应 PageControl 默认事件处理
func changePage(sender: AnyObject) {
    UIView.animateWithDuration(0.3,animations : {
        var whichPage = self.pageControl.currentPage
        self.scrollView.contentOffset = CGPointMake(self.viewWidth * CGFloat(whichPage),0)
    })
}
```

在上述代码中根据分屏控件的当前屏属性(currentPage)重新调整了屏幕滚动视图的偏移量,而且为了使屏幕变化产生动画效果,使用了 UIView. animateWithDuration(0.3, animations:{ … })代码,重新调整了控件的偏移量。

7.4　标签导航

标签导航模式是非常重要的导航模式。使用标签栏时,有一定的指导原则:标签栏位于屏幕下方,占有 49 点的屏幕空间,有时可以隐藏起来;为了单击方便,标签栏中的标签不能超过 5 个,如果超过 5 个,则最后一个显示为"更多",单击"更多"标签会出现更多的列表,如图 7-29 所示。

图 7-29 "更多"标签

7.4.1 标签导航实例

对于中国东北三省的城市信息数据,如果把它们分成三组,你会怎么分呢?首先,考虑的是按照行政区划。

- 第一组:哈尔滨、齐齐哈尔、鸡西、鹤岗、双鸭山、大庆、伊春、佳木斯、七台河、牡丹江、黑河、绥化,这 12 个城市归黑龙江省管辖。
- 第二组:长春、吉林、四平、辽源、通化、白山、松原、白城,这 8 个城市归吉林省管辖。
- 第三组:沈阳、大连、鞍山、抚顺、本溪、丹东、锦州、营口、阜新、辽阳、盘锦、铁岭、朝阳、葫芦岛,这 14 个城市归辽宁省管辖。

小组内部的数据有一定的关联关系,它们同属于一个行政管辖区域,小组之间互相独立,这就是标签导航模式适用的情况。

按照这样的分组方式在 iPhone 上摆放这些城市,仍然会分成 3 个屏幕,如图 7-30 所示,标签名就是省的名字,当选中某个省的标签时,屏幕会显示出该省的城市信息,而且标签是高亮显示的。

在开发具体应用的时候,标签导航模式的各个标签分别代表一个功能模块,各功能模块之间相对独立。

7.4.2 标签导航实现

在 Xcode 6 中,可以使用工程模板 Tabbed Application 创建标签导航模式的应用,默认情况下 Xcode 6 是故事板技术来实现标签导航模式。用故事板技术实现标签导航很简单,不需要编写任何代码。

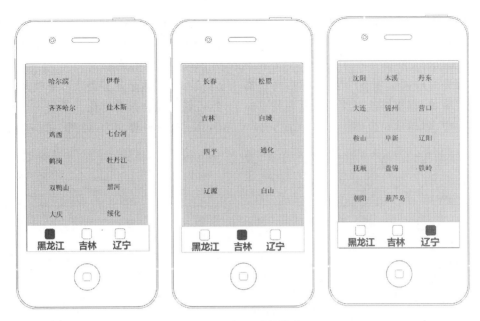

图 7-30　标签导航模式

使用 Tabbed Application 模板创建一个名为 TabNavigation 的工程。创建完成之后，打开主故事板文件，如图 7-31 所示。

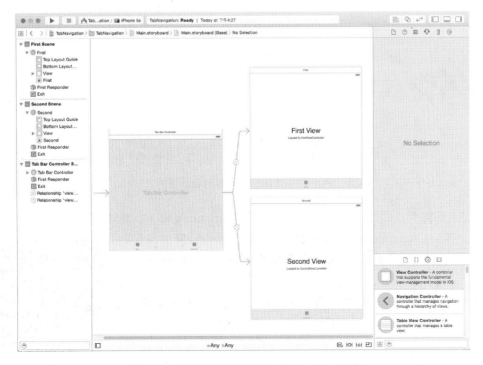

图 7-31　使用故事板创建 TabNavigation 工程

如图 7-31 所示的 3 个场景（Scene）会由一些线连接起来，这些线就是 Segue。故事板开始的一端是 Tab Bar Controller Scene，它是根视图控制器。图中有两个 Segue，用来描述 Tab Bar Controller Scene 与 First Scene 和 Second Scene 之间的关系。

需要先修改两个现有的场景，然后再添加一个场景，才能满足业务需求。修改两个现有的场景很简单，直接修改视图控制器名就可以了，然后场景就会跟着变化。添加一个场景到设计界面中，然后从对象库中拖曳一个 View Controller 到设计界面中，如图 7-32 所示。

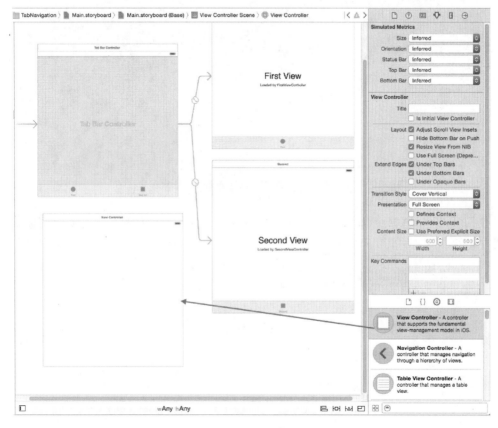

图 7-32 添加一个场景到设计界面

此外，还需要连线添加的场景和 Tab Bar Controller Scene，具体操作是：按住 control 键从 Tab Bar Controller 拖曳鼠标到 View Controller，释放鼠标，弹出如图 7-33 所示对话框，从弹出菜单中选择 view controllers 项，此时连线就做好了。

在代码部分只需要 3 个视图控制器 HeiViewController、JiViewController 和 LiaoViewController，而目前只有两个视图控制器 FirstViewController 和 SecondViewController，可以把这两个改名，然后再添加一个。改名布局麻烦，推荐删除 FirstViewController

图 7-33 连线两个场景

和 SecondViewController，重写创建 3 个视图控制器。

创建过程是在菜单栏中选择 File→New→File…，在文件模板中选择 iOS→Cocoa Touch Class，此时将弹出"新建文件"对话框，在 Class 项目中输入 HeiViewController，从 Subclass of 下拉列表中选择 UIViewController，不选中 Alse create XIB file 复选框。再回到 Interface Builder 中，选中 View Controller Scene，打开其标识检查器，将 Custom Class 中的 Class 设为 HeiViewController。参考 HeiViewController 设置其他两个视图控制器，具体步骤不再赘述。

由于场景列表中名称还是 First Scene 和 Second Scene，为了便于管理可以给他们改一个有意义的名字，选择 Second Scene，如图 7-34 所示，打开属性检查器，然后在 View Controller 下 Title 中输入想要的名称。

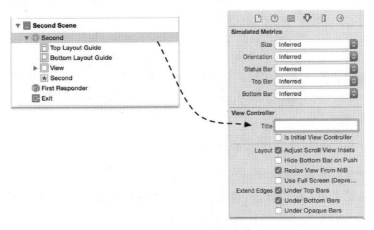

图 7-34　修改场景的名称

添加图标到工程中，修改标签栏项目中的图标和文本，具体操作方法为：选择场景中的 Hei Scene→Hei→First，打开其属性检查器，如图 7-35 所示，将 Bar Item 下的 Title 设为"黑龙江"，从 Image 下拉列表中选择 hei.png。按照同样的办法修改其他两个视图控制器。参考 Hei Scene 设置其他两个场景。

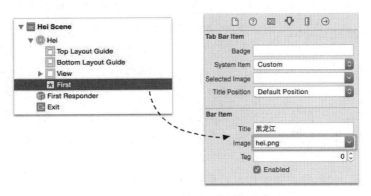

图 7-35　修改标签栏项目中图标和文本

> **提示** hei.png 等图片在本章代码的 tabicons 文件夹中,需要先添加到工程中。

3 个视图的内容可以参考图 7-35 实现,拖曳一些 Label 控件,摆放好位置,修改城市名字,然后再修改视图背景颜色,具体过程不再赘述。

此时就实现了标签导航模式的一个实例,整个过程中没有编写一行代码。

7.5 树形结构导航

树形结构导航模式也是非常重要的导航模式,它将导航视图控制器(UINavigationController)与表视图结合使用,主要用于构建有从属关系的导航。这种导航模式采用分层组织信息的方式,可以帮助构建 iOS 效率型应用程序。

> **提示** 效率型应用程序具有组织和操作具体信息的功能,通常用于完成比较重要的任务。效率型应用程序通常分层组织信息,相册应用是其典型例子。——引自于苹果 HIG (iOS Human Interface Guidelines,iOS 人机界面设计指导手册)

7.5.1 树形结构导航实例

同样是按照行政区划来展示东北三省的城市信息。

- 第一组:哈尔滨、齐齐哈尔、鸡西、鹤岗、双鸭山、大庆、伊春、佳木斯、七台河、牡丹江、黑河、绥化,12 个城市为黑龙江省管辖;
- 第二组:长春、吉林、四平、辽源、通化、白山、松原、白城,8 个城市为吉林省管辖;
- 第三组:沈阳、大连、鞍山、抚顺、本溪、丹东、锦州、营口、阜新、辽阳、盘锦、铁岭、朝阳、葫芦岛,14 个城市为辽宁省管辖。

对于每一个城市,如果还想看到更加详细的信息,例如长春市在百度百科上的信息网址 http://baike.baidu.com/view/2172.htm,这种情况下吉林省→长春→网址就构成了一种从属关系,是一种层次模型,此时就可以使用树形导航模式。如果按照这样的分组在 iPhone 上展示这些城市信息,需要使用三级视图,如图 7-36 所示。

iPod touch 自带的邮件应用如图 7-37 所示,它采用的就是树形结构的导航模式,所有界面的顶部都有一个导航栏。第 1 个界面是树形结构中的"树根",称为"根视图";第 2 个界面是二级视图,它是"树干";第 3 个界面是三级视图,是"树叶"。"树根"和"树干"采用表视图,因为表视图在分层组织信息方面的优势尤为突出。从理论上来讲,"树干"还可以有多级,但是注意不要太多,"树叶"一般是一个普通的视图,它能够完成具体展示的功能。

可以为"根视图"的导航栏添加左右按钮,但是二级和三级视图的左按钮是由导航控制

图 7-36 树形导航模式

图 7-37 iPod touch 自带的邮件应用

器自己添加的,它是汉泽尔与格莱特散在路上的"面包屑"①,开发人员没有权利自己定义这个按钮,否则用户就会迷失在应用之中。树形结构导航模式的缺点是怎样进来,就要怎样原

---

① 引自于格林兄弟所收录的德国童话《糖果屋》(德语:H·nsel und Gretel),又译《汉泽尔与格莱特》。

路返回，这一点与标签导航模式不同，后者可以很快在各个模块之间切换。

7.5.2 树形结构导航实现

可以 Xcode 中的 Master-Detail Application 工程模板创建树形结构导航的应用，但是这种方式无法了解更多的细节问题，因此本书采用 Single View Application 工程模板实现。使用 Single View Application 模板并利用故事板技术创建一个名为 TreeNavigation 的工程。

1. ViewController 视图控制器更换为导航控制器

由于使用的视图控制器是导航控制器（UINavigationController），需要打开故事板删除 ViewController 视图控制器，并从对象库中拖曳一个 Navigation Controller 到设计界面，如图 7-38 所示。

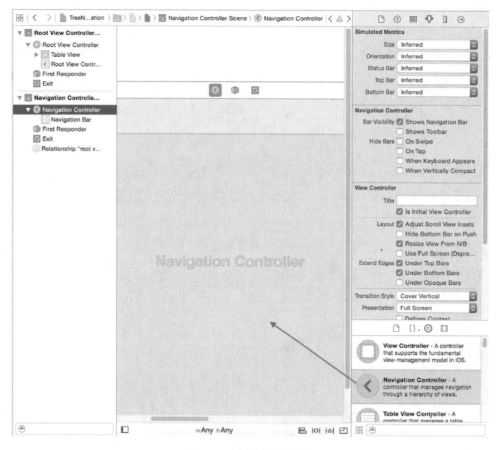

图 7-38　添加导航控制器

还需要设置导航控制器为初始视图控制器，如图 7-39 所示，选择场景中的 Navigation Controller 然后选择右边的属性检查器，选中 View Controller→is Initial View Controller 复选框。

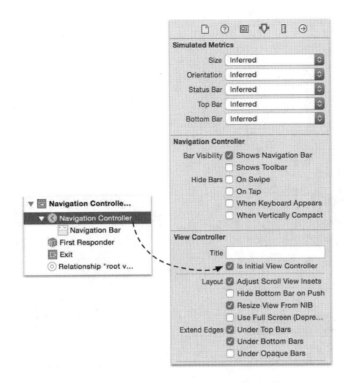

图 7-39　设置集合视图控制为初始视图控制器

2．设置导航控制器的根视图控制器

从对象库中直接拖曳导航控制器的一个好处是同时提供一个根视图控制器，如图 7-40 所示中的 Root View Controller 就是根视图控制器，它本身是一个表格控制器，对应的程序代码还没有，可以把 ViewController.swift 作为根视图控制器，所有需要修改 ViewController 的继承的父类为 UITableViewController，代码如下：

```
class ViewController: UITableViewController {
    ……
}
```

修改 ViewController 完成后，需要在故事板中选择 Root View Controller，打开标识检查器按钮，选择 Custom Class→Class 下拉列表中的 ViewController 类。

此外，还需要设置单元格属性，选择 Root View Controller Scene 中的 Table View Cell，打开其属性检查器，将 Identifier 属性设置为 CellIdentifier，将 Accessory 设置为 Disclosure Indicator，如图 7-41 所示。

3．创建二级视图

先新建一个二级视图控制器 CitiesViewController，具体操作方法是：选择菜单 File→New→File…，在文件模板中选择 iOS→Cocoa Touch Class，此时将弹出"新建文件"对话框，

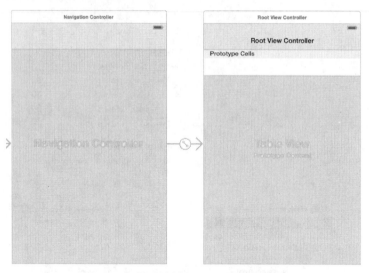

图 7-40 导航控制器和根视图控制器

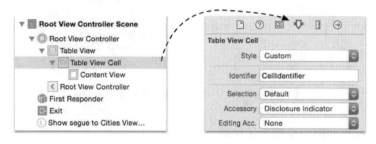

图 7-41 设置单元格属性

在 Class 项目中输入 CitiesViewController，从 Subclass of 下拉列表中选择 UITableViewController，不选中 Alse create XIB file 复选框。

创建完成二级视图控制器 CitiesViewController，回到设计界面从对象库中拖曳一个 Table View Controller 对象到 Interface Builder 设计界面，作为二级视图控制器。然后按住 control 键，如图 7-42 所示，从上一个 Root View Controller 的单元格中拖动鼠标到当前添加的 Table View Controller。释放鼠标后，弹出如图 7-43 所示的 Segue 对话框，选择 Selection Segue 中的 show。

选中连线中间的 Segue，打开其属性检查器，然后在 Identifier 属性中输入 ShowSelectedProvince，如图 7-44 所示。这个 Identifier 属性将在代码中用于查询 Segue 对象。

选择 Table View Controller，打开其标识检查器，在 Custom Class 的 Class 下拉列表中选择 CitiesViewController。

此外，还需要设置单元格属性，选择 Cities View Controller Scene 中的 Table View Cell，打开其属性检查器，将 Identifier 属性设置为 CellIdentifier，将 Accessory 设置为 Detail Disclosure，如图 7-45 所示。

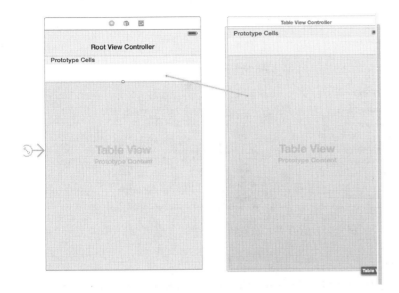

图 7-42 两个视图控制器的连线　　　　图 7-43 Segue 选择对话框

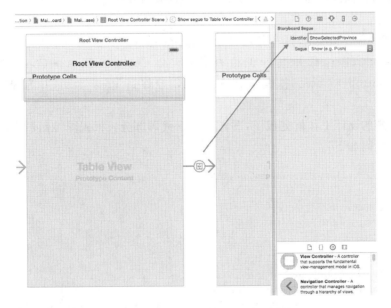

图 7-44 设置 Segue 的 Identifier 属性

4．创建三级视图

新建三级视图控制器 DetailViewController，具体操作方法是：选择菜单 File→New→File…，在文件模板中选择 iOS→Cocoa Touch Class，此时将弹出"新建文件"对话框，在 Class 项目中输入 DetailViewController，从 Subclass of 下拉列表中选择 UIViewController，不选

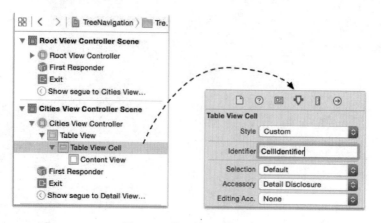

图 7-45 设置单元格属性

中 Alse create XIB file 复选框。

然后回到设计界面，从对象库中拖曳一个 View Controller 对象到 Interface Builder 设计界面，作为三级视图控制器。然后按住 control 键将鼠标从上一个 CitiesViewController 的单元格拖动到当前添加的 View Controller，此时从弹出菜单中选择 Selection Segue 中的 show。

选中连线中间的 Segue，打开其属性检查器，在 Identifier 属性中输入 ShowSelectedCity。选择 View Controller，打开其标识检查器，单击 Custom Class→Class，将其设置为 DetailViewController。最后，拖曳一个 WebView 控件到 View 上面，并为 WebView 连接输出口。

到此，烦琐的设计工作就完成了，下面看一下代码部分。根视图控制器 ViewController.swift 的相关代码如下：

```
class ViewController: UITableViewController {

    var dictData: NSDictionary!
    var listData: NSArray!

    override func viewDidLoad() {
        super.viewDidLoad()
        let plistPath = NSBundle.mainBundle()
                    .pathForResource("provinces_cities",ofType: "plist")

        self.dictData = NSDictionary(contentsOfFile: plistPath!)
        self.listData = self.dictData.allKeys as NSArray
        self.title = "省份信息"
    }
```

```swift
//UITableViewDataSource 协议方法
override func tableView(tableView: UITableView,
        numberOfRowsInSection section: Int) -> Int {
    return self.listData.count
}
//实现表视图数据源方法
override func tableView(tableView: UITableView,
     cellForRowAtIndexPath indexPath: NSIndexPath) -> UITableViewCell {
    
    let cellIdentifier = "CellIdentifier"
    
    var cell:UITableViewCell! = tableView.dequeueReusableCellWithIdentifier(cellIdentifier,
                forIndexPath:indexPath) as? UITableViewCell
    
    let row = indexPath.row
    cell.textLabel?.text = self.listData[row] as? String
    
    return cell
}

//选择表视图行时触发
override func prepareForSegue(segue: UIStoryboardSegue, sender: AnyObject?) {          ①
    
    if (segue.identifier == "ShowSelectedProvince") {
        let citiesViewController = segue.destinationViewController as! CitiesViewController
        let indexPath = self.tableView.indexPathForSelectedRow() as NSIndexPath?
        let selectedIndex = indexPath!.row
        
        let selectName = self.listData[selectedIndex] as! String
        citiesViewController.listData = self.dictData[selectName] as! NSArray
        citiesViewController.title = selectName
        
    }
    
}

}
```

上述代码第①行的 prepareForSegue:sender:方法是专门供故事板使用的方法，它是 UIViewController 中的方法。当两个视图跳转的时候，连接两个视图的 Segue 就会触发该方法。segue.destinationViewController 属性用于获得要跳转到的视图控制器对象。

二级视图控制器 CitiesViewController.swift 主要部分代码如下：

```swift
class CitiesViewController: UITableViewController {
    
    var listData: NSArray!
```

```swift
// MARK: -实现表视图数据源方法
override func tableView(tableView: UITableView,
        numberOfRowsInSection section: Int) -> Int {
    return self.listData.count
}

override func tableView(tableView: UITableView,
        cellForRowAtIndexPath indexPath: NSIndexPath) -> UITableViewCell {
    
    let cellIdentifier = "CellIdentifier"
    var cell:UITableViewCell! = tableView.dequeueReusableCellWithIdentifier(cellIdentifier,
                    forIndexPath:indexPath) as? UITableViewCell
    
    let row = indexPath.row
    let dict = self.listData[row] as! NSDictionary
    
    cell.textLabel?.text = dict["name"] as? String
    
    return cell
}

//选择表视图行时触发
override func prepareForSegue(segue: UIStoryboardSegue, sender: AnyObject?) {
    
    if (segue.identifier == "ShowSelectedCity") {
        
        let detailViewController = segue.destinationViewController as! DetailViewController
        let indexPath = self.tableView.indexPathForSelectedRow() as NSIndexPath?
        let selectedIndex = indexPath!.row
        
        let dict = self.listData[selectedIndex] as! NSDictionary
        
        detailViewController.url = dict["url"] as! String
        detailViewController.title = dict["name"] as? String
        
    }
    
}
}
```

下面看一下详细视图控制器 DetailViewController.swift 的代码：

```swift
class DetailViewController: UIViewController,UIWebViewDelegate {
    
    @IBOutlet weak var webView: UIWebView!
    
    var url: String!
    
    override func viewDidLoad() {
        super.viewDidLoad()
```

```
        let url = NSURL(string: self.url)
        let request = NSURLRequest(URL: url!)
        self.webView.loadRequest(request)
        self.webView.delegate = self
    }
    //UIWebViewDelegate 委托定义方法
    func webView(webView: UIWebView,didFailLoadWithError error: NSError) {
        NSLog("error : %@",error)
    }

    //UIWebViewDelegate 委托定义方法
    func webViewDidFinishLoad(webView: UIWebView) {
        NSLog("finish")
    }

}
```

在 DetailViewController 类定义中实现 UIWebViewDelegate 协议，webView 是 UIWebView 类型的属性，并定义为输出口。url 属性是接收上一个视图控制器传递过来的参数，这里是选中城市的百度百科网址。

代码编写完成后，可以运行一下，就可以看看效果。

7.6 组合使用导航模式

有些情况下，会将 3 种导航模式综合到一起使用，其中还会用到模态视图。例如，Tweet 是编写 Twitter 的应用，如图 7-46 所示。Tweet 主要采用了标签导航模式和树形结构导航模式，有些地方还采用了平铺导航模式，例如图 7-51（c）图的 Bill Couch。单击导航栏右边的按钮，会打开一个模态视图，可以编辑 Twitter。

图 7-46　Tweet 应用

7.6.1 组合导航实例

同样是划分东北三省的城市信息,可以采用组合方式实现,如图 7-47 所示。标签栏上是省名,标签导航可以进行省的切换。省信息中又采用树形结构导航,只不过树形结构中只有两级视图,二级视图(城市信息)导航栏右边的按钮可以实现添加城市信息的功能。

图 7-47　组合导航模式

7.6.2 组合导航实现

下面介绍用故事板实现组合导航模式。本例中虽然是组合导航模式,但本质上还是标签导航,在 7.4 节通过 Tabbed Application 模板创建,本例还是使用 Single View Application 模板创建一个名为 NavigationComb 的工程,这样做比较灵活。

1. ViewController 视图控制器更换为 Tab Bar Controller

工程创建完成后,打开故事板删除 ViewController 视图控制器,并从对象库中拖曳一个 Tab Bar Controller 到设计界面,如图 7-48 所示。选择 Item1 和 Item2 通过键盘 Delete 键删除它们。

还需要设置 Tab Bar Controller 为初始视图控制器,选择 Tab Bar Controller 打开属性检查器,选中 View Controller→is Initial View Controller 复选框。

2. 设计一级视图控制器场景

每一个标签进入后都是一个树形结构导航模式,需要从对象库中拖曳 Navigation Controller 控制器到设计界面,如图 7-49 所示。然后再按住 control 键,从 Tab Bar Controller 中拖动鼠标到 Navigation Controller,释放鼠标后弹出 Segue 对话框,选择 Relationship Segue 中的 view controllers,连接完成界面如图 7-50 所示。

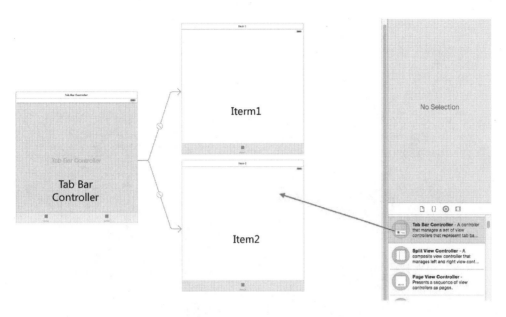

图 7-48　添加 Tab Bar Controller 到设计界面

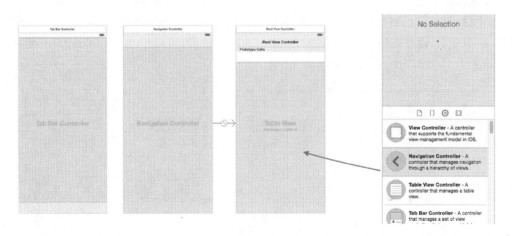

图 7-49　添加 Navigation Controller 到设计界面

3．设计二级视图控制器场景

二级视图中有一个 WebView，7.5 节案例的三级视图控制器 DetailViewController，可以直接拿来使用。

首先，需要从对象库中拖曳一个 View Controller 到故事板设计界面，然后按住 control 键，从上一个 Root View Controller 的单元格中拖动鼠标到当前添加的 View Controller，选择 Selection Segue 中的 show。选中连线中间的 Segue，打开其属性检查器，设置 Identifier 属性为 ShowDetail。

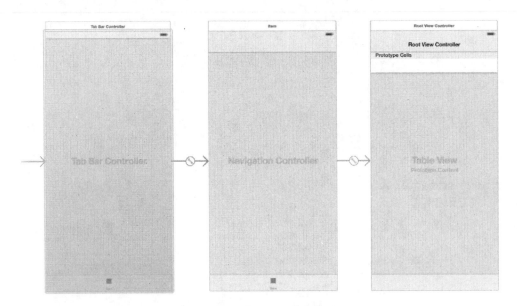

图 7-50　连接 Segue 完成界面

接着需要在这个二级视图中拖曳一些控件,首先从对象库中拖曳一个 Navigation Item(导航项目)到设计二级视图,如图 7-51 所示。然后在 Navigation Item 中添加一个右按钮,如图 7-52 所示,设置按钮的 identifier 为 Add,为方便管理,可以把 Navigation Item 的 Title 属性设置为 Detail View Controller。

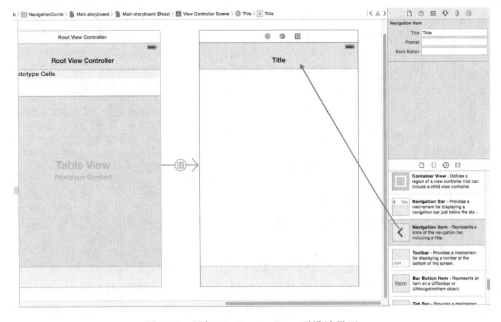

图 7-51　添加 Navigation Item 到设计界面

第7章 应用导航模式 197

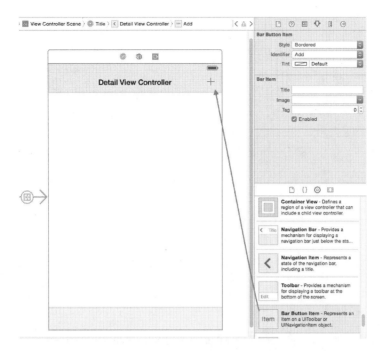

图 7-52 添加 Navigation Item 右按钮

4．设计模态视图控制器场景

在二级视图中单击导航栏右按钮，则进入模态视图。下面来设计模态视图控制器，由于模态视图中也有导航栏和左右按钮，需要从对象库中拖曳一个 View Controller 到设计界面，默认情况下 View Controller 不带导航栏，可以将 View Controller 嵌入到 Navigation Controller 中，具体步骤是：选择菜单 Editor→Embed In→Navigation Controller，如图 7-53 所示。

然后按住 control 键将鼠标从 Detail View Controller（二级视图控制器）导航栏右按钮拖动到刚刚新建的 Navigation Controller，如图 7-54 所示，在弹出的对话框中选择 present modally。

还需要为模态视图添加一些视图，包括一个 TextView 和导航栏两个左右按钮，设计界面如图 7-55 所示。

到此为止，故事板的设计如图 7-56 所示，这只是 3 个标签中一个进入的故事板的设计，而其他两个标签进入是与第一个类似的，具体设计过程不再赘述。

5．设置标签栏内容

标签栏中的标签包含标题和图标，可以参考 7.4 节案例设置，标签的标题分别是："黑龙江"、"吉林"和"辽宁"，图标分别是：hei.png、Ji.png 和 Liao.png。

到此为止，故事板的设计工作就完成了。完成之后的故事板如图 7-57 所示，其中有 12 个场景，很复杂吧！实现业务还不是很复杂，就已经有这么多的 Sence 和 Segue，故事板

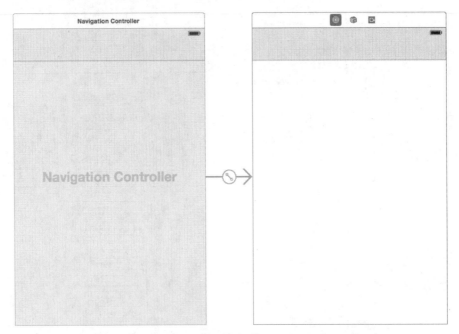

图 7-53　将 View Controller 嵌入到 Navigation Controller 中

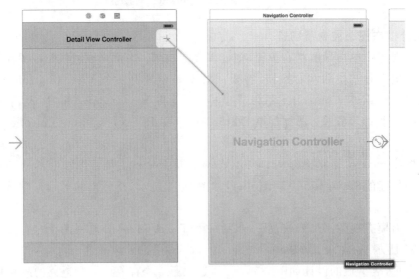

图 7-54　选择 present modally

的用意是想减少代码量,但是与此同时也增加了设置环节的工作量,目前还无法调试。虽然苹果主推使用故事板技术,但它并不是 iOS 解决编程问题的银弹①。

---

①　在西方古老的传说里,狼人是不死的,但是银弹可以杀死狼人,详情可参见 http://baike.baidu.com/view/3413847.htm。

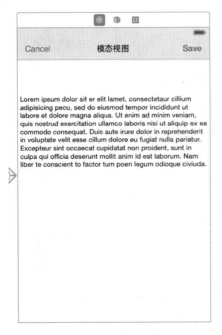

图 7-55　模态视图设计界面

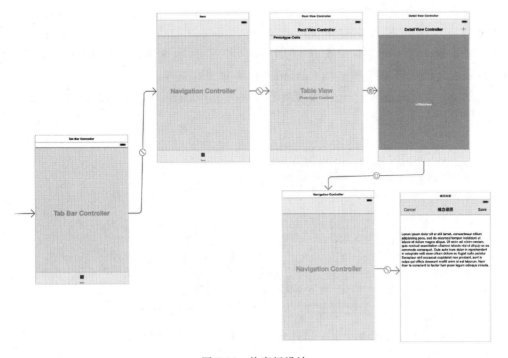

图 7-56　故事板设计

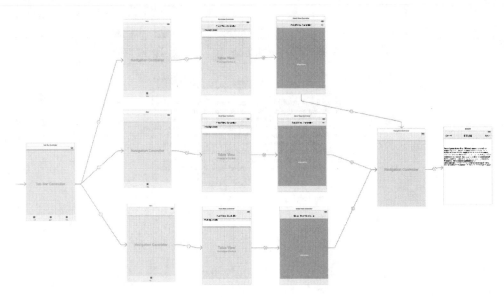

图 7-57　最终故事板设计

6. 创建视图控制器

需要 3 个视图控制器文件，包括一级视图控制器 ViewController、二级视图控制器 DetailViewController 和模态视图控制器 ModalViewController。其中 ViewController 的父类应该修改为 UITableViewController，DetailViewController 和 ModalViewController 两个文件需要创建，选择他们的父类是 UIViewController。这些视图控制器类创建好后，需要回到故事板设计界面，设置他们的 Custom Class→Class 属性。

下面看一下代码部分，一级视图控制器 ViewController.swift 中的属性、视图加载等相关代码如下：

```swift
class ViewController: UITableViewController {
    
    var dictData: NSDictionary!
    var listData: NSArray!
    
    
    override func viewDidLoad() {
        super.viewDidLoad()
        
        let plistPath = NSBundle.mainBundle()
            .pathForResource("provinces_cities",ofType: "plist")
        
        self.dictData = NSDictionary(contentsOfFile: plistPath!)
        
        
        let navigationController = self.parentViewController as! UINavigationController      ①
```

```
            let selectProvinces = navigationController.tabBarItem.title!     ②

            NSLog("%@",selectProvinces)

            if (selectProvinces == "黑龙江") {
                self.listData = self.dictData["黑龙江省"] as! NSArray
                self.navigationItem.title = "黑龙江省信息"
            } else if (selectProvinces == "吉林") {
                self.listData = self.dictData["吉林省"] as! NSArray
                self.navigationItem.title = "吉林省信息"
            } else {
                self.listData = self.dictData["辽宁省"] as! NSArray
                self.navigationItem.title = "辽宁省信息"
            }
        }
    ……

}
```

ViewController 是 3 个省共同使用的类,当然可以为每一个省创建一个视图控制器,但是就本例而言,完全没有必要创建 3 个不同的类。如何区分是单击了哪个标签进入的呢?第①行代码获得当前视图控制器的父视图控制器,返回的是 Navigation Controller。第②行代码可以获得选中的标签栏的标签名字,通过这个标签名字能够识别是单击哪个标签进入的。

在 ViewController.swift 中,选择表视图行时会触发 Segue 方法:

```
override func prepareForSegue(segue: UIStoryboardSegue, sender: AnyObject?) {

    if (segue.identifier == "ShowDetail") {

        let detailViewController = segue.destinationViewController as DetailViewController
        let indexPath = self.tableView.indexPathForSelectedRow() as NSIndexPath?
        let selectedIndex = indexPath!.row

        let dict = self.listData[selectedIndex] as! NSDictionary

        detailViewController.url = dict["url"] as? String
        detailViewController.title = dict["name"] as? String
    }

}
```

其他视图控制器与 7.5 节中的案例是一样的,没有变化,此处就不再介绍了。代码编写完毕后,采用在 3.5 英寸 Retina 显示屏的 iPhone 模拟器上运行一下,效果如图 7-58 所示。

图 7-58　运行效果

7.7　小结

通过本章的学习，可以判断应用是不是需要一个导航功能，并且知道在什么情况下选择平铺导航、标签导航、树形结构导航，或者同时综合使用这 3 种导航模式。针对标签导航和树形导航这两种相对复杂的导航模式，本章为大家提供了故事板实现方式。

第 8 章 手 势 识 别

"手势是指人类用语言中枢建立起来的一套用手掌和手指位置、形状的特定语言系统。其中包括通用的,如聋哑人使用的手语。还有在特定情况下的该种系统,如海军陆战队。"——引自于维基百科 http://zh.wikipedia.org/wiki/手势。

电子触屏设备上的手势是用户与设备进行交流的特定语言。作为设备能够识别这些手势,而且要能够为开发人员提供开发接口。

8.1 手势种类

在 iOS 设备上有极其丰富的手势,理论上说手势的种类是没有限制的,可以开发出很多诡异的手势,但是用户是否会用的好就不得而知了。因此手势种类一般都是大众比较熟悉的几种。

在 iOS 设备中常用的手势有 Tap(单击)、Long Press(长按)、Pan(平移)、Swipe(滑动)、Rotation(旋转)、Pinch(手指的合拢和张开)和 Screen Edge Pan(屏幕边缘平移)等。这些手势如表 8-1 所示。

表 8-1　iOS 设备手势

手 势 名	手 势 图	说 明
Tap(单击)		选择、单击、碰触或连续碰触视图对象
Long Press(长按)		长时间按住屏幕上视图对象

续表

手 势 名	手 势 图	说　明
Pan（平移）		拖曳屏幕上的一个视图对象平移到新的位置
Swipe（滑动）		快速拖曳屏幕上的视图对象,然后突然停在视图对象
Rotation（旋转）		用两个手指按住屏幕上的视图对象,然后旋转
Pinch （手指的合拢和张开）		多个手指按住屏幕上的视图对象,然后合并或张开
Screen Edge Pan （屏幕边缘平移）		在屏幕边缘平移、拖曳等操作

8.2 使用手势识别器

在 iOS 设备上识别手势有两种实现方式：采用手势识别器（UIGestureRecognizer）和采用触摸事件（UITouch）识别。本节介绍采用手势识别器实现手势识别。

手势识别器类 UIGestureRecognizer 是一个抽象类，它有 7 个具体实现类：

- UITapGestureRecognizer
- UIPinchGestureRecognizer
- UIRotationGestureRecognizer
- UISwipeGestureRecognizer
- UIPanGestureRecognizer
- UILongPressGestureRecognizer
- UIScreenEdgePanGestureRecognizer

从上面这几个类的命名可以看出与表 8-1 介绍的 7 种手势对应关系，如果这 7 种手势识别器不能满足的要求，还可以直接继承 UIGestureRecognizer 实现自己的特殊手势识别。

8.2.1 视图对象与手势识别

手势识别一定是发生在某一个视图对象上的，它可能是常用标签、按钮、图片等视图或者控件。要对视图对象进行手势识别，需要使用下面的语句添加手势识别器：

```
self.view.addGestureRecognizer(gestureRecognizer)
```

其中 gestureRecognizer 是具体的手势识别器对象。

此外，针对视图对象还需要设置一些属性。主要有两个属性：

- userInteractionEnabled 开启或关闭用户事件。
- multipleTouchEnabled 设置是否接收多点触摸事件。

可以在程序代码中设置这两个属性，它们的设置通常是在视图控制器的 viewDidLoad 方法中完成的，实例代码如下：

```
override func viewDidLoad() {
    self.view.multipleTouchEnabled = false
    self.view.userInteractionEnabled = true
    …
}
```

当然也可以在 Interface Builder 中通过设计视图属性实现。在 Interface Builder 中选中要设置的视图对象。如图 8-1 所示，打开属性检查器，在 View→Interaction 属性中设置这两个属性。

图 8-1　设置视图属性

8.2.2 手势识别状态

UIGestureRecognizer 类有一个 state 属性，它用来表示手势识别过程中的状态。手势识别的状态分为 7 个，这些状态是在 UIGestureRecognizerState 枚举类型中定义的成员：
- Possible——手势尚未识别，它是默认状态。
- Began——开始接收连续类型手势。
- Changed——接收接连续类型手势状态变化。
- Ended——结束接收连续类型手势。
- Cancelled——取消接收连续类型手势。
- Failed——离散类型的手势识别失败。

手势分为连续类型的手势与离散类型的手势。连续类型的手势，如 Pinch(手指的合拢和张开)，它的整个过程中连续产生多个触摸点，它的识别过程如图 8-2 所示，其中 Changed 状态可能会多次变化，最后有 Ended(结束)和 Cancelled(取消)两种状态。离散类型手势，只发生一次，如 Tap(单击)手势，如图 8-3 所示，识别过程只有两种状态：结束(Ended)和失败(Failed)。

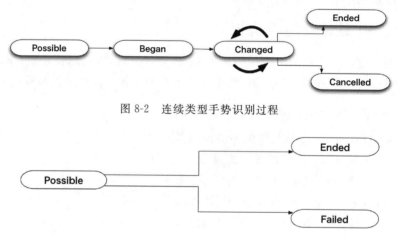

图 8-2　连续类型手势识别过程

图 8-3　离散类型手势识别过程

8.2.3 检测 Tap(单击)

检测 Tap(单击)使用的手势识别器是 UITapGestureRecognizer，使用 UITapGestureRecognizer 实现 Tap 检测有两种方式：一种是通过代码编程实现，另一种是在 Interface Builder 中进行设计实现。

下面通过一个实例介绍一下 UITapGestureRecognizer 使用。这个实例如图 8-4(a)所示，在屏幕上有一个装满垃圾桶，单击它倾倒垃圾，如图 8-4(b)所示。再单击又装满，反复变换。

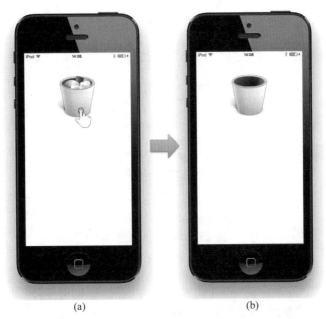

图 8-4 Tap 手势识别实例

下面分别介绍两种不同的使用方法。

1. 通过代码编程实现

这个实现过程的具体步骤是,首先来创建一个 TapGestureRecognizer 工程,本书采用 Xcode 6 工具,启动 Xcode,选择 File→New→Project,在打开的 Choose a template for your new project 对话框中,选择 Single View Application 工程模板,如图 8-5 所示。

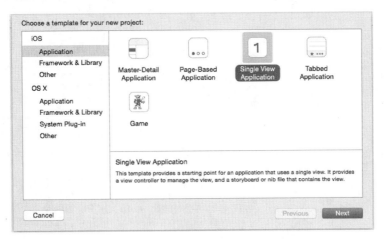

图 8-5 选择工程模板

然后单击 Next 按钮,随即出现图 8-6 所示的对话框。在 Product Name 文本框中输入 TapGestureRecognizer,它是工程名字。设置完相关的工程选项后,单击 Next 按钮,进入下一级界面。根据提示选择存放文件的位置对话框,然后单击 Create 按钮创建工程。

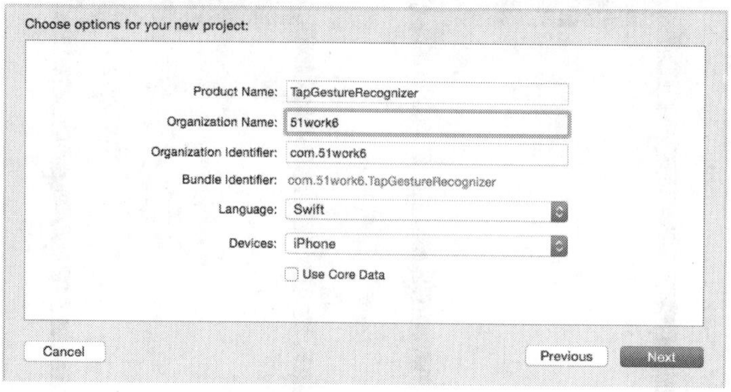

图 8-6　新工程中的选项

工程创建完成后,还需要将图片等资源文件(Blend Trash Empty.png 和 Blend Trash Full.png)导入工程中。然后看看 UI 设计工作,打开故事板文件,从对象库中拖曳 Image View 到设计窗口,然后修改它的位置和大小。

作为能够接收用户事件的视图对象,需要设置它的 userInteractionEnabled 为开启。具体步骤是选择 Image View,打开属性检查器,如图 8-7 所示,找到 View→Interaction 属性,选中 User Interaction Enabled 复选框。

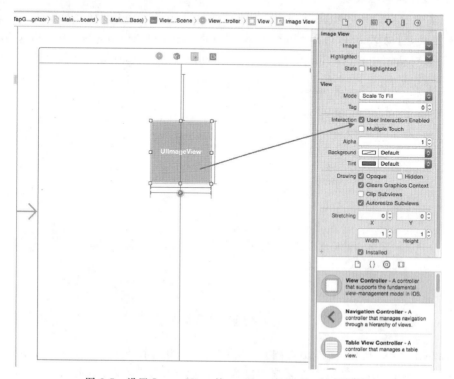

图 8-7　设置 Image View 的 userInteractionEnabled 属性

基本的 UI 设计完成之后,还需要为 Image View 定义输出口,还要为按钮定义动作事件。单击左上角第一组按钮中的"打开辅助编辑器"按钮 ⚬ 。选中 Image View,同时按住 Control 键,将 Image View 拖曳到右边窗口,如图 8-8 所示。

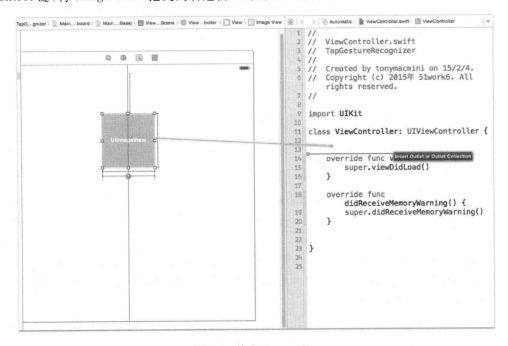

图 8-8　拖曳 Image View

放开左键会弹出一个对话框。在 Connection 栏选择 Outlet,将 Name 命名为 imageView,如图 8-9 所示。

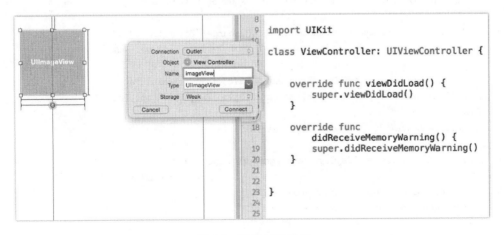

图 8-9　输出口对话框

单击 Connect 按钮,右边的编辑界面将自动添加如下一行代码:

```
@IBOutlet weak var imageView: UIImageView!
```

下面看看核心代码。打开工程 TapGestureRecognizer 代码中的 ViewController.swift 文件,声明相关代码如下所示:

```
import UIKit

class ViewController: UIViewController {

    var boolTrashEmptyFlag = false //垃圾桶空标志 false 桶满,true 桶空

    var imageTrashFull : UIImage!
    var imageTrashEmpty : UIImage!

    @IBOutlet weak var imageView: UIImageView!
    ……
}
```

上述代码中 boolTrashEmptyFlag 变量用来标志垃圾桶空还是装满,imageTrashFull 和 imageTrashEmpty 属性用来保存两张垃圾桶图片。此外,还定义了具有输出口的 UIImageView 控件属性 imageView。

打开工程 TapGestureRecognizer 代码中的 ViewController.swift,主要代码如下所示:

```
override func viewDidLoad() {
    super.viewDidLoad()

    let bundle = NSBundle.mainBundle()
    let imageTrashFullPath = bundle.pathForResource("Blend Trash Full",
                                                     ofType: "png")              ①
    let imageTrashEmptyPath = bundle.pathForResource("Blend Trash Empty",
                                                      ofType: "png")             ②

    self.imageTrashFull = UIImage(contentsOfFile: imageTrashFullPath!)
    self.imageTrashEmpty = UIImage(contentsOfFile: imageTrashEmptyPath!)

    self.imageView.image = self.imageTrashFull

    let tapRecognizer = UITapGestureRecognizer(target: self,
                                                action: "foundTap:")             ③
    tapRecognizer.numberOfTapsRequired = 1                                       ④
    tapRecognizer.numberOfTouchesRequired = 1                                    ⑤

    self.imageView.addGestureRecognizer(tapRecognizer)                           ⑥

}
```

```
    func foundTap(paramSender : UITapGestureRecognizer) {                          ⑦
        NSLog("tap")
        if boolTrashEmptyFlag {                                                    ⑧
            self.imageView.image = self.imageTrashFull
            boolTrashEmptyFlag = false
        } else {
            self.imageView.image = self.imageTrashEmpty
            boolTrashEmptyFlag = true
        }
    }
```

在 viewDidLoad 方法中初始化视图和手势识别器,其中,第①和②行代码是创建两个图片对象。第③行代码是实例化手势识别器 UITapGestureRecognizer,使用构造器 initWithTarget:action:,在该方法中 target 参数是指定回调方法所在目标对象,action 参数用来设置手势识别后回调的方法。

第④行代码 tapRecognizer.numberOfTapsRequired=1 设置触发 Tap 的单击次数,1 就是单击一下触发,如果是 2 就是双击。

第⑤行代码 tapRecognizer.numberOfTouchesRequired=1 设置触发 Tap 的触点个数,即有几个手指按在屏幕上。

第⑥行代码 self.imageView.addGestureRecognizer(tapRecognizer)是将手势识别器对象添加到图片视图对象上。

第⑦行代码 foundTap:方法是在创建手势识别对象时指定回调方法。这个方法可以带有参数也可以没有参数形式如下:

```
func foundTap()
```

没有参数情况下创建手势识别对象代码有一点区别,代码如下:

```
UITapGestureRecognizer(target: self,action:"foundTap")
```

方法名 foundTap 要省去冒号。

第⑧行代码判断语句就是进行图片的切换处理。

2. 在 Interface Builder 中进行设计实现

首先参考上面的做法创建工程,并打开故事板文件 Main.storyboard,在设计界面上添加 Image View 控件,摆放好位置,连接好输出口。然后,在 Interface Builder 中为 Image View 添加 Tap 手势识别器。在 Interface Builder 的对象库中有 7 个手势识别器,如图 8-10 所示,这 7 个手势识别器对应表 8-1 中的 7 个手势。

具体使用的时候拖曳手势识别器对象到设计窗口中的视图对象上。如图 8-11 所示,拖曳 Tap Gesture Recognizer 对象到 Image View 上,注意不是 View,这是因为要识别 Image View 上的 Tap 手势。

完成之后会在视图设计界面的对象栏中出现 Tap 手势识别器对象,如图 8-12 所示。

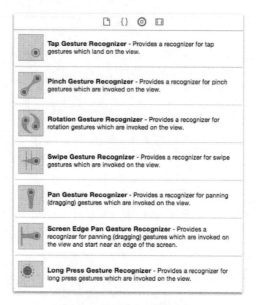

图 8-10　手势识别器对象

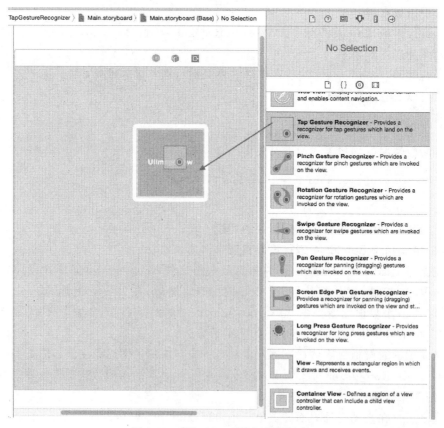

图 8-11　添加 Tap 手势识别器对象

图 8-12　对象栏中的 Tap 手势识别器对象

为 Image View 对象添加 Tap 手势识别器后，还需要添加动作事件，这个过程与一般控件添加动作事件类似。打开辅助编辑器，选中对象栏中的 Tap 手势识别器对象，同时按住 control 键，将其拖曳到右边窗口，如图 8-13 所示。

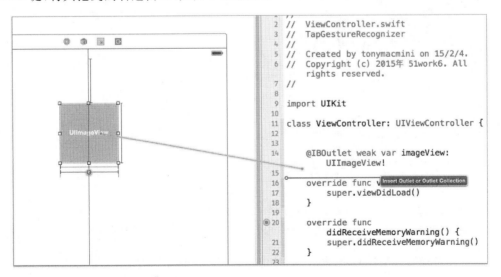

图 8-13　拖曳 Tap 手势识别器对象

放开左键会弹出一个对话框。在 Connection 列表框选择 Action，将 Name 命名为 foundTap，如图 8-14 所示。

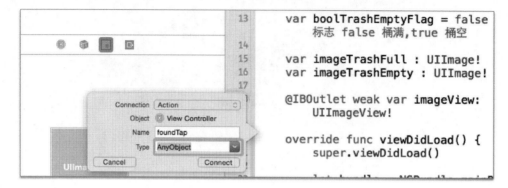

图 8-14　设置动作事件

单击 Connect 按钮，右边的编辑界面将自动添加如下一行代码：

```
@IBAction func foundTap(sender: AnyObject) {
}
```

下面看看核心代码。打开工程 TapGestureRecognizer，其中 ViewController.swift 文件中声明相关的代码如下所示：

```
import UIKit

class ViewController: UIViewController {

    var boolTrashEmptyFlag = false //垃圾桶空标志 false 桶满,true 桶空

    var imageTrashFull : UIImage!
    var imageTrashEmpty : UIImage!

    @IBOutlet weak var imageView: UIImageView!
        ……
}
```

ViewController.swift 主要代码如下所示：

```
override func viewDidLoad() {
    super.viewDidLoad()

    let bundle = NSBundle.mainBundle()
    let imageTrashFullPath = bundle.pathForResource("Blend Trash Full",
                                                    ofType: "png")
    let imageTrashEmptyPath = bundle.pathForResource("Blend Trash Empty",
                                                    ofType: "png")
```

```
    self.imageTrashFull = UIImage(contentsOfFile: imageTrashFullPath!)
    self.imageTrashEmpty = UIImage(contentsOfFile: imageTrashEmptyPath!)
    
    self.imageView.image = self.imageTrashFull
}


@IBAction func foundTap(sender: AnyObject) {
    
    NSLog("tap")
    if boolTrashEmptyFlag {
        self.imageView.image = self.imageTrashFull
        boolTrashEmptyFlag = false
    } else {
        self.imageView.image = self.imageTrashEmpty
        boolTrashEmptyFlag = true
    }
}
```

需要注意的是,在 viewDidLoad 方法中原来的如下代码都不再需要了。

```
let tapRecognizer = UITapGestureRecognizer(target: self, action: "foundTap:")
tapRecognizer.numberOfTapsRequired = 1
tapRecognizer.numberOfTouchesRequired = 1
self.imageView.addGestureRecognizer(tapRecognizer)
```

其中程序原来代码中的 tapRecognizer.numberOfTapsRequired＝1 和 tapRecognizer.numberOfTouchesRequired＝1 语句是设置手势识别器的常用属性,如果换成 Interface Builder 实现,则需要选择 Tap 手势识别器,然后打开属性检查器,如图 8-15 所示,在 Tap Gesture Recognizer→Recognize 中的 Taps 和 Touches 就是上面的两个属性。可以根据需要设置这两个属性。

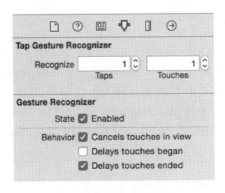

图 8-15　设置常用属性

代码中@IBAction func foundTap(sender：AnyObject)方法是 Tap 识别器回调方法。完成之后就可以运行了，可见通过 Interface Builder 实现也是很简单的。

8.2.4 检测 Long Press(长按)

检测 Long Press(长按)使用的手势识别器是 UILongPressGestureRecognizer。使用 UILongPressGestureRecognizer 实现长按检测也有两种方式：一种是通过代码编程实现；另一种是在 Interface Builder 中进行设计实现。

下面通过一个实例介绍一下 UILongPressGestureRecognizer 的使用。这个实例如图 8-16(a)所示，在屏幕上有一个装满垃圾桶，长按后倾倒垃圾，如图 8-16(b)所示。再长按后又装满，反复变换。

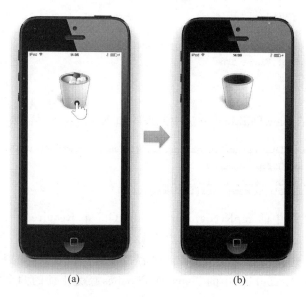

图 8-16　长按手势识别实例

下面分别介绍两种不同的使用方法。

1. 通过代码编程实现

实现过程的具体步骤请参考 8.2.3 节，创建一个 LongPressGestureRecognizer 工程。工程创建完成后，还需要将图片等资源文件导入工程中。UI 设计工作和相关的动作事件连线可以参考 8.2.3 节，具体步骤这里不再介绍。

下面看看核心代码，打开工程 LongPressGestureRecognizer 中的 ViewController.swift 文件主要代码如下所示：

```
class ViewController: UIViewController {

    var boolTrashEmptyFlag = false //垃圾桶空标志 false 桶满,true 桶空
```

```swift
    var imageTrashFull : UIImage!
    var imageTrashEmpty : UIImage!

    @IBOutlet weak var imageView: UIImageView!

    override func viewDidLoad() {
        super.viewDidLoad()

        let bundle = NSBundle.mainBundle()
        let imageTrashFullPath = bundle.pathForResource("Blend Trash Full",
                                                        ofType: "png")
        let imageTrashEmptyPath = bundle.pathForResource("Blend Trash Empty",
                                                         ofType: "png")

        self.imageTrashFull = UIImage(contentsOfFile: imageTrashFullPath!)
        self.imageTrashEmpty = UIImage(contentsOfFile: imageTrashEmptyPath!)

        self.imageView.image = self.imageTrashFull

        let recognizer = UILongPressGestureRecognizer(target: self,
                                                     action: "foundTap:")      ①
        recognizer.allowableMovement = 100.0                                    ②
        recognizer.minimumPressDuration = 1.0                                   ③

        self.imageView.addGestureRecognizer(recognizer)

    }

    func foundTap(paramSender : UITapGestureRecognizer) {
            NSLog("长按 state = %i",paramSender.state.rawValue)                ④
        if (paramSender.state == .Began) {                  //手势开始           ⑤
            if boolTrashEmptyFlag {
                self.imageView.image = self.imageTrashFull
                boolTrashEmptyFlag = false
            } else {
                self.imageView.image = self.imageTrashEmpty
                boolTrashEmptyFlag = true
            }
        }
    }

}
```

在 viewDidLoad 方法中初始化视图和手势识别器。其中第①行代码实例化手势识别器 UILongPressGestureRecognizer，使用构造方法 initWithTarget:action:，target 参数是指定回调方法所在目标对象，action 参数用来设置手势识别后回调的方法。

第②行代码 recognizer.allowableMovement＝100.0 设置手势被识别之前，最小移动的距离，单位是 points(点)。

第③行代码 recognizer.minimumPressDuration＝1.0 设置手势识别的最短持续时间，单位是秒。

在 foundTap：方法中第④行代码中的 paramSender.state 取得手势识别器的状态。rawValue 属性是获得枚举成员的原始值，长按过程中的日志输出如下：

```
2015－02－04 17:50:36.654 LongPressGestureRecognizer[4862:617716] 长按 state＝1
2015－02－04 17:50:38.245 LongPressGestureRecognizer[4862:617716] 长按 state＝3
```

其中 state＝1 为 UIGestureRecognizerStateBegan 常量（即 Began 状态），state＝3 为 UIGestureRecognizerStateEnded（即 Ended 状态）。

foundTap：方法是在一次长按手势过程中调用了两次，具体处理的时候需要做一下判断，如代码第⑤行 paramSender.state＝＝.Began 所示，判断手势是否开始，然后再进行处理。

2．在 Interface Builder 中进行设计实现

从对象库中拖曳 Long Press Gesture Recognizer 对象到 Image View 上，注意不是 View，因为要识别 Image View 上的 Long Press 手势。然后还需要添加动作事件，这个过程与一般控件添加动作事件类似。具体步骤请参考 8.2.3 节。

下面看看核心代码。打开工程 LongPressGestureRecognizer 中的 ViewController.swift 代码如下所示：

```swift
class ViewController: UIViewController {
    
    var boolTrashEmptyFlag = false //垃圾桶空标志 false 桶满,true 桶空
    
    var imageTrashFull : UIImage!
    var imageTrashEmpty : UIImage!
    
    @IBOutlet weak var imageView: UIImageView!
    
    override func viewDidLoad() {
        super.viewDidLoad()
        
        let bundle = NSBundle.mainBundle()
        let imageTrashFullPath = bundle.pathForResource("Blend Trash Full",
                                                        ofType: "png")
        let imageTrashEmptyPath = bundle.pathForResource("Blend Trash Empty",
                                                         ofType: "png")
        
        self.imageTrashFull = UIImage(contentsOfFile: imageTrashFullPath!)
        self.imageTrashEmpty = UIImage(contentsOfFile: imageTrashEmptyPath!)
        
        self.imageView.image = self.imageTrashFull
        
    }
```

```
@IBAction func foundTap(sender: AnyObject) {
    let paramSender = sender as! UILongPressGestureRecognizer
    NSLog("长按 state = %i",paramSender.state.rawValue)

    if (paramSender.state == .Began) {                      //手势开始
        if boolTrashEmptyFlag {
            self.imageView.image = self.imageTrashFull
            boolTrashEmptyFlag = false
        } else {
            self.imageView.image = self.imageTrashEmpty
            boolTrashEmptyFlag = true
        }
    }
}
```

需要注意的是,在 viewDidLoad 方法中原来的如下代码都不再需要了。

```
let recognizer = UILongPressGestureRecognizer(target: self, action: "foundTap:")
recognizer.allowableMovement = 100.0
recognizer.minimumPressDuration = 1.0
self.imageView.addGestureRecognizer(recognizer)
```

手势识别器的属性设置:在 Interface Builder 中选择 Long Press 手势识别器,然后打开属性检查器,如图 8-17 所示,在 Long Press Gesture Recognizer→Recognize 中,Min Duration 属性对应于 recognizer.minimumPressDuration,Tolerance 属性对应于 recognizer.allowableMovement。可以根据需要设置这两个属性。

完成之后就可以运行了,可见通过 Interface Builder 实现也是很简单的。

图 8-17 设置常用属性

8.2.5 检测 Pan(平移)

检测 Pan(平移)使用的手势识别器是 UIPanGestureRecognizer,使用 UIPanGestureRecognizer 实现平移检测也有两种方式:一种是通过代码编程实现;另一种是在 Interface Builder 中进行设计实现。

下面通过一个实例介绍一下 UIPanGestureRecognizer 的使用。这个实例如图 8-18(a) 所示,在屏幕上有一个装满垃圾的垃圾桶,可以用手平移一遍让它在屏幕上移动。

下面分别介绍两种不同的使用方法。

1. 通过代码编程实现

实现过程的具体步骤请参考 8.2.3 节,创建一个 PanGestureRecognizer 工程。工程创

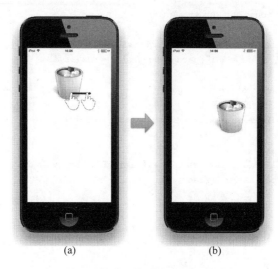

图 8-18　平移手势识别实例

建完成后,还需要将图片等资源文件导入工程中。UI 设计工作和相关的动作事件连线可以参考 8.2.3 节。

下面看看核心代码。打开工程 PanGestureRecognizer 代码中的 ViewController.swift,代码如下所示:

```
class ViewController: UIViewController {

    var imageView: UIImageView!

    override func viewDidLoad() {
        super.viewDidLoad()

        let recognizer = UIPanGestureRecognizer(target: self,
                                                action: "foundTap:")          ①
        recognizer.minimumNumberOfTouches = 1                                   ②
        recognizer.maximumNumberOfTouches = 1                                   ③

        let bundle = NSBundle.mainBundle()
        let imageTrashFullPath = bundle.pathForResource("Blend Trash Full", ofType: "png")

        self.imageView = UIImageView()
        self.imageView.image = UIImage(contentsOfFile: imageTrashFullPath!)     ④
        self.imageView.frame = CGRectMake(96.0, 68.0, 128.0, 128.0)             ⑤
        self.imageView.userInteractionEnabled = true                            ⑥

        self.view.addSubview(self.imageView)

        self.imageView.addGestureRecognizer(recognizer)
```

```
    }
    func foundTap(paramSender : UIPanGestureRecognizer) {

        NSLog("平移 state = %i",paramSender.state.rawValue)

        if (paramSender.state != .Ended &&
            paramSender.state != .Failed){                                      ⑦
                let location
                    = paramSender.locationInView(paramSender.view!.superview)   ⑧
                paramSender.view!.center = location                             ⑨
        }
    }

}
```

在 viewDidLoad 方法中初始化视图和手势识别器。其中第①行代码实例化手势识别器 UIPanGestureRecognizer，使用构造方法 initWithTarget:action:。

第②行代码 recognizer.minimumNumberOfTouches=1 设置最小个数的触点。

第③行代码 recognizer.maximumNumberOfTouches=1 设置最大个数的触点。

第④行代码通过图片路径实例化 UIImage 图形对象。第⑤行代码设置 ImageView 的 frame。

第⑥行代码 self.imageView.userInteractionEnabled=true，开启 ImageView 的用户事件开关。

在 foundTap:方法中第⑦行代码判断手势识别器的状态在 Ended 和 Failed 情况下，可以平移 ImageView。

第⑧行代码 paramSender.locationInView(paramSender.view!.superview)返回触点在 View(ImageView 的父视图)中的位置。

第⑨行代码 paramSender.view!.center=location 重新设置 ImageView 中心点。通过不断地改变 ImageView 位置，就会看到平移的效果。

2. 在 Interface Builder 中进行设计实现

从对象库中拖曳 Pan Gesture Recognizer 对象到 Image View 上，注意不是 View，这是因为要识别 Image View 上的 Pan 手势。然后还需要添加动作事件，这个过程与一般控件添加动作事件类似。具体步骤请参考 8.2.3 节。

下面看看核心代码。打开工程 PanGestureRecognizer 中的 ViewController.swift，代码如下所示：

```
class ViewController: UIViewController {

    var imageTrashFull : UIImage!

    @IBOutlet weak var imageView: UIImageView!
```

```swift
override func viewDidLoad() {
    super.viewDidLoad()
    
    let bundle = NSBundle.mainBundle()
    let imageTrashFullPath = bundle.pathForResource("Blend Trash Full", ofType: "png")
    self.imageTrashFull = UIImage(contentsOfFile: imageTrashFullPath!)
    
    self.imageView.image = self.imageTrashFull
    
}

override func didReceiveMemoryWarning() {
    super.didReceiveMemoryWarning()
}

@IBAction func foundTap(sender: AnyObject) {
    
    let paramSender = sender as! UIPanGestureRecognizer
    NSLog("平移 state = %i", paramSender.state.rawValue)
    
    if (paramSender.state != .Ended &&
        paramSender.state != .Failed){
            let location
                = paramSender.locationInView(paramSender.view!.superview)
            paramSender.view!.center = location
    }
}
}
```

手势识别器的属性设置：在 Interface Builder 中选择 Pan 手势识别器，然后打开属性检查器，如图 8-19 所示，在 Pan Gesture Recognizer→Touches 中的 Minimum 属性对应于 recognizer.minimumNumberOfTouche，Maximum 属性对应于 recognizer.maximumNumberOfTouches。可以根据需要设置这两个属性。

完成之后就可以运行了，可见通过 Interface Builder 实现也是很简单的。

8.2.6 检测 Swipe(滑动)

检测 Swipe(滑动)使用的手势识别器是 UISwipeGestureRecognizer，使用 UISwipeGestureRecognizer 实现滑动检测也有两种方式：一种是通过代码编程实现；另一种是在 Interface Builder 中进行设计实现。

下面通过一个实例介绍一下 UISwipeGestureRecognizer 的使用。这个实例如图 8-20 所示，用户使用两个手指从右往左滑动屏幕，会检测到滑动手势。

下面分别介绍两种不同的使用方法。

第8章 手势识别 223

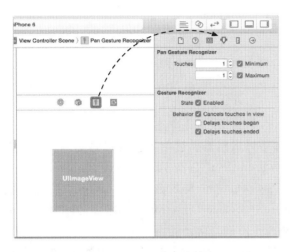

图 8-19 设置常用属性

图 8-20 滑动手势识别实例

1. 通过代码编程实现

实现过程的具体步骤请参考 8.2.3 节，创建一个 SwipeGestureRecognizer 工程。工程创建完成后，还需要将图片等资源文件导入工程中。UI 设计工作和相关的动作事件连线可以参考 8.2.3 节。

下面看看核心代码。打开工程 SwipeGestureRecognizer 中的 ViewController.swift 文件，代码如下所示：

```
class ViewController: UIViewController {

    override func viewDidLoad() {
        super.viewDidLoad()

        let recognizer = UISwipeGestureRecognizer(target: self,
                                                  action: "foundTap:")               ①
        recognizer.direction = UISwipeGestureRecognizerDirection.Left                ②
        recognizer.numberOfTouchesRequired = 2                                       ③
        self.view.addGestureRecognizer(recognizer)

    }

    func foundTap(paramSender : UISwipeGestureRecognizer) {
```

```
            NSLog("paramSender.direction = %i",paramSender.direction.rawValue)        ④

            switch paramSender.direction {                                            ⑤
            case UISwipeGestureRecognizerDirection.Down:
                NSLog("向下滑动")
            case UISwipeGestureRecognizerDirection.Left:
                NSLog("向左滑动")
            case UISwipeGestureRecognizerDirection.Right:
                NSLog("向右滑动")
            default:
                NSLog("向上滑动")                                                       ⑥
            }
        }

    }
```

在 viewDidLoad 方法中初始化视图和手势识别器。其中第①行代码实例化手势识别器 UISwipeGestureRecognizer，使用构造方法 initWithTarget:action:。

第②行代码 recognizer.direction＝UISwipeGestureRecognizerDirection.Left 是设置识别从右向左滑动手势，其中 UISwipeGestureRecognizerDirection 是结构体，其中有 4 个静态属性：Right、Left、Up 和 Down，分别代表 4 个不同方向。

第③行代码 recognizer.numberOfTouchesRequired＝2 设置触点个数，本例中设置为 2，即检测用两个手指从右向左滑动的手势。

在 foundTap:方法中第④行代码中的 paramSender.direction 是取得手势识别器的滑动方向，rawValue 是原始值，它是一个整数 Int 类型。第⑤行～第⑥行代码是判断哪个方向的滑动。

2. 在 Interface Builder 中进行设计实现

从对象库中拖曳 Swipe Gesture Recognizer 对象到 Image View 上，注意不是 View，这是因为要识别 Image View 上的 Swipe 手势。然后还需要添加动作事件，这个过程与一般控件添加动作事件类似。具体步骤请参考 8.2.3 节。

下面看看核心代码，打开工程 SwipeGestureRecognizer 中的 ViewController.swift 文件，主要代码如下所示：

```
class ViewController: UIViewController {

    override func viewDidLoad() {
        super.viewDidLoad()


    }
    @IBAction func foundTap(sender: AnyObject) {

        let paramSender = sender as! UISwipeGestureRecognizer

        NSLog("paramSender.direction = %i",paramSender.direction.rawValue)
```

```
        switch paramSender.direction {
        case UISwipeGestureRecognizerDirection.Down:
            NSLog("向下滑动")
        case UISwipeGestureRecognizerDirection.Left:
            NSLog("向左滑动")
        case UISwipeGestureRecognizerDirection.Right:
            NSLog("向右滑动")
        default:
            NSLog("向上滑动")
        }
    }

}
```

需要注意的是在 viewDidLoad 方法中原来的如下代码都不再需要了。

~~let recognizer = UISwipeGestureRecognizer(target: self, action: "foundTap:")~~

~~recognizer.direction = UISwipeGestureRecognizerDirection.Left~~
~~recognizer.numberOfTouchesRequired = 2~~
~~self.view.addGestureRecognizer(recognizer)~~

手势识别器的属性设置：在 Interface Builder 中选择 Swipe 手势识别器，然后打开属性检查器，如图 8-21 所示，Swipe Gesture Recognizer→Swip 属性对应于 recognizer.direction＝UISwipeGestureRecognizerDirectionLeft，Swipe Gesture Recognizer→Touches 属性对应于 recognizer.numberOfTouchesRequired＝2。可以根据需要设置这两个属性。

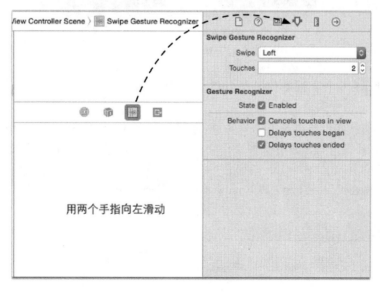

图 8-21　设置常用属性

完成之后就可以运行了,可见通过 Interface Builder 实现也是很简单的。

8.2.7 检测 Rotation(旋转)

检测 Rotation(旋转)使用的手势识别器是 UIRotationGestureRecognizer,使用 UIRotationGestureRecognizer 实现旋转检测也有两种方式:一种是通过代码编程实现;另一种是在 Interface Builder 中进行设计实现。

下面通过一个实例介绍一下 UIRotationGestureRecognizer 的使用。这个实例如图 8-22(a)所示,在屏幕上有垃圾桶,用两个手旋转 View(不是 ImageView)则垃圾桶会跟着一起旋转,如图 8-22(b)所示。

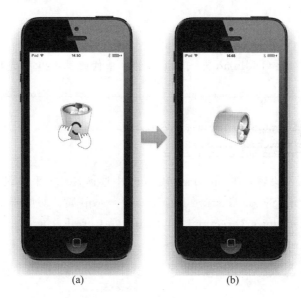

图 8-22　旋转手势识别实例

下面分别介绍两种不同的使用方法。

1. 通过代码编程实现

实现过程的具体步骤请参考 8.2.3 节,创建一个 RotationGestureRecognizer 工程。工程创建完成后,还需要将图片等资源文件导入工程中。UI 设计工作和相关的动作事件连线可以参考 8.2.3 节。

下面看看核心代码。打开工程 RotationGestureRecognizer 中的 ViewController.swift,代码如下所示:

```
class ViewController: UIViewController {

    var rotationAngleInRadians : CGFloat = 0                              ①

    var imageTrashFull : UIImage!
```

```swift
@IBOutlet weak var imageView: UIImageView!

override func viewDidLoad() {
    super.viewDidLoad()
    
    let bundle = NSBundle.mainBundle()
    let imageTrashFullPath = bundle.pathForResource("Blend Trash Full",
                                                    ofType: "png")
    self.imageTrashFull = UIImage(contentsOfFile: imageTrashFullPath!)
    
    self.imageView.image = self.imageTrashFull
    
    let recognizer = UIRotationGestureRecognizer(target: self,
                                                 action: "foundTap:")
    
    self.view.addGestureRecognizer(recognizer)
    
}

override func didReceiveMemoryWarning() {
    super.didReceiveMemoryWarning()
}

func foundTap(paramSender: UIRotationGestureRecognizer) {
    
    /* 上一次角度加上本次旋转的角度 */
    self.imageView.transform
        = CGAffineTransformMakeRotation(rotationAngleInRadians
                                        + paramSender.rotation)         ②
    
    /* 手势识别完成,保存旋转的角度 */
    if (paramSender.state == .Ended){                                    ③
        rotationAngleInRadians += paramSender.rotation
    }
}

}
```

上述代码第①行的 rotationAngleInRadians 变量用来保存垃圾桶上一次旋转的角度。

第②行代码是上一次角度加上本次旋转的角度作为本次旋转的角度,然后放射变换函数 CGAffineTransformMakeRotation 旋转 ImageView 对象。

第③行代码 rotationAngleInRadians += paramSender.rotation 是在手势识别完成后,保存旋转的角度。

2. 在 Interface Builder 中进行设计实现

从对象库中拖曳 Rotation Gesture Recognizer 对象到 Image View 上,注意不是 View,这是因为要识别 Image View 上的 Rotation 手势。然后还需要添加动作事件,这个过程与一般控件添加动作事件类似。具体步骤请参考 8.2.3 节。

下面看看核心代码。打开工程 RotationGestureRecognizer 代码中的 ViewController.swift，代码如下所示：

```swift
import UIKit

class ViewController: UIViewController {
    
    var rotationAngleInRadians : CGFloat = 0
    
    var imageTrashFull : UIImage!
    
    @IBOutlet weak var imageView: UIImageView!
    
    override func viewDidLoad() {
        super.viewDidLoad()
        
        let bundle = NSBundle.mainBundle()
        let imageTrashFullPath = bundle.pathForResource("Blend Trash Full",
                                                        ofType: "png")
        self.imageTrashFull = UIImage(contentsOfFile: imageTrashFullPath!)
        
        self.imageView.image = self.imageTrashFull
        
    }
    
    override func didReceiveMemoryWarning() {
        super.didReceiveMemoryWarning()
    }
    
    @IBAction func foundTap(sender: AnyObject) {
        
        let paramSender = sender as! UIRotationGestureRecognizer
        
        /* 上一次角度加上本次旋转的角度 */
        self.imageView.transform
                    = CGAffineTransformMakeRotation(rotationAngleInRadians
                        + paramSender.rotation)
        
        /* 手势识别完成,保存旋转的角度 */
        if (paramSender.state == .Ended){
            rotationAngleInRadians += paramSender.rotation
        }
    }
    
}
```

需要注意的是，在 viewDidLoad 方法中原来的如下代码都不再需要了。

```
let recognizer = UIRotationGestureRecognizer(target: self,
                                              action: "foundTap:")
self.view.addGestureRecognizer(recognizer)
```

完成之后就可以运行了,可见通过 Interface Builder 实现也是很简单的。

8.2.8 检测 Pinch(手指的合拢和张开)

检测 Pinch 使用的手势识别器是 UIPinchGestureRecognizer。使用 UIPinchGestureRecognizer 实现 Pinch 检测也有两种方式:一种是通过代码编程实现;另一种是在 Interface Builder 中进行设计实现。

下面通过一个实例介绍一下 UIPinchGestureRecognizer 使用。这个实例如图 8-23(a) 所示,在屏幕上有一个垃圾桶,两个手指合拢垃圾桶缩小,如图 8-23(b)所示,相反如果两个手指张开则垃圾桶放大。

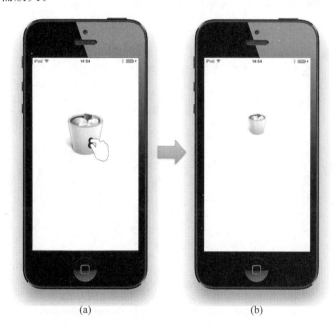

图 8-23 Pinch(手指的合拢和张开)手势识别实例

下面分别介绍两种不同的使用方法。

1. 通过代码编程实现

实现过程的具体步骤请参考 8.2.3 节,创建一个 PinchGestureRecognizer 工程。工程创建完成后,还需要将图片等资源文件导入到工程中。UI 设计工作和相关的动作事件连线可以参考 8.2.3 节。

下面看看核心代码。打开工程 PinchGestureRecognizer 中的 ViewController.swift 文件,代码如下所示:

```swift
class ViewController: UIViewController {
    
    var imageTrashFull : UIImage!
    
    var currentScale : CGFloat   = 1.0                                              ①
    
    @IBOutlet weak var imageView: UIImageView!
    
    override func viewDidLoad() {
        super.viewDidLoad()
        
        let bundle = NSBundle.mainBundle()
        let imageTrashFullPath = bundle.pathForResource("Blend Trash Full",
                                                        ofType: "png")
        self.imageTrashFull = UIImage(contentsOfFile: imageTrashFullPath!)
        
        self.imageView.image = self.imageTrashFull
        
        let recognizer = UIPinchGestureRecognizer(target:self,
                                                  action:"foundTap:")
        self.view.addGestureRecognizer(recognizer)
        
    }
    
    func foundTap(paramSender: UIPinchGestureRecognizer) {
        
        if paramSender.state == .Ended {                                            ②
            currentScale = paramSender.scale                                        ③
        } else if paramSender.state == .Began && currentScale != 0.0 {              ④
            paramSender.scale = currentScale                                        ⑤
        }
        
        self.imageView.transform
                    = CGAffineTransformMakeScale(paramSender.scale,
                                                  paramSender.scale)               ⑥
        
    }
}
```

上述代码第①行 currentScale 变量用来记录上次缩放因子。

第②行代码判断手势检测完成状态,这种状态下,通过第③行代码记录当前缩放因子,paramSender.scale 表达式可以获得缩放因子的属性,为了下次使用。

第④行代码在手势检测开始状态时,这种状态下,通过第⑤行代码将上次保存的缩放因子作为当前缩放因子使用。这样可以保证视图缩放的连续变化,避免发生忽大忽小的情况。

第⑥行代码通过放射变换函数 CGAffineTransformMakeScale(paramSender.scale,

paramSender.scale)进行缩放变换。

2．在 Interface Builder 中进行设计实现

从对象库中拖曳 Pinch Gesture Recognizer 对象到 Image View 上，注意不是 View，这是因为要识别 Image View 上的 Pinch 手势。然后还需要添加动作事件，这个过程与一般控件添加动作事件类似。具体步骤请参考 8.2.3 节。

下面看看核心代码。打开工程 PinchGestureRecognizer 中的 ViewController.swift，代码如下所示：

```
class ViewController: UIViewController {

    var imageTrashFull : UIImage!

    var currentScale : CGFloat   = 1.0

    @IBOutlet weak var imageView: UIImageView!

    override func viewDidLoad() {
        super.viewDidLoad()

        let bundle = NSBundle.mainBundle()
        let imageTrashFullPath = bundle.pathForResource("Blend Trash Full",
                                                       ofType: "png")
        self.imageTrashFull = UIImage(contentsOfFile: imageTrashFullPath!)

        self.imageView.image = self.imageTrashFull

    }

    @IBAction func foundTap(sender: AnyObject) {

        let paramSender = sender as! UIPinchGestureRecognizer

        if paramSender.state == .Ended {
            currentScale = paramSender.scale
        } else if paramSender.state == .Began && currentScale != 0.0 {
            paramSender.scale = currentScale
        }

        self.imageView.transform
          = CGAffineTransformMakeScale(paramSender.scale, paramSender.scale)

    }
}
```

需要注意的是，在 viewDidLoad 方法中原来的如下代码都不再需要了。

```
let recognizer = UIPinchGestureRecognizer(target:self, action:"foundTap:")
self.view.addGestureRecognizer(recognizer)
```

完成之后就可以运行了,可见通过 Interface Builder 实现也是很简单的。

8.2.9　检测 Screen Edge Pan(屏幕边缘平移)

检测屏幕边缘平移使用的手势识别器是 UIScreenEdgePanGestureRecognizer。使用 UIScreenEdgePanGestureRecognizer 实现屏幕边缘平移手势检测也有两种方式:一种是通过代码编程实现;另一种是在 Interface Builder 中进行设计实现。

下面通过一个实例介绍一下 UIScreenEdgePanGestureRecognizer 的使用。这个实例如图 8-24 所示,用户用手指在屏幕右边向左平移,这样会检测到滑动手势。

图 8-24　屏幕边缘平移手势识别实例

下面只介绍通过代码编程实现。

实现过程的具体步骤请参考 8.2.3 节,创建一个 ScreenEdgePanGestureRecognizer 工程。工程创建完成后,还需要将图片等资源文件导入工程中。UI 设计工作和相关的动作事件连线可以参考 8.2.3 节。

下面看看核心代码。打开工程 ScreenEdgePanGestureRecognizer 中的 ViewController.swift 文件，代码如下所示：

```
class ViewController: UIViewController {

    override func viewDidLoad() {
        super.viewDidLoad()

        let recognizer = UIScreenEdgePanGestureRecognizer(target: self,
                                                action: "foundTap:")            ①
        recognizer.edges = UIRectEdge.Right                                     ②
        self.view.addGestureRecognizer(recognizer)
    }
    func foundTap(paramSender : UIScreenEdgePanGestureRecognizer) {
        NSLog("检测到手势触发")
    }
}
```

上述代码第①行是创建 UIScreenEdgePanGestureRecognizer 对象。第②行代码是设置 recognizer 对象的 edges 属性，本例中将 UIRectEdge.Right 值赋给 edges 属性，表示用户用手指在屏幕右边向左平移，UIRectEdge 是一个结构体，它有 6 个属性，但是常用的是如下 4 个：

- Top——顶边支持。
- Left——左边支持。
- Bottom——底边支持。
- Right——右边支持。

8.3 触摸事件与手势识别

除了使用上一节介绍的手势识别器实现手势识别，还可以使用触摸事件实现手势识别，这种识别方法编程时比较麻烦，但是能够实现所需要的特殊手势。

UIView 和 UIViewController 都继承了响应者对象的基类 UIResponder 在 UIResponder 中定义了 4 个与触摸事件相关的方法：

- touchesBegan:withEvent:
- touchesMoved:withEvent:
- touchesEnded:withEvent:
- touchesCancelled:withEvent:

如果在一个视图对象上进行手势识别，则可以在这个视图对象上或者它的视图控制器上重写这 4 个方法即可。

为了触摸事件，这里解释一下 iOS 中的事件处理机制。

8.3.1 事件处理机制

事件是当用户手指触击屏幕或在屏幕上移动或摇晃设备等，系统不断地把这些事件通过消息发送给应用程序对象。在 iOS 设备中能够捕获的事件有三种：触摸事件、移动事件和多媒体远程控制事件。

触摸事件是用户屏幕上触摸和移动等操作产生的事件，它是通过设备的触摸屏幕采集信息的，如图 8-25(a)左所示。移动事件是用户摇动或移动设备等操作产生的事件，它是通过设备上的重力加速度计和陀螺仪采集信息的，如图 8-25(b)所示。多媒体远程控制事件，需要外接 iOS 扩展设备才能采集，如图 8-25(c)所示。

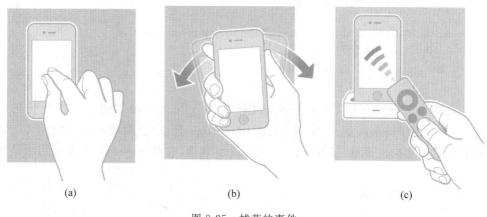

图 8-25　捕获的事件

UIEvent 是封装这三种类型的事件类，一个 UIEvent 对象表示一个事件，事件对象中包含与当前多点触摸序列相对应的所有触摸对象(UITouch)。可以通过下面的 Swift 语言定义方法获得：

func allTouches() -> Set<NSObject>?

UIEvent 还可以提供与特定视图或窗口相关联的触摸对象。Swift 语言定义的方法如下：

func touchesForView(_ view: UIView) -> Set<NSObject>?
func touchesForWindow(_ window: UIWindow) -> Set<NSObject>?

这几个方法的返回值都是 Set 类型，Set 集合中的元素是触摸(UITouch)对象。

8.3.2 响应者对象与响应链

响应者对象是可以响应事件并对其进行处理的对象。UIResponder 是所有响应者对象的基类，它不仅为事件处理，而且也为常见的响应者行为定义编程接口。UIApplication、UIView(及其子类，包括 UIWindow)和 UIViewController(及其子类)都直接或间接地继承自 UIResponder 类，如图 8-26 所示。

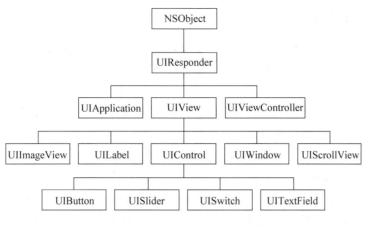

图 8-26　UIResponder 继承关系类图

第一响应者是应用程序中当前负责接收触摸事件的响应者对象（通常是一个 UIView 对象）。UIWindow 对象以消息的形式将事件发送给第一响应者，使其有机会首先处理事件。如果第一响应者没有进行处理，系统就将事件（通过消息）传递给响应者链中的下一个响应者，看看它是否可以进行处理。

响应者链是一系列链接在一起的响应者对象，它允许响应者对象将处理事件的责任传递给其他更高级别的对象。随着应用程序寻找能够处理事件的对象，事件就在响应者链中向上传递。响应者链由一系列"下一个响应者"组成，其顺序如图 8-27 所示。

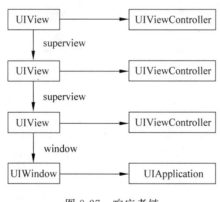

图 8-27　响应者链

1. 第一响应者将事件传递给它的视图控制器（如果有的话），然后是它的父视图。
2. 类似地，视图层次中的每个后续视图都首先传递给它的视图控制器（如果有的话），然后是它的父视图。
3. 最上层的容器视图将事件传递给 UIWindow 对象。
4. UIWindow 对象将事件传递给 UIApplication 单例对象。

8.3.3 触摸事件

触摸(UITouch)对象表示屏幕上的一个触摸事件,访问触摸是通过 UIEvent 对象传递给事件响应者对象的。触摸对象有时间和空间两方面。

1. 时间方面

时间方面信息称为阶段(phase),表示触摸是否刚刚开始、是否正在移动或处于静止状态,以及何时结束,也就是手指何时从屏幕抬起。

在给定的触摸阶段中,如果发生新的触摸动作或已有的触摸动作发生变化,则应用程序就会发送这些消息,如图 8-28 所示。

- 当一个或多个手指触碰屏幕时,发送 touchesBegan:withEvent:消息。
- 当一个或多个手指在屏幕上移动时,发送 touchesMoved:withEvent:消息。
- 当一个或多个手指离开屏幕时,发送 touchesEnded:withEvent:消息。

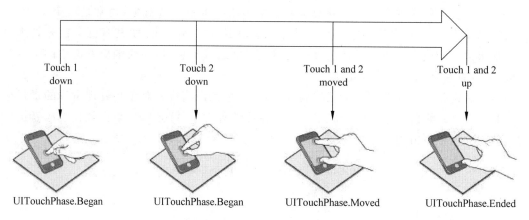

图 8-28　触摸事件的阶段

2. 空间方面

触摸(UITouch)对象还包括当前在视图或窗口中的位置信息,以及之前的位置信息(如果有的话)。下面的方法(Swift 语言定义)可以获得之前的位置信息:

```
func previousLocationInView(_ view: UIView?) -> CGPoint
```

当一个手指接触屏幕时,触摸就和某个窗口或视图关联在一起,这个关联在事件的整个生命周期都会得到维护。下面的方法是可以获得触摸点所在窗口或视图中的位置。

```
func locationInView(_ view: UIView?) -> CGPoint
```

下面通过一个实例介绍一下触摸事件。启动 Xcode 创建一个 EventInfo 工程,为能够演示在视图对象上的触摸事件,需要创建自定义的视图类。创建视图的步骤是右击选择 EventInfo 组,从弹出的快捷菜单中选择 New File 命令选择创建文件模板对话框,选择 iOS→

Source→Cocoa Touch class,出现如图 8-29 所示的对话框,在 Class 文本框中输入 MyView,在 Subclass of 列表框中选择 UIView,在 Language 文本框中选择 Swift,然后单击 Next 按钮创建自定义视图。

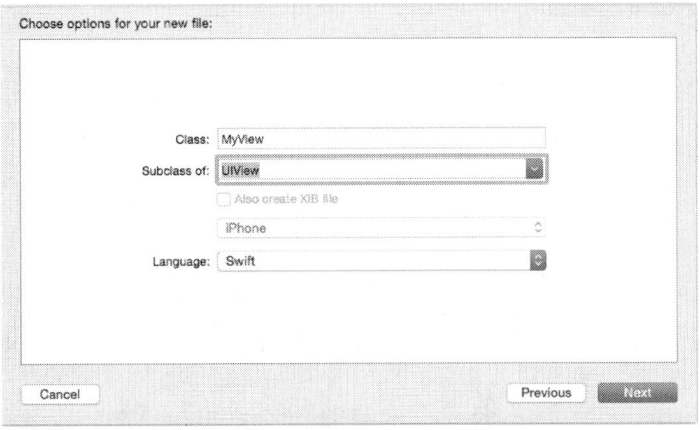

图 8-29　创建自定义视图

创建完视图后,还需要在 Interface Builder 中打开 Main.storyboard,选择 View 对象,打开标识检查器 ,如图 8-30 所示,在 Custom Class 选项区域中选择 Class 为 MyView。这样选择的目的是把视图控制器 ViewController 与自定义视图 MyView 关联起来,而不是默认的 UIView。

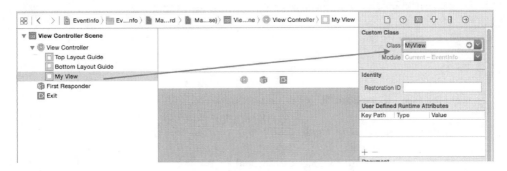

图 8-30　选择自定义视图

在 MyView 视图上触摸事件默认情况下只支持单点触摸,要开启多点触摸支持,需要选中 MyView,打开属性检查器,如图 8-31 所示,在 View→Interaction 属性中选中 Multiple Touch 复选框。

下面看看自定义视图类 MyView 代码:

```
class MyView: UIView {

    override func touchesBegan(touches: Set<NSObject>,
```

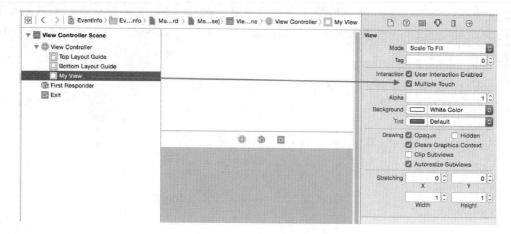

图 8-31 开启多点触摸支持

```
                                    withEvent event: UIEvent) {        ①
    NSLog("touchesBegan - touch count = %i", touches.count)              ②
    for touch in touches {                                               ③
        self.logTouchInfo(touch as UITouch)
    }
}

override func touchesMoved(touches: Set<NSObject>,
                                    withEvent event: UIEvent) {          ④
    NSLog("touchesMoved - touch count = %i", touches.count)
    for touch in touches {
        self.logTouchInfo(touch as UITouch)
    }
}

override func touchesEnded(touches: Set<NSObject>,
                                    withEvent event: UIEvent) {          ⑤
    NSLog("touchesEnded - touch count = %i", touches.count)
    for touch in touches {
        self.logTouchInfo(touch as UITouch)
    }
}

override func touchesCancelled(touches: Set<NSObject>!,
                                    withEvent event: UIEvent!) {         ⑥
    NSLog("touchesCancelled - touch count = %i", touches.count)
    for touch in touches {
        self.logTouchInfo(touch as UITouch)
    }
}
```

```
    func logTouchInfo(touch : UITouch) {

        let locInSelf = touch.locationInView(self)                              ⑦
        let locInWin = touch.locationInView(nil)                                ⑧

        NSLog("     touch.locationInView = {%.2f, %.2f}",
                      locInSelf.x.native,locInSelf.y.native)                    ⑨
        NSLog("     touch.locationInWin = {%.2f, %.2f}",
                      locInWin.x.native,locInWin.y.native)
        NSLog("     touch.phase = %i",touch.phase.rawValue)                     ⑩
        NSLog("     touch.tapCount = %d",touch.tapCount)                        ⑪

    }
}
```

代码中的第①、④、⑤和⑥行重写了触摸相关方法：

- touchesBegan:withEvent:
- touchesMoved:withEvent:
- touchesEnded:withEvent:
- touchesCancelled:withEvent:

其中前三个方法在前面介绍过了，但是 touchesCancelled:withEvent:方法没有介绍。touchesCancelled:withEvent:方法在接收到系统取消触摸消息时候调用，这些系统消息包括了电话打入、低电量报警等。

代码第②行输出开始触摸阶段触点个数（在屏幕上手指个数），其中 touches 是触摸对象集合，touches.count 可以获得触点个数。

代码第③行循环输出所有触点信息，其中 touches 获得所有触点，它是 NSSet 类型集合。

代码第⑦行中的 locationInView:方法是获得触点所在视图（MyView）中的位置。

代码第⑧行也是通过 locationInView:方法获得触点所在的 Window 中的位置。

代码第⑨行是打印输出触点所在视图中的位置，这里主要使用了 native（原始值）属性，因为 locInSelf.x 和 locInSelf.y 是 CGFloat 类型，CGFloat 类型不能使用"%.2f"格式化输出，而需要转换为 Double 或 Float，而 CGFloat 的 native 属性的类型是 Double。

代码第⑩行中的 touch.phase 属性是获得触摸事件的阶段，注意 phase 属性是 UITouchPhase 类型，UITouchPhase 是枚举类型。UITouchPhase 有 5 个成员，它们的说明如下：

- Began——当一个手指触摸屏幕时。
- Moved——当一个手指在触摸屏幕开始移动时。
- Stationary——当一个手指正在触摸屏幕，但是由于上次事件它还不能移动。
- Ended——当一个手指从屏幕抬起时。
- Cancelled——触摸事件没有结束，但是被终止时。

代码第⑪行中的 touch.tapCount 为触摸事件的轻碰次数，可以判断双击事件。

下面是单点触摸的日志输出结果：

```
EventInfo[1516:722735] touchesBegan - touch count = 1
EventInfo[1516:722735]      touch.locationInView = {144.00,213.00}
EventInfo[1516:722735]      touch.locationInWin = {144.00,213.00}
EventInfo[1516:722735]      touch.phase = 0
EventInfo[1516:722735]      touch.tapCount = 1
EventInfo[1516:722735] touchesMoved - touch count = 1
EventInfo[1516:722735]      touch.locationInView = {108.00,259.00}
EventInfo[1516:722735]      touch.locationInWin = {108.00,259.00}
EventInfo[1516:722735]      touch.phase = 1
EventInfo[1516:722735]      touch.tapCount = 1
EventInfo[1516:722735] touchesEnded - touch count = 1
EventInfo[1516:722735]      touch.locationInView = {108.00,259.00}
EventInfo[1516:722735]      touch.locationInWin = {108.00,259.00}
EventInfo[1516:722735]      touch.phase = 3
EventInfo[1516:722735]      touch.tapCount = 0
```

下面是多点触摸的日志输出结果：

```
EventInfo[1516:722735] touchesBegan - touch count = 2
EventInfo[1516:722735]      touch.locationInView = {256.50,102.50}
EventInfo[1516:722735]      touch.locationInWin = {256.50,102.50}
EventInfo[1516:722735]      touch.phase = 0
EventInfo[1516:722735]      touch.tapCount = 1
EventInfo[1516:722735]      touch.locationInView = {118.50,564.50}
EventInfo[1516:722735]      touch.locationInWin = {118.50,564.50}
EventInfo[1516:722735]      touch.phase = 0
EventInfo[1516:722735]      touch.tapCount = 1
EventInfo[1516:722735] touchesMoved - touch count = 2
EventInfo[1516:722735]      touch.locationInView = {229.00,206.00}
EventInfo[1516:722735]      touch.locationInWin = {229.00,206.00}
EventInfo[1516:722735]      touch.phase = 1
EventInfo[1516:722735]      touch.tapCount = 1
EventInfo[1516:722735]      touch.locationInView = {146.00,461.00}
EventInfo[1516:722735]      touch.locationInWin = {146.00,461.00}
EventInfo[1516:722735]      touch.phase = 1
EventInfo[1516:722735]      touch.tapCount = 1
EventInfo[1516:722735] touchesEnded - touch count = 2
EventInfo[1516:722735]      touch.locationInView = {229.00,206.00}
EventInfo[1516:722735]      touch.locationInWin = {229.00,206.00}
EventInfo[1516:722735]      touch.phase = 3
EventInfo[1516:722735]      touch.tapCount = 0
EventInfo[1516:722735]      touch.locationInView = {146.00,461.00}
EventInfo[1516:722735]      touch.locationInWin = {146.00,461.00}
EventInfo[1516:722735]      touch.phase = 3
EventInfo[1516:722735]      touch.tapCount = 0
```

如果视图(MyView)不触摸事件，那么视图控制器(ViewController)可以处理触摸事件，但是要把 let locInSelf = touch.locationInView(self.view) 中的 self 修改为 self.view。代码如下：

```
func logTouchInfo(touch : UITouch) {

    let locInSelf = touch.locationInView(self.view)
    let locInWin = touch.locationInView(nil)

    NSLog("    touch.locationInView = {%.2f, %.2f}",
                  locInSelf.x.native, locInSelf.y.native)
    NSLog("    touch.locationInWin = {%.2f, %.2f}",
                  locInWin.x.native, locInWin.y.native)
    NSLog("    touch.phase = %i", touch.phase.rawValue) //UITouchPhase
    NSLog("    touch.tapCount = %d", touch.tapCount)

}
…
```

8.3.4 手势识别

通过上面的学习发现使用触摸事件可以实现手势识别。事实上，实现非常复杂的手势识别。本节主要介绍如何通过触摸事件识别 Tap（单击）和 Pinch（手指的合拢和张开）手势。

1. 识别 Tap（单击）

识别 Tap（单击）手势不需要实现移动触摸事件方法 touchesMoved:withEvent:，只需要实现触摸事件开始方法 touchesBegan:withEvent:或触摸事件结束方法 touchesEnded:withEvent:即可。

如果把 8.2.3 节介绍的实例重构一下，修改视图控制器 ViewController.swift 代码如下：

```
class ViewController: UIViewController {

    var boolTrashEmptyFlag = false //垃圾桶空标志 false 桶满, true 桶空

    var imageTrashFull : UIImage!
    var imageTrashEmpty : UIImage!

    @IBOutlet weak var imageView: UIImageView!

    override func viewDidLoad() {
        super.viewDidLoad()

        let bundle = NSBundle.mainBundle()
        let imageTrashFullPath = bundle.pathForResource("Blend Trash Full",
                                         ofType: "png")
        let imageTrashEmptyPath = bundle.pathForResource("Blend Trash Empty",
                                         ofType: "png")
        self.imageTrashFull = UIImage(contentsOfFile: imageTrashFullPath!)
        self.imageTrashEmpty = UIImage(contentsOfFile: imageTrashEmptyPath!)
```

```
            self.imageView.image = self.imageTrashFull
    }

    override func touchesBegan(touches: Set<NSObject>,
                                        withEvent event: UIEvent){
        let touch = touches.first as! UITouch                                    ①
        if touch.tapCount == 1 {                                                 ②
            self.foundTap()
        }
    }

    func foundTap() {
        NSLog("tap")
        if boolTrashEmptyFlag {
            self.imageView.image = self.imageTrashFull
            boolTrashEmptyFlag = false
        } else {
            self.imageView.image = self.imageTrashEmpty
            boolTrashEmptyFlag = true
        }
    }
}
```

上述代码第①行中表达式 touches.first 是从触摸点集合中取出一个触摸点。在第②行代码中的 touch.tapCount==1 判断单击次数，1 说明是单击事件。

2. 识别 Pinch（手指的合拢和张开）手势

识别 Pinch 手势比较复杂，需要实现移动触摸事件方法 touchesMoved:withEvent:、触摸事件开始方法 touchesBegan:withEvent: 和触摸事件结束方法 touchesEnded:withEvent:。

如果把 8.2.8 节介绍的实例重构一下，则需要修改视图控制器 ViewController.swift。其中声明和初始化相关代码如下：

```
class ViewController: UIViewController {

    var imageTrashFull : UIImage!

    var previousDistance : CGFloat = 0.0
    var zoomFactor       : CGFloat = 1.0
    var pinchZoom        = false

    @IBOutlet weak var imageView: UIImageView!

    override func viewDidLoad() {
        super.viewDidLoad()

        let bundle = NSBundle.mainBundle()
```

```
            let imageTrashFullPath = bundle.pathForResource("Blend Trash Full",
                                                ofType: "png")
            self.imageTrashFull = UIImage(contentsOfFile: imageTrashFullPath!)

            self.imageView.image = self.imageTrashFull

    }
        ……
}
```

其中，变量 previousDistance 保存上一次两个手指之间的距离；zoomFactor 变量是缩放因子；pinchZoom 变量保存缩放可否使用的布尔值。

ViewController.swift 中触摸开始方法 touchesBegan:withEvent:代码如下所示：

```
override func touchesBegan(touches: Set<NSObject>,
                                    withEvent event: UIEvent) {
    if touches.count == 2 {                                                     ①
        self.pinchZoom = true                                                   ②
        let arrayTouches = Array(touches)                                       ③
        let touchOne = arrayTouches[0] as! UITouch                              ④
        let touchTwo = arrayTouches[1] as! UITouch                              ⑤

        let pointOne = touchOne.locationInView(self.view)                       ⑥
        let pointTwo = touchTwo.locationInView(self.view)                       ⑦

        self.previousDistance = sqrt(pow(pointOne.x - pointTwo.x, 2.0)
                    + pow(pointOne.y - pointTwo.y, 2.0))                        ⑧

    } else {
        self.pinchZoom = false                                                  ⑨
    }
}
```

其中第①行代码是判断触摸点为 2（即两个手指在屏幕上）情况下才能缩放。第②行代码是将缩放标识设置为 true。第③行代码是将全部触点 Set 集合类型转换为 Array 类型集合，这是因为需要访问集合中多个触摸点元素，通过数组下标索引比较方便，而 Set 集合不能通过下标访问索引。但如果只需要 Set 集合其中一个元素，则可通过 Set 的 first 属性访问。

第④行代码是取出第一个触点。第⑤行代码取出第二个触点，这个两条（第④和⑤）如果 arrayTouches 不是 Set 类型是不能通过下标访问的。第⑥行代码是从第一个触点中取出在当前视图中的坐标。第⑦行代码是从第二个触点中取出在当前视图中的坐标。

第⑧行代码是计算两个触点之间的距离，计算的结果保存在成员变量 previousDistance 中用于后面的计算，这里使用了勾股定理，其中 sqrt 函数是计算平方根，pow 函数是计算平方值。第⑨行代码是在非 2 个触点情况下将缩放标识设置为 false。

ViewController.swift 中触摸移动方法 touchesMoved:withEvent:代码如下所示：

```swift
override func touchesMoved(touches: Set<NSObject>,
                                            withEvent event: UIEvent) {
    if self.pinchZoom == true && touches.count == 2 {
        let arrayTouches = Array(touches)
        
        let touchOne = arrayTouches[0] as! UITouch
        let touchTwo = arrayTouches[1] as! UITouch
        
        let pointOne = touchOne.locationInView(self.view)
        let pointTwo = touchTwo.locationInView(self.view)
        
        let distance = sqrt(pow(pointOne.x - pointTwo.x, 2.0) +
            pow(pointOne.y - pointTwo.y, 2.0))
        zoomFactor += (distance - previousDistance) / previousDistance      ①
        if zoomFactor > 0 {                                                  ②
            previousDistance = distance                                      ③
            self.imageView.transform
                = CGAffineTransformMakeScale(zoomFactor, zoomFactor)         ④
        }
        
    }
}
```

上述第①行代码计算缩放因子。第②行代码判断缩放因子在大于0情况下才进行缩放变换。第③行代码是将本次计算出来的distance(移动之后两个手指之间的距离)保存在成员变量previousDistance中以备下次使用。第④行代码是通过放射变换函数CGAffineTransformMakeScale对视图对象变换。

ViewController.swift中触摸结束方法touchesEnded:withEvent:代码如下：

```swift
override func touchesEnded(touches: Set<NSObject>,
                                    withEvent event: UIEvent){
    if touches.count != 2 {
        self.pinchZoom = false
        self.previousDistance = 0.0
    }
}
```

编写代码完成之后，这时候如果运行应用，则会发现多点触摸没有反应，此时需要开启视图的多点触摸属性。具体过程可以参考上一节图8-31中的Multiple Touch属性设置。

本章小结

通过对本章的学习，读者可以了解手势的种类，掌握手势识别器、触摸事件和手势识别过程等。

第 9 章 项目实战——编写自定义控件 PopupControl

在项目开发过程中往往苹果公司提供的标准控件不能满足开发的需要。开发人员需要自定义控件,而且这些控件考虑商品化,往往需要创建成为框架工程,而编译为二进制的框架包发布给别人使用。这样既安全又方便。

本章将通过自定义的日期选择器和普通选择器控件——PopupControl,为读者介绍 iOS 中如何编写自定义控件及发布为框架。

9.1 选择器

玩过老虎机吗?选择器的外形很像是一台老虎机,当拨动选择器时,它还会像老虎机一样发出"咔咔"的声音,还有真实的拨盘旋转的感觉。虽然它看起来像老虎机,但是它并不是用来娱乐的,而是 iOS 中的标准控件,主要用于为用户提供选择。在软件领域,有句话很经典:"有输入的地方,就要验证。"当你的界面是用户注册界面时,其中有一个"出生日期"字段,你是给用户一个文本框吗?如果是,他可能会输入类似"2015-1-18"这样不合法的日期,需要确保输入内容的合法性。为了更方便操作,希望用户以选择的方式完成信息输入,此时选择器便应运而生了。

9.1.1 日期选择器

日期是最复杂的,为此 iOS 推出了 UIDatePicker 日期选择器,它可以实现对日期的选择。日期选择器有 4 种模式:日期、日期时间、时间和倒计时定时器,如图 9-1~图 9-4 所示。

图 9-1 日期模式    图 9-2 日期时间模式

下面通过图 9-5 所示的案例来学习日期选择器,界面中有日期选择器、一个标签和一个按钮。单击该按钮,会将选中的日期显示在标签上,具体的实现方式如下。

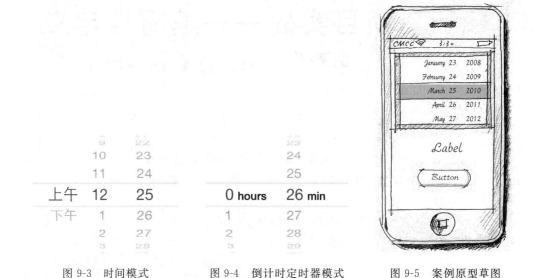

图 9-3　时间模式　　　　图 9-4　倒计时定时器模式　　　　图 9-5　案例原型草图

使用 Single View Application 模板创建一个名为 DatePickerSample 的工程。打开 Main.storyboard 设计界面,从对象库中拖曳控件到设计界面,如图 9-6 所示。

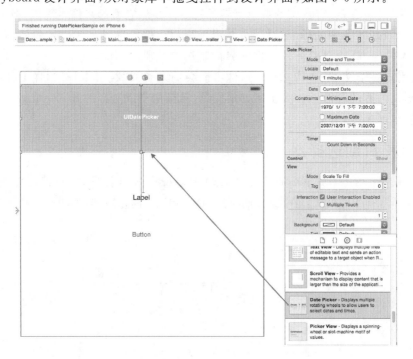

图 9-6　Interface Builder 设计界面

选择 Date Picker,打开其属性检查器 ⬇,如图 9-7 所示。
这些属性项的含义如下所示。
- Mode。设定日期选择器的模式。
- Local。设定本地化,日期选择器会按照本地习惯和文字显示日期。
- Interval。设定间隔时间,单位为分钟。
- Date。设定开始时间。
- Constraints。设定能显示的最大和最小日期。
- Timer。在倒计时定时器模式下倒计时的秒数。

下面看看 ViewController.swift 中的相关代码,具体如下:

图 9-7　Date Picker 属性检查器

```
class ViewController: UIViewController {

    @IBOutlet weak var datePicker: UIDatePicker!              ①
    @IBOutlet weak var label: UILabel!                        ②

    @IBAction func onclick(sender: AnyObject) {               ③

        var theDate : NSDate = self.datePicker.date           ④
        let desc = theDate.descriptionWithLocale(NSLocale.currentLocale())!   ⑤
        NSLog("the date picked is: %@",desc)

        var dateFormatter : NSDateFormatter = NSDateFormatter()   ⑥
        dateFormatter.dateFormat = "YYYY-MM-dd HH:mm:ss"          ⑦
        NSLog("the date formate is: %@",dateFormatter.stringFromDate(theDate))   ⑧

        self.label.text = dateFormatter.stringFromDate(theDate)

    }

    override func viewDidLoad() {
        super.viewDidLoad()
    }

    override func didReceiveMemoryWarning() {
        super.didReceiveMemoryWarning()
    }

}
```

在上述代码中,第①行和第②行定义了输出口属性 UIDatePicker 和 UILabel,第③行代码定义按钮单击事件 onclick。

第④行代码 self.datePicker.date 是通过 UIDatePicker 的 date 属性返回 NSDate 数据，该属性返回选中的时间。第⑤行代码 NSDate 的 descriptionWithLocale：方法返回基于本地化的日期信息，其中 NSLocale.currentLocale()方法返回当前 NSLocale 对象。

第⑥行代码是创建 NSDateFormatter 对象，它是日期格式对象。第⑦行代码 dateFormatter.dateFormat 是设置日期格式为 yyyy-MM-dd HH：mm：ss。第⑧行代码 dateFormatter.stringFromDate(theDate)是从日期对象返回日期字符串。

9.1.2 普通选择器

有时候，可能还需要输入除了日期之外的其他内容，比如籍贯。籍贯要选择省，省下面还要有市等信息，普通选择器 UIPickerView 就能够满足用户的这些需要。UIPickerView 是 UIDatePicker 的父类，它非常灵活，拨盘的个数可以设定，每一个拨盘的内容也可以设定。与 UIDatePicker 不同的是，UIPickerView 需要两个非常重要的协议——UIPickerViewDataSource 和 UIPickerViewDelegate。

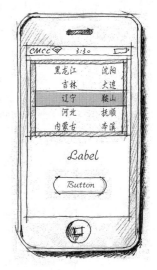

下面通过一个案例学习一下普通选择器的用法。图 9-8 是选择"籍贯"界面，其中有一个选择器、一个标签和一个按钮，第一个拨轮是所在的省，第二个拨轮是这个省下面可以选择的市。单击其中的按钮，可以将选择器中选中的两个拨轮内容显示在标签上，具体的实现过程如下所示。

使用 Single View Application 模板创建一个名为 PickerViewSample 的工程。打开 Main.storyboard 设计界面，从对象库中拖曳控件到设计界面，如图 9-9 所示。

图 9-8 案例原型草图

该案例中省份和市的数据是联动的，即选择了省份后，与它对应的市也会跟着一起变化，省市的信息放在 provinces_cities.plist 文件中，这个文件采用字典结构，如图 9-10 所示。

属性列表文件 provinces_cities.plist，在本例中属于资源文件，资源文件源程序文件一起被编译打包。需要将资源文件添加到 Xcode 工程中，具体步骤是，如图 9-11 所示，右键选择 Supporting Files 组，选择菜单中的 Add Files to "PickerViewSample"…弹出选择文件对话框，如图 9-12 所示，选择本章代码中 resource 文件夹中的 provinces_cities.plist 文件，并在 Destination 中选中 Copy items into destination group's folder(if needed)，这样可以将文件拷贝到工程目录中，在 Add to targets 中选择 PickerViewSample。

选择完成后单击对话框中的 Add 按钮将 provinces_cities.plist 文件添加到 Xcode 工程中。

资源文件添加到工程后，再看看 ViewController.swift 文件中的属性、输出口和动作相关代码：

第9章 项目实战——编写自定义控件PopupControl

图 9-9 Interface Builder 设计界面

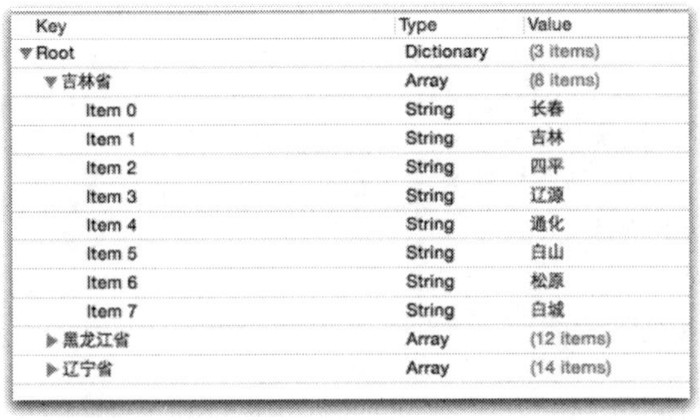

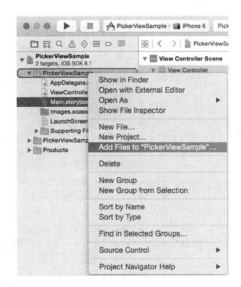

图 9-10 provinces_cities.plist 文件

图 9-11 添加资源文件

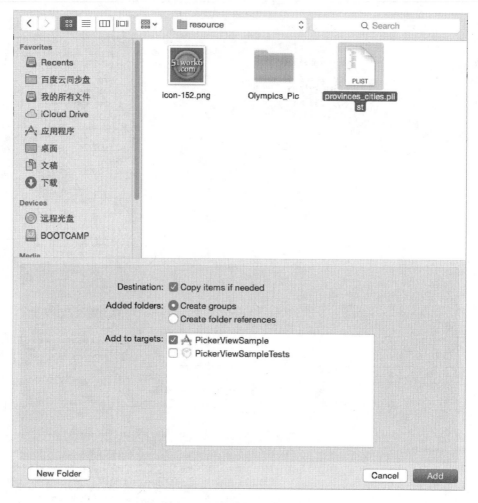

图 9-12　添加资源文件对话框

```
class ViewController: UIViewController,UIPickerViewDelegate,UIPickerViewDataSource {     ①

    var pickerData : NSDictionary!              //保存全部数据
    var pickerProvincesData: NSArray!           //当前的省数据
    var pickerCitiesData : NSArray!             //当前的省下面的市数据

    @IBOutlet weak var label: UILabel!                                                    ②
    @IBOutlet weak var pickerView: UIPickerView!                                          ③

    @IBAction func onclick(sender: AnyObject) {                                           ④
    }

    ……
}
```

上述代码第①行是声明 ViewController 视图控制器遵守 UIPickerViewDelegate 和 UIPickerViewDataSource 协议,这两个协议是选择器视图委托协议和数据源协议。

第②和③行代码是定义了输出口属性 UIPickerView 和 UILabel,第④行代码是定义一个动作事件 onclick,用于响应按钮单击事件。

装载数据的属性 pickerData 是字典类型,用来保存从 provinces_cities.plist 文件中读取的全部内容。

pickerProvincesData 是数组类型,保存了全部的省份信息。pickerCitiesData 也是数组类型,保存了当前选中省份下的市的信息。

再看看 ViewController.swift 中数据加载部分的代码:

```
override func viewDidLoad() {
    super.viewDidLoad()

    let plistPath = NSBundle.mainBundle()
            .pathForResource("provinces_cities", ofType: "plist")         ①
    //获取属性列表文件中的全部数据
    let dict = NSDictionary(contentsOfFile: plistPath!)
    self.pickerData = dict

    //省份名数据
    self.pickerProvincesData = self.pickerData.allKeys

    //默认取出第一个省的所有市的数据
    let seletedProvince = self.pickerProvincesData[0] as! String
    self.pickerCitiesData = self.pickerData[seletedProvince] as! NSArray

    self.pickerView.dataSource = self
    self.pickerView.delegate = self
}
```

viewDidLoad 方法实现了加载数据到成员变量中,其中第①行是获得 provinces_cities.plist 文件的全路径,provinces_cities.plist 文件是放在资源目录下。

当用户单击按钮时的代码如下:

```
@IBAction func onclick(sender: AnyObject) {

    let row1 = self.pickerView.selectedRowInComponent(0)
    let row2 = self.pickerView.selectedRowInComponent(1)
    let selected1 = self.pickerProvincesData[row1] as! String
    let selected2 = self.pickerCitiesData[row2] as! String

    let title = String(format: "%@,%@市", selected1, selected2)

    self.label.text = title;
}
```

UIPickerView 的 Component 属性就是指拨盘，selectedRowInComponent 方法返回拨盘中被选定的行的索引，索引是从 0 开始的。

9.1.3 数据源协议与委托协议

UIPickerView 的委托协议是 UIPickerViewDelegate，数据源是 UIPickerViewDataSource。UIPickerViewDataSource 中的方法有如下两个：

- numberOfComponentsInPickerView：。为选择器中拨轮的数目。
- pickerView:numberOfRowsInComponent：。为选择器中某个拨轮的行数。

在 ViewController.swift 中，UIPickerViewDataSource 的实现代码如下：

```
//实现协议 UIPickerViewDataSource 方法
func numberOfComponentsInPickerView(pickerView: UIPickerView) -> Int {
    return 2
}

func pickerView(pickerView: UIPickerView,
        numberOfRowsInComponent component: Int) -> Int {
    if (component == 0) {                //省份个数
        return self.pickerProvincesData.count
    } else {                             //市的个数
        return self.pickerCitiesData.count
    }
}
```

UIPickerViewDelegate 中的常用方法有如下两个。

- pickerView:titleForRow:forComponent：。为选择器中某个拨轮的行提供显示数据。
- pickerView:didSelectRow:inComponent：。选中选择器的某个拨轮中的某行时调用。

在 ViewController.swift 中，UIPickerViewDelegate 的实现代码如下：

```
//实现协议 UIPickerViewDelegate 方法
func pickerView(pickerView: UIPickerView,titleForRow row: Int,
                forComponent component: Int) -> String! {
    if (component == 0) {                //选择省份名
        return self.pickerProvincesData[row] as String
    } else {                             //选择市名
        return self.pickerCitiesData[row] as String
    }
}

func pickerView(pickerView: UIPickerView,didSelectRow row: Int,
                    inComponent component: Int) {
    if (component == 0) {
        let seletedProvince = self.pickerProvincesData[row] as String
        self.pickerCitiesData = self.pickerData[seletedProvince] as NSArray
```

```
        self.pickerView.reloadComponent(1)
    }
}
```

最后，不要忘记将委托和数据源的实现对象 ViewController 分配给 UIPickerView 的委托属性 delegate 和数据源属性 dataSource，这可以通过代码或 Interface Builder 进行分配。下面的代码就是来实现分配的：

```
override func viewDidLoad() {
    super.viewDidLoad()

    ……
    self.pickerView.dataSource = self
    self.pickerView.delegate = self
}
```

在 Interface Builder 中分配的过程是：打开故事板文件，右击选择器，弹出的右键菜单如图 9-13 所示，将 Outlets→dataSource 后面的小圆点拖曳到左边的 View Controller 上，然后以同样的方式将 Outlets→delegate 后面的小圆点拖曳到左边的 View Controller 上。

图 9-13　在 Interface Builder 中分配数据源和委托

9.2　自己的选择器

移动应用比桌面应用更难开发，其中一个主要的原因是屏幕尺寸小。在 iPhone 和 iPad 这样小的设备上放置控件，需要缜密地思考。特别是 iPhone 应用无论是日期选择器还是普通选择器一直显示在屏幕上，可以在需要的时候显示，不需要的时候隐藏起来。

9.2.1 自定义选择器控件需求

为了有很好的用户体验,选择器一般都从屏幕的下边出现,而且在显示和隐藏过程中需要伴有动画效果。如图 9-14 所示是使用自定义选择器的示例,在如图 9-14(a)所示界面单击弹出选择器按钮,如图 9-14(b)所示从屏幕底边滑出普通选择器,这时单击选择器的 Done 按钮,则关闭选择器并返回选择的数据,当单击 Cancel 关闭选择器但不返回数据。

在如图 9-14(a)所示界面单击弹出日期选择器按钮,如图 9-14(c)所示从屏幕底边滑出日期选择器,这时单击选择器的 Done 按钮,则关闭选择器并返回选择的数据,当单击 Cancel 关闭选择器但不返回数据。

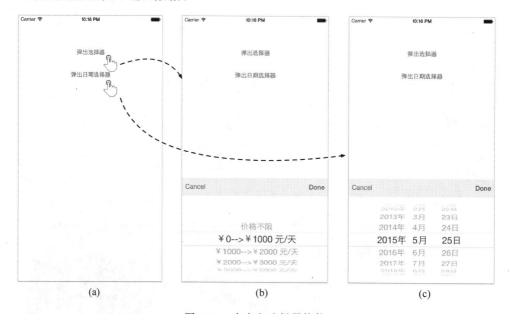

图 9-14 自定义选择器控件

9.2.2 静态链接库

在编写这些自定义控件之前,需要考虑自定义控件发布的方式,这些发布方式有源代码、静态链接库(static library 或 statically-linked library)和框架(Framework)。就是将源代码直接给别人使用,这种方法方式简单直接,代码对于使用者而言是开源的。静态链接库和框架可以经过编译,然后将编译之后的二进制文件包个给别人使用,当然如果开发者愿意,也可以静态链接库和框架源代码工程给别人使用。

库是一些没有 main 函数的程序代码的集合。除了静态链接库,还有动态链接库,它们的区别是:静态链接库可以编译到执行代码中,应用程序可以在没有静态链接库的环境下运行;动态链接库不能编译到执行代码中,应用程序必须在有链接库文件的环境下运行。

Xcode 中可以创建静态链接库工程,具体创建过程如下:在 Xcode 中选择菜单 File→

New→Project…，在打开的对话框中选择 Framework & Library→Cocoa Touch Static Library 工程模板，如图 9-15 所示。

图 9-15　静态链接库工程

提示　静态链接库中不能有 Swift 代码模块，只能是 Objective-C 代码模块。

9.2.3　框架

由于静态链接库比较麻烦，需要给使用者提供.a 和.h 文件，使用的时候还要配置很多的环境变量。事实上，苹果提供给的 API，例如 UIKit、QuartzCore 和 CoreFoundation 都是框架，框架是将.a 和.h 等文件打包在一起方便使用。

在 Xcode 6 之前苹果没有提供开发框架的工程模板，直到 Xcode 6 开发人员才可以创建自己的框架。如图 9-16 所示的 Cocoa Touch Framework 工程模板可以帮助开发者创建自己的框架。

图 9-16　创建框架工程

提示 自定义框架没有静态链接库的限制，Swift 代码可以在框架工程中使用。

9.2.4 使用工作空间

在使用静态链接库（static library 或 statically-linked library）或框架（Framework）使用往往是独立的一工程，然后再将使用他们的工程放在一个工作空间（Workspace）中。

本书此前介绍的案例全部是基于工程的，出于方便管理等目的，也可以将多个相互管理的工程放到一个工作空间中，工作空间是多个工程的集合。工程文件名后缀.xcodeproj，工作空间文件名后缀是.xcworkspace。

如图 9-17 所示是具有 3 个工程的工作空间，它们之间可以互相建立依赖关系。创建工作空间可以通过菜单 File→New→Workspace 实现，此时创建的工作空间是空的，没有工程，可以添加工程到工作空间中，具体操作将在后面详细介绍。

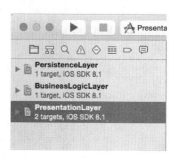

图 9-17　Xcode 工作空间

9.3　实现自定义选择器

首先介绍自定义选择器具体实现，下一节再介绍自定义实现自定义日期选择器具体实现。

9.3.1 创建框架工程

由于框架使用起来要比静态链接库方便，因此笔者推荐采用框架工程实现这些自定义控件。

具体创建过程如下：在 Xcode 中选择菜单 File→New→ Project…，在打开的对话框中选择 Framework & Library→Cocoa Touch Framework 工程模板，如图 9-18 所示。

接着单击 Next 按钮，随即出现如图 9-19 所示的界面。

在 Product Name 中输入 PopupControl 后，单击 Next 按钮，进入下一级界面。根据提示选择存放文件的位置，然后单击 Create 按钮，将出现如图 9-20 所示的界面。

9.3.2 创建自定义选择器控制器

创建自定义选择器控制器类 MyPickerViewController，具体操作方法为：右击工程名，在弹出的快捷菜单中选择 New File，然后在打开的 Choose a template for your new file 对话框中选择 Cocoa Touch Class 文件模板，如图 9-21 所示，单击 Next 按钮，弹出如图 9-22 所示的对话框，在 Class 项目中输入 MyPickerViewController，在 Subclass of 中选择 UIViewController 为其父类，并选中 Also create XIB file，然后单击 Next 按钮创建文件。

第9章 项目实战——编写自定义控件PopupControl 257

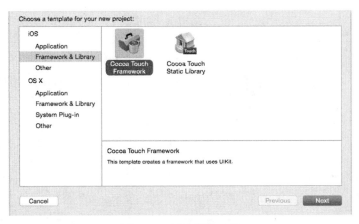

图 9-18 创建框架工程

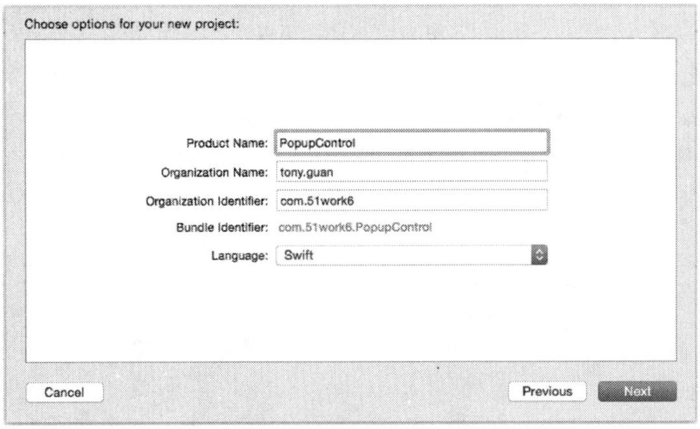

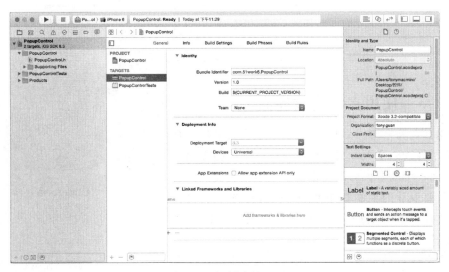

图 9-19 新工程中的选项

图 9-20 新创建的工程

图 9-21　选择模板

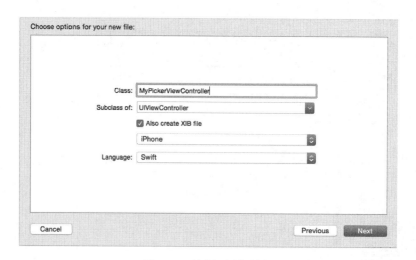

图 9-22　创建视图控制器

9.3.3　使用 Xib 构建界面

构建自定义框架界面时,使用 Xib 要比故事板更有优势,这是因为一个 Xib 文件可以对应一个视图控制器或视图,而一个故事板可以包含多个视图控制器。

最后要设计的界面如图 9-23 所示,视图中包含一个普通选择器和导航栏,并且导航栏中有左右两个按钮(Cancel 和 Done)。

自定义控件的宽度是与父视图宽度相同,高度默

图 9-23　选择器控制器界面

认普通选择器高度加导航栏高度。所以需要自定义视图大小，选中 View 打开属性检查器，如图 9-24 所示，将 Size 属性选择为 Freeform，这表示可以自定义视图大小。

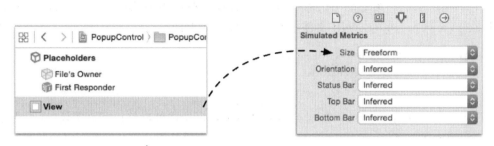

图 9-24　设置视图属性

然后，按照图 9-23 所示，将对应控件拖曳到设计界面的视图中，并摆放好合适的位置。如图 9-24 所示，拖曳视图边框缩小到刚好包裹这些控件。最后参考 5.4 节添加所有的 Auto Layout 约束。

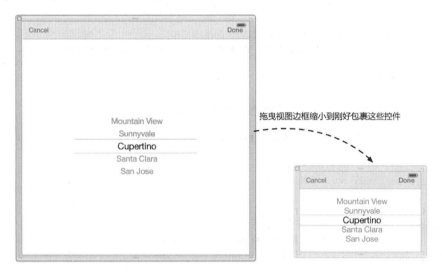

图 9-25　设置视图属性

还需要为普通选择器添加输出口，以及为 Cancel 和 Done 按钮添加动作事件。添加后的代码如下：

```
@IBOutlet weak var picker: UIPickerView!
@IBAction func done(sender: AnyObject) {
}
@IBAction func cancel(sender: AnyObject) {
}
```

9.3.4　编写选择器控制器委托协议代码

界面构建完成后，需要编写代码，首先编写选择器控制器委托协议代码，代码是编写在 MyPickerViewController.swift 文件中的，具体代码如下：

```swift
public protocol MyPickerViewControllerDelegate {
    func myPickViewClose(selected: String)
}
```

声明一个协议需要 protocol 关键字，而且为了在框架之外能够访问该协议，则需要将该协议声明为 public 的。

9.3.5　编写选择器控制器代码

选择器控制器代码相对比较多，下面分几个部分介绍。

1. 视图控制器初始化

MyPickerViewController.swift 文件中初始化相关代码如下：

```swift
public class MyPickerViewController: UIViewController,
                      UIPickerViewDataSource,UIPickerViewDelegate {        ①

    var pickerData : NSArray!                                              ②

    public var delegate:MyPickerViewControllerDelegate?                    ③

    @IBOutlet weak var picker: UIPickerView!

    required public init(coder aDecoder: NSCoder) {                        ④
        super.init(coder: aDecoder)
    }

    public init(){                                                         ⑤
        let resourcesBundle = NSBundle(forClass:MyPickerViewController.self)  ⑥
        super.init(nibName: "MyPickerViewController",bundle: resourcesBundle) ⑦

        self.pickerData = ["价格不限","￥0-->￥1000 元/天",
                           "￥1000-->￥2000 元/天",
                           "￥2000-->￥3000 元/天","￥3000-->￥5000 元/天"]  ⑧
    }
    override public func viewDidLoad() {
        super.viewDidLoad()
    }

    override public func didReceiveMemoryWarning() {
        super.didReceiveMemoryWarning()
    }
    ...
}
```

上述第①行代码是声明视图控制器类 MyPickerViewController，并且要求声明实现 UIPickerViewDataSource 和 UIPickerViewDelegate 协议，这是使用普通选择器 PickerView 需要的。

第②行代码是定义集合属性 pickerData，这个属性是在第⑧行代码进行实例化属性 pickerData。

第③行代码是定义 delegate 属性，它的类型是 MyPickerViewControllerDelegate?，它可以保存委托对象的引用，其中？号表示 delegate 可以为 nil。

第④行和第⑤行代码是定义构造器，他们都声明为 public 的是为了在框架之外访问。其中第④行定义的构造器参数是 NSCoder 类型，而且该方法声明为 required，这种 required 构造器是要求子类必须实现的。

第⑤行代码是无参数的构造器，第⑦行代码 super.init(nibName："MyPickerViewController"，bundle：resourcesBundle)是通过 Xib 文件名调用父类构造器，其中第 1 个参数是 Xib 文件名，第 2 个参数是 NSBundle 类型，它封装了资源文件的目录。该参数是在第⑥行代码 NSBundle(forClass：MyPickerViewController.self)创建的，这表示获取的资源文件目录是 MyPickerViewController 类所在的目录。

2. 视图控制器初始化

MyPickerViewController.swift 文件中显示和隐藏视图的相关代码如下：

```
public func showInView(superview : UIView) {                                    ①

    if self.view.superview == nil {                                             ②
        superview.addSubview(self.view)
    }

    self.view.center = CGPointMake(self.view.center.x,900)                      ③
    self.view.frame = CGRectMake(self.view.frame.origin.x,self.view.frame.origin.y,
                    superview.frame.size.width,self.view.frame.size.height)     ④

    UIView.animateWithDuration(0.3,delay: 0.3,
        options: UIViewAnimationOptions.CurveEaseInOut,animations: { () -> Void in ⑤

            self.view.center = CGPointMake(superview.center.x,superview.frame.size.height
                                - self.view.frame.size.height/2)                ⑥

    },completion: nil)
}


public func hideInView() {                                                      ⑦
    UIView.animateWithDuration(0.3,delay: 0.0,
        options: UIViewAnimationOptions.CurveEaseInOut,animations: { () -> Void in ⑧
```

```
            self.view.center =    CGPointMake(self.view.center.x,900)                ⑨
        },completion: nil)
}
```

上述第①行代码是定义视图显示方法 showInView,当需要显示控件时需要调用该方法。在方法 showInView 中第②行代码 self.view.superview==nil 是判断当前控件是否有父视图,即控件是否添加到视图中。如果没有添加,则通过 superview.addSubview(self.view)语句将控件添加到父视图。

第③行代码是重新调整控件的中心点的位置,让它在屏幕之外,其中 x 轴坐标还是控件的 x 轴坐标,而 y 轴坐标是 900 点,由于 900 点超出屏幕的高度,即在屏幕之外。

第④行代码是重新调整控件的大小,由于实际运行的 iOS 设备不同,这行代码可以调整它适配到不同的设备,其中 CGRectMake 函数的第 3 个参数是 superview.frame.size.width,它是获得屏幕的宽度。

第⑤行代码是定义显示视图动画,UIView.animateWithDuration 方法可以实现视图动画,其中第 1 个参数 0.3 是动画持续时间;第 2 个参数是延迟多少时间后开始动画;第 3 个参数是动画曲线,CurveEaseInOut 表示淡入淡出动画效果;第 4 个参数执行动画时调用闭包;第 5 个参数是动画完成时调用的闭包。

第⑥行代码是在动画过程中,重新调整控件的中心点的位置,CGPointMake 函数的第 2 个参数 superview.frame.size.height-self.view.frame.size.height/2 是计算 y 轴坐标,可以保证控件下边界面与父视图下边界对齐。

第⑦行代码是定义视图隐藏方法 hideInView,当需要单击 Cancel 或 Done 按钮之后,则调用该方法关闭控件。其中第⑧行代码还是定义隐藏视图动画,第⑨行代码是重新调整控件的中心点的位置,使之超出屏幕之外。

3. Cancel 和 Done 按钮事件处理方法

MyPickerViewController.swift 文件中 Cancel 和 Done 按钮事件处理方法相关代码如下:

```
@IBAction func done(sender: AnyObject) {
    self.hideInView()                                                                ①
    let selectedIndex = self.picker.selectedRowInComponent(0)                        ②
    self.delegate?.myPickViewClose(self.pickerData[selectedIndex] as! String)        ③
}

@IBAction func cancel(sender: AnyObject) {
    self.hideInView()
}
```

done 方法是单击 Done 按钮时触发,在该方法中首先隐藏控件,见代码第①行。第②行代码是获得选择器第一个拨轮中选中的行索引。第③行代码调用委托对象 myPickViewClose(self.pickerData[selectedIndex] as! String)方法。

4. 实现选择器委托协议和数据源协议

MyPickerViewController.swift 文件中实现选择器委托协议和数据源协议相关代码如下：

```
//MARK: -- 实现协议 UIPickerViewDelegate 方法
public func pickerView(pickerView: UIPickerView,titleForRow row: Int,
                forComponent component: Int) -> String! {
    return self.pickerData[row] as! String
}

//MARK: -- 实现协议 UIPickerViewDataSource 方法
public func numberOfComponentsInPickerView(pickerView: UIPickerView) -> Int {
    return 1
}

public func pickerView(pickerView: UIPickerView,
                    numberOfRowsInComponent component: Int) -> Int {
    return self.pickerData.count
}
```

9.4 实现自定义日期选择器

上一节介绍了自定义选择器，本节介绍自定义日期选择器。自定义日期选择器可以与上一节介绍的自定义选择器在同一个框架工程中。

9.4.1 创建自定义日期选择器控制器

创建自定义日期选择器控制器类 MyDatePickerViewController，具体操作步骤可以参考 9.2.2 节。在打开的 Choose a template for your new file 对话框中选择 Cocoa Touch Class 文件模板。在 Class 项目中输入 MyPickerViewController，在 Subclass of 中选择 UIViewController 为其父类，并选中 Also create XIB file。

9.4.2 使用 Xib 构建界面

打开 MyDatePickerViewController.xib 文件，构建控件界面，最后要设计的界面如图 9-26 所示，视图中包含一个日期选择器和导航栏，并且导航栏中有左右两个按钮（Cancel 和 Done）。

参考 9.2.3 节，设计自定义控件界面，添加控件、调整视图大小、添加 Auto Layout 约束、添加动作事件和输出口。

图 9-26　日期选择器控制器界面

9.4.3 编写日期选择器控制器委托协议代码

界面构建完成后,需要编写代码,首先编写日期选择器控制器委托协议代码,代码是编写在 MyDatePickerViewController.swift 文件中的,具体代码如下:

```swift
public protocol MyDatePickerViewControllerDelegate {
    func myPickDateViewControllerDidFinish(controller : MyDatePickerViewController,
                                    andSelectedDate selected : NSDate)
}
```

声明一个协议需要 protocol 关键字,而且为了在框架之外能够访问该协议,则需要将该协议声明为 public 的。

9.4.4 编写日期选择器控制器代码

日期选择器控制器代码与 9.2.5 节选择器控制器代码类似,且不需要实现委托协议和数据源协议。代码如下:

```swift
public class MyDatePickerViewController: UIViewController {
    
    @IBOutlet weak var datePickerView: UIDatePicker!
    
    public var delegate:MyDatePickerViewControllerDelegate?
    
    required public init(coder aDecoder: NSCoder) {
        super.init(coder: aDecoder)
    }
    
    public init(){
        let resourcesBundle = NSBundle(forClass:MyDatePickerViewController.self)
        super.init(nibName: "MyDatePickerViewController",bundle: resourcesBundle)
    }
    
    override public func viewDidLoad() {
        super.viewDidLoad()
    }
    
    override public func didReceiveMemoryWarning() {
        super.didReceiveMemoryWarning()
    }
    
    public func showInView(superview : UIView) {
        
        if self.view.superview == nil {
            superview.addSubview(self.view)
        }
```

```swift
        self.view.center = CGPointMake(self.view.center.x,900)
        self.view.frame = CGRectMake(self.view.frame.origin.x,self.view.frame.origin.y,
                        superview.frame.size.width,self.view.frame.size.height)
        
        UIView.animateWithDuration(0.3,delay: 0.3,
            options: UIViewAnimationOptions.CurveEaseInOut,animations: { () -> Void in
            
            self.view.center =  CGPointMake(superview.center.x,
                        superview.frame.size.height - self.view.frame.size.height/2)
            
            },completion: nil)
    }
    
    
    public func hideInView() {
        UIView.animateWithDuration(0.3,delay: 0.0,
            options: UIViewAnimationOptions.CurveEaseInOut,animations: { () -> Void in
            
            self.view.center =  CGPointMake(self.view.center.x,900)
            
            },completion: nil)
    }
    
    @IBAction func done(sender: AnyObject) {
        self.hideInView()
        self.delegate?.myPickDateViewControllerDidFinish(self,
                        andSelectedDate: self.datePickerView.date)
    }
    
    @IBAction func cancel(sender: AnyObject) {
        self.hideInView()
    }
    
}
```

上述代码内容类似于9.2.4节，因此不再介绍。

9.5 测试自定义控件

为了测试刚刚编写的自定义控件PopupControl，但是由于该自定义控件是框架工程，不能独立运行，这需要创建另外一个应用程序工程来测试该自定义的控件。

9.5.1 创建工作空间

首先需要创建一个工作空间将应用程序测试工程和自定义控件框架工程PopupControl都添加进来。参考9.1.4节创建工作空间PopupControlWorkspace。创建的工作空间PopupControlWorkspace最好与PopupControl工程放在同一目录下。

工作空间创建完后,首先需要把 PopupControl 工程添加进来,具体步骤是在 Xcode 中选择菜单 File→Add Files to "PopupControlWorkspace…",如图 9-27 所示,在打开的对话框中找到 PopupControl.xcodeproj 工程文件,其他选项保存默认值,然后单击 Add 按钮添加工程到工作空间。

图 9-27　添加工程到工作空间

9.5.2　测试程序工程

由于测试工程有点复杂,需要多个步骤,下面分别介绍。

1. 新建工程添加并到工作空间

在工作空间 PopupControlWorkspace 中,单击 File→New→Project 菜单,在打开的 Choose a template for your new project 界面中选择 Single View Application 工程模板,工程名为 TestPopupControl。在选择保存对话框中,如图 9-28 所示,在 Add to 中选择 PopupControlWorkspace,然后在 Group 中选择 PopupControlWorkspace,选择合适的位置单击 Create 按钮保存工程。

2. 添加依赖关系

两个工程的依赖关系是 TestPopupControl 依赖于 PopupControl,首先在 TestPopupControl 工程中选择 TARGETS→Build Phases→Link Binary With Libraries,如图 9-29 所示,单击左下角的+按钮,然后从弹出界面中选择 PopupControl.framework,再单击 Add 按钮,这样依赖关系就添加好了。

第9章 项目实战——编写自定义控件PopupControl

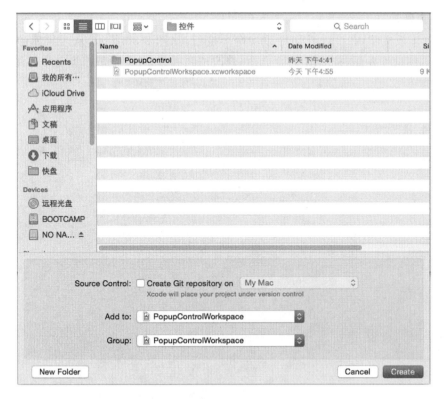

图 9-28 新建工程添加到工作空间

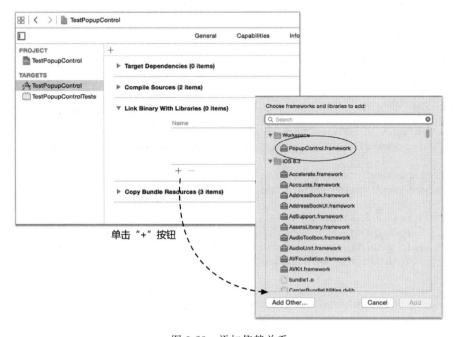

图 9-29 添加依赖关系

3. 构建界面

打开故事板文件，在设计界面中添加两个按钮，如图 9-30 所示，从对象库中拖曳两个 Button 按钮到设计界面，按照图 9-30 所示，修改按钮标签，并为他们添加动作事件。

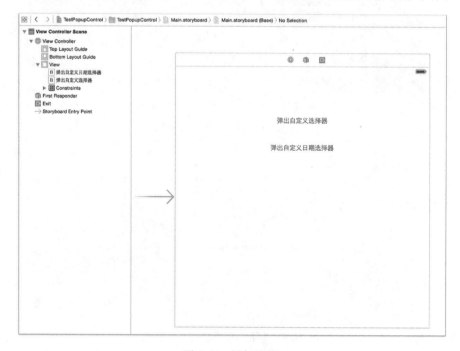

图 9-30 添加按钮

4. 编写测试代码

最后编写测试程序代码，TestPopupControl 工程 ViewController.swift 代码如下：

```
import UIKit
import PopupControl                                                  ①

class ViewController: UIViewController,
        MyPickerViewControllerDelegate,  MyDatePickerViewControllerDelegate {  ②

    var pickerViewController = MyPickerViewController()              ③
    var datePickerViewController = MyDatePickerViewController()      ④

    override func viewDidLoad() {
        super.viewDidLoad()
        self.pickerViewController.delegate = self                    ⑤
        self.datePickerViewController.delegate = self                ⑥
    }

    override func didReceiveMemoryWarning() {
        super.didReceiveMemoryWarning()
    }
```

```
    //测试 MyPickerViewController
    @IBAction func test1(sender: AnyObject) {                              ⑦
        self.pickerViewController.showInView(self.view)                     ⑧
    }

    //测试 MyDatePickerViewController
    @IBAction func test2(sender: AnyObject) {                              ⑨
        self.datePickerViewController.showInView(self.view)                 ⑩
    }

    //实现委托 MyPickerViewControllerDelegate 协议
    func myPickViewClose(selected : String) {                              ⑪
        NSLog("selected %@",selected)
    }

    //实现委托 MyDatePickerViewControllerDelegate 协议
    func myPickDateViewControllerDidFinish(controller : MyDatePickerViewController,
                            andSelectedDate selected : NSDate) {            ⑫
        NSLog("selected %@",selected)

    }

}
```

上述第①行代码 import PopupControl 是引入 PopupControl 模块。第②行代码是在声明 ViewController 同时要求实现 MyPickerViewControllerDelegate 和 MyDatePickerViewControllerDelegate 协议。

第③行代码是实例化 MyPickerViewController 对象，第④行代码是实例化 MyDatePickerViewController 对象。

第⑤行代码 self.pickerViewController.delegate＝self 是指定当前视图控制器 self 为 pickerViewController 委托对象。第⑥行代码 self.datePickerViewController.delegate＝self 是指定当前视图控制器 self 为 datePickerViewController 委托对象。

第⑦行代码 test1 方法是用户单击"弹出自定义选择器"按钮触发的，其中第⑧行代码 self.pickerViewController.showInView(self.view)显示自定义选择器。

第⑨行代码 test2 方法是用户单击"弹出自定义日期选择器"按钮触发的，其中第⑩行代码 self.datePickerViewController.showInView(self.view)显示自定义日期选择器。

第⑪行代码实现委托 MyPickerViewControllerDelegate 协议。第⑫行代码实现委托 MyDatePickerViewControllerDelegate 协议。

9.6 小结

本章通过一个自定义控件 PopupControl 项目，介绍了自定义控件地开发过程，以及静态链接库、动态链接库、框架和工作空间等概念。

第 10 章 音频和视频多媒体开发

以娱乐为主的 iOS、Android 和 Windows Phone 等移动设备中多媒体开发占有很大比重,随着移动设备硬件性能的提高和外部存储设备容纳的增加,高质量音频文件、视频文件播放和存储都不是问题了,能否开发出功能完善、高质量播放等就交给了软件程序本身。本章介绍音频和视频的播放与录制。

10.1 音频开发

音频多媒体文件主要是存放音频数据信息,音频文件在录制的过程中把声音信号通过音频编码变成音频数字信号保存到某种格式文件中。在播放过程中再对音频文件解码,解码出的信号通过扬声器等设备就可以转成音波。

10.1.1 音频文件简介

音频文件在编码的过程中数据量很大,所以有的文件格式对数据进行了压缩,因此音频文件可以分为无损格式和有损格式。

- 无损格式是非压缩数据格式,文件很大,一般不适合移动设备,如 WAV、AU、APE 等文件。
- 有损格式,对于数据进行了压缩,压缩后丢掉了一些数据,如 MP3、WMA(Windows Media Audio)等文件。

1. WAV 文件

WAV 文件目前是最流行的无损压缩格式。WAV 文件的格式灵活,可以储存多种类型的音频数据。由于文件较大,不太适合于移动设备这些存储容量小的设备。

2. MP3 文件

MP3(MPEG Audio Layer 3)格式现在非常流行,MP3 是一种有损压缩格式,它尽可能地去掉人耳无法感觉的部分和不敏感的部分。MP3 是利用 MPEG Audio Layer 3 的技术,将数据以 1∶10 甚至 1∶12 的压缩率压缩成容量较小的文件。由于这么高的压缩比率,非常适合于移动设备这些存储容量小的设备。

3. WMA 文件

WMA(Windows Media Audio)格式是微软公司发布的文件格式,也是有损压缩格式。它与 MP3 格式不分伯仲。在低比特率渲染情况下,WMA 格式显示出来比 MP3 更多的优点,压缩比 MP3 更高,音质更好。但是在高比特率渲染情况下 MP3 还是占有优势。

4. CAFF 文件

CAFF(Core Audio File Format)文件是苹果公司开发的专门用于 Mac OS X 和 iOS 系统的无损压缩音频格式。它被设计来替换老的 WAV 格式。

5. AIFF

AIFF(Audio Interchange File Format)文件是苹果公司开发的专业音频文件格式。AIFF 的压缩格式是 AIFF-C(或 AIFC),将数据以 4∶1 压缩率进行压缩,专门应用于 Mac OS X 和 iOS 系统。

10.1.2 音频 API 简介

在 iOS 和 Mac OS X 上开发音频应用主要有两个框架(AVFoundation 和 Core Audio)可以使用,如图 10-1 所示。AVFoundation 是基于 Objective-C 的高层次框架,为开发基本音频功能的开发者提供的 API。而 Core Audio 是基于 C 的低层次多个框架的集合,Core Audio 可以实现对于音频更加全面的控制,可以实现混合多种声音、编解码音频数据、访问声道元数据等。Core Audio 还提供一些音频处理和转化的工具。

图 10-1 音频 API 结构

Core Audio 内容比较多,使用起来也比较麻烦,它有 4 个主要的音频处理引擎 API：System Sound、Audio Unit、Audio Queue 和 OpenAL,其他的几个都属于辅助性 API。下面详细介绍一下 Core Audio 中的这些 API：

- System Sound。它是基于 C 的音频 API,可以播放系统声音,它播放短的声音,不超过 30s。
- Audio Unit。它是底层的声音生成器,它会生成原始音频样本并且将音频值放到输出缓冲区中。Audio Unit 也可以实现混合多种声音。

- Audio Queue。它是可以提供对音频的录制、播放、暂停、循环和同步处理。
- OpenAL。它是一个基于位置变化的 3D 声音的工业化标准 API，它的 API 接口与 OpenGL 非常相似，主要应用于游戏音效处理。
- Audio File 服务。这个服务简化了处理各种不同的音频容器格式的任务，可以读写各种支持音频流，而不用考虑它们的差异。
- Audio File Stream 服务。它是读写网络音频流数据，当从一个流读取数据时，使用该服务解析这个流并确定其格式，最终把音频数据包传递给一个音频队列或自行处理。
- Audio Converter 服务。实现音频数据格式的转换。
- Audio Session 服务。协调使用音频资源与系统之间的关系。
- 编解码器。根据需要可以自定义编解码器。

实现音频录制与播放可以使用 AVFoundation 框架，也可以通过 Core Audio 中的 Audio Queue 实现。本节采用 AVFoundation 框架实现音频录制与播放。

10.1.3 音频播放

在 AVFoundation 框架中 AVAudioPlayer 类可以实现一般音频播放，用于播放大于 5s 声音，但是只能播放本地声音，不能播放网络媒体文件。

AVAudioPlayer 的构造方法如下：

- -initWithContentsOfURL:error:。通过 NSURL 对象构建 AVAudioPlayer。
- -initWithData:error:。通过 NSData 构建 AVAudioPlayer 对象。

下面的代码是从资源文件中读取 audio.mp3 文件，并创建 AVAudioPlayer 对象。其中 error 是 NSError 对象。

```
var error:NSError?
let path = NSBundle.mainBundle().pathForResource("audio",ofType: "mp3")
let url = NSURL(fileURLWithPath: path!)
varplayer = AVAudioPlayer(contentsOfURL: url!,error: &error)
```

AVAudioPlayer 中播放相关方法和属性如下：

- -play 方法。开始播放音频。
- -playAtTime: 方法。指定开始时间播放音频。
- -pause 方法。暂停播放音频。
- -stop 方法。停止播放音频。
- -prepareToPlay 方法。预处理音频播放设备，可以减少播放延迟。
- playing 属性。判断音频是否正在播放，布尔类型的属性。
- volume 属性。当前播放音频的音量，Float 类型的属性。
- numberOfLoops 属性。播放音频的次数，Int 类型的属性，-1 表示不限次数。

下面的代码实现了播放预处理和设置播放不限次数。

```
var error:NSError?
let path = NSBundle.mainBundle().pathForResource("audio",ofType: "mp3")
let url = NSURL(fileURLWithPath: path!)
var player = AVAudioPlayer(contentsOfURL: url!,error: &error)
self.player.prepareToPlay()
self.player.numberOfLoops    = -1
```

除了上面主要的方法和属性外，AVAudioPlayer 还提供了获得音频信息的方法，以及获得测量声音相关属性的方法。

AVAudioPlayer 还有对应的委托协议 AVAudioPlayerDelegate，AVAudioPlayerDelegate 协议提供的主要方法如下：

- -audioPlayerDidFinishPlaying:successfully:。播放完成回调方法，successfully 参数返回 false 则失败，返回 true 则成功。
- -audioPlayerDecodeErrorDidOccur:error:。当解码发生错误时回调的方法。
- -audioPlayerBeginInterruption:。当播放器被中断时回调的方法，如电话打入进来时。
- -audioPlayerEndInterruption:。中断返回回调的方法。

下面通过一个实例介绍一下。如图 10-2 所示是一个音乐播放器实例，在屏幕中有两个按钮，可以控制资源文件中某个音频文件的播放（或暂停）和停止。

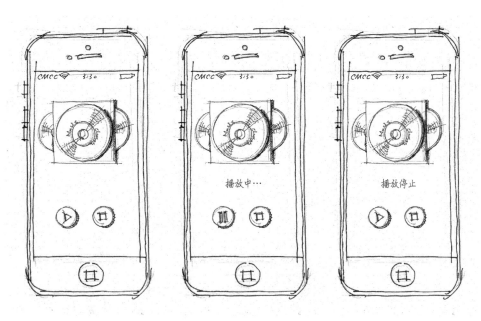

图 10-2　音乐播放器实例

首先需要创建一个 Xcode 工程，采用 Single View Application 模板，工程名为 MusicPlayer。下面看看视图控制器 ViewController.swift 主要代码。

```swift
import UIKit
import AVFoundation

class ViewController: UIViewController,AVAudioPlayerDelegate {
    
    @IBOutlet weak var label: UILabel!
    
    @IBOutlet weak var btnPlay: UIButton!
    
    var player : AVAudioPlayer!
    @IBAction func play(sender: AnyObject) {
        
        var error:NSError?
        
        if self.player == nil {                                                  ①
            
            let path = NSBundle.mainBundle()
                                    .pathForResource("test",ofType: "caf")
            let url = NSURL(fileURLWithPath: path!)
            
            self.player = AVAudioPlayer(contentsOfURL: url!,error: &error)       ②
            self.player.prepareToPlay()
            self.player.numberOfLoops    = -1
            
            if error != nil {
                NSLog("%@",error!.description)
                self.label.text = "播放错误."
                return
            }
            player.delegate = self                                               ③
        }
        
        if !self.player.playing {
            player.play()                                                        ④
            self.label.text = "播放中..."
            let pauseImage = UIImage(named: "pause")
            self.btnPlay.setImage(pauseImage,forState: UIControlState.Normal)
        } else {
            player.pause()                                                       ⑤
            self.label.text = "播放暂停."
            let playImage = UIImage(named: "play")
            self.btnPlay.setImage(playImage,forState: UIControlState.Normal)
        }
    }
    
    @IBAction func stop(sender: AnyObject) {
```

```
        if self.player != nil {
            self.player.stop()                                              ⑥
            self.player.delegate = nil                                      ⑦
            self.player = nil
            self.label.text = "播放停止."
            let playImage = UIImage(named: "play")
            self.btnPlay.setImage(playImage, forState: UIControlState.Normal)
        }

    }

    // MARK: -- 实现 AVAudioPlayerDelegate 协议方法
    func audioPlayerDidFinishPlaying(player: AVAudioPlayer!,
                                     successfully flag: Bool) {             ⑧
        NSLog("播放完成.")
        self.label.text = "播放完成."
        let playImage = UIImage(named: "play")
        self.btnPlay.setImage(playImage, forState: UIControlState.Normal)
    }

    func audioPlayerDecodeErrorDidOccur(player: AVAudioPlayer!,
                                        error: NSError!) {
        NSLog("播放错误发生：%@", error.localizedDescription)
        self.label.text = "播放错误."
        let playImage = UIImage(named: "play")
        self.btnPlay.setImage(playImage, forState: UIControlState.Normal)
    }

    func audioPlayerBeginInterruption(player: AVAudioPlayer!) {
        NSLog("播放中断.")
        self.label.text = "播放中断."
        let playImage = UIImage(named: "play")
        self.btnPlay.setImage(playImage, forState: UIControlState.Normal)
    }

    func audioPlayerEndInterruption(player: AVAudioPlayer!) {
        NSLog("中断返回.")
        self.label.text = "中断返回."
        let playImage = UIImage(named: "play")
        self.btnPlay.setImage(playImage, forState: UIControlState.Normal)
    }                                                                       ⑨
}
```

在播放方法中第①行代码是要判断 AVAudioPlayer 对象是否被实例化，如果没有实例化，则通过第②行代码实例化。第③行代码 self.player.delegate＝self 设置 AVAudioPlayer 的委托对象为当前视图控制器。第④行代码是在没有播放的情况下开始播放。第⑤行代码是在播放的情况下停止播放。

停止播放方法中第⑥行代码是停止播放，此外还需要使用第⑦行的 self. player. delegate＝nil 语句停止 AVAudioPlayer 委托，然后还要通过第⑦行代码释放 AVAudioPlayer 对象。

第⑧～⑨行代码是 4 个 AVAudioPlayerDelegate 协议实现方法，这种方法实现是可选的，可以根据自己的需要来实现相应的方法。

音乐播放器实例运行结果，如图 10-3 所示。

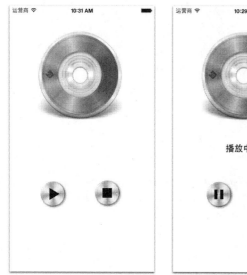
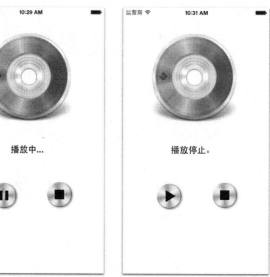

图 10-3　音乐播放器实例运行结果

10.1.4　音频录制

在 AVFoundation 框架中 AVAudioRecorder 类可以实现音频录制。AVAudioRecorder 的构造方法是 initWithURL:settings:error:，通过 NSURL 对象构建 AVAudioRecorder 对象，其中 settings 是 NSDictionary 类型的参数，为音频录制会话提供所需要的设置。

下面的代码实现了创建 AVAudioRecorder 对象。

```
var settings = [String : Int]()                                  ①
settings[AVFormatIDKey] = kAudioFormatLinearPCM                  ②
settings[AVSampleRateKey] = 44100                                ③
settings[AVNumberOfChannelsKey] = 1                              ④
settings[AVLinearPCMBitDepthKey] = 16                            ⑤
settings[AVLinearPCMIsBigEndianKey] = 0                          ⑥
settings[AVLinearPCMIsFloatKey] = 0                              ⑦
```

```
let filePath = String(format: "%@/rec_audio.caf",self.documentsDirectory())
let fileUrl = NSURL.fileURLWithPath(filePath)                              ⑧

var recorder = AVAudioRecorder(URL: fileUrl!,
          settings: settings,error: &error)                                ⑨
```

其中，第①～⑦行代码是创建并设置 settings 参数，第②行 AVFormatIDKey 键是设置录制音频编码格式。kAudioFormatLinearPCM 代表线性 PCM 编码格式，PCM（pulse code modulation）为线性脉冲编码调制，它是一种非压缩格式。

注意 编码格式与文件格式不同，如 WAV 是音频文件格式，它采用线性 PCM 音频编码。

第③行 AVSampleRateKey 键是设置音频采样频率[①]，44100.0 是音频 CD、VCD、SVCD 和 MP3 所用采样频率。

第④行 AVNumberOfChannelsKey 键是设置声道的数量，取值为 1 或 2。

第⑤行 AVLinearPCMBitDepthKey 键是设置采样位数，取值为 8、16、24 或 32，16 是默认值。

第⑥行 AVLinearPCMIsBigEndianKey 键是设置音频解码是大字节序[②]还是小字节序，大字节序设置为 true，小字节序设置为 false。

第⑦行 AVLinearPCMIsFloatKey 键是设置音频解码是否为浮点数，如果是则设置 1（表示 true），否则设置 0（表示 false）。

第⑧行获得沙箱目录中 Document 下音频文件路径。第⑨行通过指定 URL 地址创建 AVAudioRecorder 对象。

AVAudioRecorder 中录制相关方法和属性如下：

- -record 方法。音频录制。
- -pause 方法。暂停录制。
- -stop 方法。停止录制。
- -recordAtTime:方法。指定开始时间录制音频。
- -recordForDuration:方法。指定持续时间录制音频。
- -prepareToRecord 方法。预处理音频录制设备，可以减少录制延迟。
- recording 属性。判断音频是否正在录制，布尔类型的属性。

除了上面主要的方法和属性外，AVAudioPlayer 还提供了获得音频信息的方法，以及获得测量声音相关属性的方法。

---

① 采样频率（也称为采样速度或者采样频率）定义了每秒从连续信号中提取并组成离散信号的采样个数，它用赫兹（Hz）来表示。采样频率的倒数叫作采样周期或采样时间，它是采样之间的时间间隔。注意不要将采样率与比特率（bit rate，亦称"位速率"）相混淆。——引自维基百科 http://zh.wikipedia.org/wiki/采样率

② 字节序是字节在计算机中存放时的序列以及输入（输出）时的序列。小字节序是将低位字节存储在起始地址，而大字节序是将高位字节存储在起始地址。

AVAudioRecorder 还有对应的委托协议 AVAudioRecorderDelegate。AVAudioRecorderDelegate 协议提供的主要方法如下：

- -audioRecorderDidFinishRecording:successfully:。录制完成回调方法，successfully 参数返回 false 则失败，返回 true 则成功。
- -audioRecorderEncodeErrorDidOccur:error:。当编码发生错误时回调的方法。
- -audioRecorderBeginInterruption:。当录制过程被中断时回调的方法，如电话打入进来时。

audioRecorderEndInterruption:withOptions:。中断返回回调的方法。

下面通过一个实例介绍一下图 10-4 所示是一个录音机实例，在屏幕中有三个按钮，可以控制音频的录制、停止和播放，状态显示在视图上面的标签中。

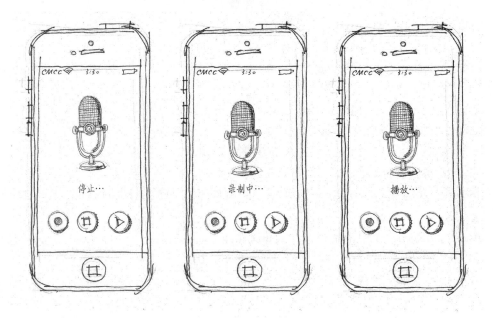

图 10-4　录音机实例

首先需要创建一个 Xcode 工程，采用 Single View Application 模板，工程名为 AudioRecorder。下面看看视图控制器 ViewController.swift 主要代码。

```
import UIKit
import AVFoundation

class ViewController: UIViewController,AVAudioRecorderDelegate {

    @IBOutlet weak var label: UILabel!

    var recorder : AVAudioRecorder!
```

```swift
var player : AVAudioPlayer!

override func viewDidLoad() {
    super.viewDidLoad()
    self.label.text = "停止"
}

func documentsDirectory() -> String {
    let  paths: NSArray = NSSearchPathForDirectoriesInDomains(
                        .DocumentDirectory,.UserDomainMask,true)
    return paths[0] as! String
}

@IBAction func record(sender: AnyObject) {

    if self.recorder == nil {

        var error : NSError?
        AVAudioSession.sharedInstance()
            .setCategory(AVAudioSessionCategoryRecord,error: &error)           ①
        AVAudioSession.sharedInstance().setActive(true,error: &error)          ②

        var settings = [String : Int]()
        settings[AVFormatIDKey] = kAudioFormatLinearPCM
        settings[AVSampleRateKey] = 44100
        settings[AVNumberOfChannelsKey] = 1
        settings[AVLinearPCMBitDepthKey] = 16
        settings[AVLinearPCMIsBigEndianKey] = 0//false
        settings[AVLinearPCMIsFloatKey] = 0//false

        let filePath = String(format: "%@/rec_audio.caf",
                                    self.documentsDirectory())
        let fileUrl = NSURL.fileURLWithPath(filePath)

        self.recorder = AVAudioRecorder(URL: fileUrl!,
                            settings: settings,error: &error)

        self.recorder.delegate = self
    }

    if self.recorder.recording {
        return
    }

    if self.player != nil && self.player.playing {
        self.player.stop()
    }
```

```swift
        self.recorder.record()
        self.label.text = "录制中..."
        
    }
    
    @IBAction func stop(sender: AnyObject) {
        
        self.label.text = "停止"
        
        if self.recorder != nil && self.recorder.recording {
            self.recorder.stop()
            self.recorder.delegate = nil
            self.recorder = nil
        }
        if self.player != nil && self.player.playing {
            self.player.stop()
        }
    }
    
    @IBAction func play(sender: AnyObject) {
        
        if self.recorder != nil && self.recorder.recording {
            self.recorder.stop()
            self.recorder.delegate = nil
            self.recorder = nil
        }
        if self.player != nil && self.player.playing {
            self.player.stop()
        }
        
        let filePath = NSString(format: "%@/rec_audio.caf",
                                        self.documentsDirectory())
        let fileUrl = NSURL.fileURLWithPath(filePath)
        
        var error : NSError?
        AVAudioSession.sharedInstance()
                .setCategory(AVAudioSessionCategoryPlayback, error: &error)         ③
        AVAudioSession.sharedInstance().setActive(true, error: &error)              ④
        
        self.player = AVAudioPlayer(contentsOfURL: fileUrl, error: &error)
        
        if error != nil {
            NSLog("%@", error!.description)
        } else {
            self.player.play()
            self.label.text = "播放..."
        }
    }
    
}
```

上述代码中的第①和②行以及第③和④行需要重点注意，它们都使用 AVAudioSession 类。AVAudioSession 类提供了 Audio Session 服务，Audio Session 是指定应用与音频系统如何交互。AVAudioSession 通过指定一个音频类别（Category）实现，音频类别描述了应用使用音频的方式。下列语句是设定音频会话类别：

```
AVAudioSession.sharedInstance()
        .setCategory(AVAudioSessionCategoryRecord,error: &error)                    ①
AVAudioSession.sharedInstance()
        .setCategory(AVAudioSessionCategoryPlayback,error: &error)                  ③
```

AVAudioSessionCategoryRecord 代表只能输入音频，即录制音频，其效果是停止其他的音频播放，开始录制音频。AVAudioSessionCategoryPlayback 代表只能输出音频，即进行音频播放。常用的 Audio Session 音频类别如表 10-1 所示。

表 10-1　Audio Session 音频类别

音 频 类 别	获取输入硬件	获取输出硬件	与应用混音	服从振铃/静音/锁屏
AVAudioSessionCategoryPlayback	否	是	否	否
AVAudioSessionCategoryRecord	是	否	否	否
AVAudioSessionCategoryPlayAndRecord	是	是	否	否
AVAudioSessionCategoryAmbient	否	是	是	是
AVAudioSessionCategorySoloAmbient	否	是	否	是
AVAudioSessionCategoryAudioProcessing	否	否	是	—
AVAudioSessionCategoryMultiRoute	是	是	是	否

> **注意**　表 10-1 中的获取输入硬件，表示能使用音频输入设备，如麦克风等设备；获取输出硬件表示能够使用音频输出设备，如扬声器和耳机等设备；与应用混音是指能与应用播放的媒体音频混音；服从振铃/静音/锁屏是在设备中设置振铃/静音/锁屏后，是否影响音频的类别。从表 10-1 中可见的 AVAudioSessionCategoryAmbient 和 AVAudioSessionCategorySoloAmbient 类别是受到影响的。

Audio Session 中还可以设置是否"活跃"，这会把后台的任何系统声音关闭，如第②和④行代码所示：

```
AVAudioSession.sharedInstance().setActive(true,error: &error)                       ②
AVAudioSession.sharedInstance().setActive(true,error: &error)                       ④
```

录音机实例运行结果如图 10-5 所示。

图 10-5　录音机实例运行结果

10.2　视频开发

视频多媒体文件主要是存放视频数据信息,视频数据量要远远大于音频数据文件,而且视频编码和解码算法非常复杂,因此早期的计算机由于 CPU 处理能力差,要采用视频解压卡硬件支持,视频采集和压缩也要采用硬件卡。按照视频来源可以分为:本地视频和网络流媒体视频。

- 本地视频是将视频文件放在本地播放,因此速度快、画质好。
- 网络流媒体视频来源于网络,不需要存储,广泛应用于视频点播、网络演示、远程教育、网络视频广告等互联网信息服务领域。

随着移动设备硬件性能提升和网络带宽的提高,高质量视频文件播放和网络播放都不是问题了,能否开发出功能完善、高质量播放等就交给了软件程序本身。本章将主要介绍本地视频应用开发。

10.2.1　视频文件简介

视频文件格式很多,下面介绍一下这些文件及格式的区别。

1. AVI 文件

AVI 是音频视频交错(Audio Video Interleaved)的英文缩写,它是微软公司开发的一种符合 RIFF 文件规范的数字音频与视频文件格式,是将音频与视频同步组合在一起的文件格式。它对视频文件采用了一种有损压缩方式,但压缩比较高,画面质量不是太好。

2. WMV 文件

WMV 也是微软公司推出的一种流媒体格式。在同等视频质量下，WMV 格式的体积非常小，因此很适合在网上播放和传输。由于微软公司本身的局限性使 WMV 的应用发展并不顺利。首先，它是微软公司的产品，它必定要依赖着 Windows 以及 PC，起码要有 PC 的主板。这就增加了机顶盒的造价，从而影响了视频广播点播的普及。其次，WMV 技术的视频传输延迟要十几秒。

3. RMVB 文件

RMVB 是一种视频文件格式，RMVB 中的 VB 指 Variable Bit Rate(可改变之比特率)，它打破了压缩的平均比特率，使在静态画面下的比特率降低，来达到优化整个视频中比特率、提高效率、节约资源的目的。RMVB 的最大特点是在保证文件清晰度的同时具有体积小巧的特点。

4. 3GP 文件

3GP 是一种 3G 流媒体的视频编码格式，主要是为了配合 3G 网络的高传输速度而开发的，也是手机中的一种视频格式。3GP 使用户能够发送大量的数据到移动电话网络，从而明确传输大型文件。它是新的移动设备标准格式，应用在手机、PSP 等移动设备上，优点是文件体积小，移动性强，适合移动设备使用，缺点是在 PC 上兼容性差，支持软件少，且播放质量差，帧数低，较 AVI 等格式相差很多。

5. MOV 文件

MOV 即 QuickTime 视频格式，它是苹果公司开发的一种音频、视频文件格式，用于存储常用数字媒体类型。MOV 格式文件是以轨道(track)的形式组织起来的，一个 MOV 格式文件结构中可以包含很多轨道。MOV 格式文件的画面效果较 AVI 格式，要稍微好一些。

6. MP4 文件

MP4(全称 MPEG-4 Part 14)是一种使用 MPEG-4 的多媒体文件格式，文件后缀名为 mp4，起源于 QuickTime，采用 H.264 解码。另外，MP4 又可理解为 MP4 播放器，MP4 播放器是一种集音频、视频、图片浏览、电子书、收音机等于一体的多功能播放器。

7. M4V 文件

M4V 是一个标准视频文件格式，由苹果公司创造。此种格式为 iOS 设备所使用，同时此格式基于 MPEG-4 编码第 2 版。

10.2.2 视频播放

播放视频在 iOS 平台有很多方法，主要使用 MediaPlayer 框架中的 MPMoviePlayerController 或 MPMoviePlayerViewController 类实现，或者使用 AVFoundation 框架中的 AVPlayer 和 AVQueuePlayer 实现。本章重点介绍 MediaPlayer 框架实现视频播放。

MediaPlayer 框架是一种高层次 API。使用起来比较简单，但是对于视频播放的控制界面是系统定义好的播放界面，只能对这些界面进行有限的控制，MediaPlayer 适合于开发一些视频播放应用。

具体而言 MediaPlayer 框架中的 MPMoviePlayerController 或 MPMoviePlayerViewController 可以实现视频播放。图 10-6 所示是 MPMoviePlayerController 和 MPMoviePlayerViewController 关系类图。

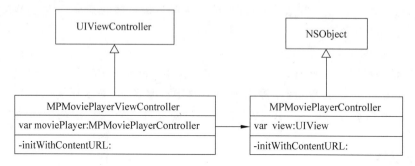

图 10-6　MPMoviePlayerController 和 MPMoviePlayerViewController 关系类图

MPMoviePlayerController 是核心播放控制类，它虽然后缀命名是 Controller，但是与视图控制器没有任何关系，它继承的是 NSObject，MPMoviePlayerController 的构造方法是-initWithContentURL:。如果要想在视图上显示视频，则需要将 MPMoviePlayerController 的 view 属性添加到要显示的视图层次结构中，如下面代码所示：

```
self.viewForMovie.addSubview(player.view)
```

其中，viewForMovie 是要显示视频的视图，player 是 MPMoviePlayerController 类型的实例对象。

MPMoviePlayerViewController 封装了 MPMoviePlayerController 和 UIViewController，提供简单播放控制和视图功能。它继承的是 UIViewController，可见它是一个视图控制器类，它的构造方法是-initWithContentURL:，与 MPMoviePlayerController 的完全一样。它还有一个重要的属性 moviePlayer，这个属性的类型是 MPMoviePlayerController，通过这个属性可以获得 MPMoviePlayerController 对象实例。

下面通过一个实例介绍 MediaPlayer 框架的使用。如图 10-7(a)所示界面中有两个按钮，单击按钮可以分别使用 MPMoviePlayerController 和 MPMoviePlayerViewController 播放视频，如图 10-7(b)所示。

首先需要创建一个 Xcode 工程，采用 Single View Application 模板，工程名为 MPMoviePlayerSample。下面看看视图控制器 ViewController.swift 声明相关代码。

```swift
import UIKit
import MediaPlayer

class ViewController: UIViewController {

    var moviePlayerView : MPMoviePlayerViewController!
```

第10章　音频和视频多媒体开发　285

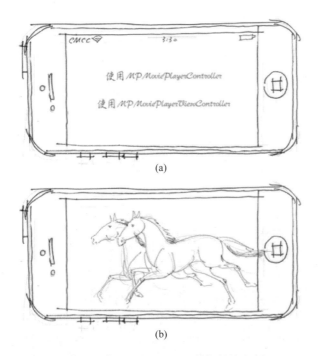

图 10-7　使用 MediaPlayer 框架播放实例

```
    var moviePlayer : MPMoviePlayerController!
...
}
```

需要引入 MediaPlayer 模块，并且定义 moviePlayerView 和 moviePlayer。
ViewController.swift 中 movieURL:方法代码如下：

```
func movieURL() -> NSURL {
    let bundle = NSBundle.mainBundle()
    let moviePath = bundle.pathForResource("YY",ofType: "mp4")
    let url =  NSURL(fileURLWithPath: moviePath!)
    return url!
}
```

movieURL:方法是获得视频路径的方法，视频 YY.mp4 是放在资源目录下的，注意选择的视频要支持 iOS 设备，读者可以参考 10.2.1 节。

用户单击"使用 MPMoviePlayerController"按钮调用 useMPMoviePlayerController:。useMPMoviePlayerController:方法代码如下：

```
@IBAction func useMPMoviePlayerController(sender: AnyObject) {

    if self.moviePlayer == nil {
        self.moviePlayer = MPMoviePlayerController(contentURL:
                                        self.movieURL())
```

①

```swift
        self.moviePlayer.scalingMode = MPMovieScalingMode.AspectFit            ②
        self.moviePlayer.controlStyle = MPMovieControlStyle.Fullscreen         ③
        self.view.addSubview(self.moviePlayer.view)                            ④

        NSNotificationCenter.defaultCenter().addObserver(self,
            selector: "playbackFinished4MoviePlayerController:",
            name: MPMoviePlayerPlaybackDidFinishNotification,object: nil)      ⑤

        NSNotificationCenter.defaultCenter().addObserver(self,
            selector: "doneButtonClick:",
            name: MPMoviePlayerWillExitFullscreenNotification,object: nil)     ⑥
    }

    self.moviePlayer.play()                                                    ⑦
    self.moviePlayer.setFullscreen(true,animated: true)                        ⑧
}
```

上述第①行代码是实例化 MPMoviePlayerController 对象,实例化时需要指定 NSURL 对象,如果是本地文件,则是文件的全路径;如果是网络播放,则是网络地址,网络播放涉及流媒体内容,这会在后面的章节介绍。本章介绍的媒体文件都是本地文件。

第②行代码 self.moviePlayer.scalingMode＝MPMovieScalingMode.AspectFit 是设置视频的 scalingMode(缩放模式)属性,当视频的尺寸与屏幕的尺寸不一致时,通过设置缩放模式可以控制视频在屏幕上的显示方式,它的取值是在枚举类型 MPMovieScalingMode 中定义成员:

- None。原始尺寸显示,如图 10-8(a)所示。
- AspectFit。保持原始高宽比缩放视频,使其填充一个方向,另一个方向会有黑边,如图 10-8(c)所示。
- AspectFill。保持原始高宽比缩放视频,使其填充两个方向,一个方向可能超出屏幕,则会切除,如图 10-8(d)所示。
- Fill。两个方向刚好填充两边,不考虑保持原始高宽比缩放视频,结果有可能会高宽比例失真,如图 10-8(b)所示。

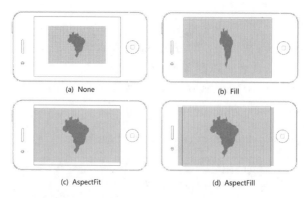

图 10-8　缩放模式属性

上述第③行代码 self.moviePlayer.controlStyle＝MPMovieControlStyle.Fullscreen 是设置视频的 controlStyle 属性。controlStyle 属性可以控制播放风格，它的取值是在枚举类型 MPMovieControlStyle 中定义成员：

- None。没有播放控制控件，适合于游戏等应用过渡界面或片尾视频等，如图 10-9(a) 所示。
- Fullscreen。全屏播放，有播放进度、Done 按钮、快进等控件，如图 10-9(b) 所示。
- Embedded。嵌入风格的播放控制控件，没有 Done 按钮，如图 10-9(c) 所示。

图 10-9　播放控制控件

第④行代码 self.view.addSubview(self.moviePlayer.view) 是将 MPMoviePlayerController 对象的 view 属性添加到当前视图。

第⑤行代码是注册 MPMoviePlayerPlaybackDidFinishNotification 通知，这个通知是在播放完成时候发出，然后它回调 playbackFinished4MoviePlayerController：方法。第⑥行代码是注册 MPMoviePlayerWillExitFullscreenNotification 通知，这个通知是在退出全屏时候发出，然后回调 doneButtonClick：方法，可以使用这个通知捕获 Done 按钮的单击事件。

第⑦行代码 self.moviePlayer.play() 是播放视频语句。

第⑧行代码 self.moviePlayer.setFullscreen(true,animated：true) 是将视频所在的视图全屏显示，MPMoviePlayerController 需要这样的设置才能看到播放的视频。

MPMoviePlayerPlaybackDidFinishNotification 通知发生时候会回调 playbackFinished4MoviePlayerController：方法，它的代码如下：

```
func playbackFinished4MoviePlayerController(notification : NSNotification) {
    NSLog("使用 MPMoviePlayerController 播放完成。")
    NSNotificationCenter.defaultCenter().removeObserver(self)
    self.moviePlayer.stop()                                                   ①
    self.moviePlayer.view.removeFromSuperview()                               ②
```

```
        self.moviePlayer = nil
}
```

在该方法中需要注销通知和释放资源等处理，通过第①行代码停止播放。第②行代码能够从播放界面返回上一级界面。

doneButtonClick:方法是在退出全屏 MPMoviePlayerWillExitFullscreenNotification 通知发生的时候回调，它的代码如下：

```
func doneButtonClick(notification : NSNotification) {
    NSLog("退出全屏.")
    if self.moviePlayer.playbackState == MPMoviePlaybackState.Stopped {        ①
        self.moviePlayer.view.removeFromSuperview()
        self.moviePlayer = nil
    }
}
```

第①行代码_moviePlayer.playbackState==MPMoviePlaybackState.Stopped 是判断视频播放状态是否停止。playbackState 是视频播放状态属性，它的取值是在枚举类型 MPMoviePlaybackState 中定义成员：

- .Stopped。停止状态。
- .Playing。播放状态。
- .Paused。暂停状态。
- .Interrupted。临时中断状态。
- .SeekingForward。向前跳过状态。
- .SeekingBackward。向后跳过状态。

用户单击"使用 MPMoviePlayerViewController"按钮调用 useMPMoviePlayerViewController: 方法，其代码如下：

```
@IBAction func useMPMoviePlayerViewController(sender: AnyObject) {
    if self.moviePlayerView == nil {
        self.moviePlayerView = MPMoviePlayerViewController(contentURL:
                                            self.movieURL())                  ①
        self.moviePlayerView.moviePlayer.scalingMode
                        = MPMovieScalingMode.AspectFill                       ②
        self.moviePlayerView.moviePlayer.controlStyle
                        = MPMovieControlStyle.Embedded                        ③

        NSNotificationCenter.defaultCenter().addObserver(self,
            selector: "playbackFinished4MoviePlayerViewController:",
            name: MPMoviePlayerPlaybackDidFinishNotification,
            object: nil)                                                      ④

    }
    self.presentMoviePlayerViewControllerAnimated(self.moviePlayerView)       ⑤
}
```

第①行代码是实例化 MPMoviePlayerViewController 对象，与 MPMoviePlayerController 构造方法一样都需要 NSURL 类型的参数。第②行代码是设置播放视频的缩放属性。第③行代码是设置视频的 controlStyle 属性。

第④行代码是注册通知 MPMoviePlayerPlaybackDidFinishNotification，当视频播放完成后回调 playbackFinished4MoviePlayerViewController：方法。

第⑤行代码以模态视图方式呈现 moviePlayerView。

通知 MPMoviePlayerPlaybackDidFinishNotification 发生后会回调 playbackFinished4MoviePlayerViewController：方法，它的代码如下：

```
func playbackFinished4MoviePlayerViewController(
                            notification : NSNotification) {
    NSLog("使用 MPMoviePlayerViewController 播放完成。")
    NSNotificationCenter.defaultCenter().removeObserver(self)
    self.moviePlayerView.dismissMoviePlayerViewControllerAnimated()          ①
    self.moviePlayerView = nil
}
```

需要在该方法中注销通知。关闭呈现视频的模态视图，其中第①行代码是关闭呈现播放视频的模态视图。

使用 MediaPlayer 框架播放实例运行结果如图 10-10 所示。

图 10-10　实例运行结果

10.2.3 视频录制

视频录制也有两种主要的技术，一个是使用 UIImagePickerController，另一个是使用 AVFoundation 框架。本章重点介绍 UIImagePickerController 实现视频录制。

可以使用 UIImagePickerController 来抓取图片，也可以使用它来捕获视频数据流，既然能捕获视频数据流，录制视频更加不是问题了。

下面通过一个实例介绍视频录制，在图 10-14(a) 中单击"录制视频"按钮，启动选择器界面，如图 10-14(b) 所示，在界面下方红色按钮可以进行录制，如果想结束录制时候再次单击红色按钮，如图 10-14(c) 所示。录制完成界面会跳转到图 10-14(d) 所示，单击 Use Video 按钮可以确定本次录制，单击 Retake 按钮放弃本次录制重新开始。确定录制后，会弹出保存提示对话框，文件也会保存到设备的相机胶卷中，

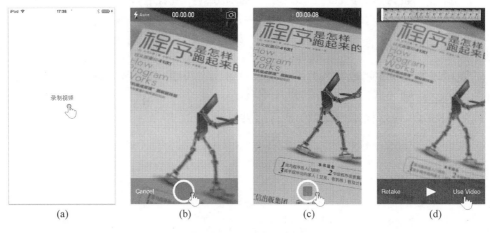

图 10-11 视频录制

首先需要创建一个 Xcode 工程，采用 Single View Application 模板，工程名为 VideoRecord_UIImagePickerController。

下面看看视图控制器 ViewController.swift 声明相关主要代码。

```
import UIKit
import MobileCoreServices                                        ①

class ViewController: UIViewController,
    UIImagePickerControllerDelegate,UINavigationControllerDelegate {  ②
    ...
}
```

上述代码第①行是引入所需要的 MobileCoreServices 模块，在声明类时还需要声明实现 UIImagePickerControllerDelegate 和 UINavigationControllerDelegate 协议，见代码第②行所示。

当用户单击"录制视频"按钮时触发 ViewController.swift 中的 videoRecod 方法。该方法代码如下所示：

```
@IBAction func videoRecod(sender: AnyObject) {

    if UIImagePickerController.isSourceTypeAvailable(.Camera) {                ①

        var imagePickerController = UIImagePickerController()                  ②
        imagePickerController.delegate = self
        imagePickerController.sourceType = .Camera                             ③
        imagePickerController.mediaTypes = [kUTTypeMovie]                      ④

        //录制质量设定。
        imagePickerController.videoQuality = .TypeHigh                         ⑤

        //只允许最多录制 30s 时间。
        imagePickerController.videoMaximumDuration = 30.0                      ⑥

        self.presentViewController(imagePickerController,
                        animated: true,completion: nil)                        ⑦

    } else {
        NSLog("摄像头不可用。")
    }
}
```

其中第①行代码判断设备摄像头是否可以使用。第②行代码实例化 UIImagePickerController 对象。第③行代码是设置 UIImagePickerController 的 sourceType 属性,.Camera 是设置数据来源于摄像头,它是在 UIImagePickerControllerSourceType 枚举类型中定义的。

第④行代码设置 UIImagePickerController 的 mediaTypes 属性,mediaTypes 访问的媒体类型属性,该属性接收的是集合类型,本例中只指定了一个媒体类型 kUTTypeMovie, kUTTypeMovie 代表视频类型。

第⑤行代码是设置录制的视频质量,videoQuality 属性的取值是在枚举类型 UIImagePickerControllerQuality 中定义的。它包含的成员如下：
- TypeHigh。录制高质量视频。
- TypeMedium。录制中质量视频。
- TypeLow。录制低质量视频。

第⑥行代码 imagePickerController.videoMaximumDuration＝30.0 是设置只允许最多录制 30s 时间视频。

最后要通过第⑦行的代码将 UIImagePickerController 视图呈现出来。

实现 UIImagePickerControllerDelegate 委托协议的方法如下：

```swift
// MARK: -- 实现委托协议 UIImagePickerControllerDelegate
func imagePickerControllerDidCancel(picker: UIImagePickerController) {                    ①
    self.dismissViewControllerAnimated(true, completion: nil)                              ②
}

func imagePickerController(picker: UIImagePickerController,
            didFinishPickingMediaWithInfo info: [NSObject : AnyObject]) {                  ③
    let url = info[UIImagePickerControllerMediaURL] as! NSURL                              ④
    var tempFilePath = url.path
    if UIVideoAtPathIsCompatibleWithSavedPhotosAlbum(tempFilePath) {                       ⑤
        UISaveVideoAtPathToSavedPhotosAlbum(tempFilePath!,                                 ⑥
            self,
            "video:didFinishSavingWithError:contextInfo:",                                 ⑦
            nil)
    }

    self.dismissViewControllerAnimated(true, completion: nil)
}

//定义回调方法 video:didFinishSavingWithError:contextInfo:
func video(video: NSString,
            didFinishSavingWithError error : NSError?,
            contextInfo:UnsafeMutablePointer<Void>){                                       ⑧

    var title = ""
    var message = ""

    if error != nil {
        title = "视频失败"
        message = error!.localizedDescription
    } else {
        title = "视频保存"
        message = "视频已经保存到设备的相机胶卷中"
    }

    let alert = UIAlertView(title: title,
        message: message, delegate: nil, cancelButtonTitle: "OK")
    alert.show()
}
```

上述第①行方法是当用户单击了图10-14(b)的 Cancel 按钮时回调的方法,表示用户取消了视频录制操作。第②行代码是关闭录制视频的视图。

第③行方法是用户录制完成视频后,单击 Use Video 按钮时回调的方法,其中第④行代码是获得媒体文件保存路径,这个路径是临时性保存的,info[UIImagePickerControllerMediaURL]语句是从 info 参数中取出媒体文件路径。

第⑤行代码 UIVideoAtPathIsCompatibleWithSavedPhotosAlbum 函数测试是否可以将指定的媒体文件保存到相机胶卷库中。第⑥行代码使用 UISaveVideoAtPathToSavedPhotosAlbum 函数保存视频到相机胶卷库中，UISaveVideoAtPathToSavedPhotosAlbum 与 UIImageWriteToSavedPhotosAlbum 函数非常类似。UISaveVideoAtPathToSavedPhotosAlbum 的 swift 语言定义如下：

```
func UISaveVideoAtPathToSavedPhotosAlbum(_ videoPath: String!,
                _ completionTarget: AnyObject!,
                _ completionSelector: Selector,
                _ contextInfo: UnsafeMutablePointer<Void>)
```

其中，videoPath 参数是要保存的视频路径；completionTarget 是保存完成后回调方法所在的对象；contextInfo 是上下文信息，completionSelector 是保存完成后回调的函数，completionSelector 中回调方法的方法签名可以自己命名，但是它必须包含三个参数，而且参数类型是固定的，例如下面的形式：

```
func video(video: NSString,
    didFinishSavingWithError error : NSError?,
    contextInfo:UnsafeMutablePointer<Void>)
```

上述代码第⑧行就是该方法，如果保存成功，则 error 参数返回 nil，否则代表保存失败。实现 UINavigationControllerDelegate 委托协议的方法如下：

```
func navigationController(navigationController: UINavigationController,
    willShowViewController viewController: UIViewController,
            animated: Bool) {                                                    ①
    NSLog("选择器将要显示。")
}

func navigationController(navigationController: UINavigationController,
    didShowViewController viewController: UIViewController,
            animated: Bool) {                                                    ②
    NSLog("选择器显示结束。")
}
```

上述代码第①行实现的方法是摄像头选择器将要显示调用的方法，可以在该方法中做一些初始化的处理。第②行实现的方法是摄像头选择器显示结束调用的方法，可以在这个方法中做一些释放资源的处理。

本章小结

通过对本章的学习，读者可以了解音频和视频文件的格式，介绍了音频播放与录制，以及视频播放与录制。

第 11 章 图形图像开发

在移动平台开发中图像处理是非常重要的技术。可以帮助开发很多有趣的应用和游戏。或许你使用过这样的应用,使用它给女朋友拍一张照片,然后使用它处理图片添加效果。SketchMe 是一款可以给照片添加素描或卡通效果的图像处理应用,如图 11-1 所示。照片的来源可以是设备中图片库,也可以通过照相机拍照,如图 11-1(d)所示是"3D 戈登雕刻"的处理效果,这些处理效果被称为滤镜(Filter)。学过 PhotoShop 的读者对滤镜应该比较熟悉。

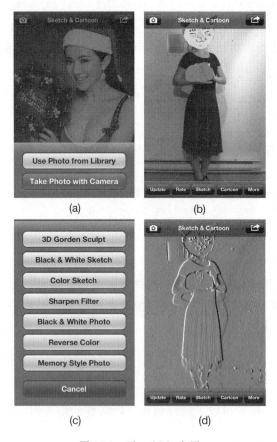

图 11-1　SketchMe 应用

本章将介绍创建和使用 UIImage 对象、创建和使用 CIImage 对象，以及使用滤镜等知识。

11.1 使用图像

为了便于操作图像，iOS 中定义了图像类。UIImage 是 UIKit 框架中定义的图像类，它封装了高层次图像类，可以通过多种方式创建这些对象。在 Core Graphics 框架（或 Quartz 2D）中也定义了 CGImage，它表示位图图像，因为 CGImage 被封装起来了，所以通常是通过 CGImageRef 来使用 CGImage。

除了 UIImage 和 CGImage 外，在 Core Image 框架中也有一个图像类 CIImage，CIImage 封装的图像类能够很好地进行图像效果处理，如滤镜的使用。UIImage、CGImage 和 CIImage 之间可以互相转化。

11.1.1 创建图像

本节介绍的创建图像主要是指创建 UIImage 对象。CGImage 一般不直接创建，因此这里不打算特意介绍。CIImage 对象创建会在 11.2.2 节介绍，本节中不再介绍。

下面介绍一下如何创建 UIImage 类图像对象。UIImage 有一些构造方法和静态创建方法（即直接通过类名调用静态方法创建）。

- ＋imageNamed：，静态创建方法，它从应用程序包（资源文件）中加载图片创建对象，它的 name 参数是指定文件名字，这种方法会建立图像缓存，第一次是从文件中加载，以后会从缓存中加载。
- ＋imageWithContentsOfFile：，静态创建方法，通过文件路径创建图像对象。
- ＋imageWithData：，静态创建方法，通过内存中 NSData 对象创建图像对象。
- ＋imageWithCGImage：，静态创建方法，通过 CGImageRef 创建图像对象。
- ＋imageWithCIImage：，静态创建方法，通过 CIImage 创建图像对象。
- -initWithContentsOfFile：，构造方法，通过文件路径创建图像对象。
- -initWithData：，构造方法，通过内存中 NSData 对象创建图像对象。
- -initWithCGImage：，构造方法，通过内存中 CGImageRef 对象创建图像对象。
- -initWithCIImage：，构造方法，通过内存中 CIImage 对象创建图像对象。

对于上面介绍的方法可以根据图像来源的不同进行分类。在 iOS 设备中图像来源主要有 4 种不同渠道：

- 从应用程序包中（资源文件）加载
- 从应用程序沙箱目录加载
- 从云服务器端获取
- 从设备图片库选取或从照相机抓取

如果一个 icon.png 文件放在应用程序包中（资源文件）加载图像，则通过下面的几种代

码实现:

```
let image = UIImage(named:"icon.png")
```
或
```
let path = NSBundle.mainBundle().pathForResource("icon",ofType:"png")
let image = UIImage(contentsOfFile:path!)
```
或
```
let path = NSBundle.mainBundle().pathForResource("icon",ofType:"png")
let data = NSData(contentsOfFile: path)
let image = UIImage(data: data!)
```

如果 icon.png 文件放在应用程序沙箱目录中的 Document 目录下,则可以通过下面的几种代码实现:

```
let  documentDirectorys: NSArray = NSSearchPathForDirectoriesInDomains(
                .DocumentDirectory,.UserDomainMask,true)
let documentDirectory = documentDirectorys[0] as! String
let path = documentDirectory.stringByAppendingPathComponent("icon.png")
let image = UIImage(contentsOfFile:path!)
```
或
```
let  documentDirectorys: NSArray = NSSearchPathForDirectoriesInDomains(
                .DocumentDirectory,.UserDomainMask,true)
let documentDirectory = documentDirectorys[0] as! String
let path = documentDirectory.stringByAppendingPathComponent("icon.png")
let data = NSData(contentsOfFile: path)
let image = UIImage(data: data!)
```

在上述代码中获得应用程序沙箱目录中 Document 目录语句如下:

```
let  documentDirectorys: NSArray = NSSearchPathForDirectoriesInDomains(
                .DocumentDirectory,.UserDomainMask,true)
let documentDirectory = documentDirectorys[0] as! String
let path = documentDirectory.stringByAppendingPathComponent("icon.png")
```

如果 icon.png 文件放在云服务器端 http://xxx/icon.png 下,则可以通过如下的几种方式创建 UIImage 图像对象:

```
let url = NSURL(string: "http://xxx/icon.png")
let data = NSData(contentsOfURL:url!)
let image = UIImage(data: data!)
```

上述代码介绍了三种情况下创建图像对象,而从设备图片库或从照相机抓取会在后面章节介绍。

下面通过一个具体的实例介绍三种创建图像方式。实例通过屏幕下方的三个按钮分别从三个不同的来源创建 UIImage 对象显示在屏幕上方,如图 11-2 所示。

首先使用 Xcode 选择 Single View Application 工程模板,创建一个 ImageSample 工程,并添加资源文件到工程中,具体的 UI 设计过程这里不再赘述。这里重点看看代码部分。

图 11-2 创建图像实例

其中视图控制器类 ViewController.swift 代码如下所示：

```swift
import UIKit

let FILE_NAME = "flower.png"

class ViewController: UIViewController {
    
    @IBOutlet weak var imageView: UIImageView!
    
    override func viewDidLoad() {
        super.viewDidLoad()
        //复制图片到沙箱目录下
        self.createEditableCopyOfDatabaseIfNeeded()
        self.imageView.image = UIImage(named:"SkyDrive340.png")
    }
    func createEditableCopyOfDatabaseIfNeeded() {
        let fileManager = NSFileManager.defaultManager()                        ①
        let writableDBPath = applicationDocumentsDirectoryFile()                ②
        
        let dbexits =   fileManager.fileExistsAtPath(writableDBPath)            ③
        
        if !dbexits {
            let   defaultDBPath = NSBundle.mainBundle().resourcePath?
                        .stringByAppendingPathComponent(FILE_NAME)              ④
            
            var error: NSError? = nil
```

```swift
            let success = fileManager.copyItemAtPath(defaultDBPath!,
                            toPath : writableDBPath,error: &error)                    ⑤
            
            if !success {
                NSLog("错误写入文件：%@。",error!.localizedDescription)
            }
        }
    }
    
    func applicationDocumentsDirectoryFile() -> String {
        
        let  documentDirectorys: NSArray = NSSearchPathForDirectoriesInDomains(
                    .DocumentDirectory,.UserDomainMask,true)
        
        let documentDirectory = documentDirectorys[0] as! String
        let path = documentDirectory.stringByAppendingPathComponent(FILE_NAME)
        
        return path
    }
    
    override func didReceiveMemoryWarning() {
        super.didReceiveMemoryWarning()
    }
    
    @IBAction func loadBundle(sender: AnyObject) {
        
        let path = NSBundle.mainBundle()
                    .pathForResource("SkyDrive340",ofType:"png")
        let image = UIImage(contentsOfFile:path!)                                     ⑥
        self.imageView.image = UIImage(named:"SkyDrive340.png")
    }
    
    @IBAction func loadSandbox(sender: AnyObject) {
        let path = self.applicationDocumentsDirectoryFile()
        self.imageView.image = UIImage(contentsOfFile:path)                           ⑦
    }
    
    
    @IBAction func loadWebService(sender: AnyObject) {
        let strURL = String(format: "http://www.51work6.com/service/download.php?email=%@&FileName=2004-20H.jpg",
                            "<您的http://51work6.com网站注册邮箱>")                    ⑧
        let url = NSURL(string: strURL)
        let data = NSData(contentsOfURL:url!)
        
        self.imageView.image = UIImage(data: data!)                                   ⑨
    }
}
```

在上述代码中 viewDidLoad 是视图加载方法,其中 self.createEditableCopyOfDatabaseIfNeeded()语句是把资源文件中的图片复制到沙箱中 Document 目录下,这是因为沙箱目录一开始没有任何图片。另外,方法中 self.imageView.image=UIImage(named:"SkyDrive340.png")语句是初始化显示 SkyDrive340.png 图片,这样启动应用时就可以看到有一张图片显示在界面中,而不是空白的界面。

在 createEditableCopyOfDatabaseIfNeeded 方法中,第 ① 行代码 NSFileManager.defaultManager()表达式是获得 NSFileManager 实例,它是采用单例设计模式实现的。第 ②行代码调用 applicationDocumentsDirectoryFile 方法获得沙箱目录,这个方法是由自己编写的。第③行代码是沙箱目录下文件是否存在,如果文件不存在则通过第⑤行代码调用 NSFileManager 的 copyItemAtPath:toPath:error:方法从应用程序包中复制一个图片文件到沙箱目录。第④行代码是获得应用程序包目录。

单击"资源目录加载"按钮触发 loadBundle:方法。在该方法中第⑥行代码是指定资源目录中图片文件路径创建 UIImage 对象。

单击"沙箱目录加载"按钮触发 loadSandbox:(id)方法。在该方法中第⑦行代码是指定沙箱目录中图片文件路径创建 UIImage 对象。

单击"云服务器加载"按钮触发 loadWebService:方法。其中第⑧行代码是请求服务器地址,其中<您的 http://51work6.com 网站注册邮箱>需要读者换成自己的注册邮箱,如果没有,请读者自己到 51work6.com 网站注册成为会员,然后用注册的邮箱替换<您的 http://51work6.com 网站注册邮箱>,这样 51work6.com 才能提供服务,客户端才能显示图片。第⑨行代码是从服务器端取得数据来创建 UIImage 对象。

下面可以运行一下实例,如图 11-3 所示。

图 11-3 实例运行

11.1.2 实例：从设备图片库选取或从照相机抓取

图像的另外一个重要来源是从设备图片库选取或从照相机抓取。UIKit 中提供一个图像选择器 UIImagePickerController，UIImagePickerController 不仅可以实现选取图像还可以捕获视频信息。而且 UIImagePickerController 不仅可以从照相机中选取图像，还可以从相簿和相机胶卷中选择。相簿和相机胶卷是有区别的，相簿包含了相机胶卷，如图 11-4(a) 所示是 iPod touch(或 iPhone)中的相簿，其中包含了相机胶卷、照片图库等内容。单击相机胶卷进入如图 11-4(b)所示，是 iPod touch(或 iPhone)中的相机胶卷。通过相簿可以查看所有图片，而相机胶卷是通过照相机拍摄或截屏获得的图片。

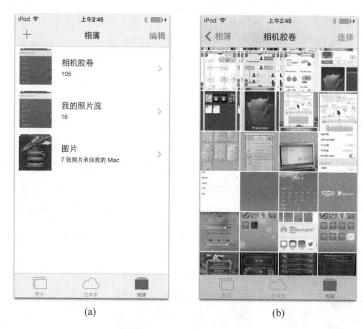

图 11-4　iPod touch(或 iPhone)中的照片应用

UIImagePickerController 的主要属性是 sourceType。sourceType 属性是在枚举 UIImagePickerControllerSourceType 中定义的三个常量：

- PhotoLibrary，设置图片来源于"相簿"。
- Camera，设置图片来源于"照相机"。
- SavedPhotosAlbum，设置图片来源于"相机胶卷"。

UIImagePickerController 委托对象需要实现 UIImagePickerControllerDelegate 委托协议。UIImagePickerControllerDelegate 中定义了两个方法：

- -imagePickerController:didFinishPickingMediaWithInfo:，当选择完成时调用。
- -imagePickerControllerDidCancel:，当选择取消时调用。

下面通过一个实例具体介绍图像选择器过程。如图 11-5 和图 11-6 所示是图像选择器实例。其中图 11-5(a) 是实例启动的第一个界面,单击"从图片库中选取"按钮会从设备的图片库中选择图片,如图 11-5(b) 所示,选择图片后回到开始界面,这时选择的照片显示在屏幕上,如图 11-5(c) 所示。

(a)　　　　　　　　　　(b)　　　　　　　　　　(c)

图 11-5　从图片库中选取

如果单击"从照相机中抓取",如图 11-6(a) 所示,按钮会从启动照相机预览,如图 11-6(b) 所示,单击中间的圆圈按钮拍摄。拍摄完成如图 11-6(c) 所示,Retake 是重新拍摄,Use Photo 是确定,然后回到开始界面,这时候选择的照片显示在屏幕上,如图 11-6(c) 所示。

(a)　　　　　　(b)　　　　　　(c)　　　　　　(d)

图 11-6　从照相机中抓取

首先使用 Xcode 选择 Single View Application 工程模板,创建一个 ImagePicker 工程。具体的 UI 设计过程不再赘述,这里重点看看代码部分。其中视图控制器类 ViewController.

swift 的声明和定义相关代码如下：

```
class ViewController: UIViewController,
    UIImagePickerControllerDelegate, UINavigationControllerDelegate {           ①

    @IBOutlet weak var imageView: UIImageView!                                  ②
    var imagePicker : UIImagePickerController!
    ...
}
```

上述第①行代码声明实现 UIImagePickerControllerDelegate 和 UINavigationControllerDelegate 委托协议，其中 UINavigationControllerDelegate 也是 UIImagePickerController 的 delegate 属性要求实现的协议。UINavigationControllerDelegate 协议定义了两个方法：

- navigationController:willShowViewController:animated:
- navigationController:didShowViewController:animated:

这两个方法是在抓取界面出现前后回调的方法，开发人员可以根据自己的需要选择实现它们。第②行代码定义了图像抓取器控制器 imagePicker 属性。

视图控制器类 ViewController.swift 中响应按钮触摸事件代码如下：

```
@IBAction func pickPhotoLibrary(sender: AnyObject) {                            ①
    if self.imagePicker == nil {
        self.imagePicker = UIImagePickerController()
    }
    self.imagePicker.delegate = self
    self.imagePicker.sourceType = .SavedPhotosAlbum
    self.presentViewController(self.imagePicker,
                        animated: true, completion: nil)
}

@IBAction func pickPhotoCamera(sender: AnyObject) {                             ②

    if UIImagePickerController.isSourceTypeAvailable(.Camera) {                 ③

        if self.imagePicker == nil {
            self.imagePicker = UIImagePickerController()                        ④
        }

        self.imagePicker.delegate = self                                        ⑤
        self.imagePicker.sourceType = .Camera                                   ⑥
        self.presentViewController(self.imagePicker,
                        animated: true, completion: nil)                        ⑦
    } else {
        println("照相机不可用。")
    }
}
```

在上述代码中第①行 pickPhotoLibrary:方法是响应从图片库中选取按钮触摸事件,第②行 pickPhotoCamera:方法是响应从照相机抓取图片按钮触摸事件。

在 pickPhotoCamera:方法中,代码第③行是通过 UIImagePickerController 的类方法 isSourceTypeAvailable:判断设备是否支持照相机图像源,如果是在 iOS 设备上运行,则该方法返回值是 true,如果是在模拟器上运行,则返回值是 false。

第④行代码是实例化 UIImagePickerController 对象。第⑤行代码指定 self 为 UIImagePickerController 的委托对象。

第⑥行代码是指定 UIImagePickerController 对象的图像源为照相机。第⑦行代码是呈现系统提供的图像选择器界面。

视图控制器类 ViewController.swift 中实现委托的代码如下:

```
func imagePickerControllerDidCancel(picker: UIImagePickerController) {
    self.imagePicker.delegate = nil
    self.dismissViewControllerAnimated(true,completion: nil)
}

func imagePickerController(picker: UIImagePickerController,
    didFinishPickingMediaWithInfo info: [NSObject : AnyObject]) {

    let originalImage = info[UIImagePickerControllerOriginalImage]
                                                    as! UIImage                 ①

    self.imageView.image = originalImage                                         ②
    self.imageView.contentMode = .ScaleAspectFill                                ③
    self.imagePicker.delegate = nil
    self.dismissViewControllerAnimated(true,completion: nil)                    ④
}
```

第①行代码是从参数 info 中取出原始图片数据,参数 info 如果抓取的是图片,则包含了原始或编辑后的图片数据;如果抓取的是视频,则 info 里包含的是视频存放路径。UIImagePickerControllerOriginalImage 键是获取原始图片数据。此外,常用的键还有:

- UIImagePickerControllerMediaType。由用户指定的媒体类型。
- UIImagePickerControllerEditedImage。编辑后的图片数据。
- UIImagePickerControllerCropRect。裁剪后的图片数据。
- UIImagePickerControllerMediaURL。视频存放路径。

第②行代码 self.imageView.image = originalImage 是将从参数 info 中取出的图像对象保存到 Image View 控件上显示出来。

第③行代码 self.imageView.contentMode = .ScaleAspectFill 是设置 Image View 控件显示图像的方式,.ScaleAspectFill 是缩放图像填充视图,有可能被裁减掉一些内容。

第④行代码是关闭图像选择器界面。

11.2 使用 Core Image 框架

Core Image 是图像处理中非常重要的框架，如图 11-7 所示。Core Image 被用来实时地处理和分析图像，它能处理来自于 Core Graphics、Core Video 和 Image I/O 等框架的数据类型，并使用 CPU 或 GPU 进行渲染。Core Image 能够屏蔽很多低层次的技术细节，如 OpenGL ES 和 GCD（Grand Central Dispatch）等技术。

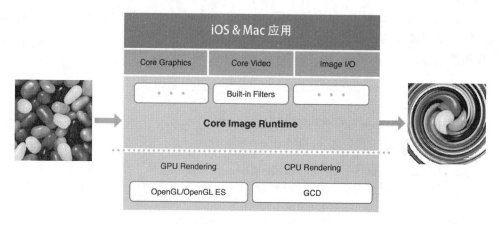

图 11-7　Core Image 框架

11.2.1　Core Image 框架 API

Core Image 框架中有几个非常重要的类：

- CIImage。Core Image 框架中的图像类。
- CIContext。上下文对象，所有图像处理都是在一个 CIContext 中完成，通过 Quartz 2D 和 OpenGL 渲染 CIImage 对象。
- CIFilter。滤镜类包含一个字典结构，对各种滤镜定义了属于它们各自的属性。
- CIDetector。面部识别类，借助于 CIFaceFeature 可以识别嘴和眼睛的位置。

在 Core Image 框架中最常用的是 CIImage 类，它有一些构造方法和静态创建方法（即直接通过类名调用静态方法创建）。这些方法如下：

- ＋imageWithCGImage：，静态创建方法，通过 CGImageRef 创建图像对象。
- ＋imageWithContentsOfURL：，静态创建方法，通过文件路径创建图像对象。
- ＋imageWithData：，静态创建方法，通过内存中 NSData 对象创建图像对象。
- －initWithCGImage：，构造方法，通过内存中 CGImageRef 对象创建图像对象。
- －initWithContentsOfURL：，构造方法，通过文件路径创建图像对象。
- －initWithData：，构造方法，通过内存中 NSData 对象创建图像对象。

在 iOS 设备中 CIImage 图像来源有主要有 4 种不同渠道：

- 从应用程序包中（资源文件）加载
- 从应用程序沙箱目录加载
- 从云服务器端获取
- 从设备图片库选取或从照相机抓取

如果一个 icon.png 文件放在应用程序包中（资源文件）加载图像，则可以通过下面的几种代码实现：

```
let path = NSBundle.mainBundle().pathForResource("icon",ofType:"png")
let fileNameAndPath = NSURL(fileURLWithPath: path!)
let image = CIImage(contentsOfURL: fileNameAndPath)
```

或

```
let path = NSBundle.mainBundle().pathForResource("icon",ofType:"png")
let data = NSData(contentsOfFile: path!)
let image = CIImage(data: data!)
```

如果 icon.png 文件放在应用程序沙箱目录中的 Document 目录下，则可以通过下面的几种代码实现：

```
let documentDirectorys: NSArray = NSSearchPathForDirectoriesInDomains(
         .DocumentDirectory,.UserDomainMask,true)
let documentDirectory = documentDirectorys[0] as! String
let path = documentDirectory.stringByAppendingPathComponent("icon.png")
let fileNameAndPath = NSURL(fileURLWithPath: path)
let image = CIImage(contentsOfURL: fileNameAndPath)
```

或

```
let documentDirectorys: NSArray = NSSearchPathForDirectoriesInDomains(
         .DocumentDirectory,.UserDomainMask,true)
let documentDirectory = documentDirectorys[0] as! String
let path = documentDirectory.stringByAppendingPathComponent("icon.png")
let data = NSData(contentsOfFile: path)
let image = CIImage(data: data!)
```

在上述代码中获得应用程序沙箱目录中 Document 目录语句如下：

```
let documentDirectorys: NSArray = NSSearchPathForDirectoriesInDomains(
             .DocumentDirectory,.UserDomainMask,true)
let documentDirectory = documentDirectorys[0] as! String
let path = documentDirectory.stringByAppendingPathComponent("icon.png")
```

如果 icon.png 文件放在云服务器端 http://xxx/icon.png 下，则可以通过如下的几种方式创建 CIImage 图像对象。

```
let url = NSURL(string: "http://xxx/icon.png")
let data = NSData(contentsOfURL: url!)
let image = CIImage(data: data)
```

11.2.2 滤镜

使用过 Photoshop 的人对于滤镜(filter)应该有很深刻的印象,那么滤镜到底是什么?让看看维基百科对于滤镜的解释:

> 滤镜通常用于相机镜头作为调色、添加效果之用,如 UV 镜、偏振镜、星光镜、各种色彩滤光片。滤镜也是绘图软件中用于制造特殊效果的工具统称,以 Photoshop 为例,它拥有风格化、画笔描边、模糊、扭曲、锐化、视频、素描、纹理、像素化、渲染、艺术效果、其他等 12 个滤镜。——引自于维基百科

在 iOS 中滤镜的 API 是 Core Image 框架定义的。有 90 多种滤镜,而 Mac OS X 10.8 提供了 120 多种滤镜。滤镜数量很多,而且又有很多参数和属性使用起来有点麻烦。下面介绍滤镜的使用流程。滤镜使用流程可以分成三个步骤:

1. 创建滤镜 CIFilter 对象。
2. 设置滤镜参数。
3. 输出结果。

实例代码如下:

```
let context = CIContext(options: nil)
let cImage = CIImage(CGImage: self.image.CGImage)

let invert = CIFilter(name: "CIColorInvert")                              ①
invert.setDefaults()                                                       ②
invert.setValue(cImage, forKey: "inputImage")                              ③
var result = invert.valueForKey("outputImage") as! CIImage                 ④
```

其中代码第①行是通过滤镜名创建滤镜对象。代码第②行 invert.setDefaults() 是设置滤镜的默认参数,由于每个滤镜都有很多参数,这些参数不需要一一设置,可以通过 invert.setDefaults() 语句设置默认值。

代码第③行是设置它的输入参数(inputImage),输入参数是必须要设定的参数。

代码第④行是获得输出的 CIImage 图像对象,可以调用滤镜的 outputImage 属性获得输出图像对象。代码如下所示:

```
let result = invert.outputImage
```

11.2.3 实例:旧色调和高斯模糊滤镜

下面通过一个具体的实例介绍滤镜使用,实例通过屏幕下方的两个按钮分别从两种不同的滤镜(旧色调和高斯模糊)。如图 11-8(a)所示,选择"旧色调"段后拖曳下面的滑块,可以改变色调强度。如图 11-8(b)所示,选择"高斯模糊"段后拖曳下面的滑块,可以改变高斯模糊半径。

图 11-8　滤镜实例

首先使用 Xcode 选择 Single View Application 工程模板，创建一个 FilterEffects 工程。具体的 UI 设计过程不再赘述，这里重点看看代码部分。其中视图控制器类 ViewController.swift 中声明和定义相关代码如下：

```
class ViewController: UIViewController {

    @IBOutlet weak var imageView: UIImageView!

    @IBOutlet weak var label: UILabel!

    var image : UIImage!

    // 0 为 CISepiaTone 1 为 CIGaussianBlur
    var flag    = 0

    override func viewDidLoad() {
        super.viewDidLoad()
        self.image = UIImage(named: "SkyDrive340.png")
        self.imageView.image = self.image
        self.label.text = ""
```

```swift
    }


    @IBAction func changeValue(sender: AnyObject) {
    
        let slider   = sender as! UISlider
        var value :Float = slider.value
        
        if self.flag == 0 {
            self.filterSepiaTone(value)
        } else if self.flag == 1 {
            self.filterGaussianBlur(value)
        }
    }


    @IBAction func segmentSelected(sender: AnyObject) {
    
        let seg   = sender as! UISegmentedControl
        
        if (seg.selectedSegmentIndex == 0) {            //旧色调
            flag = 0;
        } else {                                        //高斯模糊
            flag = 1;
        }
    }
    ……

}
```

在上面的代码中 int flag 是定义的成员变量,用来记录单击了"旧色调"按钮还是单击了"高斯模糊"按钮。当单击"旧色调"按钮,则设置为 0;当单击了"高斯模糊"按钮,则设置为 1。

视图控制器 ViewController.swif 文件中操作旧色调 filterSepiaTone:方法代码如下所示:

```swift
func filterSepiaTone(value : Float) {
    
    let context = CIContext(options: nil)                              ①
    let cImage = CIImage(CGImage: self.image.CGImage)                  ②
    
    let sepiaTone = CIFilter(name: "CISepiaTone")                      ③
    sepiaTone.setValue(cImage, forKey: "inputImage")                   ④
    
    let text = String(format: "旧色调 Intensity : %.2f",value)
    self.label.text = text
```

```
        sepiaTone.setValue(value,forKey: "inputIntensity")                    ⑤
        var result = sepiaTone.valueForKey("outputImage") as! CIImage         ⑥

        let imageRef = context.createCGImage(result,fromRect: CGRectMake(0,0,
                self.imageView.image!.size.width,
                self.imageView.image!.size.height))                           ⑦

        let image =   UIImage(CGImage: imageRef)                              ⑧

        self.imageView.image = image

        flag = 0
    }
```

在上述代码中第①行是创建CIContext对象，CIContext构造方法是一个NSDictionary类型参数，它规定了各种选项，包括颜色格式以及内容是否应该运行在CPU或GPU上。对于本例默认值就可以了，所以只需要传入nil。

第②行代码通过CGImage创建CIImage对象。第③行代码是创建CISepiaTone（旧色调）滤镜。第④行代码是设置滤镜的输入参数（inputImage）。第⑤行代码是设置旧色调滤镜色调强度（inputIntensity）值。第⑥行代码是取得滤镜之后的图像对象，类型为CIImage。

第⑦行代码是使用CIContext的createCGImage:fromRect:方法创建CGImageRef对象。fromRect:部分参数是设置图像大小。

第⑧行代码是通过GImage对象创建UIImage对象，这是因为UIImage图像对象是可以放置在UIImageView控件上显示的。

视图控制器ViewController.swift文件中操作高斯模糊filterGaussianBlur:方法代码如下所示：

```
    func filterGaussianBlur(value : Float) {

        let context = CIContext(options: nil)
        let cImage = CIImage(CGImage: self.image.CGImage)

        let gaussianBlur = CIFilter(name: "CIGaussianBlur")                   ①
        gaussianBlur.setValue(cImage,forKey: "inputImage")

        let text = String(format: "高斯模糊 Radius : %.2f",value * 10)         ②
        self.label.text = text

        gaussianBlur.setValue(value,forKey: "inputRadius")                    ③
        var result = gaussianBlur.valueForKey("outputImage") as! CIImage

        let imageRef = context.createCGImage(result,fromRect: CGRectMake(0,0,
                self.imageView.image!.size.width,
                self.imageView.image!.size.height))
```

```
        let image =   UIImage(CGImage: imageRef)
        self.imageView.image = image
        
        flag = 1
    }
```

filterGaussianBlur：方法与 filterSepiaTone：方法非常相似。其中第①行代码是创建高斯模糊滤镜（CIGaussianBlur）对象。第②行代码中 value * 10 是将滑块取得的值乘 10，滑块的取值范围为 0.0～1.0，而高斯模糊半径参数（Radius）的取值范围为 0.0～10.0。第③行代码是设置高斯模糊半径参数（Radius）取值，其中 inputRadius 是输入参数名。

本章小结

通过对本章的学习，读者可以了解 UIImage、CIImage 和 CGImage 对象的不同，他们的应用的场景。然后介绍了 Core Image 框架 API 以及滤镜的使用。

第 12 章 数 据 存 储

信息和数据在现代社会中扮演着至关重要的角色,已成为人们生活中不可或缺的一部分。经常接触的信息有电话号码本、QQ 通信录、消费记录等,而智能手机就是这些信息和数据的载体和传播工具。本章将向大家介绍 iOS 系统中多种数据存储方式和分层架构设计。

12.1 数据存储概述

iOS 有一套完整的数据安全体系,iOS 应用程序只能访问自己的目录,这个目录称为沙箱目录,而应用程序间禁止数据的共享和访问。访问一些特殊的应用,如:联系人应用,必须通过特定 API 访问。iOS 支持现在主流数据持存储方式,本节将讨论这些方式。

12.1.1 沙箱目录

沙箱目录是一种数据安全策略,很多系统都采用沙箱设计,实现 HTML5 规范的一些浏览器也采用沙箱设计。沙箱目录设计的原理就是只能允许自己的应用访问目录,而不允许其他的应用访问。在 Android 平台中,通过 Content Provider 技术将数据共享给其他应用。而在 iOS 系统中,特有的应用(联系人等)需要特定的 API 才可以共享数据,其他的应用之间都不能共享数据。

下面的目录是 iOS 平台的沙箱目录,可以在模拟器下面看到,在真实设备上也是这样存储的。

/Users/<用户>/Library/Developer/CoreSimulator/Devices/ 5EAE7692 - 79ED - 4DA0 - 9031 - B622062DA69D/data/Containers/Data/Application/4EC70796 - 3C2C - 4FF4 - B869 - 1E84E9C2A22B

每个应用安装之后有类似的目录,在 4EC70796-3C2C-4FF4-B869-1E84E9C2A22B 目录下面:Documents、Library 和 tmp,它们都是沙箱目录的子目录,其目录结构如下所示。

```
├── Documents
│   └── NotesList.sqlite3
├── Library
│   ├── Caches
│   └── Preferences
└── tmp
```

下面分别介绍这 3 个子目录,它们有不同的用途、场景和访问方式。

1. Documents 目录

该目录用于存储非常大的文件或需要非常频繁更新的数据,能够进行 iTunes 或 iCloud 的备份。获取目录位置的代码如下所示。

```
let documentDirectory: NSArray = NSSearchPathForDirectoriesInDomains(.DocumentDirectory, .UserDomainMask, true)
```

其中 documentDirectory 是只有一个元素的数组,因此还需要使用下面的代码取出一个路径来。

```
let myDocPath = documentDirectory[0] as NSString
```

或

```
let myDocPath = documentDirectory.lastObject as NSString
```

因为 documentDirectory 数组只有一个元素,所以取第一个元素和最后一个元素都是一样的,都可以取出 Documents 目录。

2. Library 目录

在 Library 目录下面有 Preferences 和 Caches 目录。其中,前者用于存放应用程序的设置数据,后者与 Documents 很相似,可以存放应用程序的数据,用来存储缓存文件。

3. tmp 目录

这是临时文件目录,用户可以访问它。它不能够进行 iTunes 或 iCloud 的备份。要获取目录的位置,可以使用如下代码。

```
let tmpDirectory = NSTemporaryDirectory()
```

12.1.2 数据存储方式

数据存储方式就是数据存取方式。iOS 支持本地存储和云端存储,本章主要介绍本地存储,主要涉及如下 4 种机制。

- 属性列表。集合对象可以读写到属性列表文件中。
- 对象归档。对象状态可以保存到归档文件中。
- SQLite 数据库。SQLite 是一个开源嵌入式关系型数据库。
- Core Data。它是一种对象关系映射技术(ORM),本质上也是通过 SQLite 存储的。

采用什么技术,要看具体实际情况而定。属性列表文件和对象归档一般用于存储少量数据。属性列表文件的访问要比对象归档的访问简单,Foundation 框架集合对象都有对应的方法读写属性列表文件,而对象归档是借助 NSData 实现的,使用起来比较麻烦。SQLite 数据库和 Core Data 一般用于有几个简单表关系的大量数据的情况。如果是复杂表关系,且数据量很大,应该考虑把数据放在远程云服务器中。

12.2 分层架构设计

在涉及到数据存储的应用时候，无论是本地存储还是云端存储，应用相对比较复杂，需要一个有效地架构设计组织工程中的类或组件。

衡量一个软件架构设计好坏的的原则是可复用性和可扩展性。因为可复用性和可扩展性强的软件系统能够满足用户不断变化的需求。为了能够使软件系统具有可复用性和可扩展性，主张采用分层架构设计，层（Layer）就是具有相似功能的类或组件的集合。例如：表示层就是在应用中负责与用户交互的类和组件的集合。

在讨论 iOS 平台上的应用分层设计之前，先讨论一下一个企业级系统是如何进行分层设计的。

12.2.1 低耦合企业级系统架构设计

首先，来了解一下企业级系统架构设计。软件设计的原则是提高软件系统的"可复用性"和"可扩展性"，系统架构设计采用层次划分方式，这些层次之间是松耦合的，层次内部是高内聚的。图 12-1 是通用低耦合的企业级系统架构图。

图 12-1　通用低耦合的企业级系统架构图

- 表示层。用户与系统交互的组件集合。用户通过这一层向系统提交请求或发出指令，系统通过这一层接收用户请求或指令，待指令消化吸收后再调用下一层，接着将调用结果展现到这一层。表示层应该是轻薄的，不应该具有业务逻辑。
- 业务逻辑层。系统的核心业务处理层。负责接收表示层的指令和数据，待指令和数据消化吸收后，再进行组织业务逻辑的处理，并将结果返回给表示层。
- 数据持久层。数据持久层用于访问信息系统层，即访问数据库或文件操作的代码应该只能放到数据持久层中，而不能出现在其他层中。
- 信息系统层。系统的数据来源，可以是数据库、文件、遗留系统或者网络数据。

图 12-1 所示看起来像一个多层"蛋糕"，蛋糕师们在制作多层"蛋糕"的时候先做下层再做上层，最后做顶层。没有下层就没有上层，这叫做"上层依赖于下层"。在图 12-1 所示说明了，信息系统层是最底层它是所有层的基础，没有信息系统层就没有其他层。其次是数据持久层，没有数据持久层就没有业务逻辑层和表示层。再次是逻辑层，没有逻辑层就没有表

示层。最后是表示层。也就是说开发一个企业级系统的应用顺序是，先是信息层，其次是数据持久层，再次是业务逻辑层，最后是表示层。

12.2.2　iOS 分层架构设计

iOS（也可以说移动平台）的应用也需要架构设计吗？答案是肯定的，但是并不一定采用分层架构设计，一般有关信息处理的应用应该采用分层架构设计。而游戏等应用一般不会采用这种分层架构设计。

> **提示**　游戏开发一般都会采用某个引擎，游戏引擎事实上包含了架构设计解决方案，游戏引擎的架构一般不是分层的而是树形结构的。

如图 12-2 所示是 iOS 分层架构设计，其中各层内容说明如下：
- 表示层。它由 UIKit Framework 构成，包括前面的视图、控制器、控件和事件处理等内容。
- 业务逻辑层。采用什么框架要根据具体的业务而定，但一般是具有一定业务处理功能的 Swift、Objective-C 和 C++ 等语言封装的类，或者是 C 封装的函数。
- 数据持久层。提供本地或网络数据访问，它可能是访问 SQLite 数据的 API 函数，也可能是 Core Data 技术，或是访问文件的 NSFileManager，或是网络通信技术。采用什么方式要看信息系统层是什么。
- 信息系统层。它的信息来源分为本地和网络。本地数据可以放入文件中，也可以放在数据库中，目前 iOS 本地数据库采用 SQLite3。网络可以是某个云服务，也可以是一般的 Web 服务。

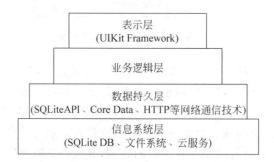

图 12-2　iOS 平台中信息处理应用的分层架构设计图

在 iOS 平台中，分层架构设计有多种模式。由于 iOS 8 之后应用开发可以使用 Swift 和 Objective-C 两种语言，开发人员有 4 种方式可以选择开发语言。
- 采用纯 Swift 的改革派方式；
- 采用纯 Objective-C 的保守派方式；
- 采用 Swift 调用 Objective-C 的左倾改良派方式；

- 采用 Objective-C 调用 Swift 的右倾改良派方式。

从技术上讲，无论是否采用分层架构设计都可以有上述 4 种方式选择语言，也就是说可以在同一层中采用单一语言和混合搭配；也可以在不同层之间采用单一语言和混合搭配。但是从设计规范上讲，一般不用在同一层中使用混合搭配，在不同层之间可以混合搭配。基于图 12-2 进行分层，如果只考虑业务逻辑层和数据持久层采用相同语言情况下，那么混合搭配 4 种模式。

- ObjC-ObjC-ObjC，缩写为 OOO：Objective-C 语言实现表示层，Objective-C 语言实现业务逻辑层，Objective-C 语言实现数据持久层。
- Swift-Swift-Swift，缩写为 SSS：Swift 语言实现表示层，Swift 语言实现业务逻辑层，Swift 语言实现数据持久层。
- Swift-ObjC-ObjC，缩写为 SOO：Swift 语言实现表示层，Objective-C 语言实现业务逻辑层，Objective-C 语言实现数据持久层。
- ObjC-Swift-Swift，缩写为 OSS：Objective-C 语言实现表示层，Swift 语言实现业务逻辑层，Swift 语言实现数据持久层。

另外，如果考虑到代码的组织形式，可以分为如下 3 种组织方式。
- 同一工程的分层；
- 基于静态链接库实现的同一个工作空间不同工程的分层；
- 基于自定义框架实现的同一个工作空间不同工程的分层。

同一工程的分层比较简单，其他的两种方式比较复杂，本书重点介绍同一工程的分层。

12.3 实例：MyNotes 应用

先介绍一下本章所使用的实例——MyNotes 应用。这个实例是一个基于 iOS(iPhone 和 iPad 两个平台)的 MyNotes 应用，它具有增加、删除和查询备忘录的基本功能。图 12-3 是 MyNotes 应用的用例图。分层设计之后，表示层可以有 iPhone 版和 iPad 版本，而业务逻辑层、数据持久层和信息系统层可以公用，这样大大减少了工作量。

考虑到 iOS 有 iPhone 和 iPad 两个平台，针对不同的平台绘制了相应的设计原型草图，如图 12-4、图 12-5 和图 12-6 所示。

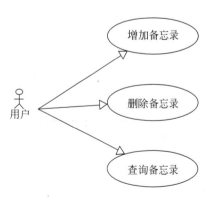

图 12-3　MyNotes 应用的用例图

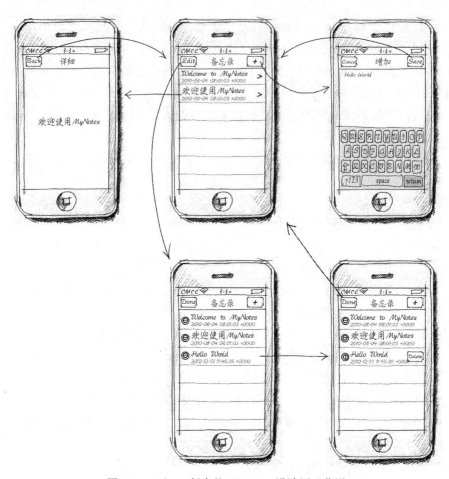

图 12-4　iPhone 版本的 MyNotes 设计原型草图

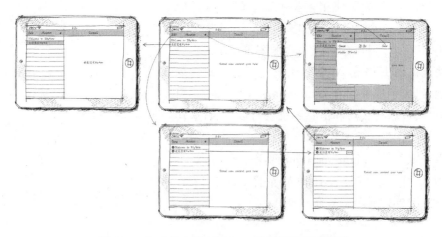

图 12-5　iPad 版本的 MyNotes 横屏设计原型草图

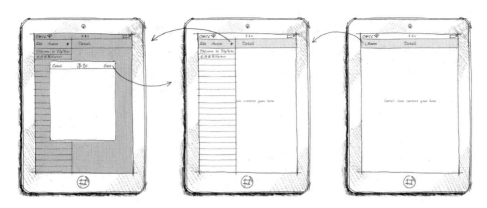

图 12-6　iPad 版本的 MyNotes 竖屏设计原型草图

12.3.1　采用纯 Swift 语言实现

纯 Swift 语言实现分层架构如图 12-7 所示。打开本节案例代码 MyNotes 工程，如图 12-8 所示。在 Xcode 工程导航面板中，共有 3 个组——PresentationLayer、BusinessLogicLayer 和 PersistenceLayer。其中，PresentationLayer 用于放置表示层相关的类，BusinessLogicLayer 用于放置业务逻辑层相关的类，PersistenceLayer 用于放置持久层相关的类。

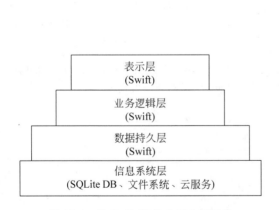

图 12-7　纯 Swift 语言实现分层架构

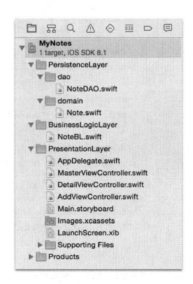

图 12-8　纯 Swift 语言 Xcode 工程

在各个层下面，又是如何划分的呢？可以按照业务模块划分，也可以按照组件功能划分。在本应用中，PersistenceLayer 层还要分成 dao 和 domain 两个组。dao 用于放置数据访问对象，该对象中有访问数据的 CRUD 四类方法。为了降低耦合度，dao 一般要设计成为协议（或 Java 接口），然后根据不同的数据来源采用不同的实现方式。domain 组是实体类,实体是应用中的"人"、"事"、"物"等。

> **提示** CRUD方法是访问数据的4个方法——增加、删除、修改和查询。C为Create,表示增加数据。R是Read,表示查询数据,U是Update,表示修改数据。D是Delete,表示删除数据。

在dao组中,NoteDAO.swift中的代码如下:

```swift
import Foundation

class NoteDAO {
    //保存数据列表
    var listData: NSMutableArray!
    
    class var sharedInstance: NoteDAO {                                    ①
        struct Static {                                                    ②
            static var instance: NoteDAO?                                  ③
            static var token: dispatch_once_t = 0                          ④
        }
        
        dispatch_once(&Static.token) {                                     ⑤
            
            Static.instance = NoteDAO()                                    ⑥
            
            //添加一些测试数据
            var dateFormatter : NSDateFormatter = NSDateFormatter()
            dateFormatter.dateFormat = "yyyy-MM-dd HH:mm:ss"
            var date1: NSDate = dateFormatter.dateFromString("2015-01-01 16:01:03")!
            var note1: Note = Note(date:date1,content: "Welcome to MyNote.")
            
            var date2: NSDate = dateFormatter.dateFromString("2015-01-02 8:01:03")!
            var note2: Note = Note(date:date2,content: "欢迎使用 MyNote。")
            
            Static.instance?.listData = NSMutableArray()
            Static.instance?.listData.addObject(note1)
            Static.instance?.listData.addObject(note2)
            
        }
        return Static.instance!                                            ⑦
    }
    
    
    //插入 Note 方法
    func create(model: Note) -> Int {
        self.listData.addObject(model)
        return 0
```

```swift
}

//删除 Note 方法
func remove(model: Note) -> Int {
    for note in self.listData {
        var note2 = note as! Note
        //比较日期主键是否相等
        if note2.date == model.date {
            self.listData.removeObject(note2)
            break
        }
    }
    return 0
}

//修改 Note 方法
func modify(model: Note) -> Int {
    for note in self.listData {
        var note2 = note as! Note
        //比较日期主键是否相等
        if note2.date == model.date {
            note2.content = model.content
            break
        }
    }
    return 0
}

//查询所有数据方法
func findAll() -> NSMutableArray {
    return self.listData
}

//修改 Note 方法
func findById(model: Note) -> Note? {
    for note in self.listData {
        var note2 = note as! Note
        //比较日期主键是否相等
        if note2.date == model.date {
            return note2
        }
    }
    return nil
}

}
```

在上述代码中 NoteDAO 采用了单例设计模式，这种模式与 DAO 设计模式没有关系，这是为防止创建多个 DAO 对象，其中 listData 属性用于保存数据表中的数据，其中每一个元素都是 Note 对象。数据放置在 listData 属性中（这里本应该是从数据库中取出的，但是数据库访问技术还没有学习），CRUD 方法也都是对 listData 而非数据库的处理。

> **提示** 单例模式的作用是解决"应用中只有一个实例"的问题。Swift 单例设计模式非常灵活，上述代码①～⑦通过静态计算属性和多线程访问技术 Grand Central Dispatch（缩写，GCD）实现。代码第①行是 sharedInstance 是静态计算属性，通过该属性可以获得单例对象。第②行代码是定义结构体，结构体有两个属性，其中第③行代码静态属性 instance 保存了单例对象，第④行代码中 dispatch_once_t 类型，是一种基于 C 语言的多线程访问技术 Grand Central Dispatch（缩写，GCD），dispatch_once_t 是 GCD 提供的结构体。第⑤行代码是 token 地址传给 dispatch_once 函数。dispatch_once 函数能够记录该代码块是否被调用过。dispatch_once 函数不仅意味着代码仅会被运行一次，而且还意味着此运行还是线程同步的。第⑥行代码是实例化单例对象，第⑦行代码是返回实例。

在 domain 组中，Note 的代码如下，它只有两个属性——date 是创建备忘录的日期，content 是备忘录的内容：

```
import Foundation

class Note {

    var date:NSDate
    var content:NSString

    init(date:NSDate,content:NSString ) {
      self.date = date
      self.content = content
    }
}
```

在业务逻辑层 BusinessLogicLayer 中，类一般是按照业务模块设计的，它的方法是业务处理方法。下面是 NoteBL.swift 中的代码。

```
import Foundation

class NoteBL {

  //插入 Note 方法
  func createNote(model: Note) -> NSMutableArray {
      var dao:NoteDAO = NoteDAO.sharedInstance
      dao.create(model)
      return dao.findAll()
  }
```

```
//删除 Note 方法
func remove(model: Note) -> NSMutableArray {
    var dao:NoteDAO = NoteDAO.sharedInstance
    dao.remove(model)
    return dao.findAll()
}

//查询所用数据方法
func findAll() -> NSMutableArray {
    var dao:NoteDAO = NoteDAO.sharedInstance
    return dao.findAll()
}

}
```

PresentationLayer 是表示层，其中的内容大家应该比较熟悉了，这里不再赘述。

12.3.2 采用 Swift 调用 Objective-C 混合搭配实现

目前采用比较多的是 Swift 调用 Objective-C 混合搭配，因为有很多老版本的项目还是使用 Objective-C 开发的，为了最大可能地利用老版本代码，可以把基于 Objective-C 编写的业务逻辑层和数据持久层复用。由于 iOS 每次升级，表示层的 API 变化很大，所以表示层一般很难复用，表示层可以采用 Swift 语言重构。

采用 Swift 调用 Objective-C 混合搭配分层架构如图 12-9 所示。打开本节案例代码 MyNotes 工程，如图 12-10 所示，在 Xcode 工程导航面板中，共有 3 个组——PresentationLayer、BusinessLogicLayer 和 PersistenceLayer。PresentationLayer 使用的语言是 Swift，BusinessLogicLayer 和 PersistenceLayer 使用的语言是 Objective-C。

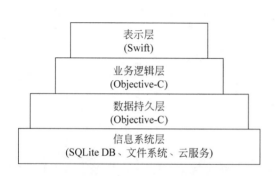

图 12-9　Swift 与 Objective-C 混合搭配实现分层架构

图 12-10　Swift 与 Objective-C 混合搭配的 Xcode 工程

Swift 调用 Objective-C 对象需要添加桥接头文件 MyNotes-Bridging-Header.h，内容如下：

```
#import "Note.h"
#import "NoteDAO.h"
#import "NoteBL.h"
```

在桥接头文件中引入头文件是 Swift 调用的 Objective-C 对象的头文件。关于具体的调用实现，大家可以参考笔者编写的《Swift 开发指南》一书。

12.4 属性列表

属性列表文件是一种 XML 文件，Foundation 框架中的数组和字典等都可以与属性列表文件互相转换，如图 12-11 所示。

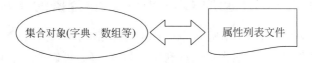

图 12-11　集合与属性列表文件的对应关系

图 12-12 是属性列表文件 NotesList.plist，它是一个数组，其中有两个元素，其元素结构是字典类型。图 12-13 是对应的 NSArray，它是与 NotesList.plist 属性列表文件对应的集合对象。

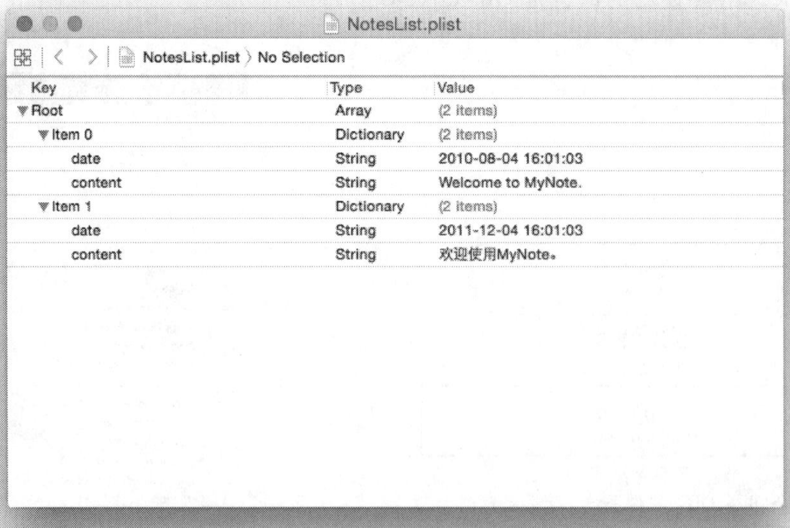

图 12-12　属性列表文件 NotesList.plist

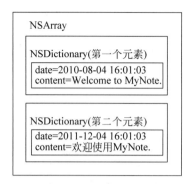

图 12-13　与 NotesList.plist 对应的 NSArray 集合对象

数组类 NSArray 和字典类 NSDictionary 提供了读写属性列表文件的方法,其中 NSArray 类的方法如下所示。

- +arrayWithContentsOfFile：。静态创建工厂方法,用于从属性列表文件中读取数据,创建 NSArray 对象。
- -initWithContentsOfFile：。构造器,用于从属性列表文件读取数据,创建 NSArray 对象。
- -writeToFile:atomically：。该方法把 NSArray 对象写入到属性列表文件中,它的第 1 个参数是文件名;第 2 个参数为是否使用辅助文件,如果为 true,则先写入到一个辅助文件,然后辅助文件再重新命名为目标文件,如果为 false,则直接写入到目标文件。

NSDictionary 类的方法如下所示。

- +dictionaryWithContentsOfFile：。静态创建工厂方法,用于从属性列表文件读取数据,创建 NSDictionary 对象。
- +initWithContentsOfFile：。构造器,用于从属性列表文件读取数据,创建 NSDictionary 对象。
- -writeToFile:atomically：。将 NSDictionary 对象写入到属性列表文件中,它的第 1 个参数是文件名;第 2 个参数为是否使用辅助文件,如果为 true,则先写入到一个辅助文件,然后将辅助文件重新命名为目标文件,如果为 false,则直接写入到目标文件。

事实上,由于采用了分层设计,开发人员只需要重构数据持久层就可以了,主要是修改 NoteDAO 类,其他两层不需要修改任何代码。

在该案例中,涉及一个实体类 Note,其成员如图 12-14 所示。

Note 类有两个成员变量——date 和 content,它们分别用于保存备忘录中的日期和内容。由于基于灵活的分

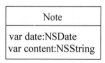

图 12-14　案例中的实体类 Note

层架构,只需要修改持久层工程(PersistenceLayer)中的 NoteDAO 类就可以了。其他的两个工程不需要做任何代码上的修改。

在持久层工程中只需要修改 NoteDAO.swift 文件,在 NoteDAO 中添加两个方法代码如下:

```swift
func createEditableCopyOfDatabaseIfNeeded() {                                    ①
        let fileManager = NSFileManager.defaultManager()
        let writableDBPath = self.applicationDocumentsDirectoryFile()

        let dbexits = fileManager.fileExistsAtPath(writableDBPath)

        if (dbexits != true) {
            let defaultDBPath = NSBundle.mainBundle().resourcePath as String!
            let dbFile = defaultDBPath
                        .stringByAppendingPathComponent("NotesList.plist") as String
            let success = fileManager.copyItemAtPath(dbFile, toPath: writableDBPath, error: nil)   ②

            assert(success,"错误写入文件")                                        ③
        }
    }

func applicationDocumentsDirectoryFile() -> String {                             ④
     let  documentDirectory: NSArray
        = NSSearchPathForDirectoriesInDomains(.DocumentDirectory, .UserDomainMask, true)
    let path = documentDirectory[0].
            stringByAppendingPathComponent("NotesList.plist") as String
    return path
}
```

在上述第①行代码的 applicationDocumentsDirectoryFile 方法获得放置在沙箱 Documents 目录下面的文件的完整路径。

第④行代码的 createEditableCopyOfDatabaseIfNeeded 方法用于判断在 Documents 目录下是否存在 NotesList.plist 文件,如果不存在则从资源目录下复制一个。在 NotesList.plist 这个文件中,预先有两条数据,如图 12-13 所示。第②行代码的 copyItemAtPath:toPath:error:方法实现文件复制。

第③行代码的 assert 是断言函数,当 assert 的第一个参数为 false 的情况下抛出异常。

在 NoteDAO.swift 中插入方法的代码如下所示:

```swift
public func create(model: Note) -> Int {

    let dateFormatter : NSDateFormatter = NSDateFormatter()
    dateFormatter.dateFormat = "yyyy-MM-dd HH:mm:ss"
```

```
        let path = self.applicationDocumentsDirectoryFile()
        var array = NSMutableArray(contentsOfFile: path)!

        var strDate = dateFormatter.stringFromDate(model.date)
        var dict = NSDictionary(objects: [strDate,model.content],forKeys: ["date","content"])

        array.addObject(dict)
        array.writeToFile(path,atomically: true)

        return 0
    }
```

通过 NSMutableArray 的 initWithContentsOfFile 方法可以将属性列表文件内容读取到 array 变量中。由于 NSDate 对象要转换成为 yyyy-MM-dd HH:mm:ss 格式的字符串，所以需要 NSDateFormatter 设定格式，然后使用 stringFromDate:方法将其转换成为字符串，最后用 array.writeToFile(path,atomically: true)语句将其重新写入到属性列表文件中。

NoteDAO.swift 中删除备忘录方法的代码如下：

```
public func remove(model: Note) -> Int {

    let dateFormatter : NSDateFormatter = NSDateFormatter()
    dateFormatter.dateFormat = "yyyy-MM-dd HH:mm:ss"

    let path = self.applicationDocumentsDirectoryFile()
    var array = NSMutableArray(contentsOfFile: path)!

    for item in array {
        var dict = item as NSDictionary
        var strDate = dict["date"] as String
        var date = dateFormatter.dateFromString(strDate)

        //比较日期主键是否相等
        if date == model.date {                                          ①
            array.removeObject(dict)
            array.writeToFile(path,atomically: true)
            break
        }
    }
    return 0
}
```

在上述代码中，需要注意第①行代码，它可以判断两个日期是否相等。由于备忘录的日期字段是主键，所以只有在日期相等的情况下，再从 array 集合中移除这个对象，最后再重新写回到属性列表文件中。

NoteDAO.swift 中修改备忘录方法的代码如下所示。

```swift
public func modify(model: Note) -> Int {
    
    let dateFormatter : NSDateFormatter = NSDateFormatter()
    dateFormatter.dateFormat = "yyyy-MM-dd HH:mm:ss"
    
    let path = self.applicationDocumentsDirectoryFile()
    var array = NSMutableArray(contentsOfFile: path)!
    
    
    for item in array  {
        var dict = item as! NSDictionary
        var strDate = dict["date"] as! String
        var date = dateFormatter.dateFromString(strDate)
        var content = dict["content"] as! String
        
        //比较日期主键是否相等
        if date == model.date {
            dict.setValue(model.content, forKey: "content")
            array.writeToFile(path, atomically: true)
            break
        }
    }
    return 0
}
```

NoteDAO.swift 中查询所有数据方法的代码如下所示：

```swift
public func findAll() -> NSMutableArray {
    
    let dateFormatter : NSDateFormatter = NSDateFormatter()
    dateFormatter.dateFormat = "yyyy-MM-dd HH:mm:ss"
    
    let path = self.applicationDocumentsDirectoryFile()
    var array = NSMutableArray(contentsOfFile: path)!
    
    var listData = NSMutableArray()
    
    for item in array {
        var dict = item as! NSDictionary
        
        var strDate = dict["date"] as! String
        var date = dateFormatter.dateFromString(strDate)!
        var content = dict["content"] as! String
        
        var note = Note(date:date,content:content)
```

```
            listData.addObject(note)
        }

    return listData
}
```

NoteDAO.swift 中按照主键查询数据方法的代码如下所示：

```
public func findById(model: Note) -> Note? {

    let dateFormatter : NSDateFormatter = NSDateFormatter()
    dateFormatter.dateFormat = "yyyy-MM-dd HH:mm:ss"

    let path = self.applicationDocumentsDirectoryFile()
    var array = NSMutableArray(contentsOfFile: path)!

    for item in array {
        var dict = item as! NSDictionary
        var strDate = dict["date"] as! String
        var date = dateFormatter.dateFromString(strDate)!

        var content = dict["content"] as! String

        //比较日期主键是否相等
        if date == model.date {
            var note = Note(date:date,content:content)
            return note
        }
    }
    return nil
}
```

修改完成后，需要选择 Product→Clean 菜单项进行清除一次再编译，再运行一下看看效果。

12.5 使用 SQLite 数据库

2000 年，D. 理查德·希普开发并发布了嵌入式系统使用的关系数据库 SQLite，目前的主流版本是 SQLite 3。SQLite 是开源的，它采用 C 语言编写，具有可移植性强、可靠性高、小而容易使用等特点。SQLite 运行时与使用它的应用程序之间共用相同的进程空间，而不是单独的两个进程。

SQLite 提供了对 SQL-92 标准的支持，支持多表、索引、事务、视图和触发。SQLite 是无数据类型的数据库，就是字段不用指定类型。下面的代码在 SQLite 中是合法的。

```
CREATE TABLE mytable
```

```
(   a VARCHAR(10),
    b NVARCHAR(15),
    c TEXT,
    d INTEGER,
    e FLOAT,
    f BOOLEAN,
    g CLOB,
    h BLOB,
    i TIMESTAMP,
    j NUMERIC(10,5)
    k VARYING CHARACTER (24),
    l NATIONAL VARYING CHARACTER(16)
);
```

12.5.1 SQLite 数据类型

虽然 SQLite 可以忽略数据类型,但从编程规范上讲,应该在 Create Table 语句中指定数据类型。因为数据类型可以告知这个字段的含义,便于代码的阅读和理解。SQLite 支持的常见数据类型如下所示。

- INTEGER。有符号的整数类型。
- REAL。浮点类型。
- TEXT。字符串类型,采用 UTF-8 和 UTF-16 字符编码。
- BLOB。二进制大对象类型,能够存放任何二进制数据。

在 SQLite 中没有 Boolean 类型,可以采用整数 0 和 1 替代。也没有日期和时间类型,它们存储在 TEXT、REAL 和 INTEGER 类型中。

为了兼容 SQL-92 中的其他数据类型,可以将它们转换成为上述几种数据类型。

- VARCHAR、CHAR 和 CLOB 转换成为 TEXT 类型。
- FLOAT、DOUBLE 转换成为 REAL 类型。
- NUMERIC 转换成为 INTEGER 或者 REAL 类型。

12.5.2 创建数据库

要创建数据库,需要经过如下 3 个步骤。

(1) 使用 sqlite3_open 函数打开数据库。
(2) 使用 sqlite3_exec 函数执行 Create Table 语句,创建数据库表。
(3) 使用 sqlite3_close 函数释放资源。

在这个过程中,使用了 3 个 SQLite3 函数,它们都是纯 C 语言函数。通过 Objective-C 或 Swift 调用 C 函数当然不是什么问题,但是也要注意 Objective-C 或 Swift 数据类型与 C 数据类型的兼容性问题。

下面使用 SQLite 技术实现 MyNotes 案例。与属性列表文件的实现一样,只需修改持久层工程(PersistenceLayer)中的 NoteDAO 类就可以了。首先，需要添加 SQLite3 库到可以运行的工程环境中，选择工程中的 TARGETS→MyNotes→Link Binary With Libraries，单击左下角的＋按钮，从弹出界面中选择 libsqlite3.dylib 或 libsqlite3.0.dylib，在弹出的对话框中单击 Add 按钮添加，如图 12-15 所示。

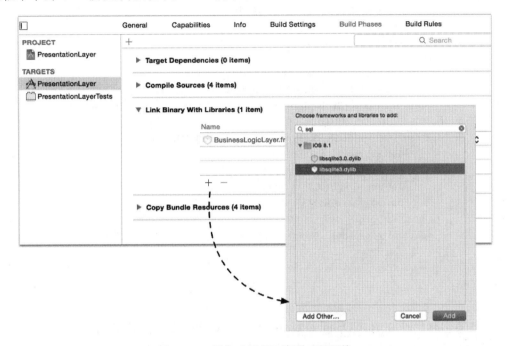

图 12-15　添加 SQLite3 库到工程环境

说明　由于在框架工程中不能使用桥接头文件(MyNotes-Bridging-Header.h)，因此也就不能在 Swift 中调用 Objective-C、C++和 C 等语言，所以 SQLite 实现的 MyNotes 案例采用基于同一工程的纯 Swift 语言实现的 iOS 分层架构模型。为了使 Swift 能够调用基于 C 语言的 SQLite API，需要在 MyNotes-Bridging-Header.h 中引入 SQLite 头文件，代码如下：

```
#import "sqlite3.h"
```

NoteDAO.swift 文件中的属性和 createEditableCopyOfDatabaseIfNeeded 方法的代码如下所示。

```
class NoteDAO {

    let DBFILE_NAME = "NotesList.sqlite3"
    var db:COpaquePointer = nil                                             ①
    ……
```

```
func createEditableCopyOfDatabaseIfNeeded() {
    let writableDBPath = self.applicationDocumentsDirectoryFile()
    let cpath = writableDBPath.cStringUsingEncoding(NSUTF8StringEncoding)      ②

    if sqlite3_open(cpath!,&db) != SQLITE_OK {                                  ③
        sqlite3_close(db)                                                       ④
        assert(false,"数据库打开失败。")                                           ⑤
    } else {
        let sql = "CREATE TABLE IF NOT EXISTS
                    Note (cdate TEXT PRIMARY KEY,content TEXT)"                 ⑥
        let cSql = sql.cStringUsingEncoding(NSUTF8StringEncoding)               ⑦

        if (sqlite3_exec(db,cSql!,nil,nil,nil) != SQLITE_OK) {                  ⑧
            let err = sqlite3_errmsg(db)                                        ⑨
            sqlite3_close(db)
            let msg = "建表失败:\(err)"
            assert(false,msg)
        }
        sqlite3_close(db)
    }
}
……
}
```

上述第①行代码的 db:COpaquePointer 是声明 C 指针类型变量 db,它相当于 C 语言的 sqlite3 * db 写法,sqlite3 * 是 sqlite3 指针类型,在 Swift 语言中没有 sqlite3 * 类型,而是 COpaquePointer 类型。

第②行代码是将 Swift 的 String 类型转换为 C 语言接受的 char * 类型数据。第③行代码是打开数据库,其中 sqlite3_open 函数的第 1 个参数是数据库文件的完整路径,需要注意的是在 SQLite3 函数中接受的是 char * 类型数据;第 2 个参数为 sqlite3 指针变量 db 的地址;返回值是 int 类型。在 SQLite3 中,定义了很多常量,如果返回值等于常量 SQLITE_OK,则说明创建成功。

如果打开数据库失败,则需要关闭数据库,见第④行代码,并抛出异常,见第⑤行代码。

如果打开数据库成功,则需要创建数据库中的表,其中第⑥行代码是建表的 SQL 语句,SQL 语句 CREATE TABLE IF NOT EXISTS Note (cdate TEXT PRIMARY KEY,content TEXT)当表 Note 不存在时候创建,否则不创建。

第⑦行代码也是将 Swift 的 String 类型转换为 C 语言接受的是 char * 类型数据。第⑧行代码的 sqlite3_exec(db,cSql!,nil,nil,nil)函数是执行 SQL 语句,该函数的第 1 个参数是 sqlite3 指针变量 db 的地址;第 2 个参数是要执行的 SQL 语句;第 3 个参数是要回调的函数;第 4 个参数是要回调函数的参数;第 5 个参数是执行出错的字符串。

最后数据操作执行完成,要通过 sqlite_close 函数释放资源,代码中多次使用了该函数，当数据库打开失败、SQL 语句执行失败，以及执行成功完成等都会调用。原则上，无论正常结束还是异常结束，必须使用 sqlite3_close 函数释放资源。

12.5.3 查询数据

数据查询一般会带有查询条件，这可以使用 SQL 语句的 where 子句实现，但是在程序中需要动态绑定参数给 where 子句。查询数据的具体操作步骤如下所示。

（1）使用 sqlite3_open 函数打开数据库。
（2）使用 sqlite3_prepare_v2 函数预处理 SQL 语句。
（3）使用 sqlite3_bind_text 函数绑定参数。
（4）使用 sqlite3_step 函数执行 SQL 语句，遍历结果集。
（5）使用 sqlite3_column_text 等函数提取字段数据。
（6）使用 sqlite3_finalize 和 sqlite3_close 函数释放资源。

NoteDAO.swift 中按照主键查询数据方法的代码如下：

```
func findById(model: Note) -> Note? {
    let path = self.applicationDocumentsDirectoryFile()
    let cpath = path.cStringUsingEncoding(NSUTF8StringEncoding)

    if (sqlite3_open(cpath!,&db) != SQLITE_OK) {                               ①
        sqlite3_close(db)                                                      ②
        assert(false,"数据库打开失败。")
    } else {
        let sql = "SELECT cdate,content FROM Note where cdate = ?"
        let cSql = sql.cStringUsingEncoding(NSUTF8StringEncoding)

        var statement:COpaquePointer = nil
        //预处理过程
        if sqlite3_prepare_v2(db,cSql!,-1,&statement,nil) == SQLITE_OK {       ③

            let dateFormatter : NSDateFormatter = NSDateFormatter()            ④
            dateFormatter.dateFormat = "yyyy-MM-dd HH:mm:ss"
            let strDate = dateFormatter.stringFromDate(model.date)
            let cDate = strDate.cStringUsingEncoding(NSUTF8StringEncoding)

            //绑定参数开始
            sqlite3_bind_text(statement,1,cDate!,-1,nil)                       ⑤

            //执行
            if (sqlite3_step(statement) == SQLITE_ROW) {                       ⑥

                let bufDate = UnsafePointer<Int8>(sqlite3_column_text(statement,0))  ⑦
                let strDate = String.fromCString(bufDate)!                     ⑧
                let date : NSDate = dateFormatter.dateFromString(strDate)!
```

```swift
            let bufContent = UnsafePointer< Int8 >(sqlite3_column_text(statement,1))
            let strContent = String.fromCString(bufContent)!

            var note = Note(date: date,content:strContent)
            sqlite3_finalize(statement)
            sqlite3_close(db)

            return note
        }

    }
        sqlite3_finalize(statement)                                                                    ⑨
        sqlite3_close(db)                                                                              ⑩
    }
    return nil
}
```

该方法执行了 6 个步骤，其中第(1)个步骤如第①和②行代码所示，它与创建数据库的第 1 个步骤一样，这里就不再介绍了。

第(2)个步骤如第③行代码所示，语句 sqlite3_prepare_v2（db,cSql!,-1,& statement, nil）是预处理 SQL 语句。预处理的目的是将 SQL 编译成二进制代码，提高 SQL 语句的执行速度。sqlite3_prepare_v2 函数的第 3 个参数代表全部 SQL 字符串的长度；第 4 个参数是 sqlite3_stmt 指针的地址，它是语句对象，通过语句对象可以执行 SQL 语句；第 5 个参数是 SQL 语句没有执行的部分语句。

第(3)个步骤如第⑤行代码所示，语句 sqlite3_bind_text（statement,1,cDate!,-1,nil）是绑定 SQL 语句的参数，其中第 1 个参数是 statement 指针；第 2 个参数为序号（从 1 开始）；第 3 个参数为字符串值；第 4 个参数为字符串长度；第 5 个参数为一个函数指针。如果 SQL 语句中带有问号，则这个问号（它是占位符）就是要绑定的参数，示例代码如下所示：

let sql="SELECT cdate,content FROM Note where cdate=?"

第(4)个步骤为使用 sqlite3_step(statement)执行 SQL 语句，如第⑥行代码所示。如果 sqlite3_step 函数返回值等于 SQLITE_ROW，则说明还有其他的行没有遍历。

第(5)个步骤为提取字段数据，如第 ⑦ 行代码所示，它使用 sqlite3_column_text (statement,0)函数读取字符串类型的字段。需要说明的是，sqlite3_column_text 函数的第 2 个参数用于指定 select 字段的索引（从 0 开始）。其中 UnsafePointer<Int8>映射 C 语言的 const char *，C 语言中 char 也是整数类型，可以认为 UnsafePointer<Int8>就是 C 语言的字符串类型。

第⑧行代码 String.fromCString(bufDate)! 是将 C 语言字符串转换为 Swift 的 String 类型。

读取字段函数的采用与字段类型有关系，SQLite3 中类似的常用函数还有：

- sqlite3_column_blob()

- sqlite3_column_double()
- sqlite3_column_int()
- sqlite3_column_int64()
- sqlite3_column_text()
- sqlite3_column_text16()

关于其他 API，读者可以参考 http://www.sqlite.org/cintro.html。

第(6)个步骤是释放资源，创建数据库过程不同，除了使用 sqlite3_close 函数关闭数据库，第⑨行代码所示，还要使用 sqlite3_finalize 函数释放语句对象 statement，如第⑩行代码所示。

NoteDAO.swift 中的查询所有数据方法的代码如下：

```swift
func findAll() -> NSMutableArray {
    
    var listData = NSMutableArray()
    
    let path = self.applicationDocumentsDirectoryFile()
    let cpath = path.cStringUsingEncoding(NSUTF8StringEncoding)
    
    if (sqlite3_open(cpath!,&db) != SQLITE_OK) {
        sqlite3_close(db)
        assert(false,"数据库打开失败。")
    } else {
        let sql = "SELECT cdate,content FROM Note"
        let cSql = sql.cStringUsingEncoding(NSUTF8StringEncoding)
        
        var statement:COpaquePointer = nil
        //预处理过程
        if sqlite3_prepare_v2(db,cSql!,-1,&statement,nil) == SQLITE_OK {
            
            let dateFormatter : NSDateFormatter = NSDateFormatter()
            dateFormatter.dateFormat = "yyyy-MM-dd HH:mm:ss"
            
            //执行
            while (sqlite3_step(statement) == SQLITE_ROW) {
                
                let bufDate = UnsafePointer<Int8>(sqlite3_column_text(statement,0))
                let strDate = String.fromCString(bufDate)!
                let date : NSDate = dateFormatter.dateFromString(strDate)!
                
                let bufContent = UnsafePointer<Int8>(sqlite3_column_text(statement,1))
                let strContent = String.fromCString(bufContent)!
                
                var note = Note(date: date,content:strContent)
```

```
            listData.addObject(note)
        }

    }
    sqlite3_finalize(statement)
    sqlite3_close(db)
}

return listData
}
```

查询所有数据方法与按照主键查询数据方法类似,区别在于本方法没有查询条件不需要绑定参数。遍历的时候使用 while 循环语句,不是 if 语句。

```
while (sqlite3_step(statement) == SQLITE_ROW) {
    ...
}
```

12.5.4 修改数据

修改数据时,涉及的 SQL 语句有 insert、update 和 delete 语句,这 3 个 SQL 语句都可以带参数。修改数据的具体步骤如下所示。

(1) 使用 sqlite3_open 函数打开数据库。
(2) 使用 sqlite3_prepare_v2 函数预处理 SQL 语句。
(3) 使用 sqlite3_bind_text 函数绑定参数。
(4) 使用 sqlite3_step 函数执行 SQL 语句。
(5) 使用 sqlite3_finalize 和 sqlite3_close 函数释放资源。

与查询数据相比少了提取字段数据这个步骤,其他步骤是一样的。下面看看代码部分。
NoteDAO.swift 中插入备忘录的代码如下:

```
func create(model: Note) -> Int {

    let writableDBPath = self.applicationDocumentsDirectoryFile()
    let cpath = writableDBPath.cStringUsingEncoding(NSUTF8StringEncoding)

    if (sqlite3_open(cpath!,&db) != SQLITE_OK) {
        sqlite3_close(db)
        assert(false,"数据库打开失败。")
    } else {
        let sql = "INSERT OR REPLACE INTO note (cdate,content) VALUES (?,?)"
        let cSql = sql.cStringUsingEncoding(NSUTF8StringEncoding)

        var statement:COpaquePointer = nil
        //预处理过程
```

```swift
        if sqlite3_prepare_v2(db,cSql!,-1,&statement,nil) == SQLITE_OK {

            let dateFormatter : NSDateFormatter = NSDateFormatter()
            dateFormatter.dateFormat = "yyyy-MM-dd HH:mm:ss"
            let strDate = dateFormatter.stringFromDate(model.date)
            let cDate = strDate.cStringUsingEncoding(NSUTF8StringEncoding)

            let cContent = model.content.cStringUsingEncoding(NSUTF8StringEncoding)

            //绑定参数开始
            sqlite3_bind_text(statement,1,cDate!,-1,nil)
            sqlite3_bind_text(statement,2,cContent!,-1,nil)

            //执行插入
            if (sqlite3_step(statement) != SQLITE_DONE) {                           ①
                assert(false,"插入数据失败。")
            }
        }
        sqlite3_finalize(statement)
        sqlite3_close(db)
    }

    return 0
}
```

第①行代码中的 sqlite3_step(statement)语句执行插入语句,常量 SQLITE_DONE 表示执行完成。

NoteDAO.swift 中删除备忘录的代码如下:

```swift
func remove(model: Note) -> Int {

    let writableDBPath = self.applicationDocumentsDirectoryFile()
    let cpath = writableDBPath.cStringUsingEncoding(NSUTF8StringEncoding)

    if (sqlite3_open(cpath!,&db) != SQLITE_OK) {
        sqlite3_close(db)
        assert(false,"数据库打开失败。")
    } else {
        let sql = "DELETE from note where cdate = ?"
        let cSql = sql.cStringUsingEncoding(NSUTF8StringEncoding)

        var statement:COpaquePointer = nil
        //预处理过程
        if sqlite3_prepare_v2(db,cSql!,-1,&statement,nil) == SQLITE_OK {

            let dateFormatter : NSDateFormatter = NSDateFormatter()
            dateFormatter.dateFormat = "yyyy-MM-dd HH:mm:ss"
```

```swift
            let strDate = dateFormatter.stringFromDate(model.date)
            let cDate = strDate.cStringUsingEncoding(NSUTF8StringEncoding)

            //绑定参数开始
            sqlite3_bind_text(statement,1,cDate!,-1,nil)

            //执行插入
            if (sqlite3_step(statement) != SQLITE_DONE) {
                assert(false,"删除数据失败。")
            }
        }
        sqlite3_finalize(statement)
        sqlite3_close(db)
    }

    return 0
}
```

NoteDAO.m 中修改备忘录的代码如下：

```swift
func modify(model: Note) -> Int {

    let writableDBPath = self.applicationDocumentsDirectoryFile()
    let cpath = writableDBPath.cStringUsingEncoding(NSUTF8StringEncoding)

    if (sqlite3_open(cpath!,&db) != SQLITE_OK) {
        sqlite3_close(db)
        assert(false,"数据库打开失败。")
    } else {
        let sql = "UPDATE note set content = ? where cdate = ?"
        let cSql = sql.cStringUsingEncoding(NSUTF8StringEncoding)

        var statement:COpaquePointer = nil
        //预处理过程
        if sqlite3_prepare_v2(db,cSql!,-1,&statement,nil) == SQLITE_OK {

            let dateFormatter : NSDateFormatter = NSDateFormatter()
            dateFormatter.dateFormat = "yyyy-MM-dd HH:mm:ss"
            let strDate = dateFormatter.stringFromDate(model.date)
            let cDate = strDate.cStringUsingEncoding(NSUTF8StringEncoding)

            let cContent = model.content.cStringUsingEncoding(NSUTF8StringEncoding)

            //绑定参数开始
            sqlite3_bind_text(statement,1,cContent!,-1,nil)
            sqlite3_bind_text(statement,2,cDate!,-1,nil)
```

```
            //执行插入
            if (sqlite3_step(statement) != SQLITE_DONE) {
                assert(false,"修改数据失败。")
            }
        }
        sqlite3_finalize(statement)
        sqlite3_close(db)
    }
    return 0
}
```

12.6 小结

根据数据的规模和使用特点,可以将其放在本地或者云服务器中,而本章主要讨论了本地数据存储。分析了数据存取的几种方式及每种数据存取方式适合什么样的场景,并分别举例介绍了每种存取方式的实现。

另外,本章还介绍了 iOS 平台的分层架构设计技术。这些架构设计模式将贯穿全书,包括项目实战篇中的项目,希望读者能够重点学习。

第 13 章 网络数据交换格式

我上小学的时候,一次我向同学借一本《小学生常用成语词典》,结果我到他家时,他不在,于是我写了下面(图 13-1)的留言条。

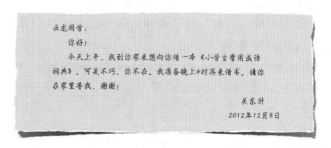

图 13-1　留言条

留言条与类似的书信都有一定的格式,我曾经也学习过如何写留言条。它有 4 个部分:称谓、内容、落款和时间。如图 13-2 所示。

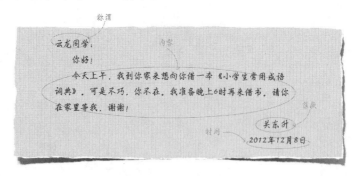

图 13-2　留言条格式

这 4 个部分是不能搞乱的,云龙同学也懂得这个格式,否则就会出笑话。他知道"称谓"部分是称呼他,"内容"部分是要做什么,"落款"部分是谁写给他的,"时间"部分是什么时候写的。

留言条是信息交换的手段,需要"写"与"看"的人都要遵守某种格式。计算机中两个程序之间的相互通信,也是要约定好某种格式。

数据交换格式就像两个人聊天,采用彼此都能听得懂的语言,你来我往。其中的语言就相当于通信中的数据交换格式。有的时候,为防止聊天被人偷听,可以采用暗语。同理,计算机程序之间也可以通过数据加密技术防止"偷听"现象。

数据交换格式主要分为:纯文本格式、XML 格式和 JSON 格式。纯文本格式是一种简单的、无格式数据交换方式。上面的留言条写成纯文本格式如下:

"云龙同学","你好!\n 今天上午,我到你家来想向你借一本《小学生常用成语词典》。可是不巧,你不在。我准备晚上 6 时再来借书。请你在家里等我,谢谢!","关东升","2012 年 12 月 08 日"

留言条中的第 4 部分数据按照顺序存放,各个部分之间用逗号分割。有的时候数据量很小,可以采用这种格式。但是随着数据量的增加,问题也会暴露出来。可能会搞乱它们的顺序,如果各个数据部分有描述信息就好了。而 XML 格式和 JSON 格式可以带有描述信息,这叫做"自描述的"结构化文档。

上面的留言条写成 XML 格式如下:

```
<?xml version = "1.0" encoding = "UTF - 8"?>
<note>
    <to>云龙同学</to>
    <conent>你好!\n 今天上午,我到你家来想向你借一本《小学生常用成语词典》。可是不巧,你不在。我准备晚上 6 时再来借书。请你在家里等我,谢谢!</conent>
    <from>关东升</from>
    <date>2012 年 12 月 08 日</date>
</note>
```

位于尖括号内容(<to>…</to>等)就是描述数据的标识,在 XML 中称为"标签"。

上面的留言条写成 JSON 格式如下:

{to:"云龙同学",conent:"你好!\n 今天上午,我到你家来想向你借一本《小学生常用成语词典》。可是不巧,你不在。我准备晚上 6 时再来借书。请你在家里等我,谢谢!",from:"关东升",date:"2012 年 12 月 08 日"}

数据放置在大括号"{}"之中,每个数据项之前都有一个描述的名字(例如:to 等),描述名字和数据项之间用冒号(:)分开。描述同样的信息会发现,一般来讲 JSON 所用的字节数要比 XML 少,这也是为什么很多人喜欢采用 JSON 格式的主要原因,因此 JSON 也被称为"轻量级"的数据交换格式。接下来重点介绍 XML 和 JSON 数据交换格式。

13.1 XML 数据交换格式

XML 是一种自描述的数据交换格式,虽然 XML 数据交换格式不如 JSON "轻便",但也是非常重要的数据交换格式。多年来,一直在各种计算机语言之间使用。它是老牌的、经典的、灵活的数据交换方式。而且在计算机的其他领域中 XML 也有广泛的应用。

13.1.1 XML 文档结构

在读写 XML 文档之前,需要了解 XML 文档结构。前面提到留言条的 XML 文档,它由开始标签<flag>和结束标签</flag>组成,它们就像括号一样,把数据项括起来。这样不难看出,标签<to></to>之间是"称谓",标签<content></content>之间是"内容";标签<from></from>之间是"落款",标签<date></date>之间是"日期"。

XML 文档结构要遵守一定的格式规范。XML 虽然在形式上与 HTML 很相似,但是它有着严格的语法规则。只有严格按照规范编写的 XML 文档才是有效的文档,也称为"格式良好"的 XML 文档。XML 文档的基本架构可以分为下面几部分。

- 声明。在图 13-3 中,<? xml version="1.0" encoding="UTF-8"? >就是 XML 文件的声明,它定义了 XML 文件的版本和使用的字符集,这里为 1.0 版,使用中文 UTF-8 字符。
- 根元素。在图 13-3 中,note 是 XML 文件的根元素,<note>是根元素的开始标签,</note>是根元素的结束标签。根元素只有一个,开始标签和结束标签必须一致。
- 子元素。在图 13-3 中,to、content、from 和 date 是根元素 note 的子元素。所有元素都要有结束标签,开始标签和结束标签必须一致。如果开始标签和结束标签之间没有内容,可以写成<from/>,这称为"空标签"。

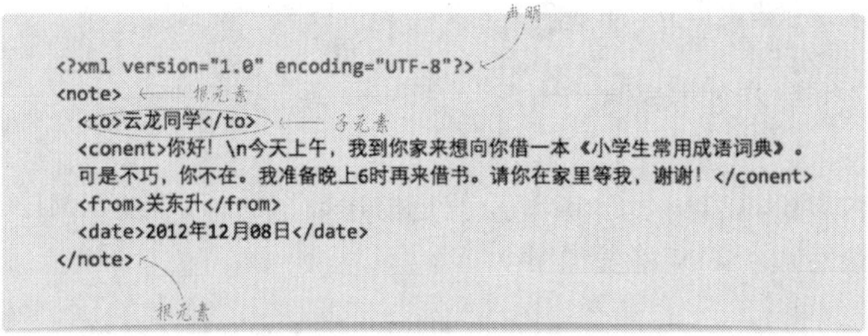

图 13-3 XML 文档结构

- 属性。图 13-4 是具有属性的 XML 文档,而留言条的 XML 文档中没有属性。它定义在开始标签中。在开始标签<Note id="1">中,id="1"是 Note 元素的一个属性,id 是属性名,1 是属性值,其中属性值必须放置在双引号或单引号之间。一个元素不能有多个相同名字的属性。
- 命名空间。用于为 XML 文档提供名字唯一的元素和属性。例如,在一个学籍信息的 XML 文档中,需要引用到教师和学生,它们

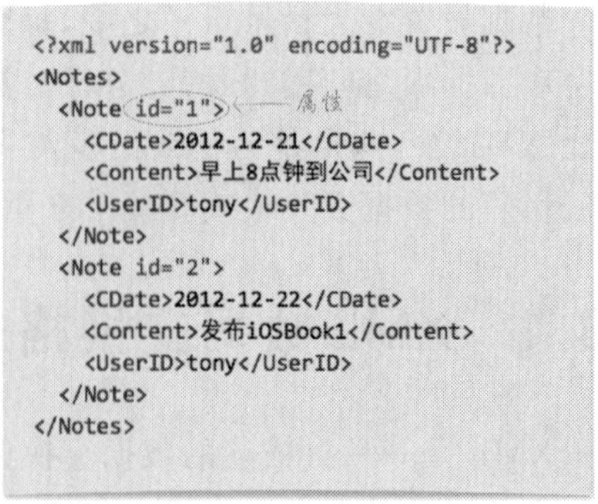

图 13-4 有属性的 XML 文档

都有一个子元素 id,这时直接引用 id 元素会造成名称冲突,如果将两个 id 元素放到不同的命名空间中就会解决这个问题。图 13-5 中以 xmlns:开头的内容都属于命名空间。
- 限定名。它是由命名空间引出的概念,定义了元素和属性的合法标识符。限定名通常在 XML 文档中用作特定元素或属性引用。图 13-5 中的标签＜soap:Body＞就是合法的限定名,前缀 soap 是由命名空间定义的。

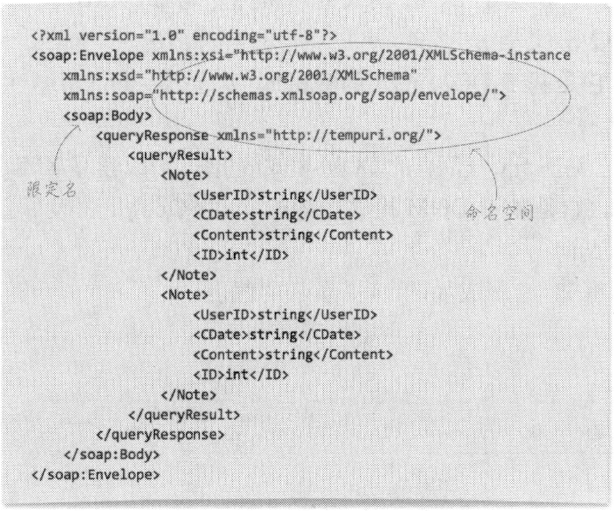

```
<?xml version="1.0" encoding="utf-8"?>
<soap:Envelope xmlns:xsi="http://www.w3.org/2001/XMLSchema-instance"
    xmlns:xsd="http://www.w3.org/2001/XMLSchema"
    xmlns:soap="http://schemas.xmlsoap.org/soap/envelope/">
    <soap:Body>
        <queryResponse xmlns="http://tempuri.org/">
            <queryResult>
                <Note>
                    <UserID>string</UserID>
                    <CDate>string</CDate>
                    <Content>string</Content>
                    <ID>int</ID>
                </Note>
                <Note>
                    <UserID>string</UserID>
                    <CDate>string</CDate>
                    <Content>string</Content>
                    <ID>int</ID>
                </Note>
            </queryResult>
        </queryResponse>
    </soap:Body>
</soap:Envelope>
```

图 13-5 命名空间和限定名的 XML 文档

13.1.2 XML 文档解析与框架性能

XML 文档操作有"读"与"写",读入 XML 文档并分析的过程称为"解析"。事实上,在使用 XML 开发的过程中,"解析"XML 文档占很大的比重。

解析 XML 文档时,目前有两种流行的模式是 SAX 和 DOM。SAX 是一种基于事件驱动的解析模式。解析 XML 文档,程序从上到下读取 XML 文档,如果遇到开始标签、结束标签和属性等,就会触发相应的事件。但是这种解析 XML 文件的方式有一个弊端,那就是只能读取 XML 文档,不能写入 XML 文档,它的优点是解析速度快。iOS 重点推荐使用 SAX 模式解析。

DOM 模式将 XML 文档作为一棵树状结构进行分析,获取节点的内容及相关属性,或是新增、删除和修改节点的内容。XML 解析器在加载 XML 文件后,DOM 模式将 XML 文件的元素视为一个树状结构的节点,一次性读入到内存中。如果文档比较大,解析速度就会变慢。但是在 DOM 模式中,有一点是 SAX 无法取代的,那就是 DOM 能够修改 XML 文档。

iOS SDK 提供了两个 XML 框架,具体如下所示。
- NSXML。它是基于 Objective-C 语言的 SAX 解析框架,是 iOS SDK 默认的 XML 解析框架,不支持 DOM 模式。

- libxml2。它(http://xmlsoft.org/)是基于 C 语言的 XML 解析器,被苹果整合在 iOS SDK 中,支持 SAX 和 DOM 模式。

此外,在 iOS 中解析 XML 时,还有很多第三方框架可以采用,具体如下所示。

- TBXML。它是轻量级的 DOM 模式解析库,不支持 XML 文档验证和 XPath,只能读取 XML 文档,不能写 XML 文档,但是解析 XML 是最快的。
- TouchXML。它是基于 DOM 模式的解析库。与 TBXML 类似,只能读取 XML 文档,不能写 XML 文档。
- KissXML。它是基于 DOM 模式的解析库,基于 TouchXML,主要的不同是可以写入 XML 文档。
- TinyXML。它是基于 C++ 语言的 DOM 模式解析库,可以读写 XML 文档,不支持 XPath。
- GDataXML。它是基于 DOM 模式的解析库,由 Google 开发,可以读写 XML 文档,支持 XPath 查询。

7 个 XML 解析框架,绘制成如图 14-6 所示的图表。

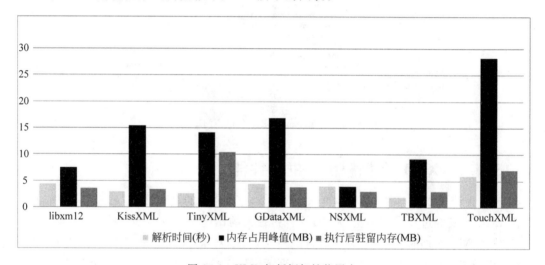

图 13-6　XML 解析框架性能图表

在该图表中有内存占用峰值、驻留内存和解析速度 3 个指标的比较。TouchXML 应该是最差的了,TBXML 虽然是 DOM 解析模式,但解析速度是最快,但是内存占用峰值比较高,驻留内存较低。而 KissXML 和 TinyXML 也是一个不错的选择,还有 iOS SDK 中的 NSXML 在速度和内存占用都比较优秀,如果这几个指标都想兼顾情况下 NSXML 是不错的选择。

13.1.3　实例:MyNotes 应用 XML

从解析性能方面来看,NSXML 和 TBXML 都非常优秀,但是使用 NSXML 编程时有点麻烦,而 TBXML 就简单多了。

下面通过一个实例介绍使用 NSXML 和 TBXML 框架解析 XML 的过程。现在有一个记录"我的备忘录"信息的 Notes.xml 文件，它的内容如下：

```
<?xml version = "1.0" encoding = "UTF-8"?>
<Notes>
    <Note id = "1">
        <CDate>2014-12-21</CDate>
        <Content>8点钟到公司</Content>
        <UserID>tony</UserID>
    </Note>
    <Note id = "2">
        <CDate>2014-12-22</CDate>
        <Content>发布 iOSBook1</Content>
        <UserID>tony</UserID>
    </Note>
    <Note id = "3">
        <CDate>2014-12-23</CDate>
        <Content>发布 iOSBook2</Content>
        <UserID>tony</UserID>
    </Note>
    <Note id = "4">
        <CDate>2014-12-24</CDate>
        <Content>发布 iOSBook3</Content>
        <UserID>tony</UserID>
    </Note>
    <Note id = "5">
        <CDate>2014-12-25</CDate>
        <Content>发布 2016 奥运会应用 iPhone 版本</Content>
        <UserID>tony</UserID>
    </Note>
    <Note id = "6">
        <CDate>2014-12-26</CDate>
        <Content>发布 2016 奥运会应用 iPad 版本</Content>
        <UserID>tony</UserID>
    </Note>
</Notes>
```

图 13-7　MyNotes 应用

文档中的根元素是 Notes，其中有很多子元素 Note，而每个 Note 元素都有一个 id 属性（表示"备忘录"的序号），以及 CDate（表示"备忘录"的日期）、Content（表示"备忘录"的内容）和 UserID（表示"备忘录"的创建人 ID）这 3 个子元素。

下面以 MyNotes（备忘录）应用作为案例，使用不涉及分层架构设计的简单版本，只使用其中的表示层代码，并且只考虑 iPhone 版本。应用运行界面如图 13-7 所示，其中数据来源于本地资源文件中的 Notes.xml 文件。需要使用 NSXMLParser

框架解析 XML 文档,并将数据放置于界面表视图中。

1. 使用 NSXML

NSXML 是 iOS SDK 自带的,也是苹果默认的解析框架,它采用 SAX 模式解析,是 SAX 解析模式的代表。NSXML 框架的核心是 NSXMLParser 和它的委托协议 NSXMLParserDelegate,其中主要的解析工作是在 NSXMLParserDelegate 实现类中完成的。委托中定义了很多回调方法,在 SAX 解析器从上到下遍历 XML 文档的过程中,遇到开始标签、结束标签、文档开始、文档结束和字符串时就会触发这些方法。这些方法有很多,下面列出 5 个常用的方法。

- parserDidStartDocument:。在文档开始的时候触发。
- parser:didStartElement:namespaceURI:qualifiedName:attributes:。遇到一个开始标签时触发。其中 namespaceURI 部分是命名空间,qualifiedName 是限定名,attributes 是字典类型的属性集合。
- parser:foundCharacters:。遇到字符串时触发。
- parser:didEndElement:namespaceURI:qualifiedName:。遇到结束标签时触发。
- parserDidEndDocument:。在文档结束时触发。

上面这 5 个方法都是按照解析文档的顺序触发的,理解它们的先后顺序很重要。下面再通过图 13-8 所示的 UML 时序图来了解它们的触发顺序。

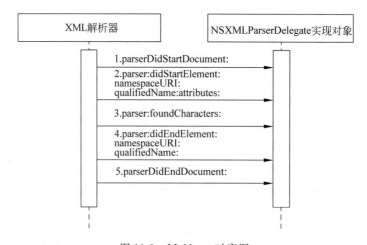

图 13-8　MyNotes 时序图

就同一个元素而言,触发顺序是按照图 13-8 所示进行的。在整个解析过程中,它们的触发次数是:1 方法和 5 方法为一对,都只触发一次;2 方法和 4 方法为一对,触发多次;3 方法在 2 和 4 之间触发,也会多次触发。触发的字符包括换行符和回车符等特殊字符,编程时需要注意。

表示层的代码没有过多修改,所以笔者编写了一个专门的解析类 NotesXMLParser。NotesXMLParser.swift 文件中类定义和属性相关代码如下:

```
import Foundation
```

```
class NotesXMLParser: NSObject,NSXMLParserDelegate {

    //解析出的数据内部是字典类型
    privatevar notes : NSMutableArray!

    //当前标签的名字
    private varcurrentTagName: String!
    …
}
```

NotesXMLParser 类实现了 NSXMLParserDelegate 协议,还定义了 currentTagName 属性,其目的是在图 13-8 所示的 2 到 4 方法执行期间,临时存储正在解析的元素名。在 3 方法(parser:foundCharacters:)触发时,能够知道目前解析器处于哪个元素之中。

在 NotesXMLParser.swift 中,start 方法的代码如下:

```
//开始解析
func start() {

    let path = NSBundle.mainBundle().pathForResource("Notes",ofType: "xml")!
    leturl = NSURL(fileURLWithPath: path)

    //开始解析 XML
    var parser = NSXMLParser(contentsOfURL: url)!
    parser.delegate = self
    parser.parse()

    NSLog("解析开始…")
}
```

NSXMLParser 是解析类,它有 3 个构造方法,具体如下所示。
- initWithContentsOfURL:。可以使用 URL 对象创建解析对象。本例中采用该方法先从资源文件中加载对象,获得 URL 对象,再使用 URL 对象构建解析对象。
- initWithData:。可以使用 NSData 创建解析对象。
- initWithStream:。可以使用 IO 流对象创建解析对象。

解析对象创建好后,需要指定委托属性 delegae 为 self,然后发送 parse 消息,开始解析文档。在 NotesXMLParser.swift 中,parserDidStartDocument:方法的代码如下:

```
//文档开始的时候触发
funcparserDidStartDocument(parser: NSXMLParser) {
    self.notes = NSMutableArray()
}
```

由于 parserDidStartDocument:方法只在解析开始时触发一次,因此可以在这个方法中初始化解析过程中用到的一些成员变量。

在NotesXMLParser.swift中,parser:parseErrorOccurred:方法的代码如下:

```
//文档出错的时候触发
func parser(parser: NSXMLParser, parseErrorOccurredparseError: NSError) {
    NSLog("%@", parseError)
}
```

出错方法在前面没有介绍,主要是因为该方法一般在调试阶段使用,实际发布时意义不大。更不要对用户使用UIAlertView提示,用户会被这些专业的错误信息吓坏的。

在NotesXMLParser.swif中,parser:didStartElement:namespaceURI:qualifiedName:attributes:方法的代码如下:

```
//遇到一个开始标签时候触发
func parser(parser: NSXMLParser, didStartElementelementName: String,
        namespaceURI: String?, qualifiedNameqName: String?,
            attributesattributeDict: [NSObject : AnyObject]) {

    self.currentTagName = elementName
    ifself.currentTagName == "Note" {
        let id = attributeDict["id"] as NSString              ①
        vardict = NSMutableDictionary()                        ②
        dict.setObject(id, forKey: "id")                       ③
        self.notes.addObject(dict)                             ④
    }
}
```

该方法中需要把elementName参数赋值给成员变量currentTagName,其中elementName参数是正在解析的元素名字。如果元素名字为Note,取出它的属性id。属性是从attributeDict参数中传递过来的,它是一个字典类型,其中键的名字就是属性名字,值是属性的值。如第①行代码所示,从字典中取出id属性。在第②行代码中,实例化一个可变字典对象,用来存放解析出来的Note元素数据。成功解析之后,字典中应该有4对数据,即id、CDate、Content和UserID。第③行代码把id放入可变字典中。第④行代码把可变字典放入到可变数组集合notes变量中。

在NotesXMLParser.swift中,parser:foundCharacters:方法的代码如下:

```
//遇到字符串时候触发
func parser(parser: NSXMLParser, foundCharacters string: String?) {

    //替换回车符和空格
    let s1 = string!.stringByTrimmingCharactersInSet(NSCharacterSet
                        .whitespaceAndNewlineCharacterSet())    ①

    if s1 == "" {
        return
    }
```

```
        vardict = self.notes.lastObject as!NSMutableDictionary

        if (self.currentTagName == "CDate") {                                         ②
            dict.setObject(string!,forKey: "CDate")
        }

        if (self.currentTagName == "Content") {                                       ③
            dict.setObject(string!,forKey: "Content")
        }

        if  (self.currentTagName == "UserID") {                                       ④
            dict.setObject(string!,forKey: "UserID")
        }
    }
```

该方法主要用于解析元素文本内容。由于换行符和回车符等特殊字符也会触发该方法，因此第①行代码用来过滤掉换行符和回车符，其中 stringByTrimmingCharactersInSet：方法是剔除字符方法，NSCharacterSet.whitespaceAndNewlineCharacterSet()指定字符集为换行符和回车符。

在 NotesXMLParser.swift 中，parser：didEndElement：namespaceURI：qualifiedName：方法的代码如下：

```
//遇到结束标签时触发
func parser(parser: NSXMLParser,didEndElementelementName: String,
            namespaceURI: String?,qualifiedNameqName: String?) {
    self.currentTagName = nil
}
```

在 NotesXMLParser.swift 中，parserDidEndDocument：方法的代码如下：

```
//遇到文档结束时触发
funcparserDidEndDocument(parser: NSXMLParser) {
    NSLog("解析完成...")
    NSNotificationCenter.defaultCenter()
      .postNotificationName("reloadViewNotification",object: self.notes)
}
```

进入该方法就意味着解析完成，需要清理一些成员变量，同时要将数据返回给表示层（表视图控制器）。这里，使用通知机制将数据通过广播通知投送回表示层。

在表示层，需要修改的主要是 MasterViewController.swift。其中需要修改的代码如下：

```
overridefuncviewDidLoad() {
  super.viewDidLoad()
  …

  NSNotificationCenter.defaultCenter().addObserver(self,
            selector: "reloadView:",
            name: "reloadViewNotification",object: nil)            ①
```

```
            var parser =   NotesXMLParser()                                    ②
            parser.start()                                                     ③


    }
    // MARK: -- 处理通知
    func reloadView(notification : NSNotification) {                           ④
        var resList = notification.object as! NSMutableArray
        self.objects    = resList
        self.tableView.reloadData()
    }
```

主要添加的代码用粗体表示,其中第①行代码用于注册一个通知,这样 MasterViewController 才能在解析完成后接收到投送回来的通知。一旦投送成功,就会触发第④行代码的 reloadView:方法,在该方法中取出数据并重新加载表视图。有关表视图其他方法的实现,就不再介绍了。

2. 使用 TBXML

使用 TBXML 解析 XML 文档时,采用的是 DOM 模式。通过上面的比较可以发现,它是非常好的解析框架。下面介绍 TBXML 框架的用法。TBXML 的下载地址是 https://github.com/71squared/TBXML,技术支持网站是 http://www.tbxml.co.uk/TBXML/TBXML_Free.html。

下载完成并解压后,需要将 TBXML-Headers 和 TBXML-Code 文件夹添加到工程中。需要在工程中添加 TBXML 所依赖的 Framework 和库,包括如下:

- Foundation.framework
- UIKit.framework
- CoreGraphics.framework
- libz.dylib

然后需要在工程预编译头文件 PrefixHeader.pch 中添加如下代码:

```
#import <Foundation/Foundation.h>
#define ARC_ENABLED
```

由于默认情况下 TBXML 支持 MRC[①] 内存管理,在 TBXML 中定义 ARC_ENABLED 宏可以打开 ARC[②] 的开关,那么 TBXML 能够支持 ARC 工程。

> **说明** 预编译头文件可以预先编译,其内容可以添加到工程中所有的 Objective-C、C 和 C++ 代码模块,所以 PrefixHeader.pch 中所引入的头文件和宏,会作用于工程中所有的 Objective-C、C 和 C++ 代码模块中。

---

① MRC(Manual Reference Counting,手动引用计数),就是由程序员自己负责管理对象生命周期,负责对象的创建和销毁。

② ARC(Automatic Reference Counting)是自动引用计数内存管理。

由于默认情况下 Xcode 6 创建的工程并没有预编译头文件，可以通过 Xcode 菜单，然后点击 File→New→File 菜单，在打开创建文件模板界面，如图 13-9 所示，选择 PCH File 文件模板，点击 Next 按钮创建 PrefixHeader.pch 文件。

图 13-9　创建预编译头文件

当然这只是创建了一个预编译头文件，我们还需要把这个文件配置到工程中，打开工程，选择 TARGETS→MyNotes→Build Setting→Apple LLVM 6.0 Language→Prefix Header，输入内容为 MyNotes/PrefixHeader.pch，其中 MyNotes 是 PrefixHeader.pch 文件所在的目录，如图 13-10 所示。

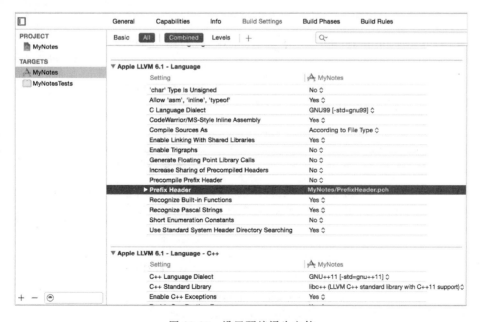

图 13-10　设置预编译头文件

最后在桥接头文件 MyNotes-Bridging-Header.h 中添加如下代码：

```
#import <Foundation/Foundation.h>
#import "TBXML.h"
```

再看一下代码实现部分。先创建一个 NotesTBXMLParser 类来解析 XML 文档。NotesTBXMLParser.swift 代码如下：

```
class NotesTBXMLParser: NSObject {

    //解析出的数据内部是字典类型
    private var notes : NSMutableArray!

    //开始解析
    func start() {

        self.notes = NSMutableArray()

        var tbxml = TBXML(XMLFile: "Notes.xml",error:nil)              ①

        var root = tbxml.rootXMLElement                                ②

        if root != nil {

            var noteElement = TBXML.childElementNamed("Note",  parentElement: root)   ③

            while noteElement != nil {

                var dict = NSMutableDictionary()

                var CDateElement = TBXML.childElementNamed("CDate",
                                                    parentElement: noteElement)
                if  CDateElement != nil {
                    var CDate = TBXML.textForElement(CDateElement)                    ④
                    dict.setValue(CDate,forKey: "CDate")
                }

                var ContentElement = TBXML.childElementNamed("Content",
                                                    parentElement: noteElement)
                if  ContentElement != nil {
                    var Content = TBXML.textForElement(ContentElement)
                    dict.setValue(Content,forKey: "Content")
                }

                var UserIDElement = TBXML.childElementNamed("UserID",
                                                    parentElement: noteElement)
                if  UserIDElement != nil {
                    var UserID = TBXML.textForElement(UserIDElement)
                    dict.setValue(UserID,forKey: "UserID")
                }
```

```
                var id = TBXML.valueOfAttributeNamed("id",forElement: noteElement)      ⑤
                dict.setValue(id,forKey: "id")

                self.notes.addObject(dict)

                noteElement = TBXML.nextSiblingNamed("Note",
                                        searchFromElement: noteElement)                 ⑥

            }
        }

        NSLog("解析完成...")
        NSNotificationCenter.defaultCenter()
                .postNotificationName("reloadViewNotification",object: self.notes)

        self.notes = nil
    }

}
```

与 NSXML 不同，TBXML 解析采用 DOM 模式，不需要事件驱动，使用起来比较简单。第①行代码使用构造方法 initWithXMLFile:error: 创建一个 TBXML 对象，这个构造方法是从文件中构造 TBXML 对象的。TBXML 提供了丰富的构造方法，有类构造方法，也有实例构造方法。下面是它的两个实例构造方法。

- initWithXMLString:error:。通过 XML 字符串构造 TBXML 对象。
- initWithXMLData:error:。通过 NSData 数据构造 TBXML 对象，这个方法非常适合于在网络通信下解析。

第②行代码用于获得文档的根元素对象。由于没有提供 XPath 支持，解析文档需要从根元素开始，这个过程有点像"剥洋葱皮"。第③行代码是查找 root 元素下面的 Note 元素。在 Notes.xml 文档中，Note 元素应该有很多，但是 childElementNamed:parentElement: 方法只是返回第一个 Note 元素，如何循环得到其他的 Note 元素呢？第⑥行代码就是获得同层下一个 Note 元素的方法，Sibling 意为"兄弟"元素，即非父子关系的同层元素。

第④行代码 TBXML.textForElement(CDateElement)取得元素的文本内容，这就相当于"剥洋葱皮"已经剥到了"洋葱心"，这个方法就是取出这个"洋葱心"。第⑤行代码 TBXML.valueOfAttributeNamed("id",forElement: noteElement)是 id 属性值。

在视图控制器 MasterViewController.swift 中修改 viewDidLoad 方法，就可以运行了：

```
override func viewDidLoad() {
    super.viewDidLoad()

    …

    var parser = NotesTBXMLParser()
```

```
        parser.start()

}
```

13.2 JSON 数据交换格式

JSON（JavaScript Object Notation），是一种轻量级的数据交换格式。所谓的轻量级是与 XML 文档结构相比而言，描述项目字符少，所以描述相同的数据所需的字符个数要少，那么传输的速度就会提高，流量也会减少。

如果留言条采用 JSON 描述，大体上可以设计成为下面的样子。

```
{"to":"云龙同学",
   "conent": "你好!\n 今天上午,我到你家来想向你借一本《小学生常用成语词典》。可是
            不巧,你不在.我准备晚上 6 时再来借书。请你在家里等我,谢谢!",
   "from": "关东升",
   "date": "2012 年 12 月 08 日"}
```

由于 Web 和移动平台开发对流量要求尽可能少，对速度要求尽可能快，轻量级的数据交换格式——JSON 这就成为理想的数据交换语言。

13.2.1 JSON 文档结构

构成 JSON 文档的两种结构为对象和数组。对象是"名称-值"对集合，类似于 Objective-C 中的字典类型，而数组是一连串元素的集合。

对象是一个无序的"名称/值"对集合，一个对象以{（左括号）开始，}（右括号）结束。每个"名称"后跟一个 :（冒号），"名称-值"对之间使用,（逗号）分隔。JSON 对象的语法表如图 13-11 所示。

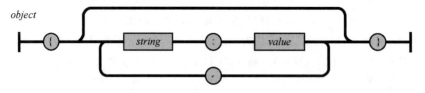

图 13-11 JSON 对象的语法表

下面是一个 JSON 对象的例子。

```
{
    "name":"a.htm",
    "size":345,
    "saved":true
}
```

数组是值的有序集合,以[(左中括号)开始,](右中括号)结束,值之间使用,(逗号)分隔。JSON 数组的语法表如图 13-12 所示。

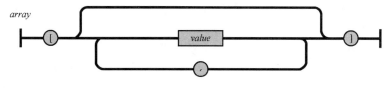

图 13-12　JSON 数组的语法表

下面是一个 JSON 数组的例子。

["text","html","css"]

在数组中,值可以是双引号括起来的字符串、数值、true、false、null、对象或者数组,而且这些结构可以嵌套。数组中值的 JSON 语法结构如图 13-13 所示。

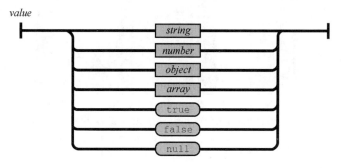

图 13-13　JSON 值的语法结构图

13.2.2　JSON 数据编码/解码与框架性能

把数据从 JSON 文档中读取处理的过程称为"解码"过程,即解析和读取过程。由于 JSON 技术比较成熟,在 iOS 平台上,也会有很多框架可以进行 JSON 的编码/解码,具体如下所示。

- SBJson。它是比较老的 JSON 编码/解码框架,原名是 json-framework。这个框架现在更新仍然很频繁,支持 ARC,源码下载地址为 https://github.com/stig/json-framework。
- TouchJSON。它也是比较老的 JSON 编码/解码框架,支持 ARC 和 MRC,源码下载地址为 https://github.com/TouchCode/TouchJSON。
- YAJL。它是比较优秀的 JSON 框架,基于 SBJson 进行了优化,底层 API 使用 C 编写,上层 API 使用 Objective-C 编写,使用者可以有多种不同的选择。它不支持 ARC,源码下载地址为 http://lloyd.github.com/yajl/。
- JSONKit。它是更为优秀的 JSON 框架,它的代码很小,但是解码速度很快,不支持

ARC，源码下载地址为 https：//github.com/johnezang/JSONKit。
- NextiveJson。它也是非常优秀的 JSON 框架，与 JSONKit 的性能差不多，但是在开源社区中没有 JSONKit 知名度高，不支持 ARC，源码下载地址为 https：//github.com/nextive/NextiveJson。
- NSJSONSerialization。它是 iOS 5 之后苹果提供的 API，是目前非常优秀的 JSON 编码/解码框架，支持 ARC。iOS 5 之后的 SDK 就已经包含这个框架了，不需要额外安装和配置。如果你的应用要兼容 iOS 5 之前的版本，这个框架不能使用。

6 个 JSON 解码框架，绘制成如图 13-14 所示的图表。

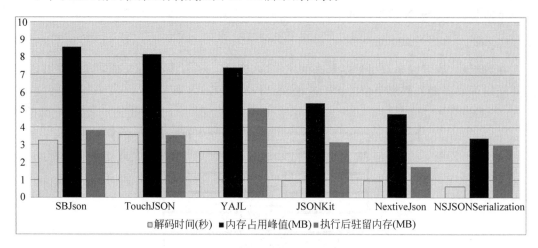

图 13-14　JSON 解码框架性能图表

在该图表中有内存占用峰值、驻留内存和解析速度 3 个指标的比较。TouchJSON 和 SBJson 应该是很差的，事实上 SBJson 在 iOS 5 之前的用户很多。NSJSONSerialization 是解码速度最快的，内存占用峰值是最低的，可见 NSJSONSerialization 是一个非常优秀的 JSON 解码框架，但是它的执行后驻留内存却比 NextiveJson 要高，NextiveJson 解码速度也是比较快的，内存峰值要比 NSJSONSerialization 略高一些。

事实上，执行后驻留内存多少对于应用程序的影响是比较大的、而且是长期的影响，这些内存不经过特殊释放就会一直保持在那里。它们将伴随整个应用程序生命周期，直到应用被终止才被释放，对于整个设备都会有比较大的影响。

因此，如果考虑兼容 iOS 5 之前的版本，NextiveJson 和 JSONKit 都是不错的选择，它们都不支持 ARC，使用起来有点麻烦，需要安装和配置到工程环境中去。如果使用 iOS 5 之后的版本，NSJSONSerialization 应该是首选的。

13.2.3　实例：MyNotes 应用 JSON 解码

下面通过一个案例 MyNotes 学习 NSJSONSerialization 的用法。这里重新设计数据结构为 JSON 格式，其中备忘录信息 Notes.json 文件的内容如下：

```
{"ResultCode":0,"Record":[
    {"ID":"1","CDate":"2014-12-23","Content":"发布 iOSBook0","UserID":"tony"},
    {"ID":"2","CDate":"2014-12-24","Content":"发布 iOSBook1","UserID":"tony"},
    {"ID":"3","CDate":"2014-12-25","Content":"发布 iOSBook2","UserID":"tony"},
    {"ID":"4","CDate":"2014-12-26","Content":"发布 iOSBook3","UserID":"tony"},
    {"ID":"5","CDate":"2014-12-27","Content":"发布 iOSBook4","UserID":"tony"}]}
```

注意 在 iOS 平台中，对于 JSON 文档的结构要求比较严格，每个 JSON 数据项目的"名称"必须使用双引号括起来，不能使用单引号或没有引号。在下面的代码文档中，"名称"省略了双引号，该文档在 iOS 平台解析时会出现异常，而在 Java 等其他平台就没有这些限制，也不会出现异常。

```
{ResultCode:0,Record:[
    {ID:'1',CDate:'2014-12-23',Content:'发布 iOSBook0',UserID:'tony'},
    {ID:'2',CDate:'2014-12-24',Content:'发布 iOSBook1',UserID:'tony'}]}
```

事实上，NSJSONSerialization 使用起来更为简单。修改视图控制器 MasterViewController 的 viewDidLoad 方法，具体代码如下：

```
override func viewDidLoad() {
    super.viewDidLoad()
    … …
    let path = NSBundle.mainBundle().pathForResource("Notes",ofType: "json")!
    let jsonData = NSData(contentsOfFile: path)!
    
    var error: NSError?
    
    var jsonObj:NSDictionary = NSJSONSerialization.JSONObjectWithData(jsonData,
            options: NSJSONReadingOptions.MutableContainers,
            error: &error) as! NSDictionary                                        ①
    
    if error != nil {
        NSLog("JSON 解码失败")
    } else {
        self.objects = jsonObj.objectForKey("Record") as! NSMutableArray
    }
    
}
```

在第①行代码中，使用 NSJSONSerialization 的类方法 JSONObjectWithData:options:error:进行解码，其中 options 参数指定了解析 JSON 的模式。该参数是枚举类型 NSJSONReadingOptions 定义的，共有如下 3 个常量。

- MutableContainers。指定解析返回的是可变的数组或字典。如果以后需要修改结果，这个常量是合适的选择。

- MutableLeaves。指定叶节点是可变字符串。
- AllowFragments。指定顶级节点可以不是数组或字典。

此外，NSJSONSerialization 还提供了 JSON 编码的方法：dataWithJSONObject:options:error:和 writeJSONObject:toStream:options:error:。JSON 编码方法的用法与解码方法非常类似，这里就不再介绍了。

13.3 小结

通过对本章的学习，使读者了解了 XML 和 JSON 数据交换格式，为以后学习打下基础。JSON 是轻量级的数据交换格式，在应用开发时候优先考虑使用 JSON 而不是 XML。XML 的最优解析框架是 TBXML，JSON 的最优解码框架是 NSJSONSerialization。

第 14 章 REST Web Service

Web Service(服务)技术通过 Web 协议提供服务,保证不同平台的应用服务可以相互操作,为客户端程序提供不同的服务。类似 Web Service 的服务不断问世,如 Java 的 RMI (Remote Method Invocation,远程方法调用)、Java EE 的 EJB(Enterprise JavaBean,企业级 JavaBean)、CORBA(Common Object Request Broker Architecture,公共对象请求代理体系结构)和微软的 DCOM(Distributed Component Object Model,分布式组件对象模型)等。

目前,3 种主流的 Web Service 实现方案分别是 REST[①]、SOAP[②] 和 XML-RPC[③]。XML-RPC 和 SOAP 都是比较复杂的技术,XML-RPC 是 SOAP 的前身。与复杂的 SOAP 和 XML-RPC 相比,REST 风格的 Web Service 更加简洁,越来越多的 Web Service 开始采用 REST 风格设计和实现。例如,亚马逊已经提供了 REST 风格的 Web Service 进行图书查找,雅虎提供的 Web Service 也是 REST 风格的。本书重点介绍 REST Web Service。

14.1 REST Web Service 通信技术基础

REST 被翻译为"表征状态转移",听起来很抽象,"表征"指客户端看到的页面,页面的跳转就是状态的转移,客户端通过请求 URI 获得要显示的页面。通常,REST 使用 HTTP、URI、XML 及 HTML 这些现有的协议和标准。

REST Web Service 是一个使用 HTTP 并遵循 REST 原则的 Web Service,使用 URI 来定位资源。与 Web Service 的数据交互格式使用 JSON 和 XML 等。Web Service 所支持的 HTTP 请求方法包括 POST、GET、PUT 或 DELETE 等。

---

① REST(Representational State Transfer,表征状态转移)是 Roy Fielding 博士在 2000 年他的博士论文中提出来的一种软件架构风格。——引自维基百科 http://zh.wikipedia.org/zh-cn/REST

② SOAP(Simple Object Access Protocol,简单对象访问协议)是交换数据的一种协议规范,用在计算机网络 Web 服务(Web service)中,交换带结构的信息。——引自维基百科 http://zh.wikipedia.org/wiki/SOAP

③ XML-RPC 是一个远程过程调用(远端程序呼叫)(Remote Procedure Call,RPC)的分布式计算协议,通过 XML 封装调用函数,并使用 HTTP 协议作为传送机制。——引自维基百科 http://zh.wikipedia.org/wiki/XML-RPC

> **注意** REST 只是一种设计风格，不是设计规范，更不是行业标准，因此它的设计很灵活。REST Web Service 的概念也很宽泛，可以泛指采用 HTTP 和 HTTPS 等传输协议并通过 URI 定位资源的 Web Service。数据交互格式通常是 JSON 或 XML 格式。

REST Web Service 基于 HTTP，因此先介绍一些 HTTP 和 HTTPS。

14.1.1　HTTP 协议

HTTP 是 Hypertext Transfer Protocol 的缩写，即超文本传输协议。网络中使用的基本协议是 TCP/IP 协议，目前广泛采用的 HTTP、HTTPS、FTP、Archie 和 Gopher 等是建立在 TCP/IP 协议之上的应用层协议，不同的协议对应着不同的应用。

Web Service 使用的主要协议是 HTTP 协议，即超文本传输协议。HTTP 是一个属于应用层的面向对象的协议，其简捷、快速的方式适用于分布式超文本信息的传输。它于 1990 年提出，经过多年的使用与发展，得到不断完善和扩展。HTTP 协议支持 C/S 网络结构，是无连接协议，即每一次请求时建立连接，服务器处理完客户端的请求后，应答给客户端断开连接，不会一直占用网络资源。

HTTP/1.1 协议共定义了 8 种请求方法：OPTIONS、HEAD、GET、POST、PUT、DELETE、TRACE 和 CONNECT。作为 Web 服务器，必须实现 GET 和 HEAD 方法，其他方法都是可选的。

GET 方法是向指定的资源发出请求，发送的信息"显式"地跟在 URL 后面。GET 方法应该只用在读取数据，例如静态图片等。GET 方法有点像使用明信片给别人写信，"信内容"写在外面，接触到的人都可以看到，因此是不安全的。

POST 方法是向指定资源提交数据，请求服务器进行处理，例如提交表单或者上传文件等。数据被包含在请求体中。POST 方法像是把"信内容"装入信封中，接触到的人都看不到，因此是安全的。

14.1.2　HTTPS 协议

HTTPS 是 Hypertext Transfer Protocol Secure，即超文本传输安全协议，是超文本传输协议和 SSL 的组合，用以提供加密通信及对网络服务器身份的鉴定。

简单地说，HTTPS 是 HTTP 的升级版，与 HTTPS 的区别是：HTTPS 使用 https:// 代替 http://，HTTPS 使用端口 443，而 HTTP 使用端口 80 来与 TCP/IP 进行通信。SSL 使用 40 位关键字作为 RC4 流加密算法，这对于商业信息的加密是合适的。HTTPS 和 SSL 支持使用 X.509 数字认证，如果需要的话，用户可以确认发送者是谁。

14.2　使用苹果网络请求 API

iOS SDK 为 HTTP 请求提供了同步和异步请求这两种不同的 API，而且可以使用 GET 或 POST 等请求方法，这里先介绍最为简单的同步请求方法。

14.2.1 同步请求方法

为了学习这些 API 的用法，还是选择 MyNotes 应用案例，这次数据来源是 Notes.xml（或 Notes.json）文件。

首先实现查询业务。查询业务请求可以在主视图控制器 MasterViewController 类中实现，MasterViewController.swift 中的主要相关代码如下：

```
class MasterViewController: UITableViewController {

    //保存数据列表
    var objects = NSMutableArray()
    ……

    override func viewDidLoad() {
        super.viewDidLoad()
        ……

        self.startRequest()                                                     ①
    }
    ……

    //开始请求 Web Service
    func startRequest() {

        var strURL = String(format: "http://www.51work6.com/service/mynotes/WebService.php?email=%@&type=%@&action=%@","<你的 51work6.com 用户邮箱>","JSON","query")  ②
        strURL =
            strURL.stringByAddingPercentEscapesUsingEncoding(NSUTF8StringEncoding)!  ③

        let url = NSURL(string: strURL)!

        var request = NSURLRequest(URL: url)

        var error: NSError?

        var data    = NSURLConnection.sendSynchronousRequest(request,
                                    returningResponse: nil,error: &error)!       ④

        if error != nil {
            NSLog("请求失败")
        } else {

            var resDict = NSJSONSerialization.JSONObjectWithData(data,
                options: NSJSONReadingOptions.AllowFragments,error: nil) as NSDictionary!

            if resDict != nil {
                self.reloadView(resDict)                                         ⑤
```

```
                }
            }
            NSLog("请求完成...")
            
        }
        
        
        // MARK: -- 处理通知
        func reloadView(res : NSDictionary) {
            
            let resultCode: NSNumber = res.objectForKey("ResultCode") as! NSNumber         ⑥
            
            if (resultCode.integerValue >= 0) { //成功
                
                self.objects = res.objectForKey("Record") as! NSMutableArray                ⑦
                self.tableView.reloadData()
                
            } else {
                
                let errorStr = resultCode.errorMessage                                      ⑧
                
                let alertView = UIAlertView(title: "错误信息",message: errorStr,
                    delegate: nil,cancelButtonTitle: "OK")
                alertView.show()
            }
        }
    }
```

其中第①行代码调用自己的 startRequest 方法实现请求 Web Service。在 startRequest 方法的代码中第②行是指定请求的 URL,这时 URL 所指向的 Web Service 由本书服务器 http://www.51work6.com 提供,请求的参数全部暴露在 URL 后面,这是 GET 请求方法的典型特征。为了能够正确地请求数据,需要开发人员提供合适的参数,具体如下所示。

- email。它是 http://www.51work6.com 网站的注册用户邮箱。如果用户使用这些 Web Service,首先需要到这个网站注册成为会员,然后提供自己的注册邮箱。
- type。它是数据交互类型。Web Service 提供了 3 种方式的数据:JSON、XML 和 SOAP。
- action。它指定调用 Web Service 的一些方法,这些方法有 add、remove、modify 和 query,分别代表插入、删除、修改和查询处理。

第③行代码是使用 stringByAddingPercentEscapesUsingEncoding 方法将字符串转换为 URL 字符串。在网上传输的时候,URL 中不能有中文等特殊字符,例如特殊字符"<"必须进行 URL 编码才能传输,"<"字符的 URL 编码是"%3C"。

第④行代码使用 NSURLConnection 的 sendSynchronousRequest:returningResponse: error:方法进行请求,该方法是异步方法,返回值是 NSData 类型的数据。同步方法,就是请求过程中线程堵塞到这里,直到 Web Service 返回应答为止。因此,同步方法的用户体验不好,为了改善用户体验,在 iOS 5 中增加了可以在其他线程中请求的同步方法。

第⑤行代码在请求完成时调用 reloadView:方法,用于重新加载表视图中的数据。在 reloadView:方法中第⑥行代码是返回 ResultCode,在 ResultCode 大于等于 0 时,说明在服务器端操作成功,第⑦行代码是取得从服务端返回的数据。

从服务器返回的 JSON 格式数据有两种情况,一种是成功返回,相关代码如下:

```
{"ResultCode":0,"Record":[{"ID":1,"CDate":"2012-12-23","Content":
    "这只是一条测试数据,http://www.51work6.com 注册。"}]}
```

另一种是失败返回,相关代码如下:

```
{"ResultCode":-1}
```

其中,ResultCode 数据项说明调用 Web Service 的结果。为了减少网络传输,只传递消息代码,不传递消息内容。上述代码中的第⑧行 let errorStr = resultCode.errorMessage 是根据 resultCode 获得错误消息,这里 NSNumber 的扩展类,是在 NSNumber+Message.swift 文件中定义的,具体代码如下:

```swift
import Foundation

extension NSNumber {
    var errorMessage : String {
        var errorStr = ""
        switch (self) {
        case -7:
            errorStr = "没有数据。"
        case -6:
            errorStr = "日期没有输入。"
        case -5:
            errorStr = "内容没有输入。"
        case -4:
            errorStr = "ID 没有输入。"
        case -3:
            errorStr = "数据访问失败。"
        case -2:
            errorStr = "您的账号最多能插入 10 条数据。"
        case -1:
            errorStr = "用户不存在,请到 www.51work6.com 注册。"
        default:
            errorStr = ""
        }
        return errorStr
    }
}
```

NSNumber 扩展中的代码很简单,就不再赘述。注意,如果返回的结果代码小于 0,说明操作失败了。

> **提示** 同步请求与采用 HTTP 的 GET 还是 POST 请求方法无关，本节只是介绍了 GET 请求。

14.2.2 异步请求方法

同步请求的用户体验不是很好，因此很多情况下会采用异步调用。iOS SDK 也提供了异步请求的方法，而异步请求会使用 NSURLConnection 委托协议 NSURLConnectionDataDelegate。在请求的不同阶段，会回调实现 NSURLConnectionDataDelegate 协议委托对象的方法。NSURLConnectionDataDelegate 协议的主要方法有如下几个。

- connection:didReceiveData:。请求成功，建立连接，开始接收数据。如果数据量很多，它会被多次调用。
- connection:didFailWithError:。加载数据出现异常。
- connectionDidFinishLoading:。成功完成数据加载，在 connection:didReceiveData 方法之后执行。

使用异步请求的主视图控制器为 MasterViewController。MasterViewController.swift 中主要代码如下：

```swift
class MasterViewController: UITableViewController,NSURLConnectionDataDelegate {    ①

    //保存数据列表
    var objects = NSMutableArray()
    //接收从服务器返回数据。
    var datas : NSMutableData!                                                      ②
    ...
    override func viewDidLoad() {
        ...
        self.startRequest()
    }
    ...

    func startRequest() {

        var strURL = "http://www.51work6.com/service/mynotes/WebService.php"        ③

        var post = String(format: "email = %@&type = %@&action = %@",
                            "<你的 51work6.com 用户邮箱>","JSON","query")            ④

        var postData: NSData = post.dataUsingEncoding(NSUTF8StringEncoding)!        ⑤

        let url = NSURL(string: strURL)!
```

```
        var request = NSMutableURLRequest(URL: url)                            ⑥
        request.HTTPMethod = "POST"                                            ⑦
        request.HTTPBody = postData                                            ⑧

        var connection   = NSURLConnection(request: request,delegate: self)    ⑨

        if connection != nil {
            self.datas = NSMutableData()
        }

    }

    // MARK: -- NSURLConnection 回调方法
    func connection(connection: NSURLConnection,didReceiveData data: NSData) { ⑩
        self.datas.appendData(data)                                            ⑪
    }

    func connection(connection: NSURLConnection,didFailWithError error: NSError) {
        NSLog("%@",error.localizedDescription)
    }

    func connectionDidFinishLoading(connection: NSURLConnection) {

        var resDict = NSJSONSerialization.JSONObjectWithData(self.datas,
            options: NSJSONReadingOptions.AllowFragments,error: nil) as! NSDictionary!

        if resDict != nil {
            self.reloadView(resDict)
        }

        NSLog("请求完成...")
    }

}
```

在 MasterViewController 的定义中,第①行代码实现了 NSURLConnectionDataDelegate 协议。第②行代码声明的 datas 属性用来存放从服务器返回的数据,将其定义为可变类型,是为了在服务器加载数据的过程中,数据能不断地追加到这个属性中。

第③行代码用于创建一个 URL 字符串,在这个 URL 字符串后面没有参数(即?号后面的内容)。请求参数放到请求体中,如第⑧行代码所示,其中 postData 就是请求参数,是 NSData 类型。参数字符串是在第④行代码创建的,最后的参数字符串如下所示。

    email = <你的 51work6.com 用户邮箱>&type = JSON&action = query

第⑤行代码将参数字符串转换成 NSData 类型,编码一定要采用 UTF-8。

第⑥行代码用于创建可变的请求对象 NSMutableURLRequest。因为它是可变对象,可以通过属性设置它的内容。第⑦行代码 HTTPMethod 属性是设置 HTTP 请求方法为

POST，这里没有采用 GET 方法请求。第⑧行代码 HTTPBody 属性是设置请求数据。

第⑨行实例化 NSURLConnection 对象，其中参数 request 是请求对象，参数 delegate 是指定 NSURLConnection 的委托对象。一旦 NSURLConnection 对象被创建，请求就会发出。

第⑩行代码的 connection:didReceiveData:方法中，通过代码第⑪行的 self.datas.appendData(data) 语句不断地接收服务器端返回的数据。如果加载成功，就回调 connectionDidFinishLoading:方法，这也意味着这次请求结束，这时 self.datas 中的数据是完整的。如果加载失败回调 connection:didFailWithError:方法。

> 提示 异步请求与采用 HTTP 的 GET 还是 POST 请求方法无关，本节只是介绍了 POST 请求。

14.2.3 实例：MyNotes 插入、修改和删除功能实现

在前面几节中，介绍的都是调用 REST Web Service 的查询方法。本节将介绍 MyNotes 应用其他的功能实现，包括插入、修改和删除备忘录。

这 3 个操作调用的 Web Service 与查询一样，都是 http://www.51work6.com/service/mynotes/WebService.php。采用的是 HTTP 请求方法，建议使用 POST 方法。因为 GET 请求的是静态资源，数据传输过程也不安全，而 POST 主要请求动态资源。与查询类似，每个方法调用都要传递很多参数，它们之间的关系如表 14-1 所示。

表 14-1 方法调用与参数关系

调用方法	type 参数	action 参数	id 参数	date 参数	content 参数	email 参数
add	需要	需要	不需要	需要	需要	需要
modify	需要	需要	需要	需要	需要	需要
remove	需要	需要	需要	不需要	不需要	需要

表 14-1 中各个参数的说明如下。
- type。同"查询"调用，是数据交互类型。
- action。同"查询"调用，指定调用 Web Service 的哪些方法。
- id。备忘录信息中的主键，隐藏在界面之后。当删除和修改时，需要把它传给 Web Service。
- date。备忘录信息中的日期字段数据。
- content。备忘录信息中的内容字段数据。
- email。备忘录信息中的用户邮箱字段，通过它可以查询与当前邮箱关联的用户数据。

1. 插入方法调用

插入方法调用主要是在插入视图控制器 AddViewController 中实现的，具体实现过程与查询业务非常类似。下面先看看 AddViewController.swift 文件中类声明、属性、事件处

理等相关代码。

```swift
import UIKit

class AddViewController: UIViewController,
            UITextViewDelegate, NSURLConnectionDataDelegate {          ①

    //接收从服务器返回数据。
    var datas : NSMutableData!                                          ②

    @IBOutlet weak var txtView: UITextView!

    override func viewDidLoad() {
        super.viewDidLoad()
        self.txtView.delegate = self
    }

    @IBAction func onclickSave(sender: AnyObject) {

        self.startRequest()

        self.txtView.resignFirstResponder()
        self.dismissViewControllerAnimated(true, completion: nil)
    }

    @IBAction func onclickCancel(sender: AnyObject) {
        self.dismissViewControllerAnimated(true, completion: nil)
    }

    func textView(textView: UITextView, shouldChangeTextInRange range: NSRange,
                            replacementText text: String) -> Bool {
        if (text == "\n") {
            textView.resignFirstResponder()
            return false
        }
        return true
    }
    ……
}
```

在原来代码的基础上添加了一些代码。第①行代码中，添加了实现 NSURLConnectionDataDelegate 委托协议的声明。第②行代码中，定义了可变 NSData 类型的 datas 属性，用来接收服务器返回的数据。

AddViewController.swift 中开始请求 Web Service 及回调方法代码如下：

```swift
// MARK: -- 开始请求 Web Service
```

```swift
func startRequest()
{
    let dateFormatter : NSDateFormatter = NSDateFormatter()
    dateFormatter.dateFormat = "yyyy-MM-dd"
    let date = NSDate()
    let dateStr = dateFormatter.stringFromDate(date)
    
    let strURL = "http://www.51work6.com/service/mynotes/WebService.php"
    let post = String(format: "email=%@&type=%@&action=%@&date=%@&content=%@","<你的51work6.com用户邮箱>","JSON","add",dateStr,self.txtView.text)
    
    let postData: NSData = post.dataUsingEncoding(NSUTF8StringEncoding)!
    
    let url = NSURL(string: strURL)!
    
    var request = NSMutableURLRequest(URL: url)
    request.HTTPMethod = "POST"
    request.HTTPBody = postData
    
    var connection    = NSURLConnection(request: request,delegate: self)
    
    if connection != nil {
        self.datas = NSMutableData()
    }
    
}
// MARK: -- NSURLConnection 回调方法
func connection(connection: NSURLConnection,didReceiveData data: NSData) {
    self.datas.appendData(data)
}

func connection(connection: NSURLConnection,didFailWithError error: NSError) {
    NSLog("%@",error.localizedDescription)
}

func connectionDidFinishLoading(connection: NSURLConnection) {
    
    NSLog("请求完成...")
    
    var resDict = NSJSONSerialization
        .JSONObjectWithData(self.datas,options: NSJSONReadingOptions.AllowFragments,
            error: nil) as! NSDictionary!
    
    let resultCode: NSNumber = resDict.objectForKey("ResultCode") as! NSNumber
    var message = "操作成功。"
    
    if (resultCode.integerValue < 0) {
```

```
            message = resultCode.errorMessage
        }

        let alertView = UIAlertView(title: "提示信息", message: message,
            delegate: nil, cancelButtonTitle: "OK")

        alertView.show()

    }
```

插入方法的调用关键是请求服务的 URL，其中一定要将 action 设定为 add 方法的参数，其他的参考表 14-1。插入成功后，返回到主视图界面。

2. 修改方法调用

修改方法调用与插入方法调用非常相似，请求过程是一样的，差别在于调用 Web Service 的参数。重点看看它的参数部分。修改方法是在视图控制器 DetailViewController 中实现的，其中 startRequest 方法的代码如下：

```
// MARK: -- 开始请求 Web Service
func startRequest()
{
    let dateFormatter : NSDateFormatter = NSDateFormatter()
    dateFormatter.dateFormat = "yyyy-MM-dd"
    let date = NSDate()
    let dateStr = dateFormatter.stringFromDate(date)

    let dict = self.detailItem as! NSDictionary
    let id = dict["ID"] as! NSNumber

    var strURL = "http://www.51work6.com/service/mynotes/WebService.php"
    var post = String(format: "email=%@&type=%@&action=%@&date=%@&content=%@&id=%@", "<你的 51work6.com 用户邮箱>", "JSON", "modify", dateStr, self.txtView.text, id)

    var postData: NSData = post.dataUsingEncoding(NSUTF8StringEncoding)!

    let url = NSURL(string: strURL)!

    var request = NSMutableURLRequest(URL: url)
    request.HTTPMethod = "POST"
    request.HTTPBody = postData                                                          ①

    var connection   = NSURLConnection(request: request, delegate: self)

    if connection != nil {
        self.datas = NSMutableData()
    }

}
```

在上述代码中，第①行代码调用修改方法的参数设置，它需要提供表 14-1 所述的全部参数，其中 id 参数是从前一个视图控制器传递来的，日期是取当前的系统时间，只有内容是从界面的 TextView 控件中取出来的。

3. 删除方法调用

删除方法调用与前面两个方法调用的过程也非常相似，差别在于调用 Web Service 的参数。但麻烦的是删除方法调用与查询方法调用是在同一个视图控制器 MasterViewController 中完成的，需要做一些判断。下面先看看 MasterViewController.swift 文件中类声明、属性、事件处理等相关代码。

```swift
import UIKit

enum ActionTypes {                                                          ①
    case QUERY                              //查询操作
    case REMOVE                             //删除操作
    case ADD                                //添加操作
    case MOD                                //修改操作
}

class MasterViewController: UITableViewController,NSURLConnectionDataDelegate {
    
    //请求动作标识
    var action = ActionTypes.QUERY
    //删除行号
    var deleteRowId = -1
    
    //保存数据列表
    var objects = NSMutableArray()
    //接收从服务器返回数据。
    var datas : NSMutableData!
    
    var detailViewController: DetailViewController? = nil
    
    override func viewDidLoad() {
        super.viewDidLoad()
        self.navigationItem.leftBarButtonItem = self.editButtonItem()
        
        if let split = self.splitViewController {
            let controllers = split.viewControllers
            self.detailViewController = controllers[controllers.count-1]
                .topViewController as? DetailViewController
        }
    }
    
    override func viewWillAppear(animated: Bool) {                          ②
        super.viewWillAppear(true)
```

```
        action = ActionTypes.QUERY
        self.startRequest();
    }
    ……
}
```

上述第①行代码是声明枚举类型 ActionTypes，其中定义了 4 个成员，是为了提高程序可读性。第②行代码定义了 viewWillAppear:方法，代码如下：

```
override func viewWillAppear(animated: Bool) {
    super.viewWillAppear(true)
    action = ActionTypes.QUERY
    self.startRequest();
}
```

在上述代码中，添加了 action = ActionTypes.QUERY 语句来表示当前调用操作是查询。

删除方法调用是在表视图数据源的 tableView:commitEditingStyle:forRowAtIndexPath: 方法中实现的，其代码如下：

```
override func tableView(tableView: UITableView,
            commitEditingStyle editingStyle: UITableViewCellEditingStyle,
                forRowAtIndexPath indexPath: NSIndexPath) {

    if editingStyle == .Delete {
        //删除数据
        action = ActionTypes.REMOVE
        deleteRowId = indexPath.row
        self.startRequest()

    } else if editingStyle == .Insert {
         …
    }
}
```

其中 action=ACTION_REMOVE 语句表示当前调用操作是删除。请求 Web Service 的 startRequest 方法也需要做一些修改，该方法主要用于判断请求动作标识，其代码如下：

```
func startRequest()
{

    let strURL = "http://www.51work6.com/service/mynotes/WebService.php"
    var post = ""
    if action == ActionTypes.QUERY {//查询处理
        post = String(format: "email = %@&type = %@&action = %@",
                    "<你的 51work6.com 用户邮箱>","JSON","query")
    } else if action == ActionTypes.REMOVE {//删除处理
```

```swift
        let dict = self.objects[deleteRowId] as! NSMutableDictionary
        let id = dict.objectForKey("ID") as! NSNumber
        post = String(format: "email = %@&type = %@&action = %@&id = %@",
                "<你的51work6.com用户邮箱>","JSON","remove",id)
    }
    let postData: NSData = post.dataUsingEncoding(NSUTF8StringEncoding)!
    
    let url = NSURL(string: strURL)!
    
    var request = NSMutableURLRequest(URL: url)
    request.HTTPMethod = "POST"
    request.HTTPBody = postData
    
    var connection    = NSURLConnection(request: request,delegate: self)
    
    if connection != nil {
        self.datas = NSMutableData()
    }

}
```

根据请求动作标识判断是哪一个调用，然后设置不同的请求参数。由于请求成功加载完成时，它们都会回调 connectionDidFinishLoading:方法，因此也需要在该方法中判断请求动作标识。connectionDidFinishLoading:方法的代码如下：

```swift
func connectionDidFinishLoading(connection: NSURLConnection) {
    
    NSLog("请求完成…")
    
    var resDict = NSJSONSerialization.JSONObjectWithData(self.datas,
        options: NSJSONReadingOptions.AllowFragments,error: nil) as! NSDictionary!
    
        if action == ActionTypes.QUERY {                    //查询处理
            if resDict != nil {
                self.reloadView(resDict)
            }
        } else if action == ActionTypes.REMOVE {            //删除处理
            
            var message = "操作成功。"
            
            let resultCode: NSNumber = resDict.objectForKey("ResultCode") as! NSNumber
            
            if (resultCode.integerValue < 0) {
                message = resultCode.errorMessage
            }
            
            let alertView = UIAlertView(title: "提示信息",message: message,
```

```
            delegate: nil,cancelButtonTitle: "OK")
        alertView.show()
        
        //重新查询
        action = ActionTypes.QUERY                                              ①
        self.startRequest()                                                     ②
    }
}
```

> **注意** 第①行和第②行代码，它们的作用是在删除完成之后又重新进行了一次查询。

14.3 实例：改善 MyNotes 用户体验

在使用有网络服务的应用时，用户希望看到应用运行的进度、网络状态等反馈信息。作为网络应用的开发者，必须注意这些问题，以便给用户提供良好的用户体验。下面以 MyNotes 为例介绍下拉刷新控件和网络活动指示器。

14.3.1 使用下拉刷新控件

14.2.3 节 MyNotes 应用中存在一个缺陷，在显示备忘录数据的表视图界面中，数据请求放在 viewWillAppear:方法中，它的 viewWillAppear:方法的代码如下：

```
override func viewWillAppear(animated: Bool) {
    super.viewWillAppear(true)
    action = ActionTypes.QUERY
    self.startRequest()
}
```

在上述代码中，self.startRequest()语句用于网络请求。这条语句放在 viewWillAppear:方法中的最大问题是，每次显示这个界面时，都会发起网络请求。这样设计的目的是修改、删除和插入完成后，可以重新刷新一下界面看到更新的数据。但是这种设计的副作用是进入详细信息界面后，从图 14-1 中②号图片的"备忘录"按钮再回到①号界面时，也会发起网络请求，如果数据量很大，界面就会比较"卡"，这是没有必要的。

有没有一种方法在用户需要的时候由自己刷新呢？在图 14-1 主界面视图（①号图）的导航栏中，已经有两个按钮——Edit 和＋按钮，不能再放置按钮了。现在有一种交互方式，向下拉动表视图可以触发刷新动作，iOS 6 之后提供了这种刷新控件。

图 14-2 所示是 iOS 6 的下拉刷新，有点像是在拉"胶皮糖"，当"胶皮糖"拉断后，会出现活动指示器。图 14-3 所示是 iOS 7 之后的下拉刷新，比较图 14-2 和 15-3 会发现，iOS 7 之后下拉刷新很简单，动画效果也是扁平化设计了。

图 14-1　查看 MyNotes 应用的详细信息

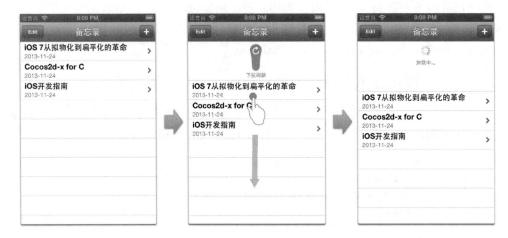

图 14-2　iOS 6 下拉刷新

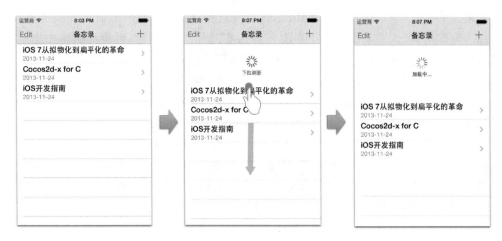

图 14-3　iOS 7 下拉刷新

iOS 6 之后在 UITableViewController 中添加了 refreshControl 属性，这个属性保持了 UIRefreshControl 的一个对象指针。UIRefreshControl 就是为表视图实现下拉刷新而提供的控件。目前，UIRefreshControl 只能用于表视图界面，而不能用于其他视图。通过下拉刷新布局问题可以不必考虑，UITableViewController 会将其自动放置于表视图中。

在主视图控制器 MasterViewController.swift 中删除 viewWillAppear:方法的代码，具体如下：

```
override func viewWillAppear(animated: Bool) {
    super.viewWillAppear(true)
    action = ActionTypes.QUERY
    self.startRequest()
}
```

修改主视图控制器 MasterViewController.swift 中的 viewDidLoad:方法，注意加粗部分：

```
override func viewDidLoad() {
    super.viewDidLoad()
    …

    //查询请求数据
    action = ActionTypes.QUERY
    self.startRequest()

    //初始化 UIRefreshControl
    var rc = UIRefreshControl()                                                     ①
    rc.attributedTitle = NSAttributedString(string: "下拉刷新")                      ②
    rc.addTarget(self, action: "refreshTableView",
                 forControlEvents: UIControlEvents.ValueChanged)                    ③
    self.refreshControl = rc                                                        ④
}
```

在上述代码中，第①行代码用于构造 UIRefreshControl 对象。第②行代码用于设置它的 attributedTitle 属性，该属性用于为下拉控件显示标题文本。第③行代码为刷新控件添加 UIControlEventValueChanged 事件处理机制，其中 refreshTableView 是 UIControlEventValueChanged 事件的处理方法。第④行代码用于设置表视图的 refreshControl 属性，这里把刚刚创建的 UIRefreshControl 对象赋值给该属性。refreshTableView 方法的代码如下：

```
func refreshTableView() {

    if (self.refreshControl?.refreshing == true) {                                          ①
        self.refreshControl?.attributedTitle = NSAttributedString(string: "加载中…")         ②
        //查询请求数据
        action = ActionTypes.QUERY
        self.startRequest()                                                                 ③
    }
}
```

在上述代码中,第①行代码通过控件的 refreshing 属性判断控件是否还处于刷新状态。刷新状态的图标是常见的活动指示器,而显示的文字"加载中...",是通过第②行代码设置控件的 attributedTitle 属性实现的。接下来是网络请求操作,如第③行代码所示。

由于异步请求成功返回之后,需要回调 reloadView:方法,在这个方法中需要停止刷新控件。修改主视图控制器 MasterViewController.swift 中的 reloadView:方法,注意加粗部分。

```
func reloadView(res : NSDictionary) {
    self.refreshControl?.endRefreshing()                                              ①
    self.refreshControl?.attributedTitle = NSAttributedString(string: "下拉刷新")      ②

    let resultCode: NSNumber = res.objectForKey("ResultCode") as! NSNumber
    if (resultCode.integerValue >= 0) {               //成功

        self.objects = res.objectForKey("Record") as! NSMutableArray
        self.tableView.reloadData()

    } else {

        let errorStr = resultCode.errorMessage

        let alertView = UIAlertView(title: "错误信息", message: errorStr,
            delegate: nil, cancelButtonTitle: "OK")
        alertView.show()
    }
}
```

其中,第①行代码调用刷新控件的 endRefreshing 方法停止刷新。第②行代码设置显示文本为"下拉刷新"。此时就将刷新控件添加到表视图的主视图控制器中了,大家可以测试看看这种用户体验是不是很好呢!

14.3.2 使用网络活动指示器

网络活动指示器在状态栏中以经典旋转小图标的形式出现。如图 14-4 所示。它使用 UIApplication 类的 networkActivityIndicatorVisible 属性(它是布尔值)设置。由于 UIApplication 采用单例设计模式,可以在程序的任何地方使用 UIApplication.sharedApplication() 方法调用获得 UIApplication 对象。

下面为 MyNotes 应用添加网络活动指示器。修改主视图控制器 MasterViewController.swift 中的 startRequest 方法,注意加粗部分。

```
func startRequest() {

    UIApplication.sharedApplication().networkActivityIndicatorVisible = true        ①

    ...

}
```

图 14-4　网络活动指示器

在上述代码中，第①行代码设置 networkActivityIndicatorVisible 属性为 true，即会在状态栏中显示网络活动指示器图标。另外，如果需要在请求结束时停止，要在 reloadView: 方法中添加代码，具体如下：

```
func reloadView(res : NSDictionary) {

    UIApplication.sharedApplication().networkActivityIndicatorVisible = false        ①

    let resultCode: NSNumber = res.objectForKey("ResultCode") as! NSNumber
    if (resultCode.integerValue >= 0) {                    //成功

        self.objects = res.objectForKey("Record") as! NSMutableArray
        self.tableView.reloadData()

    } else {

        let errorStr = resultCode.errorMessage

        let alertView = UIAlertView(title: "错误信息",message: errorStr,
            delegate: nil,cancelButtonTitle: "OK")
        alertView.show()
    }
}
```

其中第①行代码用于停止网络活动指示器，并且其图标会在状态栏中消失。

14.4 使用网络请求框架 MKNetworkKit

使用苹果提供的 NSURLConnection 和 NSURLRequest 网络请求 API 固然能解决大部的 Web Service 请求，但是使用起来不是很简洁，也不是很方便。因此本节介绍由第三方提供的网络，目前主要有 3 种框架 ASIHTTPRequest、AFNetworking 和 MKNetworkKit。

在这三个框架中 ASIHTTPRequest 是最早设计的框架，它功能强大但不支持 ARC，现在原作者已经停止更新了。AFNetworking 是 ASIHTTPRequest 之后出现的框架，AFNetworking 比 ASIHTTPRequest 更加简单。MKNetworkKit 的设计思想来源于 ASIHTTPRequest 和 AFNetworking，它结合这两个框架的共同特点，并且增加一些新特性。相比前两个框架，MKNetworkKit 是最为轻量级的框架，本节主要介绍 MKNetworkKit 框架的使用。

通过表 14-2 比较三个框架的一些优缺点。

表 14-2 ASIHTTPRequest、AFNetworking 和 MKNetworkKit 比较

	ASIHTTPRequest	AFNetworking	MKNetworkKit
支持 iOS 和 Mac OS X	是	是	是
支持 ARC	否	是	是
断点续传	是	否	是
同步异步请求	支持同步/异步	只支持异步	只支持异步
图片缓存到内存	否	是	是
后台下载	是	是	是
下载进度	是	否	是
缓存离线请求	否	否	是
Cookies	是	否	否
HTTPS	是	是	是

14.4.1 安装和配置 MKNetworkKit 框架

首先，从 https://github.com/MugunthKumar/MKNetworkKit 下载 MKNetworkKit 框架，然后打开 MKNetworkKit 目录，目录结构如下：

```
├── MKNetworkKit
├── MKNetworkKit-OSX
├── MKNetworkKit-Tests
├── MKNetworkKit-iOS
├── Mac-Demo
└── iOS-Demo
```

其中，MKNetworkKit 文件夹是框架源代码，还有 Mac-Demo 和 iOS-Demo 可以参考。

由于 MKNetworkKit 是使用 Objective-C 语言开发的,如果想在 Swift 工程中使用比较麻烦,具体的配置步骤如下:

1. 添加 MKNetworkKit 到新工程

将 MKNetworkKit 文件夹添加到新工程中,需要在工程添加一些支持的类库或框架,具体如下所示。

- CFNetwork.Framework
- SystemConfiguration.framework
- Security.framework

2. 添加预编译头文件

由于默认情况下,Xcode 6 创建的工程并没有预编译头文件,预编译头文件中的内容可以添加到所有的头文件中。例如要在所有的头文件中添加 #import <Foundation/Foundation.h>,就可以在预编译头文件中添加。

如果 Xcode 工程中没有预编译头文件,可以通过 Xcode 菜单,然后单击 File→New→File 菜单,在打开创建文件模板界面,如图 14-5 所示,选择 PCH File 文件模板,单击 Next 按钮创建 PrefixHeader.pch 文件,添加内容如下:

```
#ifndef MyNotes_PrefixHeader_pch
#define MyNotes_PrefixHeader_pch

    #import <Foundation/Foundation.h>

#endif
```

图 14-5　创建预编译头文件

当然这只是创建了一个预编译头文件,还需要把这个文件配置到工程中。打开工程,选择 TARGETS→MyNotes→Build Setting→Apple LLVM 6.0 Language→Prefix Header,

输入刚才创建的 PrefixHeader.pch 文件名，如图 14-6 所示。

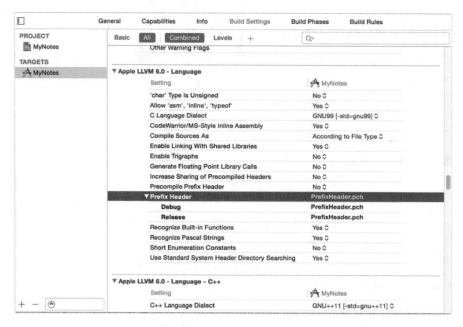

图 14-6　设置预编译头文件

3. 设置桥接头文件

在 Swift 语言中调用 Objective-C 对象时，需要在桥接头文件中引入 Objective-C 对象头文件，本例的桥接头文件是 MyNotes-Bridging-Header.h，添加内容如下：

```
#import <Availability.h>
#import "MKNetworkKit.h"
```

14.4.2　实现 GET 请求

MKNetworkKit 中主要有两个类 MKNetworkOperation 和 MKNetworkEngine。MKNetworkOperation 是 NSOperation 的子类并且封装了请求相应类，需要为每一个网络请求创建一个 MKNetworkOperation。MKNetworkEngine 负责管理的网络队列，在简单的请求时，应该直接使用 MKNetworkEngine 的方法；在复杂需求情况下，可以子类化 MKNetworkEngine。

下面介绍基本的网络实现，其中包括 GET 请求和 POST 请求。

还是以 MyNotes 应用为例来介绍，只考虑查询功能的实现。修改主视图控制器 MasterViewController.swift 中的 startRequest 方法，具体如下：

```
func startRequest() {
    var path = String(format: "/service/mynotes/WebService.php?email = %@ &type = %@
```

```
        &action = %@","<你的51work6.com用户邮箱>","JSON","query")              ①
        path = path.stringByAddingPercentEscapesUsingEncoding(NSUTF8StringEncoding)!  ②

        var engine = MKNetworkEngine(hostName: "51work6.com",customHeaderFields: nil) ③
        var op = engine.operationWithPath(path)

        op.addCompletionHandler({ (operation) -> Void in                     ④

            NSLog("responseData : %@",operation.responseString())
            let data    = operation.responseData()                           ⑤
            let resDict = NSJSONSerialization.JSONObjectWithData(data,
                options: NSJSONReadingOptions.AllowFragments,error: nil)  as! NSDictionary
            self.reloadView(resDict)

        },errorHandler: { (operation,err) -> Void in
            NSLog("MKNetwork 请求错误 : %@",err.localizedDescription)
        })
        engine.enqueueOperation(op)                                           ⑥

}
```

第①行代码设置请求路径，它是主机名（域名或IP地址）之后的内容。第②行代码是创建 MKNetworkEngine 对象，其中使用的构造方法是 initWithHostName:customHeaderFields:，其中 initWithHostName 参数是主机名，customHeaderFields 参数是请求头；注意主机名前面不要加 http 或 www 等。

第③行代码是创建 MKNetworkOperation 对象，使用的创建方法是 operationWithPath:，全部的创建方法如下：

- operationWithPath:
- operationWithPath:params:
- operationWithPath:params:httpMethod:
- operationWithPath:params:httpMethod:ssl:

在这些方法中，参数 path 是主机名之后的内容，params 是请求参数，httpMethod 是指定请求方法，ssl 是是否使用 ssl 加密请求。

第④行代码中指定请求闭包，成功请求下回调代码块 addCompletionHandler:；失败情况下回调代码 errorHandler:。第⑤行代码通过 MKNetworkOperation 的 responseData 方法获得从服务器返回的 NSData 类型，如果是字符串可以通过 responseString 方法返回，如果返回的数据是图片，也可以通过 responseImage 方法返回。第⑥行代码 engine.enqueueOperation(op) 是发起网络请求。

14.4.3 实现 POST 请求

发送 POST 方法与 GET 非常相似。修改主视图控制器 MasterViewController.swift 中的 startRequest 方法，具体如下：

```swift
func startRequest() {
    
    var path = "/service/mynotes/WebService.php"
    path = path.stringByAddingPercentEscapesUsingEncoding(NSUTF8StringEncoding)!
    
    var param = ["email" : "<你的 51work6.com 用户邮箱>"]
    param["type"] = "JSON"
    param["action"] = "query"
    
    var engine = MKNetworkEngine(hostName: "51work6.com", customHeaderFields: nil)
    var op = engine.operationWithPath(path, params: param, httpMethod:"POST")        ①
    
    op.addCompletionHandler({ (operation) -> Void in
        
        NSLog("responseData : %@", operation.responseString())
        let data     = operation.responseData()
        let resDict = NSJSONSerialization.JSONObjectWithData(data,
            options: NSJSONReadingOptions.AllowFragments, error: nil) as! NSDictionary
        self.reloadView(resDict)
        
        }, errorHandler: { (operation, err) -> Void in
            NSLog("MKNetwork 请求错误 : %@", err.localizedDescription)
            
    })
    engine.enqueueOperation(op)
    
}
```

POST 请求与 GET 请求的最大区别是在第①行代码，通过 httpMethod: 指定请求的方法为 POST，params: 指定请求参数。其他的代码不再介绍。

14.4.4 下载数据

MKNetworkOperation 类可以指定下载文件位置，还可以获得下载的进度，由于采用整个应用共享单一队列设计，可以准确的计算下载进度。

下面通过一个例子介绍下载数据的用法。设计了如图 14-7 所示的应用，当用户单击 GO 按钮时，从服务器下载一张图片并将其显示在界面中。

UI 部分的设计步骤就不再介绍了。下面直接看看主视图控制器，ViewController.swift 文件中类声明和属性等相关代码如下：

```swift
class ViewController: UIViewController {
    
    
    @IBOutlet weak var progressView: UIProgressView!
```

图 14-7　设计原型图

```
@IBOutlet weak var imageView1: UIImageView!

override func viewDidLoad() {
    super.viewDidLoad()
}
    …
}
```

其中，imageView1 是与界面对应的图片视图控件，progressView 属性是与界面中进度条对应的属性。

下面是主视图控制器 ViewController.swift 中 GO 按钮的调用方法，具体如下：

```
@IBAction func onClick(sender: AnyObject) {

    self.imageView1.image = nil

    let paths = NSSearchPathForDirectoriesInDomains(
                        NSSearchPathDirectory.CachesDirectory,
                        NSSearchPathDomainMask.UserDomainMask, true)
    let cachesDirectory = paths[0] as! String                                   ①
    let downloadPath = cachesDirectory.stringByAppendingPathComponent("test1.jpg")

    var path = String(format: "/service/download.php?email=%@&FileName=test1.jpg",
                        "<你的 51work6.com 用户邮箱>")
    path = path.stringByAddingPercentEscapesUsingEncoding(NSUTF8StringEncoding)!
```

```swift
        var engine = MKNetworkEngine(hostName: "51work6.com",customHeaderFields: nil)

        var downloadOperation = engine.operationWithPath(path,params: nil,
                                                        httpMethod: "POST")
        var os = NSOutputStream(toFileAtPath: downloadPath,append: false)          ②
        downloadOperation.addDownloadStream(os)

        downloadOperation.onDownloadProgressChanged { (progress) -> Void in        ③
            NSLog("download progress: %.2f%%",progress * 100.0)                    ④
            self.progressView.progress = Float(progress)
        }

        downloadOperation.addCompletionHandler({ (operation) -> Void in
            NSLog("download progress: 100%%")
            NSLog("download file finished!")
            var data = operation.responseData()

            if data != nil {                                                       ⑤
                //返回数据失败
                var resDict = NSJSONSerialization.JSONObjectWithData(data,options:
                    NSJSONReadingOptions.AllowFragments,error: nil) as! NSDictionary!

                if resDict != nil {
                    let resultCode: NSNumber
                        = resDict.objectForKey("ResultCode") as! NSNumber

                    if (resultCode.integerValue < 0) {
                        let errorStr = resultCode.errorMessage
                        let alertView = UIAlertView(title: "错误信息",message: errorStr,
                            delegate: nil,cancelButtonTitle: "OK")
                        alertView.show()
                    }
                }

            } else {                                                               ⑥
                //返回数据成功
                var img = UIImage(contentsOfFile: downloadPath)                    ⑦
                self.imageView1.image = img
            }

            },errorHandler: { (errorOp,err) -> Void in
                NSLog("MKNetwork 请求错误 : %@",err.localizedDescription)
        })

        engine.enqueueOperation(downloadOperation)

    }
```

在上述代码中,第①行代码是获得沙箱目录下的缓存目录,这个目录位于 Library→Caches,如图 14-8 所示。

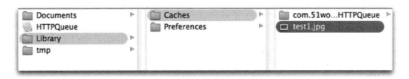

图 14-8　缓存目录

第②行代码是通过 MKNetworkOperation 的 addDownloadStream:方法添加 NSOutputStream 对象,NSOutputStream 是输出流对象,它指定下载图片位置。第③行代码通过 MKNetworkOperation 的 onDownloadProgressChanged:方法来监听下载进度,这个方法中可以改变进度条的进度。第④代码是将下载进度进行日志输出,其中的 progress 取值的范围是 0.0~1.0 之间。

在请求成功的闭包中第⑤行代码没有成功返回数据,在这种情况下,通过 UIAlertView 提示用户发送的错误。第⑥行代码是成功返回数据。第⑦行代码是使用下载成功的图片来构建 UIImage 对象,然后再把 UIImage 赋值给图片视图对象 imageView1,这样界面中就可以看到下载的图片了。

14.4.5　上传数据

MKNetworkOperation 类也可以上传。下面通过一个实例介绍如何实现上传。如图 14-9 所示的应用,当用户单击 GO 按钮时,从本地上传图片,然后再下载这张图片并将其显示在界面中。

图 14-9　上传应用的设计原型图

有关 UI 部分的设计步骤就不再介绍了,直接看看主视图控制器 ViewController.swift 中的代码,具体如下:

```swift
@IBAction func onClick(sender: AnyObject) {
    
    self.imageView1.image = nil
    
    let filePath = NSBundle.mainBundle().pathForResource("test1",ofType:"jpg")
    let path = "/service/upload.php"
    
    var param = ["email": "<你的 51work6.com 用户邮箱>"]
    
    var engine = MKNetworkEngine(hostName: "51work6.com",customHeaderFields: nil)
    var op = engine.operationWithPath(path,params: param,httpMethod: "POST")
    
    op.addFile(filePath,forKey: "file")                                                ①
    op.freezable = true                                                                ②
    
    op.onUploadProgressChanged { (progress) -> Void in                                 ③
        NSLog("upload progress: %.2f%%",progress * 100.0)                              ④
        self.uploadProgressView.progress = Float(progress)
    }
    
    op.addCompletionHandler({ (operation) -> Void in
        NSLog("upload file finished!")
        let data = operation.responseData()
        
        if data != nil {
            //返回数据失败
            var resDict = NSJSONSerialization.JSONObjectWithData(data,
                options: NSJSONReadingOptions.AllowFragments,error: nil) as! NSDictionary!
            
            if resDict != nil {
                let resultCode: NSNumber
                    = resDict.objectForKey("ResultCode") as! NSNumber
                
                if (resultCode.integerValue < 0) {
                    let errorStr = resultCode.errorMessage
                    let alertView = UIAlertView(title: "错误信息",message: errorStr,
                        delegate: nil,cancelButtonTitle: "OK")
                    alertView.show()
                    
                    return
                }
            }
            
            self.seeImage()                                                            ⑤
```

```
        }

    },errorHandler: { (operation,err) -> Void in
        NSLog("MKNetwork 请求错误 : %@",err.localizedDescription)
    })

    engine.enqueueOperation(op)

}
```

从上面的代码可见,上传数据与其他的 POST 请求没有太多差别,其中第①行代码是关键的差别,它需要知道要上传的文件路径和文件类型。第②行代码 op.freezable=true 也是非常重要的,它是冻结操作,这个操作会在网络不通时,自动的保存数据到本地,在网络上线之后操作会自动上传保存的数据。

第③行代码通过 MKNetworkOperation 的 onUploadProgressChanged:方法来监听上传进度,这个方法中可以改变进度条的进度。第④代码是将上传进度进行日志输出,其中的 progress 取值的范围是 0.0~1.0 之间。

第⑤行代码是在上传成功后调用 self.seeImage()再把数据下载到本地的缓存目录下。

14.5 小结

本章介绍了 Web Service 的访问,重点介绍了 REST Web Service。还要掌握 MKNetworkKit 框架,MKNetworkKit 框架中包括了:同步请求、异步请求、下载和上传数据等。此外,还了解反馈网络信息改善用户体验一些相关技术。

第 15 章 Web Service 网络通信架构设计

好的架构设计可以提高开发效率,减少代码冗余,提高组件模块的可复用性等。好的架构设计是设计模式的有机结合,而不是设计模式的生硬堆砌。这有点像我看好莱坞大片的感觉,我关注的是影片本身的内容和艺术价值,而不是它的豪华演员阵容。

在本章中,将通过重构 MyNotes 应用来介绍 Web Service 网络通信架构设计。

15.1 iOS Web Service 网络通信应用的分层架构设计

分层架构设计的目的是降低耦合度,提高应用的"可复用性"和"可扩展性"。图 15-1 是 iOS Web Service 网络通信应用的分层架构设计图。

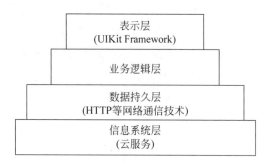

图 15-1 iOS Web Service 网络通信应用的分层架构设计图

关于分层架构设计的相关内容,可以参考第 12 章或者该书服务网站的相关主题。

本章要讨论的是网络应用的分层架构设计,因此数据来源是云服务而不是本地数据库。对应的数据持久层采用的是 HTTP 等网络通信技术,这些技术在第 14 章中已经介绍过了。

下面分别详细介绍如何基于委托模式和观察者模式实现的分层架构设计。

15.2 基于委托模式实现

委托模式是 Cocoa 框架中几个常用的设计模式之一,详情可以参见该书服务网站 http://www.51work6.com 的相关主题。

15.2.1 网络通信与委托模式

委托模式类图如图 15-2 所示,它有两种角色:框架类和委托对象。框架类所做的是通用的与业务无关的处理工作,委托对象所做的是与业务相关的处理工作。委托对象需要实现委托协议。框架类一般都有一个委托对象的引用,在需要的时候,框架类会回调委托对象,并传递参数给委托对象。

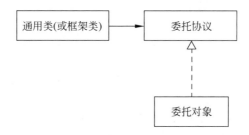

图 15-2 委托模式类图

委托模式在 iOS 开发中应用极其广泛,下一节介绍的 Web Service 异步网络通信就是采用委托模式实现的。例如,iOS 官方提供的 NSURLConnection 类和 NSURLConnectionDataDelegate 协议,它们采用了委托模式设计。其中作为框架类角色的 NSURLConnection,委托协议有 NSURLConnectionDataDelegate 对象。在请求完成或失败的情况下,框架类会调用委托对象,并传递参数给委托对象。

15.2.2 使用委托模式实现分层架构设计

由于同步网络请求的用户体验不好,因此异步网络请求是网络通信中采用的主要方式。需要将异步处理应用于如图 15-3 所示的分层设计框架中,下面简要介绍一下这个架构。

- 云服务层。它就是分层架构中的信息系统层,是信息的来源,其数据来源于网络中的云服务。它与持久层的通信采用熟悉的 JSON 和 XML 格式。
- 持久层。提供网络数据访问能力,它采用的是 NSURLConnection、ASIHTTPRequest 和 MKNetworkKit 等框架,远程地、异步地调用云服务层,云服务层会将结果应答给持久层。为了能够回调业务逻辑层,它需要定义一个 DAO 委托协议(DAODelegate),而业务逻辑层需要实现 DAO 委托协议。
- 业务逻辑层。它封装有一定业务处理功能的 Objective-C 类。为了能够回调表示层,它需要定义一个 BL 委托协议(BLDelegate),而表示层需要实现这个 BL 委托协议。相对业务逻辑层而言，持久层是框架类，业务逻辑层是持久层的委托对象。
- 表示层。由 UIKit Framework 构成，它包括前面学习的视图、控制器、控件和事件处理等内容。它异步地调用业务逻辑层，业务逻辑层在结果返回之后回调表示层。相对表示层而言，业务逻辑层是框架类，表示层是业务逻辑层的委托对象。

图 15-3　基于委托模式实现的分层架构设计图

15.2.3　类图

下面通过 MyNotes 应用介绍一下分层设计架构。从客户端角度看，只需要实现 3 层（表示层、业务逻辑层和持久层）即可，云服务层是服务器端要考虑的问题。下面分别介绍一下各层的设计类图。

1. 数据持久层

数据持久层的类图如图 15-4 所示。

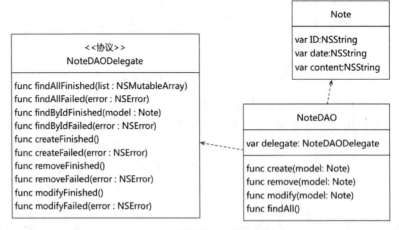

图 15-4　数据持久层的类图

它由两个类和一个协议构成。Note 类是实体类，实体类是应用中的"人"、"事"和"物"。NoteDAO 类用于访问数据对象，它有 create：、remove：、modify：和 findAll：4 种方法，对应于数据操作的插入、删除、修改和查询。

而 NoteDAODelegate 协议是委托协议,凡是异步调用持久层 NoteDAO 对象的其他层(如业务逻辑层)的对象都要实现该协议。这个对象就是 NoteDAO 委托对象,它往往是业务逻辑层的业务逻辑对象,在 NoteDAO 插入成功时,回调 NoteDAO 委托对象的 findAllFinished: 方法,并把查询结果回传给业务逻辑层;插入失败时,回调 NoteDAO 委托对象的 findAllFailed: 方法,并把一个错误对象回传给业务逻辑层。其他的方法还有插入成功的方法 createFinished、删除成功的方法 removeFinished、修改成功的方法 modifFinished,这 3 个方法没有回传数据给表示层。而另外 3 个方法——插入失败的方法 createFailed:、删除失败的方法 removeFailed: 和修改失败的方法 modifyFailed: 也会将一个错误对象回传给表示层。

2. 业务逻辑层

业务逻辑层的类图如图 15-5 所示。

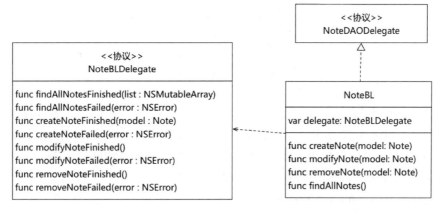

图 15-5　业务逻辑层的类图

这个类图主要由 NoteBL 类和 NoteBLDelegate 协议构成,其中 NoteBL 类是业务逻辑类,它按照业务模块划分,其方法按照业务逻辑模块中的功能划分,每个功能对应一个公有方法。NoteBL 是 Note 的维护模块逻辑对象,主要功能有插入备忘录、删除备忘录、修改备忘录和查询所有的备忘录。因此,它的方法有 createNote:、removeNote:、modifyNote: 和 findAllNotes。此外,NoteBL 要作为 NoteDAO 委托对象,需要实现 NoteDAODelegate 协议。

而 NoteBLDelegate 协议是委托协议,凡是异步调用业务逻辑层 NoteBL 对象的其他层(如表示层)的类都需要实现该协议。这个对象就是 NoteBL 委托对象,它是表示层的视图控制器对象,在 NoteBL 插入成功时候回调 NoteBL 委托对象的 findAllNotesFinished: 方法,并把查询结果回传表示层;插入失败情况下回调 NoteBL 委托对象的 findAllNotesFailed: 方法,并把一个错误对象回传给表示层。其他的方法还有插入成功的方法 createNoteFinished、删除成功的方法 removeNoteFinished 和修改成功的方法 modifyNoteFinished,这 3 个方法没有回传数据给表示层。而另外 3 个方法——插入失败的方法 createNoteFailed:、删除失败的方法 removeNoteFailed:和修改失败的方法 modifyNoteFailed:也会将一个错误对象回传表示层。

3. 表示层

表示层的类图如图 15-6 所示。

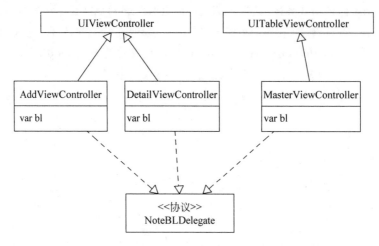

图 15-6　表示层的类图

在该类图中，主要由主视图控制器类 MasterViewController、添加视图控制器类 AddViewController 和详细视图控制器类 DetailViewController 构成，它们都实现了 NoteBLDelegate 协议。但具体实现哪些方法，根据视图控制器中的操作而定。例如，主视图控制器类 MasterViewController 有查询和删除操作，只需要实现 findAllNotesFinished、findAllNotesFailed:、removeNoteFinished 和 removeNoteFailed:方法就可以了。

15.2.4　时序图

为了描述这些类的相互关系，介绍一下应用中的时序图。根据操作的不同，可以划分为 4 个时序图，分别是：查询所有、插入、删除和修改。

1. 查询所有时序图

查询所有时序图如图 15-7 所示。

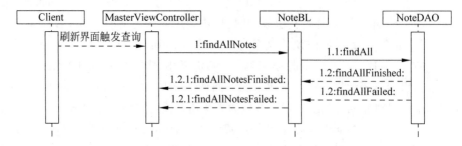

图 15-7　查询所有时序图

查询所有时序图是用户在加载主视图或刷新主视图触发的查询操作。首先,MasterViewController 异步调用 NoteBL 类中的 findAllNotes 方法,接着在 NoteBL 类中异步调用 NoteDAO 类的 findAll 方法。如果成功,就会调用 findAll 方法,然后 NoteDAO 会回调 NoteBL 的 findAllFinished:方法;如果失败,NoteDAO 会回调 NoteBL 的 findAllFailed:方法。在 NoteBL 中如果成功则回调 MasterViewController 的 findAllNotesFinished:方法,更新表视图;失败则回调 MasterViewController 的 findAllNotesFailed:方法,弹出警告对话框提示用户。

> **注意** findAllFinished:和 findAllFailed:方法是二选一的,要么是调用 findAllFinished:,要么调用 findAllFailed:方法。同理,findAllNotesFinished:和 findAllNotesFailed:方法也是二选一的,即要么调用 findAllNotesFinished:方法,要么调用 findAllNotesFailed:方法。

2. 插入操作时序图

插入操作时序图如图 15-8 所示。

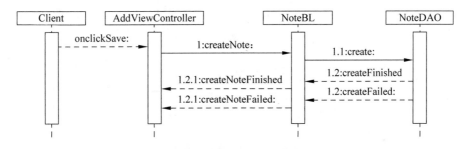

图 15-8　插入操作时序图

插入操作时序图演示了用户进入添加界面后单击 Save 按钮后的处理过程。首先,在 AddViewController 的 onclickSave:方法中异步调用 NoteBL 类中的 createNote:方法,接着在 NoteBL 类中异步调用 NoteDAO 类的 create:方法。如果成功,NoteDAO 回调 NoteBL 的 createFinished 方法;如果失败,NoteDAO 回调 NoteBL 的 createFailed:方法。在 NoteBL 中,如果成功则回调 AddViewController 的 createNoteFinished 方法;失败则回调 AddViewController 的 createNoteFailed:方法,弹出警告对话框提示用户。

> **注意** createFinished 和 createFailed:方法是二选一的,createNoteFinished 和 createNoteFailed:方法也是二选一的。

3. 删除操作时序图

删除操作是在主视图控制器完成的。当用户单击导航栏右边的 Edit 按钮后,得到的界面如图 15-9 所示,此时表视图处于编辑状态,单击某一条数据后面的 Delete 按钮即可将其删除。

图 15-9 删除操作

删除操作时序图如图 15-10 所示。

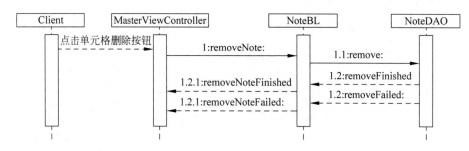

图 15-10 删除操作时序图

删除操作时序图演示了在用户主视图界面单击 Delete 按钮后的处理过程。它是在 MasterViewController 中 tableView:commitEditingStyle:forRowAtIndexPath:方法（实现表视图数据源的方法）中发起的，异步调用 NoteBL 类中的 removeNote:方法，接着在 NoteBL 类中异步调用 NoteDAO 类的 remove:方法。如果删除成功，NoteDAO 回调 NoteBL 的 removeFinished 方法；如果删除失败，NoteDAO 回调 NoteBL 的 removeFailed:方法。在 NoteBL 中，如果成功则回调 MasterViewController 的 removeNoteFinished 方法；失败则回调 MasterViewController 的 removeNoteFailed:方法，弹出警告对话框提示用户。

> **注意** removeFinished 和 removeFailed:方法是二选一的，removeNoteFinished 和 removeNoteFailed:方法也是二选一的。

4. 修改操作时序图

修改操作时序图如图 15-11 所示。

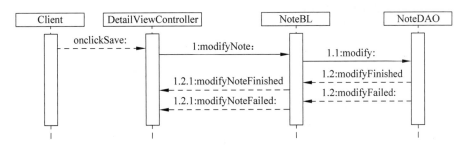

图 15-11　修改操作时序图

修改操作时序图演示了用户在进入详细界面后单击 Save 按钮的处理过程。首先，DetailViewController 的 onclickSave:方法异步调用 NoteBL 类中的 modifyNote:方法，接着在 NoteBL 类中调用 NoteDAO 类的 modify:方法。如果成功，NoteDAO 回调 NoteBL 的 modifyFinished 方法；如果失败，NoteDAO 回调 NoteBL 的 modifyFailed:方法。在 NoteBL 中如果成功则回调 DetailViewController 的 modifyNoteFinished 方法；失败则回调 AddViewController 的 modifyNoteFailed:方法，弹出警告对话框提示用户。

注意　modifyFinished 和 modifyFailed:方法是二选一的，modifyNoteFinished 和 modifyNoteFailed:方法也是二选一的。

15.2.5　数据持久层重构

MyNotes 应用早期版本的数据是放在本地的，现在数据在云服务端，因此工作的重点很大程度在于数据持久层，需要对该层进行重构。

在本例中使用轻量级网络请求框架 MKNetworkKit 重构，参考 14.4 节把 MKNetworkKit 添加到工程中。

在数据持久层中，共有两个类（Note 和 NoteDAO）、一个协议（NoteDAODelegate）和扩展（NSNumber+Message.swift），NoteDAODelegate 协议是在 NoteDAO.swift 文件中定义的，NoteDAODelegate 协议代码如下：

```
protocol NoteDAODelegate {
    
    //查询所有数据方法 成功
    func findAllFinished(list : NSMutableArray)
    
    //查询所有数据方法 失败
    func findAllFailed(error : NSError)
    
    //按照主键查询数据方法 成功
    func findByIdFinished(model : Note)
```

```
    //按照主键查询数据方法 失败
    func findByIdFailed(error : NSError)

    //插入 Note 方法 成功
    func createFinished()

    //插入 Note 方法 失败
    func createFailed(error : NSError)

    //删除 Note 方法 成功
    func removeFinished()

    //删除 Note 方法 失败
    func removeFailed(error : NSError)

    //修改 Note 方法 成功
    func modifyFinished()

    //修改 Note 方法 失败
    func modifyFailed(error : NSError)

}
```

下面看看NoteDAO.swift中NoteDAO类定义、属性等相关代码如下：

```
class NoteDAO : NSObject {

    let HOST_PATH = "/service/mynotes/WebService.php"
    let HOST_NAME = "51work6.com"
    let USER_ID = "<你的 51work6.com 用户邮箱>"

    var delegate: NoteDAODelegate!                                          ①

    //保存数据列表
    var listData: NSMutableArray!

    class var sharedInstance: NoteDAO {
        struct Static {
            static var instance: NoteDAO?
            static var token: dispatch_once_t = 0
        }

        dispatch_once(&Static.token) {
            Static.instance = NoteDAO()
        }
        return Static.instance!
    }
    ……
}
```

其中第①行代码声明了 delegate 属性,它是用来保存委托对象的属性。delegate 类型是 NoteDAODelegate 协议。

在 NoteDAO.swift 中 NoteDAO 查询所有数据方法的代码如下:

```swift
//查询所有数据方法
func findAll() {
    
    var engine = MKNetworkEngine(hostName: HOST_NAME,customHeaderFields: nil)
    
    var param = ["email": USER_ID]                                          ①
    param["type"] = "JSON"
    param["action"] = "query"                                               ②
    
    
    var op = engine.operationWithPath(HOST_PATH,
                        params: param,httpMethod:"POST")                    ③
    
    op.addCompletionHandler({ (operation) -> Void in
        
        NSLog("responseData : %@",operation.responseString())
        let data    = operation.responseData()
        let resDict = NSJSONSerialization.JSONObjectWithData(data,
            options: NSJSONReadingOptions.AllowFragments,error: nil)
                                    as! NSDictionary
        
        let resultCodeNumber: NSNumber = resDict.objectForKey("ResultCode")
                                            as! NSNumber                    ④
        let resultCode = resultCodeNumber.integerValue
        
        if resultCode >= 0 {                                                ⑤
            
            let listDict = resDict.objectForKey("Record") as! NSMutableArray
            var listData = NSMutableArray()
            
            for dic in listDict {
                let row = dic as NSDictionary
                
                let _id     = row.objectForKey("ID") as! NSNumber
                let strDate = row.objectForKey("CDate") as! String
                let content = row.objectForKey("Content") as! String
                
                var note = Note(id: _id.stringValue,date:strDate,content: content)
                
                listData.addObject(note)
            }
```

```
                    self.delegate.findAllFinished(listData)                    ⑥

            } else {
                let message = resultCodeNumber.errorMessage                    ⑦
                let userInfo = [NSLocalizedDescriptionKey : message]
                let err = NSError(domain:"DAO",code:resultCode,userInfo: userInfo)  ⑧

                self.delegate.findAllFailed(err)
            }

        },errorHandler: { (operation,err) -> Void in
            NSLog("MKNetwork 请求错误 : %@",err.localizedDescription)            ⑨
            self.delegate.findAllFailed(err)                                   ⑩

    })
    engine.enqueueOperation(op)

}
```

上述第①~②行代码是准备 POST 参数,第③行代码至第⑧行代码之前都是请求成功代码块,第⑨~⑩行是请求失败代码块,其中通过 self.delegate.findAllFailed(err)语句回调委托对象的 findAllFailed:方法,并不将错误对象返回给委托对象。

第④行代码从返回的结果取出 ResultCode。当 ResultCode 大于等于 0,则代表成功,如第⑤代码所示。第⑥行代码回调委托对象的 findAllFinished:方法,并把数据 listData 返回给委托对象。

在 ResultCode 小于 0 的情况下,即从服务器返回失败的情况下,第⑦~⑧行代码创建一个 NSError 错误代码,因此服务器返回的是错误代码,代码第⑦行 resultCodeNumber 是通过 NSNumber 扩展,errorMessage 属性是通过错误代码返回错误消息。第⑧行代码是创建 NSError 错误对象。

除了查询所有方法,在 NoteDAO 中还有插入、删除和修改方法。这 3 个方法处理起来都非常类似,这里只介绍插入方法,其他的方法请大家自己下载代码查看。

NoteDAO.swift 中插入方法的代码如下:

```
//插入 Note 方法
    func create(model: Note) {

            var engine = MKNetworkEngine(hostName: HOST_NAME,customHeaderFields: nil)

            var param = ["email": USER_ID]
            param["type"] = "JSON"
            param["action"] = "add"
            param["date"] = model.date
            param["content"] = model.content
```

```swift
        var op = engine.operationWithPath(HOST_PATH,params: param,httpMethod:"POST")

        op.addCompletionHandler({ (operation) -> Void in

            NSLog("responseData : %@",operation.responseString())
            let data     = operation.responseData()
            let resDict = NSJSONSerialization.JSONObjectWithData(data,
                    options: NSJSONReadingOptions.AllowFragments,error: nil)
                                    as! NSDictionary

            let resultCodeNumber: NSNumber = resDict.objectForKey("ResultCode")
                                    as! NSNumber
            let resultCode = resultCodeNumber.integerValue

            if resultCode >= 0 {
                self.delegate.createFinished()                                  ①
            } else {
                let message = resultCodeNumber.errorMessage
                let userInfo = [NSLocalizedDescriptionKey : message]
                let err = NSError(domain:"DAO",code:resultCode,userInfo: userInfo)

                self.delegate.createFailed(err)                                 ②
            }

        },errorHandler: { (operation,err) -> Void in
            NSLog("MKNetwork 请求错误 : %@",err.localizedDescription)
            self.delegate.createFailed(err)                                     ③

        })
        engine.enqueueOperation(op)

    }
```

　　比较一下插入方法与查询所有方法，代码基本上类似，差别就是 POST 参数和返回后回调的方法不同。另外的两个方法（删除和修改）也是比较类似的，处理步骤也比较类似，因此，可以采用模板方法设计模式[①]对 NoteDAO 类进行优化，但这与本章重点介绍的分层框架设计关系不是很大，因此基于模板方法设计模式的优化就不再介绍了。第①行代码表示成功返回的情况下，回调委托对象的 createFinished 方法，而第②行代码和第③行代码表示失败返回的情况下，回调委托对象的 createFailed: 方法。

15.2.6　业务逻辑层的代码实现

　　在这个应用中，业务逻辑层中主要内容是 NoteBL 类和 NoteBLDelegate 协议。NoteBLDelegate 协议是在 NoteBL.swift 文件中定义的，具体代码如下：

---

① 详见 http://zh.wikipedia.org/wiki/模板方法。

```swift
protocol NoteBLDelegate {
    
    //查询所有数据方法 成功
    func findAllNotesFinished(list : NSMutableArray)
    
    //查询所有数据方法 失败
    func findAllNotesFailed(error : NSError)
    
    //插入 Note 方法 成功
    func createNoteFinished()
    
    //插入 Note 方法 失败
    func createNoteFailed(error : NSError)
    
    //修改 Note 方法 成功
    func modifyNoteFinished()
    
    //修改 Note 方法 失败
    func modifyNoteFailed(error : NSError)
    
    //删除 Note 方法 成功
    func removeNoteFinished()
    
    //删除 Note 方法 失败
    func removeNoteFailed(error : NSError)
    
}
```

NoteBL.swift 文件中 NoteBL 类相关代码如下：

```swift
class NoteBL : NSObject,NoteDAODelegate {
    
    var delegate: NoteBLDelegate!                                ①
    
    //插入 Note 方法
    func createNote(model: Note) {                               ②
        var dao:NoteDAO = NoteDAO.sharedInstance
        dao.delegate = self                                      ③
        dao.create(model)
    }
    
    //修改 Note 方法
    func modifyNote(model: Note) {
        var dao:NoteDAO = NoteDAO.sharedInstance
        dao.delegate = self
        dao.modify(model)
    }
```

```
//删除 Note 方法
func removeNote(model: Note) {
    var dao:NoteDAO = NoteDAO.sharedInstance
    dao.delegate = self
    dao.remove(model)
}

//查询所用数据方法
func findAllNotes() {                                                       ④
    var dao:NoteDAO = NoteDAO.sharedInstance
    dao.delegate = self                                                     ⑤
    dao.findAll()
}

//MARK: -- NoteDAODelegate 委托方法
//查询所有数据方法 成功
func findAllFinished(list: NSMutableArray) {                                ⑥
    self.delegate.findAllNotesFinished(list)
}

//查询所有数据方法 失败
func findAllFailed(error : NSError) {
    self.delegate.findAllNotesFailed(error)
}

//插入 Note 方法 成功
func createFinished() {
    self.delegate.createNoteFinished()
}

//插入 Note 方法 失败
func createFailed(error : NSError) {
    self.delegate.createNoteFailed(error)
}

//删除 Note 方法 成功
func removeFinished() {
    self.delegate.removeNoteFinished()
}
//删除 Note 方法 失败
func removeFailed(error : NSError) {
    self.delegate.removeNoteFailed(error)
}

//修改 Note 方法 成功
func modifyFinished(){
    self.delegate.modifyNoteFinished()
```

```
    }
    //修改 Note 方法 失败
    func modifyFailed(error : NSError) {
        self.delegate.modifyNoteFailed(error)
    }

    //按照主键查询数据方法 成功
    func findByIdFinished(model : Note) {}

    //按照主键查询数据方法 失败
    func findByIdFailed(error : NSError) {}                                    ⑦

}
```

上述代码第①行声明了 delegate 属性用来保存委托对象用,其中 delegate 说明必须是 NoteBLDelegate 协议的实现类。

第②行代码是插入方法;第③行代码设置 self.dao 的委托对象为 self,使得当前的业务逻辑类 NoteBL 成为 NoteDao 类的委托对象,从而建立了引用关系;第④行与第⑤行是同样目的。第⑥~⑦行是回调方法,其中均使用 self.delegate 回调 NoteBL 委托对象的相关方法。

15.2.7　表示层的代码实现

表示层用到的类主要有 3 个——MasterViewController、AddViewController 和 DetailViewController,下面分别介绍一下它们。

1. MasterViewController 类

MasterViewController.swift 中 MasterViewController 类定义、属性等相关代码如下:

```
class MasterViewController: UITableViewController,NoteBLDelegate {             ①

    //业务逻辑对象 BL
    var bl = NoteBL()                                                          ②
    //保存数据列表
    var objects = NSMutableArray()
    //删除数据索引
    var deletedIndex: Int!
    //删除数据
    var deletedNote: Note!

    var detailViewController: DetailViewController? = nil
    ……
}
```

其中第①行代码声明 MasterViewController 实现委托协议 NoteBLDelegate,第②代码

声明的 bl 属性用来保存 NoteBL 对象强引用。

在 MasterViewController.swift 中查询相关代码如下:

```swift
override func viewDidLoad() {
    super.viewDidLoad()
    ……
    self.bl.delegate = self
    //初始化 UIRefreshControl
    var rc = UIRefreshControl()
    rc.attributedTitle = NSAttributedString(string: "下拉刷新")
    rc.addTarget(self,action: "refreshTableView",
            forControlEvents: UIControlEvents.ValueChanged)
    self.refreshControl = rc
}

override func viewWillAppear(animated: Bool) {
    super.viewWillAppear(animated)
    //查询所有的数据
    self.bl.findAllNotes()
}

func refreshTableView() {
    
    if (self.refreshControl!.refreshing == true) {
        self.refreshControl!.attributedTitle = NSAttributedString(string: "加载中...")
        //查询所有的数据
        self.bl.findAllNotes()
    }
}

// MARK:- 处理通知
//查询所有数据方法 成功
func findAllNotesFinished(list : NSMutableArray) {
    self.objects   = list
    self.tableView.reloadData()
    if self.refreshControl != nil {
        self.refreshControl!.endRefreshing()
        self.refreshControl!.attributedTitle = NSAttributedString(string: "下拉刷新")
    }
}

//查询所有数据方法 失败
func findAllNotesFailed(error : NSError) {
    
    let errorStr = error.localizedDescription
    
    let alertView = UIAlertView(title: "操作信息",
```

```
            message: errorStr,
            delegate: nil,
            cancelButtonTitle: "OK")
        alertView.show()

        if self.refreshControl != nil {
            self.refreshControl!.endRefreshing()
            self.refreshControl!.attributedTitle = NSAttributedString(string: "下拉刷新")
        }
    }
```

下面再看看删除相关的代码。删除操作也是在主视图控制器 MasterViewController 中实现的,具体代码如下:

```
    override func tableView(tableView: UITableView,
            commitEditingStyle editingStyle: UITableViewCellEditingStyle,
            forRowAtIndexPath indexPath: NSIndexPath) {

        if editingStyle == .Delete {

            self.deletedIndex = indexPath.row
            self.deletedNote = objects[indexPath.row] as! Note

            self.bl.removeNote(self.deletedNote)

        } else if editingStyle == .Insert {

        }
    }
    //删除 Note 方法 成功
    func removeNoteFinished() {
        let alertView = UIAlertView(title: "操作信息",
            message: "删除成功。",
            delegate: nil,
            cancelButtonTitle: "OK")

        alertView.show()

        self.objects.removeObjectAtIndex(self.deletedIndex)
        self.tableView.reloadData()
    }

    //删除 Note 方法 失败
    func removeNoteFailed(error : NSError) {
        let errorStr = error.localizedDescription

        let alertView = UIAlertView(title: "操作信息",
```

```
            message: errorStr,
            delegate: nil,
            cancelButtonTitle: "OK")
    alertView.show()
}
```

删除操作是在表视图数据源的 tableView：commitEditingStyle：forRowAtIndexPath：方法中实现的。

2. AddViewController 类

AddViewController.swift 中插入请求的主要代码如下：

```
class AddViewController: UIViewController,UITextViewDelegate,UIAlertViewDelegate,
                         NoteBLDelegate {

    //接收从服务器返回数据。
    var datas : NSMutableData!
    //业务逻辑对象 BL
    var bl: NoteBL = NoteBL()
    @IBOutlet weak var txtView: UITextView!

    override func viewDidLoad() {
        super.viewDidLoad()
        self.txtView.delegate = self
        self.bl.delegate = self
    }
    @IBAction func onclickSave(sender: AnyObject) {                              ①

        let date = NSDate()
        let dateFormatter : NSDateFormatter = NSDateFormatter()
        dateFormatter.dateFormat = "yyyy-MM-dd"
        let strDate = dateFormatter.stringFromDate(date)

        var note = Note(id:nil,date: strDate,content: self.txtView.text)
        self.bl.createNote(note)

        self.txtView.resignFirstResponder()
    }


    // MARK: - 处理通知
    //插入 Note 方法 成功
    func createNoteFinished(){                                                   ②

        let alertView = UIAlertView(title: "操作信息",
            message: "插入成功。",
            delegate: self,
```

```
            cancelButtonTitle: "返回",
            otherButtonTitles:"继续")                                              ③

        alertView.show()
    }

    //插入 Note 方法 失败
    func createNoteFailed(error : NSError) {                                      ④
        let errorStr = error.localizedDescription

        let alertView = UIAlertView(title: "操作信息",
            message: errorStr,
            delegate: self,
            cancelButtonTitle: "返回",
            otherButtonTitles:"继续")                                              ⑤

        alertView.show()
    }

    //UIAlertView Delegate   Method
    func alertView(alertView: UIAlertView,clickedButtonAtIndex buttonIndex: Int) { ⑥
        println("buttonIndex = \(buttonIndex)")

        if buttonIndex == 0 {                                                     ⑦
            self.dismissViewControllerAnimated(true,completion: nil)
        } else if buttonIndex == 1 {
            self.txtView.text = ""
        }
    }

    ……
}
```

上述代码第①行是当用户单击 Save 按钮时，会触发 onclickSave:方法。在该方法中，实例化业务逻辑对象，设置它的委托对象为 self，并异步调用 createNote:方法实现数据的插入。如果插入成功，则回调第②行的 createNoteFinished:方法。对于成功返回的处理方式，插入成功与查询成功不同，只需要给用户一个反馈信息就可以了，具体如图 15-12 所示。如果用户单击"返回"按钮，则回到主视图，如果单击"继续"按钮，则留在本视图，继续添加内容。与只有一个按钮的 AlertView 不同，这种有两个按钮的 AlertView 需要设置委托为 self。第③行代码在构造 AlertView 时设置了 delegate:self 参数，这样当用户选择 AlertView 中的按钮时，就会回调第⑥行的 alertView:clickedButtonAtIndex:委托方法，其中 buttonIndex 参数可以判断是单击了哪个按钮的索引。在返回失败的情况下也

图 15-12　信息提示框

做类似处理，如第⑤行代码所示。

3. DetailViewController 类

DetailViewController.swift 中修改请求的主要代码如下：

```swift
class DetailViewController: UIViewController,UITextViewDelegate,NoteBLDelegate {
    
    //接收从服务器返回数据。
    var datas : NSMutableData!
    //业务逻辑对象 BL
    var bl: NoteBL = NoteBL()
    @IBOutlet weak var txtView: UITextView!
    
    override func viewDidLoad() {
        super.viewDidLoad()
        
        self.configureView()
        self.txtView.delegate = self
        
        self.bl.delegate = self
    }
    //UITextView委托协议方法
    func textView(textView: UITextView,shouldChangeTextInRange range: NSRange
                            ,replacementText text: String) -> Bool {
        if (text == "\n") {
            textView.resignFirstResponder()
            return false
        }
        return true
    }
    
    @IBAction func onclickSave(sender: AnyObject) {
        
        var note = self.detailItem as! Note
        note.content = self.txtView.text
        self.bl.modifyNote(note)
        
        self.txtView.resignFirstResponder()
    }
    
    // MARK: - 处理通知
    //修改 Note 方法 成功
    func modifyNoteFinished() {
        let alertView = UIAlertView(title: "操作信息",
            message: "修改成功。",
            delegate: nil,
            cancelButtonTitle: "OK")
```

```
        alertView.show()
    }

    //修改Note方法 失败
    func modifyNoteFailed(error : NSError) {

        let errorStr = error.localizedDescription

        let alertView = UIAlertView(title: "操作信息",
            message: errorStr,
            delegate: nil,
            cancelButtonTitle: "OK")

        alertView.show()
    }
    ……
}
```

上面的修改代码与插入代码非常相似，这里只把代码列出来，不再介绍了。

15.3 基于观察者模式的通知机制实现

观察者模式是 Cocoa 框架中几个常用的设计模式之一，详情可参考本书服务网站 http://www.51work6.com 的相关主题。

15.3.1 观察者模式的通知机制回顾

观察者模式的具体应用有两个——通知（notification）机制和 KVO（Key-Value Observing，键值观察）机制，这里重点使用通知机制。通知机制与委托机制不同的地方是：通知是一对多的对象之间的通信，而委托是一对一的对象之间的通信。

如图 15-13 所示，在通知机制中，对某个通知感兴趣的所有对象都可以成为接收者。首先，这些对象需要向通知中心（NSNotificationCenter）发出 addObserver:selector:name:object:消息进行注册，在投送对象投送通知给通知中心时，通知中心就会把通知广播给注册过的接收者。所有的接收者都不知道通知是谁投送的，更不关心它的细节。投送对象与接收者是一对多的关系。如果接收者不再关注通知，会给通知中心发出 removeObserver:name:object:消息解除注册，以后不再接收通知。

15.3.2 异步网络通信中通知机制的分层架构设计

在 15.3.1 节介绍了观察者设计模式下的通知机制。此外，通知机制也可以用于异步网络请求的参数传递，这里需要将异步处理应用于图 15-14 所示的分层设计框架中。

- 数据持久层。为了能够将数据返回给业务逻辑层，它需要投送一个 DAO 通知，而这

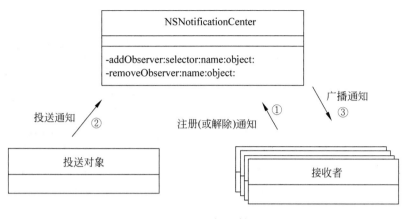

图 15-13　通知机制图

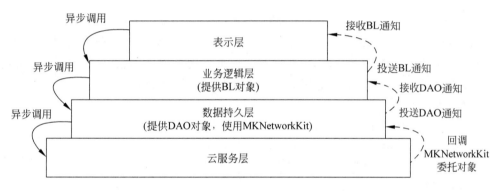

图 15-14　基于通知机制的分层架构设计图

个 DAO 通知必须是在业务逻辑层注册的。
- 业务逻辑层。为了接收持久层的通知，业务逻辑层需要注册并接收 DAO 通知。为了能够将数据返回给表示层，它需要投送一个 BL 通知。
- 表示层。为了接收业务逻辑层的通知，表示层需要注册并接收 BL 通知。

15.3.3　类图

在通知机制下 MyNotes 实现的分层设计架构中，也是只需要实现 3 层（表示层、业务逻辑层和数据持久层），下面分别介绍一下各层的设计类图。

1．数据持久层

数据持久层的类图如图 15-15 所示。

它由两个类构成，包括实体类 Note 和数据访问对象 NoteDAO，其中 NoteDAO 有 create:、remove:、modify:和 findAll 方法。

2．业务逻辑层

业务逻辑层的类图如图 15-16 所示。

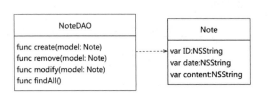

图 15-15　数据持久层的类图　　　　　图 15-16　业务逻辑层的类图

业务逻辑层只有一个 NoteBL 类，它有 12 个方法，其中前 4 个数据处理方法是插入、删除、修改和查询方法，而后面 8 个方法是接收持久层通知的方法。每个数据处理方法都有两个接收方法与之对应，即一个成功，一个失败。例如，与数据插入方法 createNote：对应的成功接收方法为 createFinished，与它对应的失败接收方法为 createFailed：。

3．表示层

表示层的类图如图 15-17 所示。

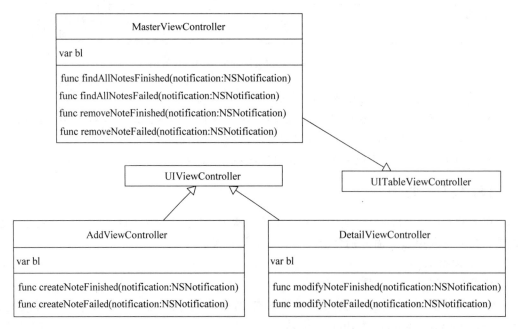

图 15-17　表示层的类图

该类图主要由主视图控制器类 MasterViewController、添加视图控制器类 AddViewController 和详细视图控制器类 DetailViewController 构成，其中每个类中都有几个接收业务逻辑层通知的方法。

15.3.4 时序图

为了能够描述这些类的动态行为，介绍一下应用中的时序图。根据操作的不同，可以划分为 4 个时序图，分别是查询所有、插入、删除和修改。

1. 查询所有时序图

查询所有时序图如图 15-18 所示。

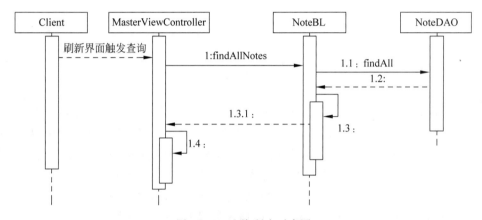

图 15-18 查询所有时序图

查询所有时序图演示了用户在加载主视图或刷新主视图时触发的查询操作。首先，MasterViewController 异步调用 NoteBL 类中的 findAllNotes 方法，接着在 NoteBL 类中异步调用 NoteDAO 类的 findAll 方法，如果成功，NoteDAO 会投送 DaoFindAllFinishedNotification 通知，如图中的 1.2 消息所示。NoteBL 负责注册和观察 DaoFindAllFinishedNotification 通知，一旦 DaoFindAllFinishedNotification 通知被广播，它就会调用自身的查询成功方法 findAllFinished:，如图中的 1.3 所示消息。NoteBL 的 findAllFinished: 方法负责投送 BLFindAllFinishedNotification 成功通知给表示层，如图中 1.3.1 消息所示。表示层的 MasterViewController 负责注册和观察 BLFindAllFinishedNotification 通知，一旦有 BLFindAllFinishedNotification 通知被广播，它将调用自身的查询成功方法 findAllNotesFinished:，并在这个方法中更新表视图。

注意图中 1.2～1.4 的消息，除了成功返回，还有失败返回，它们返回的顺序是完全一样的，但是是二选一的。失败情况下，NoteDAO 投送 DaoFindAllFailedNotification 通知，NoteBL 接收到通知后，会触发自身的 findAllFailed: 方法。在 NoteBL 的 findAllFailed: 方法中，继续投送 BLFindAllFailedNotification 通知。MasterViewController 接收到 BLFindAllFailedNotification 通知后，会触发自身的 findAllNotesFailed:。在这个方法中，会给用户一些提示信息。

2. 插入操作时序图

插入操作时序图如图 15-19 所示。

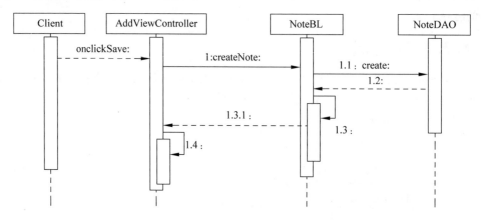

图 15-19　插入操作时序图

插入操作时序图演示了用户进入添加界面后单击 Save 按钮的处理过程。首先，AddViewController 的 onclickSave:方法在异步调用 NoteBL 类中的 createNote:方法，接着在 NoteBL 类中异步调用 NoteDAO 类的 create:方法，返回结果成功或失败，都是按照图中 1.2～1.4 消息进行处理的。在插入操作时序图中所使用的通知如下。

- DaoCreateFinishedNotification。DAO 插入数据成功通知，如图中 1.2 消息所示。
- DaoCreateFailedNotification。DAO 插入数据失败通知，如图中 1.2 消息所示。
- BLCreateFinishedNotification。BL 插入数据成功通知，如图中 1.3.1 消息所示。
- BLCreateFailedNotification。BL 插入数据失败通知，如图中 1.3.1 消息所示。

还有图中 1.3 消息在插入数据成功的情况下，调用的是 createFinished 方法，失败的情况下调用的是 createFailed:方法。图中 1.4 消息在插入数据成功的情况下调用的是 createNoteFinished 方法，失败的情况下调用的是 createNoteFailed:方法。

3. 删除操作时序图

删除操作时序图如图 15-20 所示。

删除操作时序图演示了用户在主视图界面单击删除按钮后的处理过程。在 MasterViewController 中的 tableView:commitEditingStyle:forRowAtIndexPath:方法中，异步调用 NoteBL 类中的 removeNote:方法，接着在 NoteBL 类中异步调用 NoteDAO 类的 remove:方法。无论返回结果成功或者失败，都是按照图中 1.2～1.4 消息进行处理的。在删除操作时序图中所使用的通知如下。

- DaoRemoveFinishedNotification。DAO 删除数据成功通知，如图中 1.2 消息所示。
- DaoRemoveFailedNotification。DAO 删除数据失败通知，如图中 1.2 消息所示。
- BLRemoveFinishedNotification。BL 删除数据成功通知，如图中 1.3.1 消息所示。
- BLRemoveFailedNotification。BL 删除数据失败通知，如图中 1.3.1 消息所示。

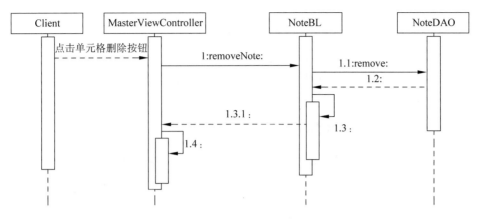

图 15-20　删除操作时序图

还有图中 1.3 消息在插入数据成功的情况下调用的是 removeFinished 方法,失败情况下调用的是 removeFailed: 方法。图中 1.4 消息在插入数据成功的情况下调用的是 removeNoteFinished 方法,失败的情况下调用的是 removeNoteFailed: 方法。

4. 修改操作时序图

修改操作时序图如图 15-21 所示。

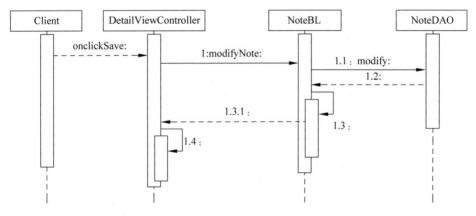

图 15-21　修改操作时序图

修改操作时序图演示了用户在进入详细界面后,单击 Save 按钮后的处理过程。首先,在 DetailViewController 的 onclickSave: 方法中异步调用 NoteBL 类中的 modifyNote: 方法,接着在 NoteBL 类中异步调用 NoteDAO 类的 modify: 方法。返回结果成功和失败,都是按照图中 1.2～1.4 消息,除了成功返回,这个过程与插入类似。在修改操作时序图中所使用的通知如下。

- DaoModifyFinishedNotification。DAO 修改数据成功通知,如图中 1.2 消息所示。
- DaoModifyFailedNotification。DAO 修改数据失败通知,如图中 1.2 消息所示。

- BLModifyFinishedNotification。BL 修改数据成功通知，如图中 1.3.1 消息所示。
- BLModifyFailedNotification。BL 修改数据失败通知，如图中 1.3.1 消息所示。

还有图中 1.3 消息在插入数据成功的情况下调用的是 modifyFinished 方法，失败的情况下调用的是 modifyFailed：方法。图中 1.4 消息在插入数据成功的情况下调用的是 modifyNoteFinished 方法，失败的情况下调用的是 modifyNoteFailed：方法。

15.3.5 数据持久层的重构

请查看 13.2.5 一节将轻量级网络请求框架 MKNetworkKit 添加到持久层工程 PersistenceLayer 中。然后重构代码，其中在数据持久层中有两个类，其中主要的是 NoteDAO 类。NoteDAO.swift 中声明相关代码如下：

```
//定义 DAO 查询所有数据成功通知
letDaoFindAllFinishedNotification    = "DaoFindAllFinishedNotification"
//定义 DAO 查询所有数据失败通知
letDaoFindAllFailedNotification      = "DaoFindAllFailedNotification"
//定义 DAO 通过 ID 查询数据成功通知
letDaoFindIdFinishedNotification     = "DaoFindIdFinishedNotification"
//定义 DAO 通过 ID 查询数据失败通知
letDaoFindIdFailedNotification       = "DaoFindIdFailedNotification"
//定义 DAO 插入数据成功通知
letDaoCreateFinishedNotification     = "DaoCreateFinishedNotification"
//定义 DAO 插入数据失败通知
letDaoCreateFailedNotification       = "DaoCreateFailedNotification"
//定义 DAO 删除数据成功通知
letDaoRemoveFinishedNotification     = "DaoRemoveFinishedNotification"
//定义 DAO 删除数据失败通知
letDaoRemoveFailedNotification       = "DaoRemoveFailedNotification"
//定义 DAO 修改数据成功通知
letDaoModifyFinishedNotification     = "DaoModifyFinishedNotification"
//定义 DAO 修改数据失败通知
letDaoModifyFailedNotification       = "DaoModifyFailedNotification"


let HOST_PATH = "/service/mynotes/WebService.php"
let HOST_NAME = "51work6.com"
let USER_ID = "<你的 51work6.com 用户邮箱>"

class NoteDAO : NSObject {


    class var sharedInstance: NoteDAO {
        struct Static {
            static var instance: NoteDAO?
            static var token: dispatch_once_t = 0
```

```swift
        }
        dispatch_once(&Static.token) {
            Static.instance = NoteDAO()
        }
        return Static.instance!
    }
    … …
}
```

NoteDAO.swift 中查询所有数据的代码如下：

```swift
//查询所有数据方法
func findAll() {

    var engine = MKNetworkEngine(hostName: HOST_NAME,customHeaderFields: nil)

    var param = ["email": USER_ID]
    param["type"] = "JSON"
    param["action"] = "query"

    var op = engine.operationWithPath(HOST_PATH,params: param,httpMethod:"POST")

    op.addCompletionHandler({ (operation) -> Void in

        NSLog("responseData : %@",operation.responseString())
        let data    = operation.responseData()
        let resDict = NSJSONSerialization.JSONObjectWithData(data,
            options: NSJSONReadingOptions.AllowFragments,error: nil)   as! NSDictionary

        let resultCodeNumber: NSNumber = resDict.objectForKey("ResultCode")
                                                                    as! NSNumber
        let resultCode = resultCodeNumber.integerValue

        if resultCode >= 0 {

            let listDict = resDict.objectForKey("Record") as! NSMutableArray
            var listData = NSMutableArray()

            for dic in listDict {
                let row = dic as NSDictionary

                let _id = row.objectForKey("ID") as! NSNumber
                let strDate = row.objectForKey("CDate") as! String
                let content = row.objectForKey("Content") as! String
```

```
                var note = Note(id: _id.stringValue,date:strDate,content: content)

                listData.addObject(note)
            }
            NSNotificationCenter.defaultCenter()
                .postNotificationName(DaoFindAllFinishedNotification,object: listData)    ①

        } else {
            let message = resultCodeNumber.errorMessage
            let userInfo = [NSLocalizedDescriptionKey : message]
            let err = NSError(domain:"DAO",code:resultCode,userInfo: userInfo)

            NSNotificationCenter.defaultCenter()
                .postNotificationName(DaoFindAllFailedNotification,object: err)           ②
        }

        },errorHandler: { (operation,err) -> Void in
            NSLog("MKNetwork请求错误 : %@ ",err.localizedDescription)
            NSNotificationCenter.defaultCenter()
                .postNotificationName(DaoFindAllFailedNotification,object: err)           ③
    })
    engine.enqueueOperation(op)

}
```

这里也是采用MKNetworkKit框架实现网络请求,其中的处理代码与基于委托模式的实现非常相似。第①行代码投送查询成功通知,通知中携带的object参数是查询返回的集合对象listData。第②行代码和第③行代码是投送查询失败通知,通知中携带的object参数是一个错误对象。

在NoteDAO中,插入、删除、修改方法与查询所有方法非常类似,不再介绍,大家可以自己下载代码查看。

15.3.6 业务逻辑层的代码实现

在这个应用中,业务逻辑层用到的类主要就是NoteBL类。NoteBL.swift中查询所有方法的相关代码如下:

```
//查询所用数据方法
func findAllNotes() {

    NSNotificationCenter.defaultCenter()
        .addObserver(self,selector: "findAllFinished:",
            name: DaoFindAllFinishedNotification,object: nil)                             ①
    NSNotificationCenter.defaultCenter()
```

```swift
        .addObserver(self,selector: "findAllFailed:",
            name: DaoFindAllFailedNotification,object: nil)            ②

    var dao:NoteDAO = NoteDAO.sharedInstance
    dao.findAll()
}


//查询所有数据方法 成功
    func findAllFinished(notification: NSNotification) {

    let resList = notification.object as! NSMutableArray
    NSNotificationCenter.defaultCenter()
        .postNotificationName(BLFindAllFinishedNotification,object: resList)   ③

    NSNotificationCenter.defaultCenter()
        .removeObserver(self,name: DaoFindAllFinishedNotification,object: nil)   ④
    NSNotificationCenter.defaultCenter()
        .removeObserver(self,name: DaoFindAllFailedNotification,object: nil)     ⑤

}

//查询所有数据方法 失败
    func findAllFailed(notification: NSNotification)  {

        let error = notification.object as! NSError
        NSNotificationCenter.defaultCenter()
            .postNotificationName(BLFindAllFailedNotification,object: error)     ⑥

        NSNotificationCenter.defaultCenter()
            .removeObserver(self,name: DaoFindAllFinishedNotification,object: nil)  ⑦
        NSNotificationCenter.defaultCenter()
            .removeObserver(self,name: DaoFindAllFailedNotification,object: nil)    ⑧

}
```

findAllNotes:方法是由业务逻辑层异步调用的方法。在该方法中，需要注册两个查询通知，第①行代码是注册 DaoFindAllFinishedNotification 查询成功通知，第②行代码是注册 DaoFindAllFailedNotification 查询失败通知。

广播通知在使用时需要注册，在不再使用时需要解除，第④行和第⑦行代码用于解除 DaoCreate FinishedNotification 通知，第⑤行和第⑧行代码用于解除 DaoFindAllFailedNotification 通知。

在 findAllFinished:方法中，第③行代码用于投送通知到表示层，然后再解除两个 DAO 查询通知。findAllFailed:方法也是类似的。

在 NoteBL 中，插入、删除、修改方法与查询所有方法非常类似，这里不再介绍，请大家自己下载代码查看。

15.3.7 表示层的代码实现

表示层用到的类主要有 3 个——MasterViewController、AddViewController 和 DetailViewController，下面分别介绍一下它们。

1. MasterViewController 类

MasterViewController.swift 中查询请求的主要代码如下：

```swift
override func viewDidLoad() {
    super.viewDidLoad()


    NSNotificationCenter.defaultCenter()
         .addObserver(self,selector: "findAllNotesFinished:",
              name: BLFindAllFinishedNotification,object: nil)             ①
    NSNotificationCenter.defaultCenter()
         .addObserver(self,selector: "findAllNotesFailed:",
              name: BLFindAllFailedNotification,object: nil)               ②

    NSNotificationCenter.defaultCenter()
         .addObserver(self,selector: "removeNoteFinished:",
              name: BLRemoveFinishedNotification,object: nil)              ③
    NSNotificationCenter.defaultCenter()
         .addObserver(self,selector: "removeNoteFailed:",
              name: BLRemoveFailedNotification,object: nil)                ④
    ……
}

override func viewWillAppear(animated: Bool) {
    super.viewWillAppear(animated)
    //查询所有的数据
    self.bl.findAllNotes()                                                 ⑤
}

func refreshTableView() {

    if (self.refreshControl!.refreshing == true) {
        self.refreshControl!.attributedTitle = NSAttributedString(string: "加载中...")
        //查询所有的数据
        self.bl.findAllNotes()                                             ⑥
    }
}

override func didReceiveMemoryWarning() {
    super.didReceiveMemoryWarning()
```

```swift
        NSNotificationCenter.defaultCenter().removeObserver(self)            ⑦
    }

    … …

    // MARK: - 处理通知
    //查询所有数据方法 成功
    func findAllNotesFinished(notification: NSNotification) {
        self.objects = notification.object as! NSMutableArray                  ⑧
        self.tableView.reloadData()
        if self.refreshControl != nil {
            self.refreshControl!.endRefreshing()
            self.refreshControl!.attributedTitle = NSAttributedString(string: "下拉刷新")
        }
    }

    //查询所有数据方法 失败
    func findAllNotesFailed(notification: NSNotification) {

        let error = notification.object as! NSError
        let errorStr = error.localizedDescription

        let alertView = UIAlertView(title: "操作信息",
            message: errorStr,
            delegate: nil,
            cancelButtonTitle: "OK")
        alertView.show()

        if self.refreshControl != nil {
            self.refreshControl!.endRefreshing()
            self.refreshControl!.attributedTitle = NSAttributedString(string: "下拉刷新")
        }
    }


    //删除 Note 方法 成功
    func removeNoteFinished(notification: NSNotification) {
        let alertView = UIAlertView(title: "操作信息",
            message: "删除成功。",
            delegate: nil,
            cancelButtonTitle: "OK")

        alertView.show()

        self.objects.removeObjectAtIndex(self.deletedIndex)
        self.tableView.reloadData()
    }
```

```
//删除 Note 方法 失败
func removeNoteFailed(notification: NSNotification) {
    let error = notification.object as! NSError
    let errorStr = error.localizedDescription
    
    let alertView = UIAlertView(title: "操作信息",
        message: errorStr,
        delegate: nil,
        cancelButtonTitle: "OK")
    alertView.show()
}
```

在主视图控制器的 viewDidLoad 方法中,还注册了 4 个通知,如第①~④行代码所示。这些通知的注册是在 viewDidLoad 方法中进行的。解除也要有对应的方法中,在 iOS 6 之后 viewDidUnLoad 方法不再被使用,而是使用 didReceiveMemoryWarning 方法,这个方法也会在内存低报警时调用,因此在这个方法中解除通知。第⑦行代码可以一次性解除所有已经注册的通知。

代码第⑤行和第⑥行代码用于查询所有数据的异步调用,第⑤行在 viewWillAppear 方法中调用,即视图显示时候调用,第⑥行在表视图下拉刷新时调用。

如果查询有了结果,主视图控制器会接收到通知,需要将这些通知中携带的参数提取出来。第⑧行的 notification.object 语句使用通知的 object 方法提取参数。

MasterViewController.swift 中删除请求的主要代码如下:

```
override func tableView(tableView: UITableView,
        commitEditingStyle editingStyle: UITableViewCellEditingStyle,
        forRowAtIndexPath indexPath: NSIndexPath) {
    
    if editingStyle == .Delete {
        
        self.deletedIndex = indexPath.row
        self.deletedNote = objects[indexPath.row] as Note
        
        self.bl.removeNote(self.deletedNote)
        
    } else if editingStyle == .Insert {
    }
}

//删除 Note 方法 成功
func removeNoteFinished(notification: NSNotification) {
    let alertView = UIAlertView(title: "操作信息",
        message: "删除成功。",
        delegate: nil,
        cancelButtonTitle: "OK")
```

```swift
        alertView.show()
        
        self.objects.removeObjectAtIndex(self.deletedIndex)
        self.tableView.reloadData()
}

//删除 Note 方法 失败
func removeNoteFailed(notification: NSNotification) {
    let error = notification.object as! NSError
    let errorStr = error.localizedDescription
    
    let alertView = UIAlertView(title: "操作信息",
        message: errorStr,
        delegate: nil,
        cancelButtonTitle: "OK")
    alertView.show()
}
```

2. AddViewController 类

AddViewController.swift 中插入请求的主要代码如下：

```swift
override func viewDidLoad() {
    super.viewDidLoad()
    
    NSNotificationCenter.defaultCenter()
        .addObserver(self, selector: "createNoteFinished:",
            name: BLCreateFinishedNotification, object: nil)
    NSNotificationCenter.defaultCenter()
        .addObserver(self, selector: "createNoteFailed:",
            name: BLCreateFailedNotification, object: nil)
    
    self.txtView.delegate = self
}

override func didReceiveMemoryWarning() {
    super.didReceiveMemoryWarning()
    NSNotificationCenter.defaultCenter().removeObserver(self)
}
//插入 Note 方法 成功
func createNoteFinished(notification: NSNotification) {
    
    let alertView = UIAlertView(title: "操作信息",
        message: "插入成功。",
        delegate: self,
        cancelButtonTitle: "返回",
        otherButtonTitles:"继续")
```

```swift
        alertView.show()
}

//插入 Note 方法 失败
func createNoteFailed(notification: NSNotification) {
    let error = notification.object as! NSError
    let errorStr = error.localizedDescription
    
    let alertView = UIAlertView(title: "操作信息",
        message: errorStr,
        delegate: self,
        cancelButtonTitle: "返回",
        otherButtonTitles:"继续")
    
    alertView.show()
}
```

在 viewDidLoad 方法中, 注册了 BLCreateFinishedNotification 和 BLCreateFailedNotification 通知。在 didReceiveMemoryWarning 方法中, NSNotificationCenter.defaultCenter().removeObserver(self)解除所有的已注册通知。其他的代码前面都介绍过了, 这里不再介绍。

3. DetailViewController 类

DetailViewController.swift 中修改请求的主要代码如下:

```swift
override func viewDidLoad() {
    super.viewDidLoad()
    
    NSNotificationCenter.defaultCenter()
        .addObserver(self, selector: "modifyNoteFinished:",
            name: BLModifyFinishedNotification, object: nil)
    NSNotificationCenter.defaultCenter()
        .addObserver(self, selector: "modifyNoteFailed:",
            name: BLModifyFailedNotification, object: nil)
    
    self.configureView()
    self.txtView.delegate = self
}
override func didReceiveMemoryWarning() {
    super.didReceiveMemoryWarning()
    NSNotificationCenter.defaultCenter().removeObserver(self)
}

// MARK:- 处理通知
//修改 Note 方法 成功
func modifyNoteFinished(notification: NSNotification) {
    let alertView = UIAlertView(title: "操作信息",
        message: "修改成功。",
```

```
            delegate: nil,
            cancelButtonTitle: "OK")

        alertView.show()
    }

    //修改 Note 方法 失败
    func modifyNoteFailed(notification: NSNotification) {
        let error = notification.object as! NSError
        let errorStr = error.localizedDescription

        let alertView = UIAlertView(title: "操作信息",
            message: errorStr,
            delegate: nil,
            cancelButtonTitle: "OK")

        alertView.show()
    }
```

15.4 小结

通过重构 MyNotes 应用，把 MyNotes 应用的数据由原来的本地存储变成云存储。在这个过程中，介绍了 iOS Web Service 网络通信应用中分层架构设计的必要性和重要性，还重点讲解了基于委托模式和观察者模式通知机制实现的分层架构设计。

第 16 章　iOS 敏捷开发项目实战——价格线酒店预订 iPhone 客户端开发

这一章是本书的最后一章，也是本书的画龙点睛之笔。笔者想通过一个实际的应用，从设计到开发过程，使读者能够将本书前面讲过的知识点串联起来，了解 iOS 应用开发的一般流程，了解当下最为流行的开发方法学——敏捷开发。在 iOS 应用开发过程中，会发现敏捷方法是非常适合于 iOS 应用的开发。

16.1　应用分析与设计

本节从计划开发这个应用开始，然后进行分析和设计，设计过程包括了原型设计和架构设计等。

16.1.1　应用概述

本应用是价格线酒店预订网站（http://www.jiagexian.com/）的 iPhone 客户端。随着移动互联网的发展，在移动设备上预订酒店需求越来越多了，在这样的一个大背景下，价格线酒店预订网站与智捷教育团队决定共同开发酒店预订 iPhone 客户端。

价格线酒店预订网站已经运行多年，系统比较庞大，信息涵盖了全国 8000 多家酒店。因此 iPhone 客户端不可能包括网站上的所有功能。裁剪功能，在 iPhone 上实现是需要设计和考虑的问题。经过的讨论，在价格线 iPhone1.0 版本上基本实现主要预订功能：搜索酒店、房间查询和房间预订，以及关于等信息的介绍。

16.1.2　需求分析

根据上面的功能描述，确定需求如下：

- 搜索酒店
- 房间查询
- 房间预订
- 关于

采用用例分析方法描述用例图，如图 16-1 所示是价格线酒店预订应用概要用例图。

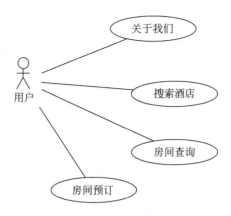

图 16-1　价格线酒店预订应用概要用例图

从图 16-1 所示可见，应用目前的主要有 4 个功能模块，这 4 个功能模块还需要细化。

1．搜索酒店

图 16-2 所示是搜索酒店细化的例图。

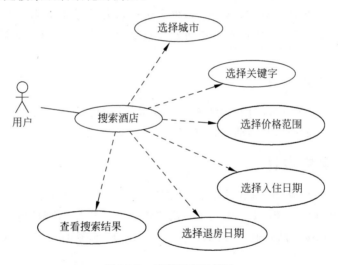

图 16-2　搜索酒店用例图

在搜索酒店的时候，用户可以选择搜索条件，条件包括：选择城市、选择关键字、选择价格范围、选择入住日期和选择退房日期。根据搜索条件进行搜索，搜索结果被展示在 iPhone 上。

2．房间查询

图 16-3 所示是房间查询细化的例图。

房间查询是用户选择了酒店，然后进来查询。根据选择的酒店，查询出符合条件的房间，并展示在 iPhone 设备上。

3．房间预订

图 16-4 所示是房间预订细化的例图。

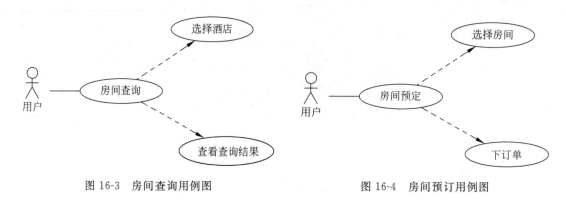

图 16-3 房间查询用例图　　　　图 16-4 房间预订用例图

房间预订是用户选择房间进行操作,选择房间后下订单。下订单的过程是：用户填写订单信息,然后选择结算方式进行结算。目前的移动支付在中国大陆主要有支付宝和快钱等平台,考虑到用户的支付习惯的不同,这几个平台都会提供给用户使用。

> 说明　本书介绍的这个 iPhone 版本没有提供房间预订和结算功能,这主要是由于支付宝和快钱等平台不允许开放它们的 API,出于法律问题的考虑不能在本书中介绍这些内容,包括源代码实例。所以本书房间预订之后的功能不再介绍,希望广大读者谅解。

16.1.3　原型设计

原型设计如图 16-5 所示,原型设计图对于应用开发的：应用设计人员、开发人员、测试人员、UI 设计人员以及用户都是非常重要的。

16.1.4　架构设计

为应用设计架构也是必须的,而且分层架构设计还可以提高项目管理水平、科学化任务分配以及实施敏捷开发。架构设计就是应用的"骨架",搭建好"骨架"再往里添砖加瓦。本书在第 15 章介绍的移动网络通讯应用的分层架构设计,如图 16-6 所示是基于观察者模式通知机制实现。

在价格线 iPhone 客户端应用中也采用图 16-6 分层架构设计,但是广大读者需要注意的是,分层架构可以很灵活的,无论什么形式的客户端都可以理解为系统的一部分,它是与整个系统有机地结合在一起的,因此分层架构中的"层"有的可能在云服务器端,如图 16-7 所示,数据持久层和信息系统层都在云服务器端,而只有业务逻辑层和表示层在移动设备端。

采用 16-7 架构设计,主要使用于处理信息量大数据,有大量的查询处理情况,价格线 iPhone 客户端应用非常适用于这种架构,该应用数据量很大,查询和数据的处理不能在设备端,需要在服务器端完成之后,把结果返回给设备端,还有该应用基本上没有数据插入、删除和修改。由于这些原因,使选择图 16-7 架构设计。

第16章 iOS敏捷开发项目实战——价格线酒店预订iPhone客户端开发

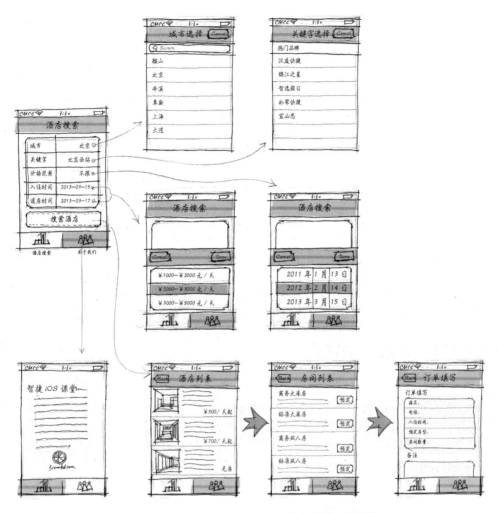

图 16-5　价格线酒店预订 iPhone 客户端原型设计图

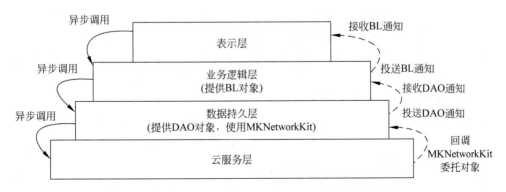

图 16-6　基于通知机制移动网络通讯实现分层架构设计

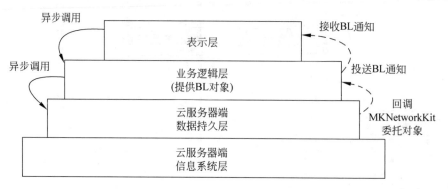

图 16-7　分层架构设计的变异性

16.2　iOS 敏捷开发

方法决定效率,好的开发方法可以大大地提高开发效率,敏捷开发是当下比较流行的软件开发方法学。面对激烈的 iOS 产品的市场竞争,iOS 应用开发更需要敏捷。

16.2.1　敏捷开发宣言

"敏捷"(Agile)源于 2001 年美国犹他州雪鸟滑雪圣地的一次聚会,这次聚会是敏捷方法发起者和实践者的聚会。经过两天的讨论,通过一份简明扼要的《敏捷宣言》,概括一套全新的软件开发价值观,从此宣告了敏捷开发运动的开始。

《敏捷宣言》价值观如下:

- 人与人的交互 重于 过程和工具;
- 可用的软件 重于 求全责备的文档;
- 客户协作 重于 合同谈判;
- 随时应对变化 重于 遵循计划;

《敏捷宣言》背后还有 12 个原则:

- 最高目标是尽早和不断交付有价值的软件满足客户需要。
- 欢迎需求的变化,即使在开发后期。敏捷过程能够驾驭变化,保持客户的竞争优势。
- 经常交付可用的软件,从几星期到几个月,时间尺度越短越好。
- 项目过程中,业务人员与开发人员必须在一起工作。
- 要善于激励项目人员,给他们所需要的环境和支持,并相信他们能够完成任务。
- 在开发小组中最有效的沟通方法是面对面的交谈。
- 可用的软件是进度的主要衡量标准。
- 敏捷过程提倡可持续的开发。出资人、开发人员和用户应该总是维持不变的节奏。
- 对技术的精益求精以及对设计的不断完善将提升敏捷性。

- 简单,尽可能减少工作量,也是一门艺术。
- 最佳的架构、需求和设计出自于自组织的团队①。
- 团队要定期反省如何能够做到更有效,并相应地调整团队的行为。

《敏捷宣言》不仅仅对于软件开发行业具有非常重要的意义,对于其他行业也是具有指导意义的。

16.2.2 iOS 可以敏捷开发?

iOS 平台开发适合使用敏捷开发方法吗?当然适合,可以说是非常的适合。一般 iOS 平台开发的团队不会太大,起码在 iOS 设备端是这样的,一般是 2~3 人的团队,事实上敏捷开发并不适合于大团队,随着团队规模的扩大,团队成员之间的沟通必然会出现一些问题。自组织的团队不适合大型团队。因此 iOS 开发这样的 2~3 人的小团队,管理起来非常方便灵活,敏捷开发实现起来也很容易。

还有 iOS 应用在 App Store 上发布,需要能够快速增量迭代,经常交付可用的版本,以快速占领市场,如果等到所有功能全部完成再发布,那样已经失去了市场。让用户先用起来,再不断的完善,要开发的价格线酒店预订 iPhone 客户端应用也是一样的,应该提倡增量迭代发布,先开发一个基本版本实现酒店预订的基本功能。

16.2.3 iOS 敏捷开发一般过程

作为应对快速变化需求的一种软件开发方法,具体名称、理念、过程、术语都不尽相同。它在具体实施上,敏捷开发分为不同的几个"门派",如:Scrum、XBreed、极限编程(XP Extreme Programming)和水晶方法等。而本书打算介绍这些"门派",只想取一些精华的东西应用于 iOS 平台,实现真正意义上的敏捷开发的最佳实践。根据笔者多年 iOS 开发的经验总结了 iOS 应用敏捷开发的最佳实践包括:

- 增量迭代
- 小型发布
- 测试驱动
- 科学分配任务

关于增量迭代、小型发布和测试驱动,上一节已经介绍过了。下面介绍科学分配任务实现过程。

多年前笔者做项目经理的时候,老板问笔者:一个 30 人月②的项目是否能招聘 30 个人工作,一个月就完成呢?笔者的回答是基本上不可能,一方面是人越多越不好管理,另一方面是工作任务的分配是否合理。在实际开发工作中可能都有这样的经历:一个人在写代

---

① 组织团队就是自我管理的团队。

② 人月是软件工程中衡量工作量的一种方法,通过人月数,评估工程开发成本,30 人月可以简单地理解为 10 人工作 3 月。

码，其他人在背后看他"表演"。原因是别人需要他的代码，由于他的代码没有完成，或者是出现了问题，其他人等着他修改。这是由于任务分配是串行的，串行任务无法通过添加人员来提高开发效率。如图16-8所示是串行分配任务。

图16-8 串行任务分配甘特图

按照图16-8分配任务，4个人需要18个工作日才能完成，但是问题是在每个人工作的时候，其他的3个人都处于空闲状态。工作效率很低开发周期比较长。如图16-9所示是并行分配任务。

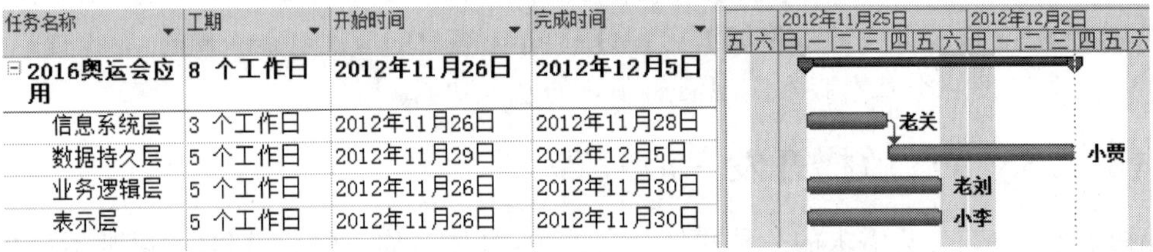

图16-9 并行任务分配甘特图

按照图16-9分配任务，4个人只需要8个工作日，开发周期缩短了10个工作日，可见并行任务可以大大提供工作效率。当然实际项目开发过程情况要复杂的多，例如：开发人员的能力的差别、开发人员是否有其他的工作任务等情况。影响并行任务的除了人本身的因素外，还有任务本身的特点。在图16-9任务中，数据持久层的开发任务依赖于信息系统层的完成，即老关没有创建好数据库，小贾就不能开发数据持久层，这种情况下只能串行处理。但有时可以通过一些技术手段，虚拟一些假的环境以便能够并行开发。

看过图16-9任务分配的人会问，为什么任务的分配是按照层划分呢？而不是按照业务模块划分呢？按照业务模块多么方便，4个人每人一个模块，互相之间没有太多的依赖关系，这样开发速度很快。这种观点是错误的，表面看每个模块之间没有关系，但是模块之间信息很多是共用的，开发之后他们会发现编码和测试更加的困难。分层设计的另外一个好处是：细化开发角色、提高开发效率，使得开发人员只关注于自己的擅长的方面，构建专家级系统。

总之，作为项目管理者应该尽可能根据现有人员的情况，将开发任务分成并行的子任务。注意任务之间的依赖关系，合理分配。

经过了认真编排和详细计划,还有目前的团队有：老关、小贾、老刘和小李,价格线酒店预订 iPhone 客户端应用的工作任务如图 16-10 所示。

任务名称	工期	开始时间	完成时间	前置任务	资源名称
价格线酒店预订iPhone客户端应用	7 个工作日	2012年11月26日	2012年12月4日		
创建应用基本工作空间	0.25 个工作日	2012年11月26日	2012年11月26日		老关
创建业务逻辑层工程	0.25 个工作日	2012年11月26日	2012年11月26日		
创建表示层工程	0.25 个工作日	2012年11月26日	2012年11月26日		
业务逻辑层开发	1 个工作日	2012年11月26日	2012年11月27日		老刘
编写搜索酒店业务逻辑类	1 个工作日	2012年11月26日	2012年11月27日	3	
编写房间查询业务逻辑类	1 个工作日	2012年11月26日	2012年11月27日	3	
表示层开发	5.5 个工作日	2012年11月26日	2012年12月3日		小李
根据原型设计初步设计iPhone故事板	0.5 个工作日	2012年11月26日	2012年11月26日	4	
酒店搜索	2.25 个工作日	2012年11月27日	2012年11月29日	9	小贾
选择城市	0.5 个工作日	2012年11月27日	2012年11月27日	9,6	
选择关键字	0.5 个工作日	2012年11月27日	2012年11月28日	11,6	
选择价格访问	0.5 个工作日	2012年11月29日	2012年11月29日	9	
选择入住日期和选择退房日期	0.5 个工作日	2012年11月29日	2012年11月29日	9	
酒店搜索结果列表	0.5 个工作日	2012年11月30日	2012年11月30日		
房间查询结果列表	0.5 个工作日	2012年12月3日	2012年12月3日		
关于我们模块表示层	0.25 个工作日	2012年12月3日	2012年12月3日	16	
收工	1 个工作日	2012年12月4日	2012年12月4日		老关
添加图标	0.25 个工作日	2012年12月4日	2012年12月4日		
设计和添加启动画面	0.25 个工作日	2012年12月4日	2012年12月4日	19	
植入谷歌AdMob横幅广告	0.5 个工作日	2012年12月4日	2012年12月4日	20	

图 16-10　价格线酒店预订 iPhone 客户端应用任务分配甘特图

在 iPhone 客户端开发任务中不包括信息系统层和数据持久层开发,因此在图 16-10 中不包含这两层任务。接下来的小节将以这个任务分配甘特图为主线,详细介绍这个应用的开发过程。由于有些任务是迭代的,重复的步骤不再介绍。还有前面章节讲过的内容这里不再重复介绍了。

16.3　任务 1：创建工作空间

项目开发之前应该由一个人搭建开发环境,然后把环境复制给其他人使用。这个应用采用了基于同一个工作空间的分层设计。任务 1 是由老关创建好工作空间,将源代码分发给小组其他成员。

首先使用 Xcode 创建一个工作空间名为 JiaGeXianWorkSpace,具体步骤是选择菜单 File→New→Workspace…,创建一个空的工作空间。

在工作空间 JiaGeXianWorkSpace 中添加应用程序工程,模板为选择"Single View Application",其中工程名为 JiaGeXian4iPhone。由于应用中使用 PopupControl 自定义控件,因此需要在工作空间中配置 JiaGeXian4iPhone 和 PopupControl 的依赖关系,PopupControl 在第 9 章介绍的自定义控件,请参考 9.4.2 节配置依赖关系。

16.4 任务2：业务逻辑层开发

该任务是对业务非常熟悉的老刘负责完成的。业务逻辑层开发的成员需要熟悉应用的整个业务流程。

业务逻辑类的设计和划分是按照业务模块划分的，其中的方法是与用例有关的，业务逻辑类如图16-11所示。

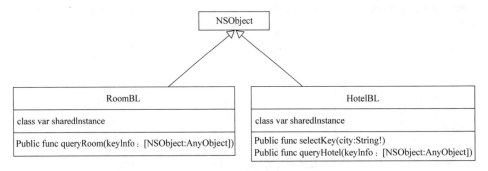

图16-11　业务逻辑层类图

由于目前应用中的业务处理都只是查询数据，然后返回给表示层，所以看起来比较简单，在一些复杂业务处理中，业务逻辑类工作量应该是比较大的。HotelBL类是搜索酒店的业务逻辑层类，RoomBL类是房间查询的业务逻辑层类，它们都采用单例模式设计。

为了便于管理业务逻辑层，需要在工程在创建BusinessLogicLayer组，如图16-12所示，并且添加网络请求框架MKNetworkKit和XML解析框架TBXML，MKNetworkKit框架配置过程请参考14.4节，XML框架配置过程情况参考13.1.3节。

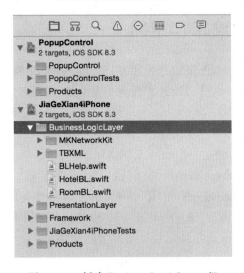

图16-12　创建BusinessLogicLayer组

16.4.1 迭代 2.1 编写搜索酒店的业务逻辑层类

搜索酒店的业务逻辑层类 HotelBL.swift 文件中声明相关代码如下：

```
import Foundation

//定义 BL 关键字查询成功通知
letBLQueryKeyFinishedNotification = "BLQueryKeyFinishedNotification"
//定义 BL 关键字查询失败通知
let BLQueryKeyFailedNotification = "BLQueryKeyFailedNotification"

//定义 BL 查询酒店成功通知
let BLQueryHotelFinishedNotification = "BLQueryHotelFinishedNotification"
//定义 BL 查询酒店失败通知
let BLQueryHotelFailedNotification = "BLQueryHotelFailedNotification"

let HOST_NAME = "jiagexian.com"                                              ①
let KEY_QUERY_URL = "/ajaxplcheck.mobile?method = mobilesuggest&v = 1&city = %@"    ②
let HOTEL_QUERY_URL = "/hotelListForMobile.mobile?newSearch = 1"             ③

public class HotelBL: NSObject {
    ...
}
```

上述第①行代码定义网络请求主机名常量。第②行代码定义常量 KEY_QUERY_URL，它代表关键字查询的 URL 字符串。第③行代码定义常量 HOTEL_QUERY_URL，它代表酒店查询的 URL 字符串。

HotelBL.swift 文件中有关单例设计的代码如下：

```
class var sharedInstance: HotelBL {
    struct Static {
        static var instance: HotelBL?
        static var token: dispatch_once_t = 0
    }
    
    dispatch_once(&Static.token) {
        Static.instance = HotelBL()
    }
    return Static.instance!
}
```

HotelBL 采用单例设计，方法中采用 GCD 并发技术管理。
HotelBL.swift 文件有关选择关键字的代码如下：

```
public func selectKey(city:String!) {
```

```
    var strURL = NSString(format: KEY_QUERY_URL,city)                                           ①
    strURL = strURL
        .stringByAddingPercentEscapesUsingEncoding(NSUTF8StringEncoding)!                      ②

    var engine = MKNetworkEngine(hostName: HOST_NAME,customHeaderFields: nil)                  ③
    var op = engine.operationWithPath(strURL as String)                                        ④

    op.addCompletionHandler({ (operation) -> Void in                                            ⑤
        let data = operation.responseData()

        let resDict = NSJSONSerialization.JSONObjectWithData(data,
                options: NSJSONReadingOptions.AllowFragments,error: nil)
                                                        as! NSDictionary                        ⑥
        NSNotificationCenter.defaultCenter()
            .postNotificationName(BLQueryKeyFinishedNotification,object:resDict)                ⑦

        },errorHandler: { (errorOp,err) -> Void in                                              ⑧
            NSLog("MKNetwork 请求错误 : %@",err.localizedDescription)
            NSNotificationCenter.defaultCenter()
                    .postNotificationName(BLQueryKeyFailedNotification,object:err)              ⑨
        })
        engine .enqueueOperation(op)
}
```

用户先选择了城市，再选择该城市相关的关键字时候调用的方法 selectKey:，关键字是请求服务器获得的，传递给服务器城市名，返回关键字的 JSON 数据。

方法第①行声明一个请求 URL 字符串。第②行语句将 URL 字符串转化成为 URL 编码的字符串，这个处理是非常必要的，URL 字符串中会有中文，例如城市名，这些中文必须转化为 URL 编码字符串才能请求和传递。BLHelp 是自己编写的业务逻辑层辅助类，稍后会介绍。

第③行代码创建一个 MKNetworkEngine 请求对象。第④行代码是获得 MKNetworkOperation 对象，MKNetworkOperation 是 NSOperation 的子类并且封装了请求相应类。

第⑤行代码请求成功回调的代码块。而第⑧行代码是请求失败回调的代码块。

第⑥行代码使用 NSJSONSerialization 解码从服务器返回的 JSON 数据，下面的数据是"南京"城市查询返回的关键字 JSON 数据，如图 16-13 所示。

```
{
    "机场车站": [
        {"key": "南京火车站"},
        {"key": "禄口国际机场"}
    ],
    "热门位置": [
        {"key": "新街口"},
        {"key": "山西路"},
        {"key": "玄武区"},
        {"key": "南京大学"},
        ... ...
    ],
    "热门品牌": [
        {"key": "如家"},
        {"key": "7天连锁"},
        {"key": "速8"},
        {"key": "格林豪泰"},
        ... ...
    ]
}
```

图 16-13　关键字 JSON 数据

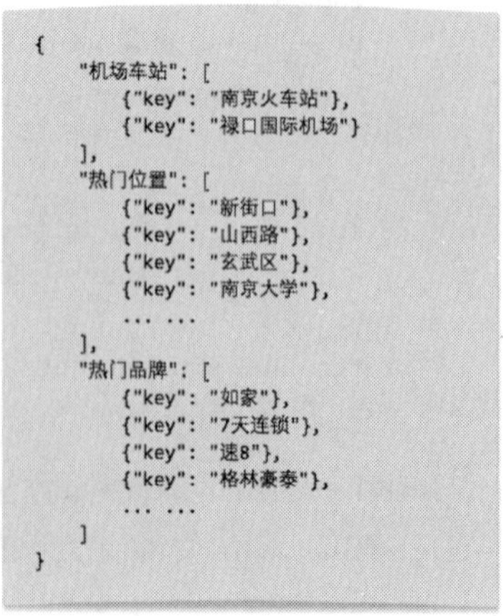

返回关键字 JSON 数据结构如图 16-14 所示。

从它的结构上看"机场车站"、"热门位置"和"热门品牌"都是 JSON 对象的"键"，键的内容是关键字分类，

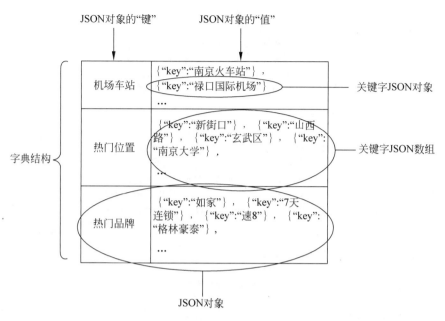

图16-14 返回关键字JSON数据结构

不同城市关键字分类的多少和名称都是不同的,而且即使是同一个城市这些数据也是动态变化的。值是JSON数组,JSON数组的每一个元素又是JSON对象,它的键是key,而值是关键字。

第⑦行代码投送成功,通知BLQueryKeyFinishedNotification给表示层,业务逻辑层返回给表示层的数据都是通过投送通知实现的,其中resDict参数是从JSON数据中解码出来的字典对象。

在第⑧行请求失败情况下,需要通过第⑨行代码投送失败通知BLQueryKeyFailedNotification给表示层。

HotelBL.swift文件有关酒店搜索的代码如下:

```
public func queryHotel(keyInfo : [NSObject : AnyObject]) {
    var strURL = NSString(format: HOTEL_QUERY_URL)
    strURL = strURL
        .stringByAddingPercentEscapesUsingEncoding(NSUTF8StringEncoding)!

    var params = [NSObject : AnyObject]()                                    ①
    params["f_plcityid"] = keyInfo["Plcityid"]
    params["currentPage"] = keyInfo["currentPage"]
    params["q"] = keyInfo["key"]

    let price = keyInfo["Price"] as! String

    if price == "价格不限" {
        params["priceSlider_minSliderDisplay"] = "￥0"
```

```swift
                params["priceSlider_maxSliderDisplay"] = "￥3000 + "
    } else {
            let set = NSCharacterSet(charactersInString: "-->")
            let tempArray = price.componentsSeparatedByCharactersInSet(set)
            params["priceSlider_minSliderDisplay"] = tempArray[0]
            params["priceSlider_maxSliderDisplay"] = tempArray[3]
    }

params["fromDate"] = keyInfo["Checkin"]
params["toDate"] = keyInfo["Checkout"]                                          ②

var engine = MKNetworkEngine(hostName: HOST_NAME,
                                        customHeaderFields: nil)
var op = engine.operationWithPath(strURL as String,params:params,
                                            httpMethod:"POST")

  op.addCompletionHandler({ (operation) -> Void in
        let data = operation.responseData()
        NSLog("查询酒店 = %@",operation.responseString())
        //声明可变数组
        var list = [AnyObject]()
        var error: NSError?

        let tbxml = TBXML(XMLData: data,error: &error)                          ③

        if error == nil {
            if let root = tbxml?.rootXMLElement {
                let hotel_listElement = TBXML.childElementNamed("hotel_list",
                                                parentElement: root)            ④
                if hotel_listElement != nil {

                    var hotelElement = TBXML.childElementNamed("hotel",
                                parentElement: hotel_listElement)                ⑤

                    while hotelElement != nil {

                        var dict = [NSObject : AnyObject]()

                        //取 id
                        let idElement
                                = TBXML.childElementNamed("id",
                                        parentElement: hotelElement)
                        if idElement != nil {
                            dict["id"] = TBXML.textForElement(idElement)    ⑥
                        }
                        …

                        //取 description
                        let descriptionElement
                                    = TBXML.childElementNamed("description",
```

```
                            parentElement: hotelElement)
            if descriptionElement != nil {
                dict["description"]
                    = TBXML.textForElement(descriptionElement)
            }
            //取 img
            let imgElement = TBXML.childElementNamed("img",
                            parentElement: hotelElement)
            if imgElement != nil {
                let src = TBXML.valueOfAttributeNamed("src",
                                    forElement: imgElement)      ⑦
                dict["img"] = src
            }

            hotelElement = TBXML.nextSiblingNamed("hotel",
                            searchFromElement: hotelElement)

                list.append(dict)                                 ⑧
            }
          }
        }
    }

    NSLog("解析完成...")
      NSNotificationCenter.defaultCenter()
      .postNotificationName(BLQueryHotelFinishedNotification,object:list) ⑨

    },errorHandler: { (errorOp,err) -> Void in
        NSLog("MKNetwork 请求错误 : %@",err.localizedDescription)
        NSNotificationCenter.defaultCenter()
          .postNotificationName(BLQueryHotelFailedNotification,object:err)
    })
    engine.enqueueOperation(op)

}
```

queryHotel:方法是酒店搜索方法,第①行~第②行代码是设置 POST 请求参数,参数来自于 keyInfo 变量。

第③行代码使用 NSData 创建 TBXML 对象。如果没有错误就可以开始解析了,在开始介绍解析之前有必要先了解一下 XML 数据结构,返回的 XML 数据如图 16-15 所示。

从图 16-15 可以看出根元素是 result,hotel_list 元素描述了酒店列表,hotel_list 子元素是多个 hotel 元素,hotel 的子元素包含有:id、name、city、address、phone、lowprice、description、img 和 imgs,需要的数据就是存放在这些子元素中的,注意在解析提取数据的时候,酒店图片是从 img 元素的 src 属性取出的。

第④行代码是创建 hotel_list 元素对象。第⑤行代码是创建 hotel 元素对象。

第⑥行代码 TBXML.textForElement(idElement) 是获取 id 元素的子元素(是文本元

```
▼<result>
    <page>1</page>
    <pagecount>0</pagecount>
    <hotelcount>4</hotelcount>
    ▼<hotel_list>
       ▼<hotel>
            <id>100295</id>
            <name>北京诺林大酒店</name>
            <city>北京</city>
            <address>北京宣武区广安门南街甲12号</address>
            <phone>010-63551188</phone>
            <lowprice>420</lowprice>
            <grade>3</grade>
          ▼<description>
               酒店位于广安门立交桥畔的诺林大酒店是集餐饮、住房、娱乐、商务服务于一体的三星级涉外酒店，占地约11500平方
               能同时容纳500人用餐。酒店还拥有大型专业迪厅、歌舞厅、多个KTV包间及多功能厅。全套进口器材的健身房、桑拿
               室等，是健身、休闲、娱乐的好去处。此外，酒店还设有IDD电话、传真、打字、复印等服务的商务中心。酒店本着信
            </description>
            <img src="http://www.jiagexian.com:80/uploads/suppliers/hotels/100295/home/a.jpg"/>
          ▼<imgs>
               <img src="http://www.jiagexian.com:80/uploads/suppliers/hotels/100295/home/a.jpg"></i
               <img src="http://www.jiagexian.com:80/uploads/suppliers/hotels/100295/home/aa.jpg"></
               <img src="http://www.jiagexian.com:80/uploads/suppliers/hotels/100295/home/aaa.jpg"><
               <img src="http://www.jiagexian.com:80/uploads/suppliers/hotels/100295/home/aaaaa.jpg"
               <img src="http://www.jiagexian.com:80/uploads/suppliers/hotels/100295/home/aaaa.jpg">
            </imgs>
       </hotel>
       ▶<hotel>...</hotel>
       ▶<hotel>...</hotel>
       ▶<hotel>...</hotel>
    </hotel_list>
</result>
```

图 16-15　返回酒店 XML 数据

素）内容。

第⑦行代码 TBXML.valueOfAttributeNamed("src",forElement：imgElement)语句是取 img 的 src 属性。imgs 元素中的数据也是酒店的图片列表，目前没有使用这里面的数据，因此没有解析。

第⑧行代码是将解析出来的数据放入到一个数组集合中，第⑨行代码投送成功通知 BLQueryHotelFinishedNotification 给表示层，其中携带的参数是 list（数组集合）。

16.4.2　迭代 2.2 编写房间查询业务逻辑类

房间查询业务逻辑类 RoomBL.swift 文件声明相关代码如下：

```
import Foundation

//定义 BL 查询酒店房间成功通知
let BLQueryRoomFinishedNotification = "BLQueryRoomFinishedNotification"
//定义 BL 查询酒店房间失败通知
let BLQueryRoomFailedNotification = "BLQueryRoomFailedNotification"

let ROOM_QUERY_URL = "/priceline/hotelroom/hotelroomcache.mobile"          ①
//"/priceline/hotelroom/hotelroomqunar.mobile"                              ②
```

第16章　iOS敏捷开发项目实战——价格线酒店预订iPhone客户端开发

```swift
public class RoomBL: NSObject {
    class var sharedInstance: RoomBL {
        struct Static {
            static var instance: RoomBL?
            static var token: dispatch_once_t = 0
        }

        dispatch_once(&Static.token) {
            Static.instance = RoomBL()
        }
        return Static.instance!
    }
    …
}
```

上述第①行代码定义常量 ROOM_QUERY_URL，它代表酒店房间查询的 URL 字符串。另外第②行的 URL 是备用网址，如果第①行的 URL 不能请求数据，可以尝试使用第②行的 URL。

RoomBL.swift 文件有关酒店房间查询的代码如下：

```swift
public func queryRoom(keyInfo:[NSObject : AnyObject]) {

    var strURL = NSString(format: ROOM_QUERY_URL)
    strURL = strURL
        .stringByAddingPercentEscapesUsingEncoding(NSUTF8StringEncoding)!

    var params = [NSObject : AnyObject]()
    params["supplierid"] = keyInfo["hotelId"]                               ①
    params["fromDate"] = keyInfo["Checkin"]
    params["toDate"] = keyInfo["Checkout"]                                  ②

    var engine = MKNetworkEngine(hostName: HOST_NAME,
                                                customHeaderFields: nil)
    var op = engine.operationWithPath(strURL as String, params:params,
                                                httpMethod:"POST")

    op.addCompletionHandler({ (operation) -> Void in
        let data = operation.responseData()

        //声明可变数组
        var list = [AnyObject]()
        var error: NSError?

        let tbxml = TBXML(XMLData: data, error: &error)

        if error == nil {
```

```swift
                if let root = tbxml?.rootXMLElement {
                    
                    let roomsElement = TBXML.childElementNamed("rooms",
                                                    parentElement: root)
                    if roomsElement != nil {
                        
                        var roomElement = TBXML.childElementNamed("room",
                                            parentElement: roomsElement)
                        
                        while roomElement != nil {
                            
                            var dict = [NSObject : AnyObject]()
                            
                            //取 name
                            let name = TBXML.valueOfAttributeNamed("name",
                                            forElement: roomElement)                   ③
                            dict["name"] = name                                          ④
                            
                            ...
                            //取 frontprice
                            let frontprice
                                = TBXML.valueOfAttributeNamed("frontprice",
                                            forElement: roomElement)
                            dict["frontprice"] = BLHelp.prePrice(frontprice)            ⑤
                            
                            roomElement = TBXML.nextSiblingNamed("room",
                                            searchFromElement: roomElement)
                            
                            list.append(dict)                                            ⑥
                            
                        }
                    }
                }
                
            NSLog("解析完成...")
            NSNotificationCenter.defaultCenter()
                .postNotificationName(BLQueryRoomFinishedNotification,object:list) ⑦
            
        },errorHandler: { (errorOp,err) -> Void in
            NSLog("MKNetwork 请求错误 : %@",err.localizedDescription)
            NSNotificationCenter.defaultCenter()
                .postNotificationName(BLQueryRoomFailedNotification,object:err) ⑧
    })
        engine.enqueueOperation(op)
}
```

第16章 iOS敏捷开发项目实战——价格线酒店预订iPhone客户端开发　439

queryRoom：方法是酒店房间查询方法，第①行～第②行代码设置 POST 请求参数，参数来自于 keyInfo 变量。

第③行～第⑤行代码是解析 XML，返回的 XML 数据如图 16-16 所示。

```
<hotel fromdate="2013-2-09" todate="2013-2-12" id="102548" city="beijing_city" name="北京阅微庄四合院宾
馆" address="北京东城区东四条37号" tel="010-64007762" refund="港澳、国际酒店以及国内外预付酒店预订后不可更改及取
消；国内其它酒店更改及取消请先申请，以酒店回复为准。" fapiao="如需发票，请在订单中注明，由我司开具并寄出。(快递到付，快递
费由消费者承担)">
  <rooms>
    <room id="164173" name="特色单人间" breakfast="1" bed="6" broadband="2" paymode="1" pfrom="2"
    marketprice="" frontprice="380.0" rtype="0" rrate="null" rfix="null">
      <rates>...</rates>
      <des>...</des>
    </room>
    <room id="203220" name="中式房(大床)" breakfast="2" bed="2" broadband="0" paymode="2" pfrom="4"
    marketprice="" frontprice="401.0" rtype="0" rrate="null" rfix="null">...</room>
    <room id="164170" name="中式房" breakfast="3" bed="3" broadband="5" paymode="1" pfrom="2"
    marketprice="" frontprice="580.0" rtype="0" rrate="null" rfix="null">...</room>
    <room id="203221" name="中式房(双床)" breakfast="3" bed="1" broadband="0" paymode="2" pfrom="4"
    marketprice="" frontprice="607.0" rtype="0" rrate="null" rfix="null">...</room>
    <room id="203222" name="中式房(大床)" breakfast="3" bed="2" broadband="0" paymode="2" pfrom="4"
    marketprice="" frontprice="607.0" rtype="0" rrate="null" rfix="null">...</room>
    <room id="164172" name="中式豪华套间" breakfast="3" bed="2" broadband="2" paymode="1" pfrom="2"
    marketprice="" frontprice="720.0" rtype="0" rrate="null" rfix="null">...</room>
    <room id="203224" name="中式豪华套房(大床)" breakfast="2" bed="2" broadband="0" paymode="2" pfrom="4"
    marketprice="" frontprice="744.0" rtype="0" rrate="null" rfix="null">...</room>
    <room id="203225" name="中式豪华套房(大床)" breakfast="3" bed="2" broadband="0" paymode="2" pfrom="4"
    marketprice="" frontprice="744.0" rtype="0" rrate="null" rfix="null">...</room>
    <room id="164171" name="快乐家庭间" breakfast="4" bed="3" broadband="5" paymode="1" pfrom="2"
    marketprice="" frontprice="760.0" rtype="0" rrate="null" rfix="null">...</room>
    <room id="203223" name="快乐家庭房(三床)" breakfast="4" bed="4" broadband="0" paymode="2" pfrom="4"
    marketprice="" frontprice="813.0" rtype="0" rrate="null" rfix="null">...</room>
  </rooms>
  <img src="/uploads/suppliers/city/Beijing/hotels/102548/home/small/a1.jpg"/>
</hotel>
```

图 16-16　返回酒店房间 XML 数据

从图 16-16 可以看出根元素是 hotel，rooms 元素描述了酒店房间列表，rooms 子元素是多个 room 元素，room 元素属性包含有：id、name、breakfast、bed、broadband、paymode、pfrom、marketprice 和 frontprice 等。需要的数据就存放在 room 元素这些属性中。注意 room 中还有子元素 rates 和 des，这些元素目前不需要解析。这些 room 元素的属性含义说明如下：

- id：同一个酒店下的房型，id 为数字，不重复。
- name：房型名称，不为空。
- breakfast：含几份早餐，不为空，$-1<=$ breakfast $<=4$。-1 表示含早(数量不定)，0 表示无早，其他数值表示含 N 早。
- bed：床型，不为空，0 大床/1 双床/2 大/双床/3 三床/4 一单一双/5 单人床/6 上下铺/7 通铺/8 榻榻米/9 水床/10 圆床/11 拼床。
- broadband：宽带，不为空，0 无/1 有/2 免费/3 收费/4 部分收费/5 部分有且收费/6 部分有且免费/7 部分有且部分收费。
- prepay：支付类型，不为空，0 需预付/1 前台现付。
- marketprice：当前市场房价。

- frontprice：前台房价。

由于这些数据都是存在属性中，所以通过代码第③行 TBXML.valueOfAttributeNamed ("name",forElement：roomElement)所示方法取出属性值。然后再把属性值保存在字典中，代码第④行所示 dict["name"]＝name 就是保存 name 属性数据到字典中。

第⑥行代码将解析出来的数据放入到一个数组集合中。第⑦行代码投送成功通知 BLQueryRoomFinishedNotification 给表示层，其中携带的参数是 list(数组集合)。第⑧行代码是投送失败通知 BLQueryRoomFailedNotification 给表示层。

此外，业务逻辑层还有一个辅助结构体 BLHelp，它帮助处理一些数据的转化，BLHelp.swift 代码如下：

```swift
import Foundation

struct BLHelp {
    
    //预处理价格
    static func prePrice(price: String) -> String {
        if price == "" || price.toInt() == 0 {
            return "无房"
        }
        return " ¥ \(price)/天起"
    }
    
    //预处理级别
    static func preGrade(grade: String) -> String {
        return " ¥ \(grade)/星级"
    }
    
    //预处理早餐
    static func preBreakfast(breakfast: String) -> String {
        
        let bf = breakfast.toInt()
        if bf == -1 {
            return "含早餐"
        } else if bf == 0 {
            return "无早餐"
        } else {
            return "含\(breakfast)早餐"
        }
    }
    
    //预处理床型
    static func preBed(bed: String) -> String {
        
        let intBed = bed.toInt()
```

第16章　iOS敏捷开发项目实战——价格线酒店预订iPhone客户端开发

```swift
        if intBed == 0 {
            return "大床"
        } else if intBed == 1 {
            return "双床"
        } else if intBed == 2 {
            return "大/双床 "
        } else if intBed == 3 {
            return "三床"
        } else if intBed == 4 {
            return "一单一双"
        } else if intBed == 5 {
            return "单人床"
        } else if intBed == 6 {
            return "上下铺"
        } else if intBed == 7 {
            return "通铺"
        } else if intBed == 8 {
            return "榻榻米"
        } else if intBed == 9 {
            return "水床"
        } else if intBed == 10 {
            return "圆床"
        } else  {
            return "拼床"
        }
    }

    //预处理宽带
    static func preBroadband(broadband: String) -> String {

        let intbroadband = broadband.toInt()
        if intbroadband == 0 {
            return "无宽带"
        } else if intbroadband == 1 {
            return "有宽带"
        } else if intbroadband == 2 {
            return "宽带免费"
        } else if intbroadband == 3 {
            return "宽带收费"
        } else if intbroadband == 4 {
            return "宽带部分收费"
        } else if intbroadband == 5 {
            return "宽带部分收费"
        } else if intbroadband == 6 {
            return "部分部分免费"
        } else if intbroadband == 7 {
            return "宽带部分收费"
```

```
            } else {
                return "宽带部分收费"
            }
        }

        //预处理支付类型
        static func prePaymode(prepay: String) -> String {
            //room prepay:支付类型,不可为空,0 需预付 / 1 前台现付
            let intprepay = prepay.toInt()
            if intprepay == 0 {
                return "需预付"
            } else {
                return "前台现付"
            }
        }
}
```

上述代码中的几个方法都是预处理数据，将 XML 解析得到的数字代号转化为可以理解的文字。

16.5 任务 3：表示层开发

该任务是对 UIKit 非常熟悉的小李负责完成的。客观上讲，表示层开发的工作量是很大的，有很多细节工作需要完成。

16.5.1 迭代 3.1 根据原型设计初步设计故事板

在设计应用原型的时候，曾经绘制了原型设计图（参考图 16-5）。它对于表示层开发非常重要，通过原型设计图可以了解界面中有哪些 UI 元素，了解应用模块中的界面之间的跳转关系。所以原型设计图可以帮助绘制故事板，苹果公司推出故事板技术的一个目的也是便于开发人员查看界面之间的跳转关系。

但是随着业务复杂程度的增加，故事板会变的越来越大，这也是故事板的一个缺点，图 16-17 所示是价格线酒店预订 iPhone 客户端应用故事板。

从图中可见，如果要看到全图，每个单页面就没法看清楚，于是笔者加上标号，通过标号给读者解释一下：

① 应用的根视图控制器。类型是 UITabBarController；

② 酒店搜索导航控制器。类型是 UINavigationController，酒店搜索视图控制器是嵌套在这个导航控制器中的；

③ 酒店搜索视图控制器。类型是 UIViewController，它负责控制显示酒店搜索界面；

④ 城市选择导航控制器。类型是 UINavigationController，城市选择视图控制器是嵌

第16章　iOS敏捷开发项目实战——价格线酒店预订iPhone客户端开发　443

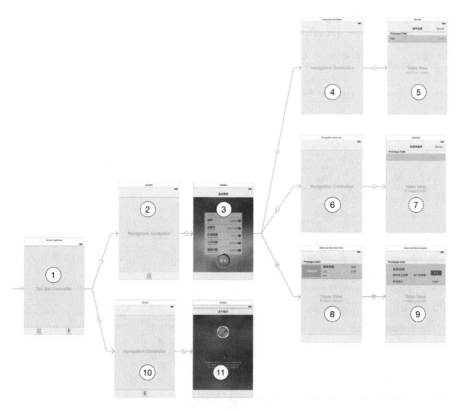

图 16-17　价格线酒店预订 iPhone 客户端应用故事板

套在这个导航控制器中的；

⑤ 城市选择视图控制器。类型是 UITableViewController，它负责控制显示城市选择界面；

⑥ 关键字选择导航控制器。类型是 UINavigationController，关键字选择视图控制器是嵌套在这个导航控制器中的；

⑦ 关键字选择视图控制器。类型是 UITableViewController，它负责控制显示关键字选择界面；

⑧ 酒店列表视图控制器。类型是 UITableViewController，它负责控制显示酒店列表界面；

⑨ 房间列表视图控制器。类型是 UITableViewController，它负责控制显示房间列表界面；

⑩ 关于视图控制器导航控制器。类型是 UINavigationController，关于视图控制器是嵌套在这个导航控制器中的；

⑪ 关于视图控制器。类型是 UIViewController，它负责控制显示关于界面。

16.5.2 迭代3.2 搜索酒店模块

图 16-18 所示的是搜索酒店模块表示层类图。

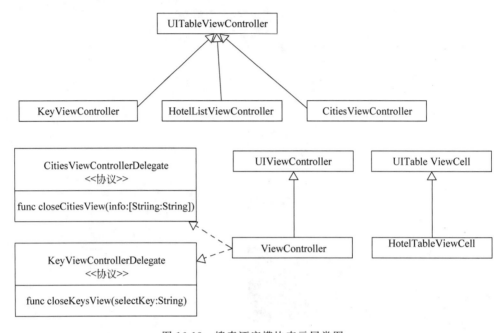

图 16-18 搜索酒店模块表示层类图

在类图可见搜索酒店模块中有4个视图控制器、1个自定义单元格类和2个委托。下面分别介绍一下：

- CitiesViewController 和 CitiesViewControllerDelegate。CitiesViewController 是选择城市视图控制器，它的委托协议是 CitiesViewControllerDelegate，在该协议中定义了 closeCitiesView: 方法，在关闭选择城市视图时候回调的方法，可以把选择的数据返回给调用者。
- KeyViewController 和 KeyViewControllerDelegate。KeyViewController 是选择关键字视图控制器，它的委托协议是 KeyViewControllerDelegate，在该协议中定义了 closeKeysView: 方法，在关闭选择关键字视图时候回调的方法，可以把选择的数据返回给调用者。
- ViewController。是酒店搜索视图控制器，它实现委托协议 CitiesViewControllerDelegate、KeyViewControllerDelegate、MyPickerViewControllerDelegate 和 MyDatePickerViewControllerDelegate。
- HotelListViewController。是酒店查询列表视图控制器。
- HotelTableViewCell。是自定义表视图单元格类，它需要继承 UITableViewCell 类。

16.5.3 迭代 3.2.1 选择城市视图控制器

在酒店搜索界面选择城市单元格，跳转到选择城市界面，如图 16-19 所示。在选择城市界面中选择城市后界面关闭，如果不想选择可以单击 Cancel 按钮，放弃选择。

图 16-19　城市选择界面

下面再看看代码部分，CitiesViewController.swift 文件初始化相关代码如下：

```
import UIKit

protocol CitiesViewControllerDelegate {
    func closeCitiesView(info : [String : String])
}

class CitiesViewController: UITableViewController {

    //所有城市信息列表
    var cities : [AnyObject]!

    var delegate: CitiesViewControllerDelegate?

    override func viewDidLoad() {
        super.viewDidLoad()

        let cityPlistPath = NSBundle.mainBundle().pathForResource("cities",ofType: "plist")     ①

        //按照拼写排序
```

```swift
        let bySpell = NSSortDescriptor(key: "spell",ascending: true)                    ②
        self.cities = NSArray(contentsOfFile: cityPlistPath!)?
                            .sortedArrayUsingDescriptors([bySpell])                     ③

        let backgroundView = UIImageView(image: UIImage(named: "BackgroundSearch"))
        backgroundView.frame = self.tableView.frame
        self.tableView.backgroundView = backgroundView                                  ④

        let navigationBar = self.navigationController?.navigationBar
        navigationBar?.barTintColor = UIColor(red: 48.0/255,green: 89.0/255,
                                    blue: 181.0/255,alpha: 1.0)                         ⑤
        navigationBar?.tintColor = UIColor(red: 112.0/255,green: 180.0/255,
                                    blue: 255.0/255,alpha: 1.0)                         ⑥

        let navbarTitleTextAttributes = [NSForegroundColorAttributeName :
                                                UIColor.whiteColor()]
        navigationBar?.titleTextAttributes = navbarTitleTextAttributes                  ⑦
    }

    override func didReceiveMemoryWarning() {
        super.didReceiveMemoryWarning()
    }
    …
}
```

选择城市信息是从 cities.plist 属性列表文件中取出的，城市信息数据是固定的没有必要放在服务器端，放在本地就可以了，如果想进一步优化可以考虑放在本地数据库中。其中第①行代码获得属性列表文件的路径。第②行代码 NSSortDescriptor(key:"spell",ascending：true)创建排序描述 NSSortDescriptor 对象，这里定义的是按照 spell 键，进行升序排序。cities.plist 属性列表文件结构如图 16-20 所示。

从图 16-20 所示的结构看，cities.plist 的整体结构是数组类型，其中的每一个城市信息是字典类型，一个城市包括 name（城市名）、spell（城市汉语拼音）、abbreviativeName（缩写）和 Plcityid（城市 id）信息。

第③行代码按照城市汉语拼音进行升序排序，然后把排序好的数据赋值给 cities 属性。

第④行代码是设置表视图的背景视图，backgroundView 属性是表视图的背景视图，需要一个图片视图对象。

第⑤行代码是设置导航栏的颜色，barTintColor 属性是导航栏的颜色。第⑥行代码是设置导航栏前景颜色，tintColor 属性是该属性。第⑦行代码是设置导航栏文字颜色，titleTextAttributes 属性是该属性。

CitiesViewController.swift 中表视图数据源协议代码如下：

```swift
// MARK: -表视图数据源协议
override func numberOfSectionsInTableView(tableView: UITableView) -> Int {
```

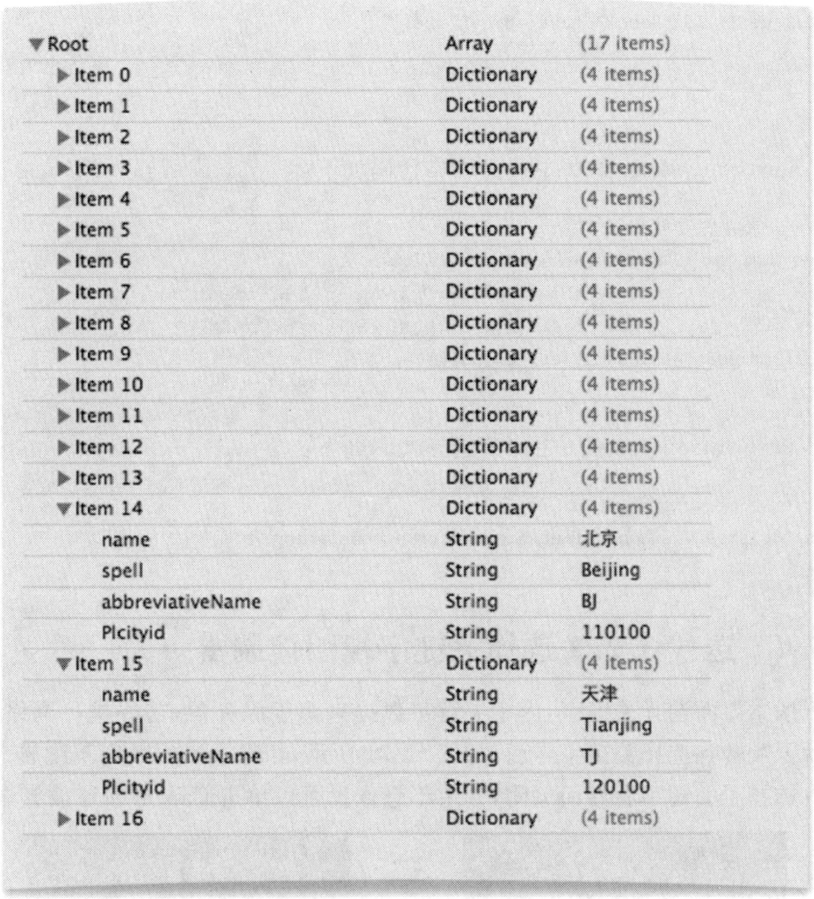

第16章 iOS敏捷开发项目实战——价格线酒店预订iPhone客户端开发

图 16-20　cities.plist 属性列表文件结构

```
        return 1
}

override func tableView(tableView: UITableView,
                        numberOfRowsInSection section: Int) -> Int {
    return self.cities.count
}


override func tableView(tableView: UITableView,
        cellForRowAtIndexPath indexPath: NSIndexPath) -> UITableViewCell {
    let cell = tableView.dequeueReusableCellWithIdentifier("Cell",
                                forIndexPath: indexPath) as! UITableViewCell
    
    let dict = self.cities[indexPath.row] as! [String : String]
```

```
        cell.textLabel?.text = dict["name"]
        cell.detailTextLabel?.text = dict["spell"]

        return cell
}
```

CitiesViewController.swift 中选择城市代码如下：

```
// MARK: - 表视图委托协议
override func tableView(tableView: UITableView,
                didSelectRowAtIndexPath indexPath: NSIndexPath) {
    let dict = self.cities[indexPath.row] as! [String : String]
    self.delegate?.closeCitiesView(dict)
}
```

CitiesViewController.swift 中取消选择代码如下：

```
@IBAction func cancel(sender: AnyObject) {
    self.dismissViewControllerAnimated(true,completion: nil)
}
```

16.5.4　迭代 3.2.2 选择关键字视图控制器

在酒店搜索界面选择关键字，由于关键字数据来源于服务器，需要进行网络通讯，成功返回结果后再跳转到选择关键字界面，如图 16-21 所示，如果返回失败则不跳转。在选择关键字界面中选择了关键字后界面关闭，如果不想选择可以单击 Cancel 按钮放弃选择。

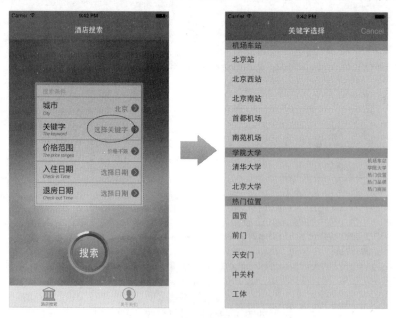

图 16-21　选择关键字界面

KeyViewController.swift 中视图初始化相关代码如下：

```swift
import UIKit

protocol KeyViewControllerDelegate {
    func closeKeysView(selectKey : String)
}

class KeyViewController: UITableViewController {
    
    //关键字类型列表
    var keyTypeList : [AnyObject]!
    //关键字字典
    var keyDict : [String : AnyObject]!
    
    var delegate: KeyViewControllerDelegate?
    
    override func viewDidLoad() {
        super.viewDidLoad()
        
        self.keyTypeList = Array(self.keyDict.keys)                              ①
        
        let backgroundView = UIImageView(image: UIImage(named: "BackgroundSearch"))
        backgroundView.frame = self.tableView.frame
        self.tableView.backgroundView = backgroundView
        
        let navigationBar = self.navigationController?.navigationBar
        navigationBar?.barTintColor = UIColor(red: 48.0/255,green: 89.0/255,
                                    blue: 181.0/255,alpha: 1.0)
        navigationBar?.tintColor = UIColor(red: 112.0/255,green: 180.0/255,
                                    blue: 255.0/255,alpha: 1.0)
        
        let navbarTitleTextAttributes = [NSForegroundColorAttributeName :
                                    UIColor.whiteColor()]
        navigationBar?.titleTextAttributes = navbarTitleTextAttributes
        
        //设置表视图标题栏颜色
        UITableViewHeaderFooterView.appearance().tintColor
            = UIColor(red: 112.0/255,green: 180.0/255,blue: 255.0/255,alpha: 1.0)
    }
    // MARK: 表视图数据源协议
    override func numberOfSectionsInTableView(tableView: UITableView) -> Int {
        return self.keyDict.count
    }
    
    override func tableView(tableView: UITableView,
                        numberOfRowsInSection section: Int) -> Int {
        let keyName = self.keyTypeList[section] as! String
        let keyList = self.keyDict[keyName] as! [AnyObject]
        return keyList.count
```

```swift
        }
        
        override func tableView(tableView: UITableView,
                    cellForRowAtIndexPath indexPath: NSIndexPath) -> UITableViewCell {
            let cell = tableView.dequeueReusableCellWithIdentifier("Cell",
                                    forIndexPath: indexPath) as! UITableViewCell
            
            let keyName = self.keyTypeList[indexPath.section] as! String
            let keyList = self.keyDict[keyName] as! [AnyObject]
            
            let dict = keyList[indexPath.row] as! [String : String]
            cell.textLabel?.text = dict["key"]
            
            return cell
        }
        
        override func tableView(tableView: UITableView,
                            titleForHeaderInSection section: Int) -> String? {
            let keyName = self.keyTypeList[section] as! String
            return keyName
        }
        
        override func sectionIndexTitlesForTableView(tableView: UITableView) -> [AnyObject]! {
            return Array(self.keyDict.keys)
        }
        …
    }
```

在viewDidLoad方法的第①行代码中self.keyTypeList＝Array(self.keyDict.keys)语句是取出属性keyDict所有键集合,而keyDict属性由上一个视图控制器(ViewController)传递过来的,keyDict属性包含了从服务器成功返回的关键字数据,注意与服务器的交互并不是在关键字视图控制器KeyViewController处理的,而是在ViewController中处理完成,这样如果失败就不再进入关键字视图了。

KeyViewController.swift中选择关键字代码如下:

```swift
override func tableView(tableView: UITableView,
                    didSelectRowAtIndexPath indexPath: NSIndexPath) {
    let keyName = self.keyTypeList[indexPath.section] as! String
    let keyList = self.keyDict[keyName] as! [AnyObject]
    let dict = keyList[indexPath.row] as! [String : String]
    self.delegate?.closeKeysView(dict["key"]!)
}
```

KeyViewController.swift中取消选择代码如下:

```swift
@IBAction func cancel(sender: AnyObject) {
    self.dismissViewControllerAnimated(true,completion: nil)
}
```

16.5.5 迭代 3.2.3 选择价格和日期选择器

在酒店搜索界面中选择价格(图 16-22)、选择入住和退房日期(图 16-23)都是使用自定义选择器控件实现的。

图 16-22 选择价格界面

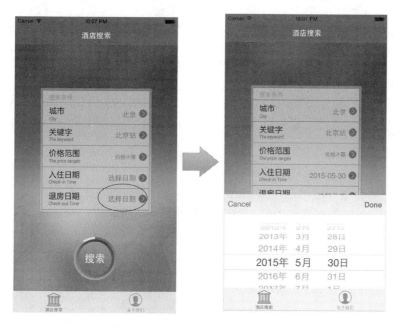

图 16-23 选择入住和退房日期界面

目前 iOS 在 iPhone 设备上的选择器是没有弹出或滑出等效果的,本例使用了第 9 章的 PopupControl 框架,PopupControl 配置不再介绍。

16.5.6 迭代 3.2.4 酒店搜索视图控制器

用户选择完成搜索条件之后,单击"搜索"按钮开始搜索酒店,如图 16-24 所示,如果成功返回界面跳转到酒店列表,如果失败返回则不跳转。

图 16-24 搜索酒店界面

搜索的处理过程还是在 ViewController 视图控制器完成的,将查询的结果传递给酒店列表视图控制器 HotelListViewController。

下面再看看代码部分,ViewController.swift 文件声明相关的代码如下:

```
import UIKit
import PopupControl

class ViewController: UIViewController,                                          ①
            MyPickerViewControllerDelegate,MyDatePickerViewControllerDelegate,
            CitiesViewControllerDelegate,KeyViewControllerDelegate {


    var checkinDatePickerViewController = MyDatePickerViewController()           ②
    var checkoutDatePickerViewController = MyDatePickerViewController()          ③
    var pickerViewController = MyPickerViewController()                          ④

    var cityInfo : [String : AnyObject]!                                         ⑤
```

```
//关键字查询结果
var keyDict : [String : AnyObject]!                                              ⑥
//Hotel 查询结果
var hotelList : [AnyObject]!                                                     ⑦
//Hotel 查询条件
var hoteQueryKey : [String : AnyObject]!                                         ⑧

@IBOutlet weak var btnCity: UIButton!
@IBOutlet weak var btnKey: UIButton!
@IBOutlet weak var btnPrice: UIButton!
@IBOutlet weak var btnCheckin: UIButton!
@IBOutlet weak var btnCheckout: UIButton!


override func viewDidLoad() {
    super.viewDidLoad()

    self.checkinDatePickerViewController.delegate = self                         ⑨
    self.checkoutDatePickerViewController.delegate = self
    self.pickerViewController.delegate = self                                    ⑩

    let navigationBar = self.navigationController?.navigationBar
    navigationBar?.barTintColor = UIColor(red: 48.0/255,
                        green: 89.0/255,blue: 181.0/255,alpha: 1.0)
    navigationBar?.tintColor = UIColor(red: 112.0/255,
                        green: 180.0/255,blue: 255.0/255,alpha: 1.0)

    let navbarTitleTextAttributes = [NSForegroundColorAttributeName :
                                                    UIColor.whiteColor()]
    navigationBar?.titleTextAttributes = navbarTitleTextAttributes

}

override func didReceiveMemoryWarning() {
    super.didReceiveMemoryWarning()
}

override func viewWillAppear(animated: Bool) {                                   ⑪
    super.viewWillAppear(animated)

    NSNotificationCenter.defaultCenter().addObserver(self,selector: "queryKeyFinished:",
                name: BLQueryKeyFinishedNotification,object: nil)
    NSNotificationCenter.defaultCenter().addObserver(self,selector: "queryKeyFailed:",
                name: BLQueryKeyFailedNotification,object: nil)
    NSNotificationCenter.defaultCenter().addObserver(self,selector: "queryHotelFinished:",
                name: BLQueryHotelFinishedNotification,object: nil)
    NSNotificationCenter.defaultCenter().addObserver(self,selector: "queryHotelFailed:",
```

```swift
                    name: BLQueryHotelFailedNotification,object: nil)
    }

    override func viewWillDisappear(animated: Bool) {                              ⑫
        super.viewWillDisappear(animated)
        NSNotificationCenter.defaultCenter().removeObserver(self)
    }
```

上述第①行代码定义 ViewController 类的时候需要声明实现 4 个委托协议，其中 MyPickerViewControllerDelegate 是与 MyPickerViewController 对应的委托协议，MyDatePickerViewControllerDelegate 是与 MyDatePickerViewController 对应的委托协议。

第②行代码 checkinDatePickerViewController 是 MyDatePickerViewController 类型属性，它是选择入住日期选择器。MyDatePickerViewController 是自定义的日期选择器控件。而第③行代码 checkoutDatePickerViewController 也是 MyDatePickerViewController 属性，它是选择退房日期选择器。

第④行代码定义属性 pickerViewController 类型为 MyPickerViewController，MyPickerViewController 是自定义的选择器控件。

第⑤行代码定义属性 cityInfo，它是用来接收从城市选择视图返回的数据，它是字典类型，这是因为需要返回城市信息多个字段内容。第⑥行代码定义属性 keyDict，它是用来接收关键字查询结果数据的，它也是字典类型。

第⑦行代码定义属性 hotelList，它是用来保存酒店搜索结果数据的，它是可变的数组类型。第⑧行代码定义属性 hoteQueryKey，它是用来保存酒店搜索条件的，它也是可变的数组类型。

第⑨行~第⑩行代码设置自定义控件为当前视图控制器委托对象。

第⑪行代码是视图显示时候调用的方法，在该方法中注册相关通知。相反在第⑫行代码是视图消失时候调用的方法，在该方法中要注销相关通知。

ViewController.swift 中选择城市相关代码如下：

```swift
    override func prepareForSegue(segue: UIStoryboardSegue,sender: AnyObject?) {   ①
        if segue.identifier == "selectCity" {                                      ②
            let nvgViewController = segue.destinationViewController
                                    as! UINavigationController                     ③
            let citiesViewController = nvgViewController.topViewController
                                    as! CitiesViewController                       ④
            citiesViewController.delegate = self                                   ⑤
        } else if segue.identifier == "selectKey" {
            …
        } else if segue.identifier == "queryHotel" {
            …
        }
```

```
}
//关闭城市选择对话框委托方法
func closeCitiesView(info : [String : String]) {                                              ⑥
    self.cityInfo = info
    self.dismissViewControllerAnimated(true,completion: nil)                                  ⑦
    self.btnCity.setTitle(info["name"],forState: UIControlState.Normal)
    self.btnKey.setTitle("选择关键字",forState: UIControlState.Normal)                          ⑧
}
```

第①行代码 prepareForSegue:sender:方法预处理 segue，第②行代码判断 segue 为 selectCity 时候进行的处理。第③行代码为要跳转的目标视图控制器，这个视图控制器是导航视图控制器类型。第④行代码从导航视图控制器中取出它的根视图控制器，这个根视图控制器才是 CitiesViewController 类型。第⑤行代码设置 CitiesViewController 的委托对象为 self。

用户选择了城市后回调第⑥行的 closeCitiesView:方法。第⑦行代码是关闭选择城市视图。第⑧行代码是重置界面中关键字标签为"选择地点"，这是因为城市信息改变了对应的关键字需要重新选择。

ViewController.swift 中选择关键字相关代码如下：

```
override func shouldPerformSegueWithIdentifier(identifier: String?, sender: AnyObject?) -> Bool {

            if identifier == "selectKey" && self.btnCity.titleLabel!.text == "选择城市" {     ①
                let alertView = UIAlertView(title: "提示信息",
                    message: "请先选择城市",delegate: nil,cancelButtonTitle: "OK")
                alertView.show()
                return false
            } else if identifier == "selectKey" {                                             ②
                HotelBL.sharedInstance.selectKey(self.btnCity.titleLabel!.text)               ③
                return false
            } else if identifier == "queryHotel" {
                …
            }

            return true

}

//接收 BL 查询关键字成功通知
func queryKeyFinished(not : NSNotification) {
    self.keyDict = not.object as! [String : AnyObject]
    if self.keyDict != nil {
        self.performSegueWithIdentifier("selectKey",sender: nil)                              ④
    }
}
```

```swift
//接收BL查询关键字失败通知
func queryKeyFailed(not : NSNotification) {
    
    let error = not.object as! NSError
    let errorStr = error.localizedDescription
    let alertView = UIAlertView(title: "出错信息",
                message:errorStr,delegate: nil,cancelButtonTitle: "OK")
    alertView.show()
    
}
override func prepareForSegue(segue: UIStoryboardSegue,sender: AnyObject?) {
    
    if segue.identifier == "selectCity" {
        …
    } else if segue.identifier == "selectKey" {                              ⑤
        let nvgViewController = segue.destinationViewController
                                        as! UINavigationController           ⑥
        let keyViewController = nvgViewController.topViewController
                                        as! KeyViewController                ⑦
        keyViewController.delegate = self                                    ⑧
        keyViewController.keyDict = self.keyDict                             ⑨
    } else if segue.identifier == "queryHotel" {
        …
    }
    
}
```

由于关键字查询过程调用的方法很多，为了解释清楚各个方法的调用关系笔者绘制了UML时序图，如图16-25所示。

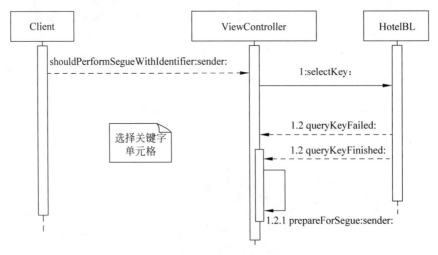

图16-25 关键字查询时序图

首先用户选择关键字触发 shouldPerformSegueWithIdentifier:sender:方法,该方法能够控制是否触发 segue,方法返回 true 则可以触发,返回 false 则不可触发。然后调用 HotelBL 的 selectKey:方法,selectKey:方法中会异步调用服务器请求关键字数据,如果失败则回调 queryKeyFailed:方法,成功返回则回调 queryKeyFinished:方法。在 queryKeyFinished:中触发 segue 事件,接着会调用 prepareForSegue:sender:方法。

下面具体解释一下代码,第①行代码中的 identifier=="selectKey"表达式说明 segue 为 selectKey,self.btnCity.titleLabel!.text=="选择城市"表达式是判断用户还没有选择城市就直接选择关键字,这种情况下是不允许用户选择关键字的,所以会弹出对话框警告用户,并且方法的返回值 false。

第②行代码调用 HotelBL 的 selectKey:进行关键字查询。

queryKeyFinished:方法是调用业务逻辑层后成功返回情况下回调,其中第③行代码 self.performSegueWithIdentifier("selectKey",sender: nil) 语句触发 selectKey 的 segue 事件。

queryKeyFailed:方法是调用业务逻辑层后失败返回情况下回调。

prepareForSegue:sender:方法中代码第⑤行判断 segue 为 selectKey 时候进行的处理,第⑥行代码获得目标视图控制器,注意这个视图控制器是导航视图控制器类型。第⑦行代码从导航视图控制器中取出它的根视图控制器,这个根视图控制器才是 KeyViewController 类型。

第⑧行代码设置 KeyViewController 的委托对象为 self。第⑨行代码 keyViewController.keyDict=self.keyDict 是将选择的城市名赋值给 KeyViewController 的属性 selectCity。

ViewController.swift 中关闭关键字选择对话框委托方法代码如下:

```
//关闭关键字选择对话框委托方法
func closeKeysView(selectKey : String) {
    self.dismissViewControllerAnimated(true,completion: nil)
    self.btnKey.setTitle(selectKey,forState: UIControlState.Normal)
}
```

关键字界面用户选择了关键字后回调 closeKeysView:方法,参数 selectKey 是从业务逻辑层返回的,代码 self.dismissViewControllerAnimated(true,completion: nil)是关闭选择关键字视图。

ViewController.swift 中选择价格相关代码如下:

```
@IBAction func selectPrice(sender: AnyObject) {                        ①
    self.pickerViewController.showInView(self.view)                    ②
}

//关闭价格拾取器委托方法
func myPickViewClose(selected : String) {                              ③
    NSLog("selected %@",selected)
    self.btnPrice.setTitle(selected,forState: UIControlState.Normal)
}
```

上述第①行代码 selectPrice:方法是用户选择了界面中的"不限价格"时候触发的方法。第②行代码是调用 MyPickerViewController 对象 showInView:方法实现显示价格选择器。这样当用户选择了价格后回调第③行的 myPickViewClose:方法。

ViewController.swift 中选择入住日期和退房日期相关代码如下：

```swift
@IBAction func selectCheckinDate(sender: AnyObject) {
    self.checkinDatePickerViewController.showInView(self.view)
}

@IBAction func selectCheckoutDate(sender: AnyObject) {
    self.checkoutDatePickerViewController.showInView(self.view)
}
//关闭日期拾取器委托方法
func myPickDateViewControllerDidFinish(controller : MyDatePickerViewController,
                        andSelectedDate selected : NSDate) {                        ①
    let dateFormat = NSDateFormatter()                                              ②
    dateFormat.dateFormat = "yyyy-MM-dd"                                            ③
    dateFormat.locale = NSLocale(localeIdentifier: "zh_CN")                         ④
    let strDate = dateFormat.stringFromDate(selected)                               ⑤
    NSLog("date %@",strDate)

    if self.checkoutDatePickerViewController == controller {                        ⑥
        self.btnCheckout.setTitle(strDate,forState: UIControlState.Normal)
    } else {
        self.btnCheckin.setTitle(strDate,forState: UIControlState.Normal)
    }
}
```

selectCheckinDate:是用户选择了入住日期时候触发的方法。selectCheckoutDate:方法是用户选择了退房日期时候触发的方法。

代码第①行方法是选择了日期选择器后，关闭视图后回调的方法，其中的参数 controller 是日期选择器视图控制器对象，参数 selected 是用户选择的日期对象。

第②行代码实例化 NSDateFormatter 对象，该对象是用来格式化日期对象的。第③行代码是设置日期格式。第④行代码 NSLocale(localeIdentifier："zh_CN")是设置所在地区为中国。第⑤行代码 dateFormat.stringFromDate(selected)将日期对象格式化为字符串。

第⑥行代码_checkoutDatePickerViewController==controller 可以判断当前返回的日期控制器是入住日期控制器还是退房日期控制器。

ViewController.swift 中酒店搜索相关代码如下：

```swift
override func shouldPerformSegueWithIdentifier(identifier: String?,sender: AnyObject?) -> Bool {
    if identifier == "selectKey" && self.btnCity.titleLabel!.text == "选择城市" {
        …
```

第16章　iOS敏捷开发项目实战——价格线酒店预订iPhone客户端开发

```swift
        } else if identifier == "selectKey" {
            ...
        } else if identifier == "queryHotel" {                                   ①
            var errorMsg = ""
            
            if self.btnCity.titleLabel!.text == "选择城市" {                      ②
                errorMsg = "请选择城市"
            } else if self.btnKey.titleLabel!.text == "选择关键字" {
                errorMsg = "请选择关键字"
            } else if self.btnCheckin.titleLabel!.text == "选择日期" {
                errorMsg = "请选择入住日期"
            } else if self.btnCheckout.titleLabel!.text == "选择日期" {
                errorMsg = "请选择退房日期"
            }
            
            if errorMsg != "" {
                let alertView = UIAlertView(title: "提示信息",
                        message: errorMsg,delegate: nil,cancelButtonTitle: "OK")
                alertView.show()
                return false
            }                                                                    ③
            
            self.hoteQueryKey = [String : String]()                              ④
            self.hoteQueryKey["Plcityid"] = self.cityInfo["Plcityid"]
            self.hoteQueryKey["currentPage"] = "1"
            self.hoteQueryKey["key"] = self.btnKey.titleLabel!.text
            self.hoteQueryKey["Price"] = self.btnPrice.titleLabel!.text
            self.hoteQueryKey["Checkin"] = self.btnCheckin.titleLabel!.text
            self.hoteQueryKey["Checkout"] = self.btnCheckout.titleLabel!.text    ⑤
            
            HotelBL.sharedInstance.queryHotel(self.hoteQueryKey)                 ⑥
            return false
        }
        
        return true
    
}

//接收 BL 查询 Hotel 信息成功通知
func queryHotelFinished(not : NSNotification) {
    self.hotelList = not.object as! [AnyObject]
    
    if self.hotelList == nil || self.hotelList.count == 0 {
        let alertView = UIAlertView(title: "出错信息",
                message:"没有数据",delegate: nil,cancelButtonTitle: "OK")
        alertView.show()
    } else {
```

```
            self.performSegueWithIdentifier("queryHotel",sender: nil)
        }
    }

    //接收 BL 查询 Hotel 信息成功通知
    func queryHotelFailed(not : NSNotification) {

        let error = not.object as! NSError
        let errorStr = error.localizedDescription
        let alertView = UIAlertView(title: "出错信息",
                     message:errorStr,delegate: nil,cancelButtonTitle: "OK")
        alertView.show()

    }


    override func prepareForSegue(segue: UIStoryboardSegue,sender: AnyObject?) {

        if segue.identifier == "selectCity" {
            …
        } else if segue.identifier == "queryHotel" {
            let hotelListViewController = segue.destinationViewController
                                         as! HotelListViewController
            hotelListViewController.queryKey = self.hoteQueryKey              ⑦
            hotelListViewController.list = self.hotelList                     ⑧
        }

    }
```

酒店搜索相关代码与关键字查询过程非常类似,调用的方法很多,为了解释清楚各个方法的调用关系笔者绘制了 UML 时序图,如图 16-26 所示。

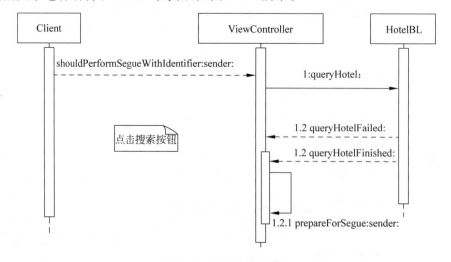

图 16-26　酒店搜索时序图

首先用户单击了搜索按钮触发 shouldPerformSegueWithIdentifier:sender:方法,然后调用 HotelBL 的 queryHotel:方法,queryHotel:方法中会异步调用服务器请求关键字数据,如果失败则回调 queryHotelFailed:方法,成功返回则回调 queryHotelFinished:方法。在 queryHotelFinished:中触发 segue 事件,接着会调用 prepareForSegue:sender:方法。

下面具体解释一下代码,第①行代码 identifier=="queryHotel"表达式是说明选择的 segue 为 queryHotel。代码第②行～第③行是验证用户是否选择城市、选择关键字、选择入住日期和选择退房日期,只要是有一项没有选择就不进行查询。

代码第④行～第⑤行是准备搜索条件,将结果存储在 hoteQueryKey 属性中,这些搜索条件在酒店列表还需要,需要传递给视图控制器 HotelListViewController。

第⑥行代码 HotelBL.sharedInstance.queryHotel(self.hoteQueryKey)调用 HotelBL 的 queryHotel:方法进行酒店搜索。成功返回情况下回调 queryHotelFinished:方法,失败返回情况下回调 queryHotelFailed:方法,这两个方法的处理与关键字查询非常相似。

prepareForSegue:sender:方法中第⑦行代码是将酒店搜索条件传递给酒店列表视图控制器 HotelListViewController。第⑧行代码 hotelListViewController.list=self.hotelList 是将查询出的酒店列表传递给 HotelListViewController。

16.5.7　迭代3.2.5 酒店搜索列表视图控制器

搜索酒店成功后界面会跳转到酒店搜索列表界面,如图16-27所示。

图 16-27　酒店搜索列表界面

下面再看看代码部分,HotelListViewController.swift 文件代码中初始化方法如下:

```
import UIKit
```

```swift
class HotelListViewController: UITableViewController {
    
    //当前页数
    var currentPage = 1                                              ①
    //查询条件
    var queryKey: [String : AnyObject]!                              ②
    //查询结果
    var list = [AnyObject]()                                         ③
    
    @IBOutlet weak var loadViewCell: UIView!                         ④
    
    //查询房间条件
    var queryRoomKey: [String : AnyObject]!                          ⑤
    
    //查询房间结果
    var roomList: [AnyObject]!                                       ⑥
    
    override func viewDidLoad() {
        super.viewDidLoad()
        
        self.title = "酒店列表"
        
        let backgroundView = UIImageView(image: UIImage(named: "BackgroundSearch"))
        backgroundView.frame = self.tableView.frame
        self.tableView.backgroundView = backgroundView
        
    }
    
    override func viewWillAppear(animated: Bool) {
        super.viewWillAppear(animated)
        
        NSNotificationCenter.defaultCenter().addObserver(self,selector: "queryHotelFinished:",
                            name: BLQueryHotelFinishedNotification,object: nil)
        NSNotificationCenter.defaultCenter().addObserver(self,selector: "queryHotelFailed:",
                            name: BLQueryHotelFailedNotification,object: nil)
        NSNotificationCenter.defaultCenter().addObserver(self,selector: "queryRoomFinished:",
                            name: BLQueryRoomFinishedNotification,object: nil)
        NSNotificationCenter.defaultCenter().addObserver(self,selector: "queryRoomFailed:",
                            name: BLQueryRoomFailedNotification,object: nil)
        
    }
    
    override func viewWillDisappear(animated: Bool) {
        super.viewWillDisappear(animated)
        NSNotificationCenter.defaultCenter().removeObserver(self)
    }
    ...
}
```

上述第①行代码,定义一个成员变量 currentPage,在表视图翻页的时候记录当前页数,当返回的数据量很大情况下,在表视图上展示的时候需要进行分页,这与 Web 网页分页是类似的。

第②行代码定义酒店搜索条件 queryKey 属性,它内容是从上一个视图控制器 ViewController 传递过来的。第③行代码定义了酒店搜索结果列表 list。

第④行代码 loadViewCell 属性,如图 16-28 所示,下面的单元格与 loadViewCell 属性对应,它的类型是 UIView,它的内部包含一个标签和活动指示器,设计单元格的目的是用于表视图的分页,表视图在显示数据的时候一次从服务器请求返回最多 20 条数据,然后显示,当用户向下翻动屏幕显示完这 20 条数据之后,再次请求服务器获取最多 20 条数据,这时候在屏幕底部出现该视图,数据返回之后视图消失。

第⑤行代码 queryRoomKey 属性是查询房间条件,第⑥行代码 roomList 属性查询房间结果它将传递给房间查询视图控制器。

图 16-28 loadViewCell 属性

HotelListViewController.swift 文件代码中实现表视图数据源协议方法如下:

```
override func numberOfSectionsInTableView(tableView: UITableView) -> Int {
    return 1
}

override func tableView(tableView: UITableView,
                       numberOfRowsInSection section: Int) -> Int {
    return self.list.count
}


override func tableView(tableView: UITableView,cellForRowAtIndexPath
        indexPath: NSIndexPath) -> UITableViewCell {
    let cell = tableView.dequeueReusableCellWithIdentifier("Cell",forIndexPath: indexPath)
                                        as! HotelTableViewCell
    
    let dict = self.list[indexPath.row] as! [String : String]
    
    cell.lblName.text = dict["name"]
    cell.lblAddress.text = dict["address"]
    cell.lblPrice.text = dict["lowprice"]
    cell.lblGrade.text = dict["grade"]
    cell.lblPhone.text = dict["phone"]
```

```swift
        let htmlPath = NSBundle.mainBundle().pathForResource("myIndex", ofType: "html")
        let bundleUrl = NSURL(fileURLWithPath: NSBundle.mainBundle().bundlePath)
        var html = NSMutableString(contentsOfFile: htmlPath!,
                        encoding: NSUTF8StringEncoding, error: nil)                     ①
        
        let subRange = html?.rangeOfString("####")                                      ②
        if subRange?.location != NSNotFound {
            html?.replaceCharactersInRange(subRange!, withString: dict["img"]!)         ③
        }
        cell.webView.loadHTMLString(html as String!, baseURL: bundleUrl!)               ④
        
        return cell
}
```

tableView:cellForRowAtIndexPath:是初始化表视图单元格方法,在酒店列表查询中的单元格是自定义的,在 Interface Builder 中设计单元格如图 16-29 所示。

图 16-29 酒店列表单元格

在自定义单元格中除了酒店图片外,其它的酒店信息都是通过标签控件显示的。酒店图片没有采用 UIImageView 控件,而是采用 UIWebView 控件,采用 UIWebView 控件可以通过 HTML 设置图片的大小,还有 UIWebView 控件自动缓存图片等数据。UIWebView 加载本地的 myIndex.html 文件,myIndex.html 文件代码如下:

```
<html>
    <body style = "margin: 3px 3px 3px 3px;">
        <img src = "####" onerror = "javascript:this.src = 'default.jpg'" width = "92px" height = "79px"/>
    </body>
</html>
```

上述代码第①行是从 myIndex.html 文件读取 HTML 字符串。第②行代码找到 ####字符串的位置当找到####字符串的位置后,则通过第③行代码是真正图片网址替换####字符串。第④行代码是 cell.webView.loadHTMLString(html as String!, baseURL: bundleUrl!)是加载这些 HTML 代码,这样图片就显示出来了。

HotelListViewController.swift 文件代码中实现表视图委托协议方法如下:

```swift
override func tableView(tableView: UITableView, willDisplayCell cell: UITableViewCell,
                forRowAtIndexPath indexPath: NSIndexPath) {                             ①
    
    if (self.list.count == indexPath.row + 1) && self.loadViewCell.hidden == false {    ②
```

```
        NSLog("load data...")
        currentPage++
        let currentPageStr = NSString(format: "%i",currentPage)
        self.queryKey["currentPage"] = currentPageStr                            ③
        HotelBL.sharedInstance.queryHotel(self.queryKey)                          ④

    }
}
```

上述第①行代码的 tableView:willDisplayCell:forRowAtIndexPath 方法是表视图委托协议提供的方法，它在视图单元格显示的时候调用。

第②行代码是判断是否到达表视图底部，并显示 loadViewCell 视图。当判断为 true 时候，当前页数 currentPage 加 1，再通过第③行代码把当前页数 currentPage 保存到 queryKey 属性中。第④行代码调用 HotelBL 的 queryHotel:方法进行酒店查询。

HotelListViewController.swift 中酒店搜索列表相关代码如下：

```
//接收 BL 查询 Hotel 信息成功通知
func queryHotelFinished(not : NSNotification) {

    let resList = not.object as! [AnyObject]                                    ①

    if resList.count < 20 {                                                      ②
        self.loadViewCell.hidden = true
    } else {
        self.loadViewCell.hidden = false
    }

    if currentPage == 1 {
        self.list = [AnyObject]()                                                ③
    }

    self.list += resList                                                         ④
    self.tableView.reloadData()
}

//接收 BL 查询 Hotel 信息失败通知
func queryHotelFailed(not : NSNotification) {

    let error = not.object as! NSError
    let errorStr = error.localizedDescription
    let alertView = UIAlertView(title: "出错信息",
                    message:errorStr,delegate: nil,cancelButtonTitle: "OK")
    alertView.show()

}
```

酒店列表搜索处理过程基本上与 ViewController 视图控制器的酒店列表搜索处理类似。当酒店列表搜索视图控制器中要考虑分页处理，queryHotelFinished：方法中的第①行代码从通知中获得查询的酒店列表。第②行代码判断返回酒店列表集合记录数小于 20 条时候隐藏 loadViewCell 视图，否则显示 loadViewCell 视图。

  第③行代码判断当前页数 currentPage 为 1 情况下，重新实例化酒店列表属性 list。

  第④行代码 self.list += resList 将从服务器返回的集合 resList 追加到当前酒店列表 list 中，这样之前请求回来的数据不需要重新请求了，减少网络流量提高查询速度。

HotelListViewController.swift 中查询房间列表相关代码如下：

```swift
override func shouldPerformSegueWithIdentifier(identifier: String?,
                                               sender: AnyObject?) -> Bool {
    if identifier == "showRoomDetail" {
        var qkey = [String : AnyObject]()
        qkey["Checkin"] = self.queryKey["Checkin"]
        qkey["Checkout"] = self.queryKey["Checkout"]
        
        let indexPath = self.tableView.indexPathForSelectedRow()
        let dict: AnyObject = self.list[indexPath!.row]
        qkey["hotelId"] = dict["id"]
        
        self.queryRoomKey = qkey
        
        RoomBL.sharedInstance.queryRoom(self.queryRoomKey)
        
        return false
    }
    return true
    
}

override func prepareForSegue(segue: UIStoryboardSegue, sender: AnyObject?) {
    if segue.identifier == "showRoomDetail" {
        let roomListViewController = segue.destinationViewController
                                     as! RoomListViewController
        roomListViewController.list = self.roomList
    }
}

//接收 BL 查询房间成功通知
func queryRoomFinished(not : NSNotification) {
    
    self.roomList = not.object  as! [AnyObject]
    
    if self.roomList.count == 0 {
        let alertView = UIAlertView(title: "出错信息",
```

```
                message:"没有房间数据",delegate: nil,cancelButtonTitle: "OK")
            alertView.show()
        } else {
            self.performSegueWithIdentifier("showRoomDetail",sender: nil)
        }
    }

    //接收 BL 查询房间失败通知
    func queryRoomFailed(not : NSNotification) {
    
        let error = not.object as! NSError
        let errorStr = error.localizedDescription
        let alertView = UIAlertView(title: "出错信息",
                        message:errorStr,delegate: nil,cancelButtonTitle: "OK")
        alertView.show()
        
    }
```

在 HotelListViewController 中查询房间列表，如果成功把结果传递给房间列表视图控制器 RoomListViewController 界面跳转，如果失败界面不跳转。

16.5.8 迭代 3.3 房间查询模块

图 16-30 所示的是房间查询模块表示层类图。

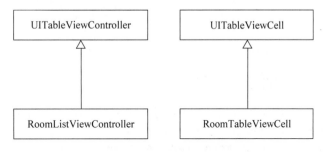

图 16-30　房间查询表示层类图

在类图可见房间查询模块中有 1 个视图控制器和 1 个自定义单元格类。下面分别介绍一下：

- RoomListViewController。是房间查询列表视图控制器。
- RoomTableViewCell。是自定义表视图单元格类，它需要继承 UITableViewCell 类。

在酒店列表界面选择酒店，由于房间数据来源于服务器，需要进行网络通讯，如图 16-31 所示，成功返回结果后再跳转到房间列表界面，如果返回失败则不跳转。

下面在看看代码部分，RoomListViewController.swift 代码如下：

```
import UIKit
```

图 16-31　房间查询列表界面

```
class RoomListViewController: UITableViewController {
    
    //查询结果
    var list = [AnyObject]()
    
    override func viewDidLoad() {
        super.viewDidLoad()
        self.title = "房间列表"
        
        let backgroundView = UIImageView(image: UIImage(named: "BackgroundSearch"))
        backgroundView.frame = self.tableView.frame
        self.tableView.backgroundView = backgroundView
    }
    
    override func didReceiveMemoryWarning() {
        super.didReceiveMemoryWarning()
    }
    
    // MARK: - 表视图委托协议
    override func numberOfSectionsInTableView(tableView: UITableView) -> Int {
        return 1
    }
    
    override func tableView(tableView: UITableView,
                            numberOfRowsInSection section: Int) -> Int {
```

```
        return self.list.count
    }

    override func tableView(tableView: UITableView,
            cellForRowAtIndexPath indexPath: NSIndexPath) -> UITableViewCell {

        let cell = tableView.dequeueReusableCellWithIdentifier("Cell", forIndexPath: indexPath)
                                as! RoomTableViewCell

        let dict = self.list[indexPath.row] as! [String : String]

        cell.lblName.text = dict["name"]
        cell.lblBreakfast.text = dict["breakfast"]
        cell.lblBroadband.text = dict["broadband"]
        cell.lblFrontprice.text = dict["frontprice"]
        cell.lblPaymode.text = dict["paymode"]

        return cell
    }

}
```

从上面代码看，房间列表代码比较简单，不再赘述。

此外，作为完整的一个应用还应该有图标、启动界面，还需要在 App Store 发布，这些都不是本书的重点。有关这些细节大家可以参考笔者的另外一本《iOS 应用开发指南》。

16.6 小结

本章介绍了完整的 iOS 应用分析设计、编程、测试和发布过程，开发过程采用敏捷开发方法。敏捷开发方法非常适合 iOS 开发，广大读者应认真学习。开发采用的架构是分层设计，这对于 iOS 开发也是非常重要的。